“十二五”普通高等教育本科国家级规划教材

结构力学

第7版　上册

○ 李廉锟　侯文崎　主编

中国教育出版传媒集团

高等教育出版社·北京

内容提要

本书是"十二五"普通高等教育本科国家级规划教材,是在第6版的基础上根据教育部高等学校工科基础课程教学指导委员会最新制订的《高等学校工科基础课程教学基本要求》并结合近年教学改革成果修订而成的。新版教材保持了原书内容系统、理论联系实际和深入浅出的风格,对个别章节内容进行了适当调整并融入课程思政元素,体现了教材的育人目标。

本书分上、下两册,共15章。上册包括绪论、平面体系的机动分析、静定梁与静定刚架、静定拱、静定平面桁架、结构位移计算、力法、位移法、渐近法、矩阵位移法和影响线及其应用等11章及附录;下册包括结构动力学、结构弹性稳定、结构的极限荷载和悬索计算等4章及附录。全书各章均附有复习思考题和习题及部分答案,上、下册各附有自测题两套供测试参考。全书采用双色印刷,通过二维码引入了结构力学数字化教学资源。

本书可作为高等学校土木类、水利类、力学类等专业的教材,也可供有关工程技术人员参考。

图书在版编目(CIP)数据

结构力学. 上册 / 李廉锟,侯文崎主编. -- 7 版. -- 北京:高等教育出版社,2022.11(2024.5 重印)
ISBN 978-7-04-059127-9

Ⅰ. ①结… Ⅱ. ①李… ②侯… Ⅲ. ①结构力学-高等学校-教材 Ⅳ. ①O342

中国版本图书馆 CIP 数据核字(2022)第 138923 号

Jiegou Lixue

| 策划编辑 | 水 渊 | 责任编辑 | 水 渊 | 封面设计 | 张申申 | 版式设计 | 徐艳妮 |
| 责任绘图 | 黄云燕 | 责任校对 | 刘丽娴 | 责任印制 | 赵义民 | | |

出版发行	高等教育出版社	网 址	http://www.hep.edu.cn
社 址	北京市西城区德外大街 4 号		http://www.hep.com.cn
邮政编码	100120	网上订购	http://www.hepmall.com.cn
印 刷	北京盛通印刷股份有限公司		http://www.hepmall.com
开 本	787 mm×1092 mm 1/16		http://www.hepmall.cn
印 张	22.5	版 次	1979 年 7 月第 1 版
字 数	560 千字		2022 年 11 月第 7 版
购书热线	010-58581118	印 次	2024 年 5 月第 4 次印刷
咨询电话	400-810-0598	定 价	57.00 元

本书如有缺页、倒页、脱页等质量问题,请到所购图书销售部门联系调换
版权所有 侵权必究
物 料 号 59127-00

结构力学

第7版　上册

1 计算机访问 http://abook.hep.com.cn/1254013，或手机扫描二维码、下载并安装 Abook 应用。

2 注册并登录，进入"我的课程"。

3 输入封底数字课程账号（20位密码，刮开涂层可见），或通过 Abook 应用扫描封底数字课程账号二维码，完成课程绑定。

4 单击"进入课程"按钮，开始本数字课程的学习。

结构力学

第7版　上册

结构力学（第7版）上册数字课程与纸质教材一体化设计，紧密配合。本数字课程内容包括章节学习要点、拓展阅读和工程实例等，充分运用多种形式媒体资源，极大地丰富了知识的呈现形式，拓展了教材内容。

　　课程绑定后一年为数字课程使用有效期。受硬件限制，部分内容无法在手机端显示，请按提示通过计算机访问学习。

　　如有使用问题，请发邮件至 abook@hep.com.cn。

扫描二维码
下载 Abook 应用

http://abook.hep.com.cn/1254013

第 7 版 序

本书是"十二五"普通高等教育本科国家级规划教材,是在第6版的基础上,结合近年教学改革成果修订而成的。修订后的新版教材保持了原书内容系统、理论联系实际和深入浅出的风格,对个别章节内容进行了适当加强或删减,修正了一些错误,融入了课程思政元素,体现了教材的育人目标。

本次修订内容主要有:

1. 增加了§1-6学习方法,针对结构力学面向工程实际,概念性强,知识点多,前后内容关联紧密,涉及力学原理抽象,分析方法灵活的特点,为读者提供了学好结构力学的几点建议。将温度变化和支座移动统称为非荷载因素,第六章的§6-7和§6-8合并为§6-7非荷载因素引起的静定结构位移计算,第七章的§7-9和§7-10合并为§7-9非荷载因素作用下超静定结构的计算,增强了内容的系统性。第十章§10-1增加了矩阵位移法与有限单元法的关联介绍,帮助读者理解本章内容。第十一章§11-11和§11-12合并为§11-11简支梁的绝对最大弯矩和内力包络图。书中带"＊"部分建议作为选学内容。

2. 更新和丰富了配套数字化教学资源,包括:重新整理了各章学习要点、重点和难点,对原有部分二维码内容进行了补充,增加了经典工程实例及其背景介绍,增加了现代结构新技术的发展和应用,便于读者增强知识点与工程实际的联系。

3. 基于 MATLAB APP Designer 可视化集成开发环境,重新开发了第6版附录I平面刚架静力分析程序,实现了图形实时显示功能,运行稳定性、计算效率和人机交互体验都得到了大幅提升。该程序为独立桌面应用程序,用户在没有安装 MATLAB 程序的情况下,可直接运行安装包安装本程序。

4. 根据近年的教学反馈,对部分章节的例题和习题进行了更换,将部分经典试题以例题和习题的形式,提供给读者练习。如例题4-3替换为三铰拱自重作用下合理拱轴线的确定;增加了例题5-3静定桁架受对称荷载作用时的内力计算;增加了例题11-1用机动法作多跨静定梁影响线;例题12-2增加了激振力不直接作用于质点情况的分析。此外,更换了第二章、第三章、第五章、第六章、第七章和第八章的部分习题。

本书第7版的修订工作由侯文崎教授主持。参加具体修订工作的是周德(第一章,第五章),韩衍群(第二章),陶勇(第三章),温伟斌(第四章、第十二章),鲁四平(第六章),罗如登(第七章),殷勇(第八章,第九章),侯文崎(第十章,第十一章,上、下册附录),黄方林(第十三章),肖方红(第十四章、第十五章)。

本书由大连理工大学陈廷国教授审阅,许多兄弟院校教师同仁也提出不少宝贵建议,在此一并表示衷心感谢。

限于编者水平,书中难免存在不足之处,欢迎读者批评指正。

编 者

2022 年 5 月

第 6 版 序

本书是"十二五"普通高等教育本科国家级规划教材,是在第 5 版的基础上,结合近年教学改革成果修订而成的。新版教材保持了原书内容系统、理论联系实际和深入浅出的风格,对个别章节内容进行了适当加强或删减,修正了一些错误,融入了当今"互联网+"的表现形式,体现了教材的发展规律。

本次修订内容主要有:

1. 第一章增加了《§1-2 结构力学的发展历史》,以使读者对结构力学这门学科的发展历程有一个完整的认识。对虚功原理作了更详细的介绍,第六章增加了《§6-2 刚体体系的虚功原理及应用》,有助于读者对刚体、变形体虚功原理(包括虚力原理和虚位移原理)的理解和运用。我国是世界高铁大国和强国,结构力学教材迫切需要反映高铁工程实际。因此,本书在第十一章《§11-8 铁路和公路的标准荷载制》中增加了我国高速铁路设计活载—ZK 活载内容。第十三章《§13-1 概述》中增加了既不属于第一类失稳,又不属于第二类失稳的第三类失稳形式(跃越失稳)的介绍。

2. 为适应"互联网+"发展,对本书中各章学习要点、一些重点、难点、扩大知识面的参考知识点和工程实例,采取二维码(包含图片、动画、文字等)的形式提供给读者。

3. 删去原书《附录 I 平面刚架静力分析程序》,增加了《附录 I 基于 MATLAB GUI 开发的平面刚架静力分析程序》,该程序具有人机图形交互和自动绘制内力图功能,操作简单,使用方便。

4. 对书中某些文字叙述和数学公式推导作了修改。如第九章"劲度系数"改为"转动刚度"。为与有关新规范一致,将第十一章 §11-12 节中"$(1+\mu)$ 冲击系数"改为"$(1+\mu)$ 动力系数",μ 称为冲击系数。第十二章中"阻力系数"改为"阻尼系数","归准化"改为"归一化","干扰力"改为"激振力",§12-4 节式(12-21)改为欧拉公式推导更简洁明了,等等。

5. 章节标题、重点内容及重要概念、图号、表头等均以蓝色标示,增加可读性。

本书第 6 版的修订工作由黄方林教授主持。参加具体修订工作的是周德(第一章,第三章,第五章),殷勇(第二章,第八章),鲁四平(第四章,第六章),侯文崎(第七章,第十一章),张晔芝(第九章,第十章),肖方红(第十二章),黄方林(第十三章至第十五章,上、下册附录),罗如登参加了第五章、第七章前期修订工作。

本书第 6 版原稿承蒙许多兄弟院校教师同仁提出不少宝贵建议,在此一并表示衷心感谢。

限于编者水平,书中难免存在不足之处,欢迎读者批评指正。

编 者
2017 年 3 月

第 5 版 序

本书第 5 版是"十二五"普通高等教育本科国家级规划教材,是在第 4 版的基础上,根据教育部高等学校力学基础课程教学指导分委员会制订的最新"结构力学课程教学基本要求"和教学改革的新成果修订而成的。修订后的新版教材仍保持原书内容取材适宜,叙述精练,由浅入深,联系实际,符合课程的认知和发展规律等特点,同时注意按照教材市场需求和教材发展的需要进行适当的创新。

本次修订的内容主要有:

1. 在章节内容方面进行了两处微调。一是在第十一章影响线及其应用中增加了影响线与内力图的区别部分内容,以提升影响线概念的教学力度。二是在第十二章结构动力学中增加了"多自由度结构在任意荷载作用下的受迫振动"和"地震作用计算"两节,增加前一节的目的是希望有助于本章论述内容趋于完整,同时也为后一节的介绍提供部分支撑;而增加后一节的动机则是希望在结构动力学的学习中铺垫台阶,以利转入后续抗震专业课程的学习。尽管本书中"地震作用计算"一节的内容完全限于传统的结构动力学基本理论范畴,但仍加了 * 号,建议作为选学章节。

2. 为了适应教学实际情况和需要,将第 4 版中的十二章与十四章的位置和序号作了对调。

3. 增补了部分复习思考题、例题和习题。

本书第 5 版的修订由李廉锟主持;参加具体修订工作的是陆铁坚(第一章至第六章,上册附录 Ⅰ、Ⅱ),陈玉骥(第七章至第十一章)和杨仕德(第十二章至第十五章,上册附录 Ⅲ 和下册附录 Ⅰ、Ⅱ);缪加玉、钟桂岳和卢同立参加了修订前期工作,缪加玉并为修订方案提供了系统的书面意见。

本书第 5 版原稿承北京建筑工程学院刘世奎教授审阅,提出了不少宝贵的建设性意见;使用本书第 4 版的许多院校教师同仁也对本书的改善和提高提出了不少有益的建议。所有这些意见和建议均对本书第 5 版的定稿提供了重要的支持和帮助,我们在此一并表示衷心感谢。

限于作者能力和水平,书中难免存在不足之处,欢迎读者批评指正。

编 者
2009 年 9 月

第 4 版 序

本书(第 4 版)为普通高等教育"十五"国家级规划教材,是在第三版的基础上根据近年来课程改革发展需要修订而成的。修订时保持了原书取材精练、简明流畅的风格,注意扩大专业适应面,内容符合教育部审定的"结构力学课程教学基本要求"。本书可作为土木工程类、水利工程类各专业及工程力学等专业的教材,也可供有关工程技术人员参考。

本次修订的内容主要有以下几个方面:

(1)按照国家标准 GB 3100~3102—93《量和单位》修改了原书的符号,其中最主要的是集中荷载、反力和内力用 F 作为主符号,其特性用下标(不够时再添上标)表示,例如剪力和轴力分别以 F_S 和 F_N 表示,而在不致引起混淆的前提下尽量不添下标;同时依据全国自然科学名词审定委员会 1993 年公布的《力学名词》统一了书中的名词术语。

(2)在内容调整方面,将影响线及其应用一章挪到上册的最后,这使其前面的内容衔接更为顺当一些;考虑到力法的实际应用日渐减少,删去了力法应用一章,其中仍需保留的部分作如下处理:超静定拱并入力法一章并只简述其计算原理,超静定影响线则放到影响线及其应用一章中。

(3)对少数章节作了不同程度的改写,在原来坡度略陡的地方补充了少量论述或例题,此外增添了一些适合建筑工程的内容和例子。在渐近法一章中,删去了冗繁的力矩分配法与位移法的联合应用一节,而增加了适合房屋刚架简便计算的剪力分配法。原平面刚架静力分析程序一章改作附录,增加了处理铰结点的功能,输入数据的项目和格式则保持不变;删去了用以解释源程序的大部篇幅,而只着重介绍程序的功能、结构和使用。书中带星号 * 的部分仍是供选学的内容。

第 4 版修订工作由主编李廉锟主持进行;参加修订的有缪加玉(第一至六章,附录 I 平面刚架静力分析程序,自测题),陈玉骥(第七至十一章),杨仕德(第十二至十五章);钟桂岳、卢同立参加了修订方案的研讨并校阅了修订初稿。

本书第 4 版书稿承西安建筑科技大学刘铮教授审阅,审阅中对书稿提出了不少宝贵的意见。此外,多年来使用本书的许多院校的教师们,先后提出过许多建议。所有这些,使本次修订工作和最后定稿获益匪浅,在此向他们致以衷心的感谢。

限于编者水平,书中不足处,欢迎继续批评指正。

编　者
2004 年 1 月

第 3 版 序

本书第二版曾获国家教委优秀教材二等奖,第三版是在其基础上,根据国家教委审定的《结构力学课程教学基本要求》和十余年来教学改革的情况修订而成的,本书可作为道桥类专业教材,亦可作土建、水利类专业教材。

在第三版中,删去了三铰拱和桁架内力的图解法、位移计算中的弹性荷载法以及用此法绘制超静定桁架和无铰拱的影响线等内容;将第二版中的超静定梁及超静定桁架和超静定拱两章,精简合并为一章——力法应用;新增了平面刚架静力分析程序、结构的极限荷载及悬索计算等三章;其余章节亦有不同程度的改写;各章(除第一章外)均增设了复习思考题;对习题也作了少量调整和补充;带 * 和 * * 的章节属选学内容,可根据具体情况取舍;带 * 的习题则是配合选学内容的或是较难的。此外,上、下册各附有两组自测题(取材于编者历年自命试题),供教学参考。

第三版仍由李廉锟教授主编,参加修订工作的有缪加玉(第一至七章、十二章、十三章、附录),钟桂岳(第八至十章),卢同立(第十四至十六章),杨仕德(第十一、十七章),陆铁坚(部分思考题及习题)。

本书第三版由清华大学包世华教授和北方交通大学赵如瑚副教授审阅,并请同济大学李明昭教授和长沙铁道学院曾庆元教授审阅了悬索计算内容。审阅人对原稿提出了很多宝贵的意见;兰州铁道学院、北方交通大学等单位的教师们,对本书第二版及这次修订工作提出了不少中肯的建议。所有这些,对第三版的定稿起了重要作用,在此一并致以诚挚的感谢!

限于编者水平,书中难免有疏漏和不妥之处,恳望读者指正。

编　者
一九九四年九月

第 2 版 序

本书是在湖南大学、西南交通大学、长沙铁道学院合编、李廉锟主编的第一版的基础上，根据一九八〇年五月教育部高等学校工科力学教材编审委员会结构力学编审小组审订的《结构力学教学大纲(草案)》修订的，适用于铁道工程、公路工程、桥梁及隧道等专业，亦可供土建、水利类专业参考。

本书与第一版比较，删去了矩阵力法原理及有限单元法基础两章，其他章节大部分作了增删或改写。书中带星号的部分是供选学的内容，可按不同专业和学时取舍。带星号的习题是配合选学内容的或是较难的。大部分习题附有答案，可供查对。

本次修订工作由长沙铁道学院担任，李廉锟任主编，执笔的有李廉锟(第十三、十五章)、缪加玉(第一至七章、第十二章)、钟桂岳(第八至十一章、第十四章)，欧阳炎、卢同立分别参加了第十三、十四章的部分修订工作，杨仕德校阅了部分书稿及习题答案。

本书第二版由北方交通大学陈英俊、王道堂同志和同济大学李明昭同志担任主审，清华大学龙驭球同志复审，同济大学、西南交通大学、西安公路学院、长沙交通学院等院校的代表参加了审稿会，审阅者对第二版原稿提出了很多宝贵的意见，此外，兰州铁道学院等兄弟院校的教师亦提出了不少中肯的建议，在此一并表示衷心的感谢。

由于编者水平所限，书中一定还有许多不当之处，恳望读者指正。

编　者
一九八三年十月

第 1 版 序

本书是根据一九七七年十一月高等学校工科基础课力学教材会议上讨论的铁道工程、公路工程、桥梁与隧道等专业用结构力学教材编写大纲，由湖南大学、西南交通大学、长沙铁道学院联合编写的。

本书注意了吸取以往有关教材的长处和多年来的教学经验，力图保持结构力学基本理论的系统性和贯彻"少而精"、理论联系实际及由浅入深等原则；同时，考虑到现代科学技术的发展，适当介绍了一部分新内容。

书中带有星号的部分及小字排印的内容在教学过程中根据具体情况可以考虑删去。此外，使用本书的教师们还可按各专业的不同需要和情况的发展变化，删去和补充若干内容。

参加本书编写工作的有西南交通大学唐昌荣、杜正国、区锐容（第一~六章），长沙铁道学院李廉锟、缪加玉（第七~十二章和第十四章），湖南大学刘光栋（第十五~十七章）、李存权（第十三章）等同志，由李廉锟同志担任主编。

编写过程是先分工执笔并经教研室讨论修改而写出初稿，然后经审稿会议审议，再由各编写单位共同讨论后分头修改，最后由主编定稿。

担任本书主审的北方交通大学陈英俊、西安公路学院何福照等同志，以及上海铁道学院、兰州铁道学院、同济大学、哈尔滨建筑工程学院、重庆建筑工程学院、南京工学院等兄弟院校的代表，参加了审稿会议，提出了许多宝贵意见，郑州工学院寿楠椿同志也寄来了很好的意见。对此，我们表示衷心的感谢！

限于编者水平，书中缺点错误必定不少，希望读者多加指正。

编　者
一九七九年二月

主要符号表

A	面积,振幅
$\boldsymbol{A}$	振幅向量
c	支座广义位移,阻尼系数
C	弯矩传递系数
D	侧移刚度
E	弹性模量
E_{p}	结构总势能
F	集中荷载
F_{AH}, F_{AV}	A 支座沿水平,竖直方向的反力
F_{Ax}, F_{Ay}	A 支座沿 x, y 方向的反力
F_{cr}	临界荷载
$\boldsymbol{F}$	结点荷载向量,综合结点荷载向量
$\boldsymbol{F}_{\mathrm{D}}$	直接结点荷载向量
F_{D}	黏滞阻尼力
$\boldsymbol{F}_{\mathrm{E}}$	等效结点荷载向量
F_{E}	欧拉临界荷载,弹性力
F_{H}	拱的水平推力,悬索张力水平分量
F_{I}	惯性力
F_{N}	轴力
F_{R}	支座反力,力系合力
F_{S}	剪力
F_{T}	悬索张力
F_{u}	极限荷载
F_{V}	悬索张力竖直分量
$\overline{\boldsymbol{F}}^{e}$	局部坐标系下的单元杆端力向量
$\boldsymbol{F}^{e}$	整体坐标系下的单元杆端力向量
$\overline{\boldsymbol{F}}^{\mathrm{Fe}}$	局部坐标系下的单元固端力向量
$\boldsymbol{F}^{\mathrm{Fe}}$	整体坐标系下的单元固端力向量
G	切变模量
i	线刚度
I	截面二次矩(惯性矩),冲量
$\boldsymbol{I}$	单位矩阵
k	刚度系数
$\overline{\boldsymbol{k}}^{e}$	局部坐标系下的单元刚度矩阵
$\boldsymbol{k}^{e}$	整体坐标系下的单元刚度矩阵

$\boldsymbol{K}$	结构刚度矩阵
m	质量
M	力矩,力偶矩,弯矩
$\boldsymbol{M}$	质量矩阵
M_u	极限弯矩
M^F	固端弯矩
p	均布荷载集度
q	均布荷载集度
r	单位位移引起的广义反力
R	广义反力
S	转动刚度,截面静矩,影响线量值
t	时间,温度
T	周期,动能
$\boldsymbol{T}$	坐标转换矩阵
u	水平位移
v	竖向位移
V	外力势能
V_ε	应变能
W	平面体系自由度,功,弯曲截面系数
X	广义未知力
Z	广义未知位移
α	线(膨)胀系数
Δ	广义位移
$\boldsymbol{\Delta}$	结点位移向量
ν	剪力分配系数
δ	单位力引起的广义位移,阻尼系数
ξ	阻尼比
θ	激振力频率
μ	力矩分配系数,冲击系数,长度系数
σ_b	强度极限
σ_s	屈服应力
σ_u	极限应力
φ	角位移,初相角
$\boldsymbol{\Phi}$	振型矩阵
ω	角频率

目　　录

第一章 绪论

§1-1 结构力学的研究对象和任务

工程中的房屋、塔架、桥梁、隧道、挡土墙、水坝等用以担负预定任务、支承荷载的建筑物,都可称为结构。

1-1 本章学习要点

为了使结构既能安全、正常地工作,又能符合经济的要求,就需对其进行强度、刚度和稳定性的计算。这一任务是由材料力学、结构力学、弹性力学等几门课程共同来承担的。在材料力学中主要研究单个杆件的计算;结构力学则在此基础上着重研究由杆件所组成的结构;弹性力学将对杆件作更精确的分析,并将研究板、壳、块体等非杆状结构。当然,这种分工不是绝对的,各课程间常存在互相渗透的情况。

1-2 结构实例

如上所述,结构力学的研究对象主要是杆系结构,其具体任务是:

(1)研究结构在荷载等因素作用下的内力和位移的计算。在此基础上,即可利用后续相关专业课程知识进行结构设计或结构验算。相关专业知识将在后续相关专业课程中予以介绍。

(2)研究结构的稳定计算,以及动力荷载作用下结构的动力反应。

(3)研究结构的组成规则和合理形式等问题。

结构力学是一门技术基础课,它一方面要用到数学、理论力学和材料力学等课程的知识,另一方面又为学习专业课程提供必要的基本理论和计算方法。

§1-2 结构力学的发展历史

人类在远古时代就开始制造各种器物,如弓箭、房屋、舟楫以及乐器等,这些都是简单的结构。随着社会的进步,人们对于结构设计的规律以及结构的强度和刚度逐渐有了认识,并且积累了经验,这表现在古代建筑的辉煌成就中,如埃及的金字塔,中国的万里长城、赵州安济桥、北京故宫等。尽管在这些结构中隐含有力学的知识,但并没有形成一门学科。

就基本原理和方法而言,结构力学是与理论力学、材料力学同时发展起来的。所以结构力学在发展的初期是与理论力学和材料力学融合在一起的。到 19 世纪初,由于工业的发展,人们开始设计各种大规模的工程结构,对于这些结构的设计,要作较精确的分析和计算。因此,工程结构的分析理论和分析方法开始独立出来,到 19 世纪中叶,结构力学开始成为一门独立的学科。

19 世纪中期出现了许多结构力学的计算理论和方法。法国的纳维于 1826 年提出了求解静不定结构问题的一般方法。从 19 世纪 30 年代起,由于要在桥梁上通过火车,不仅需要考虑桥梁承受静荷载的问题,还必须考虑承受动荷载的问题,又由于桥梁跨度的增长,出现了金属桁架结构。

从1847年开始的数十年间,学者们应用图解法、解析法等来研究静定桁架结构的受力分析,从而奠定了桁架理论的基础。1864年,英国的麦克斯韦创立了单位荷载法和位移互等定理,并用单位荷载法求出桁架的位移,由此学者们终于得到了解超静定问题的方法。

基本理论建立后,在解决原有结构问题的同时,新型结构及其相应的理论不断发展。19世纪末到20世纪初,学者们对船舶结构进行了大量的力学研究,并研究了动荷载作用下梁的动力学理论以及自由振动和受迫振动方面的问题。

20世纪初,航空工程的发展促进了对薄壁结构和加劲板壳的应力和变形分析,以及对稳定性问题的研究。同时桥梁和建筑开始大量使用钢筋混凝土材料,这就要求科学家们对刚架结构进行系统的研究,在1914年德国的本·迪克森创立了转角位移法,用以解决刚架和连续梁等问题。后来,在20世纪二三十年代,对复杂的超静定杆系结构提出了一些简易计算方法,便于一般设计人员掌握和使用。这期间,人们又提出了蜂窝夹层结构的设想。根据结构的"极限状态"这一概念,学者们得出了弹性地基上梁、板及刚架的设计计算新理论。对承受各种动荷载(特别是地震作用)的结构的力学问题,也在实验和理论方面做了许多研究工作。随着结构力学的发展,疲劳问题、断裂问题和复合材料结构问题先后进入结构力学的研究领域。

20世纪中叶,电子计算机和有限元法的问世使得大型结构的复杂计算成为可能,从而将结构力学的研究和应用水平提高到了一个新的高度。

§1-3　结构和荷载的分类

1. 结构的分类

结构的类型很多,可以从不同的观点来分类。

按照几何特征,结构可分为杆系结构、薄壁结构和实体结构。杆系结构是由长度远大于其他两个尺度即截面的高度和宽度的杆件(图1-1)组成的结构。薄壁结构是指其厚度远小于其他两个尺度即长度和宽度的结构,如板(图1-2)和壳(图1-3)。实体结构则三个方向的尺度相近,例如水坝(图1-4)、地基和钢球等。

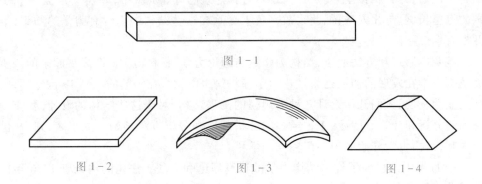

图 1-1

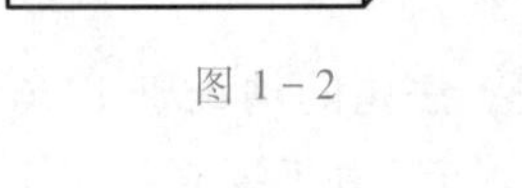

图 1-2　　　　图 1-3　　　　图 1-4

前已指出,结构力学研究的对象主要是杆系结构。杆系结构按其受力特性不同又可分为以下几种:

（1）梁。梁是一种受弯杆件,其轴线通常为直线,当荷载垂直于梁轴线时,横截面上的内力只有弯矩和剪力,没有轴力。梁有单跨的和多跨的(图1-5)。

（2）拱。拱的轴线为曲线且在竖向荷载作用下会产生水平反力(推力),这使得拱比跨度、荷载相同的梁的弯矩及剪力都要小,而有较大的轴向压力(图1-6)。

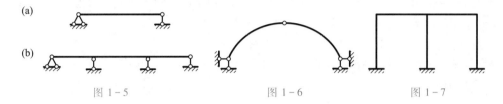

图1-5   图1-6   图1-7

（3）刚架。由直杆组成并具有刚结点(图1-7),各杆均为受弯杆,内力通常是弯矩、剪力和轴力都有。

（4）桁架。由直杆组成,但所有结点均为铰结点(图1-8),当只受到作用于结点的集中荷载时,各杆只产生轴力。

（5）组合结构。这是由桁架和梁或桁架与刚架组合在一起的结构,其中有些杆件只承受轴力,另一些杆件同时还承受弯矩和剪力(图1-9)。

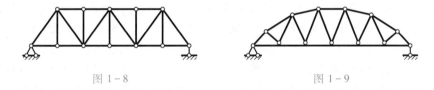

图1-8   图1-9

（6）悬索结构。主要承重构件为悬挂于塔、柱上的索,索只受轴向拉力,可最充分地发挥钢材强度,且自重轻,可跨越很大的跨度,如悬索屋盖、悬索桥、斜拉桥(图1-10)等。

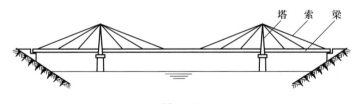

图1-10

按照杆轴线和外力的空间位置,结构可分为平面结构和空间结构。如果结构的各杆轴线及外力(包括荷载和反力)均在同一平面内,则称为平面结构[①],否则便是空间结构。实际上工程中的结构都是空间结构,不过在很多情况下可以简化为平面结

---

    ①   关于平面结构的定义,更确切地说,在一般情况下(即结构同时承受轴力、弯矩和剪力作用时)应为各杆均有一形心主惯性平面与外力在同一平面内,且各截面的弯曲中心亦在此平面内。否则,将会出现扭转或斜弯曲等空间受力和变形状态。

构或近似分解为几个平面结构来计算。当然,不是所有情况都能这样处理,有些必须作为空间结构来计算,如图1-11所示塔架。

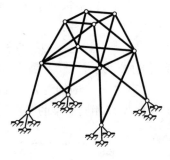

图 1-11

按照内力是否静定,结构可分为静定结构和超静定结构。这一分类在理论上具有重要意义。若在任意荷载作用下,结构的全部反力和内力都可以由静力平衡条件确定,这样的结构便称为静定结构(图1-5a);若只靠静力平衡条件还不能确定全部反力和内力,还必须考虑变形条件才能确定,这样的结构便称为超静定结构(图1-5b)。

2. 荷载的分类

荷载是作用在结构上的主动力。

荷载按作用时间可分为恒载和活载。恒载是长期作用在结构上的不变荷载,如结构的自重、土压力等。活载是暂时作用于结构上的可变荷载,如列车、人群、风、雪等。

按荷载的作用位置是否变化,可分为固定荷载和移动荷载。恒载及某些活载(如风、雪等)在结构上的作用位置可以认为是不变动的,称为固定荷载;而有些活载如列车、汽车、吊车等是可以在结构上移动的,称为移动荷载。

根据荷载对结构所产生的动力效应大小,可分为静力荷载和动力荷载。静力荷载是指其大小、方向和位置不随时间变化或变化很缓慢的荷载,它不致使结构产生显著的加速度,因而可以略去惯性力的影响。结构的自重及其他恒载即属于静力荷载。动力荷载是指随时间迅速变化的荷载,它将引起结构振动,使结构产生不容忽视的加速度,因而必须考虑惯性力的影响。打桩机产生的冲击荷载,动力机械产生的振动荷载,风及地震产生的随机荷载等,都属于动力荷载。

除荷载外,还有其他一些非荷载因素作用也可使结构产生内力或位移,例如温度变化、制造误差、材料收缩以及松弛、徐变等。

§1-4 支座和结点的类型

本节只讨论平面结构的支座和结点。

把结构与基础联系起来的装置称为支座。支座的构造形式很多,但在计算简图中,通常归纳为下列几种:

(1)活动铰支座。桥梁中用的滚轴支座(图1-12a、b)及摇轴支座(图1-12c)即属于此种支座。它允许结构在支承处绕圆柱铰 A 转动和沿平行于支承平面 $m-n$ 的方向移动,但 A 点不能沿垂直于支承面的方向移动。当不考虑摩擦时,这种支座的反力 F_A 将通过铰 A 中心并与支承平面 $m-n$ 垂直,即反力的作用点和方向都是确定的,只有它的大小是一个未知量。根据这种支座的位移和受力的特点,在计算简图中,可以用一根垂直于支承面的链杆 AB 来表示(图1-12d)。此时,结构可绕铰 A 转动;链杆又可绕铰 B 转动,当转动很微小时,A 点的移动方向可看成是平行于支承面的。

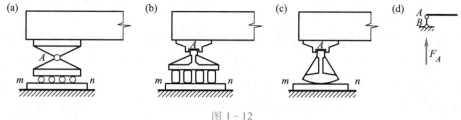

图 1-12

（2）固定铰支座。这种支座的构造如图 1-13a、b 所示，它容许结构在支承处绕圆柱铰 A 转动，但 A 点不能作水平和竖向移动。支座反力 F_A 将通过铰 A 中心但大小和方向都是未知的，通常可用沿两个确定方向的分反力，如水平和竖向反力 F_{Ax} 和 F_{Ay} 来表示。这种支座的计算简图可用交于 A 点的两根支承链杆来表示，如图 1-13c 或 d 所示。

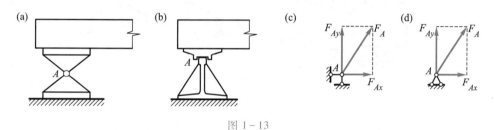

图 1-13

（3）固定支座。这种支座不容许结构在支承处发生任何移动和转动（图 1-14a），它的反力大小、方向和作用点位置都是未知的，通常用水平反力 F_{Ax}、竖向反力 F_{Ay} 和反力偶 M_A 来表示。这种支座的计算简图如图 1-14b 所示。

（4）滑动支座。这种支座又称定向支座，结构在支承处不能转动，不能沿垂直于支承面的方向移动，但可沿支承面方向滑动。这种支座的计算简图可用垂直于支承面的两根平行链杆表示，其反力为一个垂直于支承面（通过支承中心点）的力和一个力偶。图 1-15a 为一水平滑动支座，图 1-15b、c 为其计算简图；图 1-16a 为竖向滑动支座，图 1-16b 为其计算简图（这种支座在实际结构中不常见，但在对称结构取一半的计算简图中，以及用机动法研究影响线等情况时会用到）。

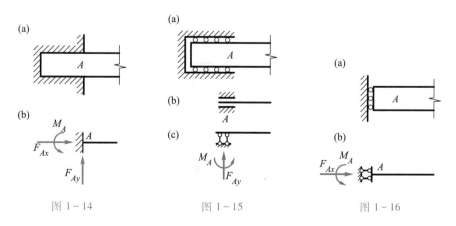

图 1-14   图 1-15   图 1-16

结构中杆件相互联结处称为结点。在计算简图中,结点通常简化为铰结点、刚结点和组合结点几种。

(1) 铰结点。铰结点的特征是各杆端不能相对移动但可相对转动,可以传递力但不能传递力矩。图1-17a为一木屋架的端结点构造。此时,各杆端虽不能任意转动,但由于联结不可能很严密牢固,因而杆件之间有微小相对转动的可能。实际上结构在荷载作用下杆件间所产生的转动也相当小,所以该结点应视为铰结点(图1-17b)。图1-18a为一钢桁架的结点,该处虽然是把各杆件焊接在结点板上使各杆端不能相对转动,但在桁架中各杆主要是承受轴力,因此计算时仍常将这种结点简化为铰结点(图1-18b)。由此所引起的误差在多数情况下是可以允许的。

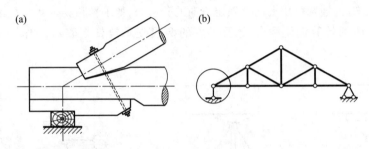

图 1-17

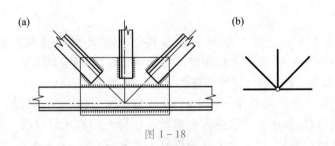

图 1-18

(2) 刚结点。刚结点的特征是各杆端不能相对移动也不能相对转动,可以传递力也能传递力矩。图1-19a为一钢筋混凝土刚架的结点,上、下柱和横梁在该处用混凝土浇筑成整体,钢筋的布置也使得各杆端能够抵抗弯矩,这种结点应视为刚结点。当结构发生变形时,刚结点处各杆端的切线之间的夹角将保持不变(图1-19b)。

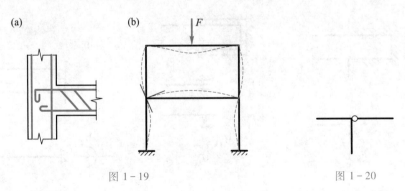

图 1-19   图 1-20

（3）组合结点。这是部分刚结、部分铰结的结点。例如图 1-20 所示结点，左边杆件与中间杆件为刚结，右边杆件在此处则为铰结。又如图 1-9 所示结构，下弦上除两端外各结点均为组合结点。

§1-5　结构的计算简图

实际结构总是比较复杂的，要完全按照结构的实际情况来进行力学分析，将是很繁难的，也是不必要的。因此，在计算之前，往往需要对实际结构加以简化，表现其主要特点，略去次要因素，用一个简化图形来代替实际结构，这种图形就称为结构的计算简图。简化工作通常包括以下几个方面：

（1）杆件的简化：常以其轴线代表。

（2）支座和结点的简化（详见前述）。

（3）荷载的简化：常简化为集中荷载及线分布荷载。

（4）体系的简化：将空间结构简化为平面结构。

例如一根梁两端搁在墙上，上面放一重物（图 1-21a）。简化时，梁本身用其轴线来代表。重物近似看作集中荷载，梁的自重则视为均布荷载。至于两端的反力，其分布规律是难以知道的，现假定为均匀分布，并以其作用于墙宽中点的合力来代替。考虑到支承面有摩擦，梁不能左右移动，但受热膨胀时仍可伸长，故可将其一端视为固定铰支座而另一端视为活动铰支座。这样，便得到图 1-21b 所示的计算简图。显然，只要梁的截面尺寸、墙宽及重物与梁的接触长度均比梁的长度小许多，则作上述简化在工程上一般是许可的。

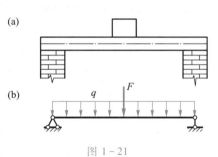

图 1-21

又如图 1-22a 所示钢筋混凝土屋架，如果只反映桁架主要承受轴力这一特点，则计算时可采用图 1-22b 所示的计算简图，各杆之间的联结均假定为铰结。这虽然与实际情况不符，但可使计算大为简化，而计算结果的误差在工程上通常是容许的。如果将各杆联结处均视为刚结，则可得到较精确的计算简图（图 1-22c），但这样计算就复杂得多。有时，在初步设计中采用计算较简单但精度不高的计算简图，而在最后设计中改用计算较繁但精度较高的计算简图。计算机的应用为采用较精确的计算简图提供了更多的可能性。

应该指出，确定一个结构的计算简图，特别是对于比较复杂的结构，不是一件容易的事情。它需要有一定的专业知识和实际经验，并对结构各部分的构造、相互作用和受力情况有正确的判断。有时，还需借助于模型试验或现场实测才能确定合理的计算简图。

1-4　结构计算简图实例 1

1-5　结构计算简图实例 2

1-6　结构计算简图实例 3

1-7　结构计算简图实例 4

1-8　结构计算简图实例 5

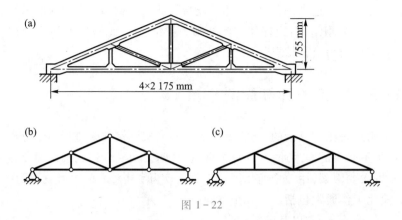

图 1 - 22

§1-6　学习方法

结构力学是土木类专业的重要专业基础课程,不仅为后续专业课程提供必需的基础知识和计算理论,也为解决实际工程问题提供方法。课程具有概念性强,知识点多,前后内容关联紧密,涉及的力学原理抽象,分析方法灵活的特点。相比于理论力学、材料力学等基础课程,结构力学更接近工程实际,学习过程中不仅要对已有基础力学知识巩固和提升,还要把新知识学以致用,创新发展,切勿死记硬背、生搬硬套。以下是几点学习方法建议:

1. 快速、准确地绘制内力图(特别是弯矩图)是学好结构力学的第一步。

结构力学涉及大量分析计算,绘制内力图是基本功。初学者往往认为这些内容在材料力学中已学过,未引起重视。事实上,与材料力学相比,结构力学利用"叠加法"绘制内力图,具有明显的优越性。学习不求甚解是学习结构力学的一大忌讳。仅仅停留在"会"的基础上远远不够,还应力求熟练、快速、准确。除平时多练多总结外,要有意识地熟记一些基本内力图。

2. 理解并掌握能量法(特别是单位荷载法)是学好结构力学的第二步。

结构力学有三大支柱,能量法(单位荷载法)、力法和位移法。快速、准确绘制内力图是能量法的基础,能量法是力法的基础,力法是位移法的基础。可以说,掌握内力图绘制和三大支柱,也就掌握了结构力学的根本,且这四者层层相扣,联系紧密。

3. 理解并掌握静定结构和超静定结构的本质差别是学好结构力学的第三步。

超静定结构计算与静定结构计算的本质差别,即全部结构内力和约束反力不能只由平衡条件解得。如力法,求解超静定问题就是寻找一等效的静定结构,再利用位移协调条件,解得多余未知力,则一切问题与静定结构完全相同。如位移法,将结构拆分成独立的杆件,利用平衡方程求得杆端位移,则一切问题也与静定结构完全相同。

4. 掌握简化计算方法的运用,是学好结构力学的第四步。

结构的对称性是经常利用的一点。对于超静定问题,对称情况下,可以取半结构甚至四分之一结构进行计算,从而大大地减少未知量数目,达到事半功倍的效果。

5. 理论联系实际,学以致用,是学习结构力学的最终目标。

结构力学是结构工程师的看家本领。从工程实际结构到结构力学的计算简图、计算结果,再将计算结果用于指导实际结构的设计和施工,所学基本理论和方法与工程实践紧密结合,逐步提高分析和解决实际问题的能力及自我创新能力,是学习结构力学的最终目标,也是衡量是否学好结构力学的标志。

复习思考题

1. 结构力学的研究对象和具体任务是什么?
2. 哪些结构属于杆系结构? 它们有哪些受力特征?
3. 什么是荷载? 结构主要承受哪些荷载? 如何区分静力荷载和动力荷载?
4. 什么是结构的计算简图? 如何确定结构的计算简图?
5. 结构的计算简图中有哪些常用的支座和结点?

第二章　平面体系的机动分析

2-1 本章
学习要点

§2-1　概述

杆系结构通常是由若干杆件相互联结而组成的体系,但杆件体系并不是无论怎样组成都能作为工程结构使用的的。例如图2-1a所示由两根杆件与地基组成的铰结三角形,受到任意荷载作用时,若不考虑材料的变形,则其几何形状与位置均能保持不变,这样的体系称为<u>几何不变体系</u>;而图2-1b所示铰结四边形,即使不考虑材料的变形,在很小的荷载作用下,也会发生机械运动而不能保持原有的几何形状或位置,这样的体系称为<u>几何可变体系</u>。一般工程结构都必须是几何不变体系,而不能采用几何可变体系,否则将不能承受任意荷载而维持平衡。因此,在设计结构和选取其计算简图时,首先必须判别它是否几何不变,从而决定能否采用。这一工作就称为体系的<u>机动分析</u>或<u>几何构造分析</u>。此外,机动分析还将有助于结构的内力分析。

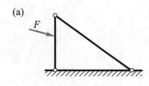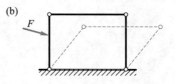

图 2-1

2-2 刚片
的概念

本章只讨论平面体系的机动分析。

在机动分析中,由于不考虑材料的变形,因此可以把一根杆件或已判明是几何不变的部分看作是一个刚体,在平面体系中又将刚体称为<u>刚片</u>。

§2-2　平面体系的计算自由度

分析一个体系是否几何不变,可以先看它的计算自由度是多少。为此,先来介绍<u>自由度</u>和<u>联系</u>(或<u>约束</u>)的概念。

1. 自由度

所谓自由度,是指体系运动时所具有的独立运动方式数目,也就是体系运动时可以独立变化的几何参数数目,或者说确定体系位置所需的独立坐标数目。例如一个点在平面内自由运动时,其位置需用两个坐标 x、y 来确定(图2-2a),故一个点的自由度等于2。又如一个刚片在平面内自由运动时,其位置可由其上任一点 A 的坐标 x、y 和任一直线 AB 的倾角 φ 来确定(图2-2b),故一个刚片的自由度等于3。

机械中常用的机构是沿特定轨迹的一种运动,具有一个自由度。几何不变体系

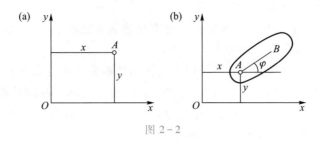

图 2-2

不能发生任何运动,其自由度应等于零。凡自由度大于零的体系都是几何可变体系。

2. 联系

限制运动的装置称为联系(或约束),体系的自由度可因加入联系而减少,能减少一个自由度的装置称为一个联系。常用的联系有链杆和铰。图 2-3a 所示为用一根链杆将一个刚片与地基相联,因 A 点不能沿链杆方向移动,故刚片将只有两种运动方式:A 点绕 C 点转动;刚片绕 A 点转动。此时,刚片的位置只用两个参数例如链杆的倾角 φ_1 及刚片上任一直线的倾角 φ_2 即可确定,其自由度已由 3 减少为 2。由此可知,一根链杆为一个联系。图 2-3b 所示为用一个铰 A 把两个刚片联结起来,这种联结两个刚片的铰称为单铰。在刚片 I 的位置由 A 点的坐标 x、y 和倾角 φ_1 确定后,刚片 II 只能绕 A 点转动,其位置只需一个参数倾角 φ_2 即可确定。这样,两个刚片总的自由度就由 6 减少为 4。可见,一个单铰为两个联系,也就是相当于两根链杆的作用。一个铰同时联结两个以上的刚片,这种铰称为复铰。图 2-3c 所示为三个刚片共用一个铰 A 相联,若刚片 I 的位置已确定,则刚片 II、III 都只能绕 A 点转动,从而各减少了两个自由度。可见,联结三个刚片的复铰相当于两个单铰的作用。由此可推知,联结 n 个刚片的复铰相当于(n-1)个单铰。

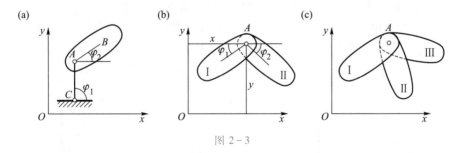

图 2-3

在体系中如果加入一个联系,而并不能减少体系的自由度,这种联系便称为多余联系。例如图 2-4 所示梁为一刚片,原来只需加上一根水平支座链杆和两根竖向支座链杆就可以减少梁的 3 个自由度,使其成为几何不变,自由度等于零。现在又多加了一根竖向支座链杆,体系仍然为几何不变,自由度也仍然为零而不会再减少。因此,三根竖向支座链杆中有一根是多余联系。去掉任一根竖向支座链杆,梁仍然为几何不变。可见,多余联系对于保持体系的几何不变性来说是不必要的(但对于改善结构的受力等方面是需要的)。

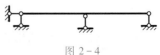

图 2-4

3. 平面体系的计算自由度

体系怎样才能成为几何不变呢? 一要有足够数量的联系,二还要布置得当。本节先讨论第一个问题。

一个平面体系,通常是由若干个刚片彼此用铰相联并用支座链杆与基础相联而组成的。设其刚片数为 m,单铰数为 h,支座链杆数为 r,则当各刚片都是自由时,它们所具有的自由度总数为 $3m$;而现在所加入的联系总数为 $(2h+r)$,假设每个联系都使体系减少一个自由度,则体系的自由度为

$$W = 3m - (2h + r) \tag{2-1}$$

实际上每个联系不一定都能使体系减少一个自由度,这还与体系中是否具有多余联系有关。因此,W 不一定能反映体系真实的自由度。但在分析体系是否几何不变时,还是可以根据 W 首先判断联系的数目是否足够。为此,把 W 称为体系的<u>计算自由度</u>。

下面举例说明 W 的计算。如图 2-5 所示体系,可将除支座链杆外的各杆件均当作刚片,其中 CD 与 BD 两杆在结点 D 处为刚结,因而 CDB 为一连续整体,故可作为一个刚片。这样,总的刚片数 $m = 8$。在计算单铰数 h 时,应正确识别各复铰所联结的刚片数。例如在结点 D 处,折算单铰数应为 2。其余各结点处的折算单铰数均在图中括号内标出。这样,体系的单铰数共为 $h = 10$。注意到固定支座 A 处有三个联系,相当于有三根支座链杆,故体系总的支座链杆数为 $r = 4$。于是,由式(2-1)可算出此体系的计算自由度为

$$W = 3m - (2h + r) = 3 \times 8 - (2 \times 10 + 4) = 0$$

又如图 2-6a 所示桁架,用式(2-1)求其计算自由度,有

$$W = 3 \times 9 - (2 \times 12 + 3) = 0$$

如图 2-6a 这种完全由两端铰结的杆件所组成的体系,称为<u>铰结链杆体系</u>。这类体系的计算自由度,除可用式(2-1)计算外,还可用下面更简便的公式来计算。设 j 代表结点数,b 表示杆件数,r 为支座链杆数。若每个结点均为自由,则有 $2j$ 个自由度,但联结结点的每根杆件都起一个联系的作用,故体系的计算自由度为

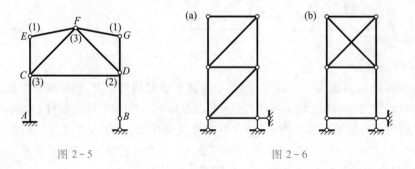

图 2-5　　　　　　　　　　　图 2-6

$$W = 2j - (b + r) \tag{2-2}$$

例如对于图 2-6a 的桁架,按式(2-2)计算有

$$W = 2 \times 6 - (9 + 3) = 0$$

与上面结果相同。

任何平面体系的计算自由度,按式(2-1)或式(2-2)计算的结果,将有以下三种情况:

(1) $W>0$,表明体系缺少足够的联系,因此肯定是几何可变的。

(2) $W=0$,表明体系具有成为几何不变所需的最少联系数目。如果布置得当,没有多余联系,体系将是几何不变的(图2-6a);如果布置不当,具有多余联系,则体系是几何可变的。如图2-6b所示体系,虽然 $W=0$,总的联系数目足够,但布置不当,其上部有多余联系而下部又缺少联系,因而是几何可变的。

(3) $W<0$,表明体系在联系数目上还有多余,体系具有多余联系。但体系是否几何不变同样要看联系布置是否得当。

由上可见,一个几何不变体系必须满足 $W \leqslant 0$ 的条件。

有时可不考虑支座链杆,而只检查体系本身(或称体系内部)的几何不变性。这时,由于本身为几何不变的体系作为一个刚片在平面内尚有3个自由度,因此体系本身为几何不变时必须满足 $W \leqslant 3$ 的条件。

必须指出,计算自由度 $W \leqslant 0$(或只就体系本身 $W \leqslant 3$),只是体系几何不变的必要条件,还不是充分条件。一个体系尽管联系数目足够甚至还有多余,不一定就是几何不变的。为了判别体系是否几何不变,还必须进一步研究体系几何不变的充分条件,即几何不变体系的组成规则。

§2-3 几何不变体系的基本组成规则

本节介绍几何不变的平面体系的几个基本组成规则。

1. 三刚片规则

三个刚片用不在同一直线上的三个单铰两两铰联,组成的体系是几何不变的,而且没有多余联系。

图2-7所示铰结三角形,每一根杆件都是一个刚片,而每两个刚片之间都用一个单铰相联,故称为"两两铰联"。此体系本身的计算自由度 $W=3$,即只具有几何不变所必需的最少数目的联系,如果几何不变,将是没有多余联系的。现在来分析它是否几何不变。假定刚片Ⅰ不动(例如把刚片Ⅰ看成地基),若暂时把铰 C 拆开,则刚片Ⅱ只能绕铰 A 转动,其上的 C 点只能在以 A 为圆心、以 AC 为半径的圆弧上运动;刚片Ⅲ只能绕铰 B 转动,其上的 C 点只能在以 B 为圆心、以 BC 为半径的圆弧上运动。但是,刚片Ⅱ、Ⅲ又用铰 C 相联,铰 C 不可能同时沿两个方向不同的圆弧运动,因而只能在两个圆弧的交点处固定不动。于是,各刚片之间不可能发生任何相对运动。因此,这样组成的体系是几何不变的,而且没有多余联系。

例如图2-8所示三铰拱,其左、右两半拱可作为刚片Ⅰ、Ⅱ,整个地基可作为一个刚片Ⅲ,故此体系是由三个刚片用不在同一直线上的三个单铰 A、B、C 两两铰联组成的,为几何不变体系,而且没有多余联系。

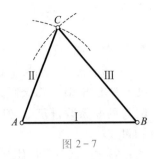

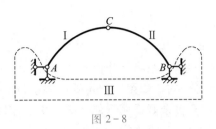

图 2-7   图 2-8

2. 二元体规则

在一个刚片上增加一个二元体,仍为几何不变体系,而且没有多余联系。

图 2-9 所示体系,是按上述三刚片规则组成的。但如果把三个刚片中的一个作为刚片,而把另外两个看作是链杆,则此体系又可以认为是这样组成的:在一个刚片上增加两根链杆,此两杆不在一直线上,两杆的另一端又用铰相联。这种两根不在一直线上的链杆联结一个新结点的构造称为二元体。显然,在一个刚片上增添一个二元体仍为几何不变体系,而且没有多余联系,因为这与上述三刚片规则实际上相同。在分析某些体系特别是桁架时,用二元体规则更为方便,所以把它单独列为一个规则。

例如分析图 2-10 所示桁架时,可任选一铰结三角形例如 123 为基础,增加一个二元体得结点 4,从而得到几何不变体系 1243;再以其为基础,增加一个二元体得结点 5,6,…,如此依次增添二元体而最后组成该桁架,故知它是一个几何不变体系,而且没有多余联系。

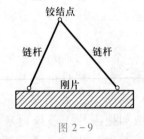

铰结点

链杆   链杆

刚片

图 2-9

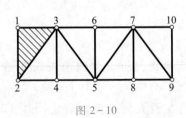

图 2-10

此外,也可以反过来,用拆除二元体的方法来分析。因为从一个体系拆除一个二元体后,所剩下的部分若是几何不变的,则原来的体系必定也是几何不变的。现从结点 10 开始拆除一个二元体,然后依次拆除结点 9,8,7,…,最后剩下铰结三角形 123,它是几何不变的,故知原体系亦为几何不变的。

若去掉二元体后所剩下的部分是几何可变的,则原体系必定也是几何可变的。

综上所述可得如下结论:在一个体系上增加或拆除二元体,不会改变原有体系的几何构造性质。

3. 两刚片规则

两个刚片用一个铰和一根不通过此铰的链杆相联,为几何不变体系,而且没有多余联系;或者两个刚片用三根不全平行也不交于同一点的链杆相联,为几何不变体系,而且没有多余联系。

图 2-11 所示体系,显然也是按三刚片规则组成的。但如果把三个刚片中的两个作为刚片,另一个看作是链杆,则此体系即为两个刚片用一个铰和不通过此铰的一根链杆相联而组成的。这当然是几何不变体系,而且无多余联系,因为这与三刚片规则实际上也相同。同样,有时用两刚片规则来分析更方便些,故也将它列为一个规则。

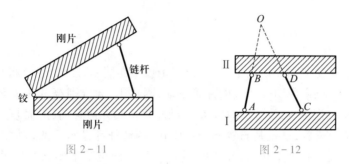

图 2-11　　　　　　　　　　图 2-12

以上是两个刚片用一个铰及一根链杆相联的情形。此外,两个刚片还有用三根链杆相联的情形。为了分析此种情形,先来讨论两刚片之间用两根链杆相联时的运动情况。如图 2-12 所示,假定刚片 Ⅰ 不动,则刚片 Ⅱ 运动时,链杆 AB 将绕 A 点转动,因而 B 点将沿与 AB 杆垂直的方向运动;同理,D 点将沿与 CD 杆垂直的方向运动。因而可知,整个刚片 Ⅱ 将绕 AB 与 CD 两杆延长线的交点 O 转动。O 点称为刚片 Ⅰ 和 Ⅱ 的相对转动瞬心。此情形就相当于将刚片 Ⅰ 和 Ⅱ 在 O 点用一个铰相联一样。因此,联结两个刚片的两根链杆的作用相当于在其交点处的一个单铰,不过这个铰的位置是随着链杆的转动而改变的,这种铰称为虚铰。

图 2-13 所示为两个刚片用三根不全平行也不交于同一点的链杆相联的情况。此时,可把链杆 AB、CD 看作是在其交点 O 处的一个铰。因此,此两刚片又相当于用铰 O 和链杆 EF 相联,而铰与链杆不在一直线上,故为几何不变体系,而且没有多余联系。

例如对图 2-14 所示体系进行机动分析时,可把地基作为一个刚片,当中的 T 字形部分 BCE 作为一个刚片。左边的 AB 部分虽为折线,但本身是一个刚片而且只用两个铰与其他部分相联,因此它实际上与 A、B 两铰连线上的一根链杆(如图中虚线所示)的作用相同。同理,右边的 CD 部分也相当于一根链杆。这样,此体系便是两个刚片用 AB、CD 和 EF 三根链杆相联而组成,三杆不全平行也不交于同一点,故为几何不变体系,而且没有多余联系。

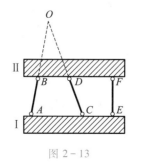

图 2-13

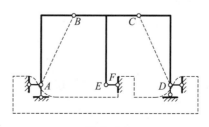

图 2-14

以上介绍了几何不变的平面体系的三个基本组成规则,而它们实质上只是一个规则,即三刚片规则。按照这些规则组成的几何不变体系都是没有多余联系的,其计算自由度均为 $W = 0$(或只就体系本身 $W = 3$),因此不必再进行 W 的计算。如果体系除了符合上述组成规则之外,还有另外的联系,便是具有多余联系的几何不变体系,此时多余联系的数目就等于这些另外的联系数目。

§2-4　瞬变体系

为什么在前述三刚片规则中,要规定三个铰不在同一直线上? 这可用图2-15所示三铰共线的情况来说明。假设刚片 Ⅲ 不动,刚片 Ⅰ、Ⅱ 分别绕铰 A、B 转动时,在 C 点处两圆弧有一公切线,故此瞬时铰 C 可沿此公切线方向移动,因而是几何可变的。从联系布置情况来看,这也是布置不当:AC、BC 两链杆都是水平的,因而对限制 C 点的水平位移来说具有多余联系,而在限制 C 点的竖向位移上则缺少联系,故 C 点仍可沿竖直方向移动。不过一旦发生微小位移后,三铰就不再共线,运动也就不再继续发生。这种原为几何可变,经微小位移后①即转化为几何不变的体系,称为瞬变体系。瞬变体系也是一种几何可变体系。为了区别起见,又可将经微小位移后仍能继续发生刚体运动的几何可变体系称为常变体系(例如图 2-1b 及图 2-6b 所示体系)。这样,几何可变体系便包括常变和瞬变两种。

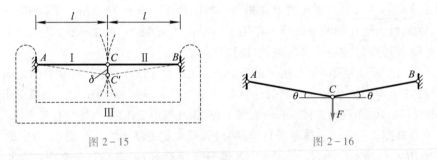

图 2-15　　　　　　　　　　　图 2-16

瞬变体系既然只是瞬时可变,随后即转化为几何不变,那么工程结构中能否采用这种体系呢? 为此来分析图 2-16 所示体系的内力。由平衡条件可知,AC 和 BC 杆的轴力为

$$F_N = \frac{F}{2\sin\theta}$$

当 $\theta = 0$ 时,便是瞬变体系,此时若 $F = 0$(称为零荷载)则 F_N 为不定值;若 $F \neq 0$ 则 $F_N = \infty$。当然,实际上由于材料变形,瞬变体系一经受力即偏离原有位置而内力不会为无穷大,但通常也是很大的,甚至可能导致体系的破坏。同时,瞬变体系的位移只是理论上为无穷小,实际上在很小的荷载作用下也会产生很大的位移。例如图 2-15 所示体系,当 C 点产生微小竖向位移 δ 时,AC 杆(或 BC 杆)的伸长量 λ 为

---

① 严格地说,瞬变体系发生微小位移时,杆件已不再是刚体,而是产生了高阶微量的变形。

$$\lambda = \sqrt{l^2+\delta^2} - l = l\left[1 + \frac{1}{2}\left(\frac{\delta}{l}\right)^2 - \frac{1}{8}\left(\frac{\delta}{l}\right)^4 + \cdots\right] - l \approx \frac{\delta^2}{2l}$$

可见,δ 为微量时,λ 为二阶微量,因而当杆件稍有变形时,C 点的位移便极为显著。因此,工程结构中不能采用瞬变体系,而且接近于瞬变的体系也应避免。

在一个刚片上增加二元体时,若二元体的两杆共线,则为瞬变体系。

两个刚片用三根链杆相联时,若三根链杆交于同一点(图 2-17a),则两刚片可绕交点 O 作相对转动,但发生微小转动后三杆一般便不再交于同一点,故此体系为瞬变体系。当三根链杆全平行时,可以认为它们均交于无穷远点,故亦属交于同一点的情况,两刚片可沿与链杆垂直的方向作相对平移。当三杆平行但不等长时(图 2-17b),两刚片发生微小相对移动后三杆便不再全平行,因此属瞬变体系;当三杆平行且等长时(图 2-17c),则运动可一直继续下去,故为常变体系(注:这是指平行等长三杆均从每一刚片的同侧方向联出的情况,而不是如图 2-17d 有从异侧联出的情况,后者仍为瞬变)。但不论怎样,上面几种情况都不是几何不变体系。因此,两刚片用三链杆相联组成几何不变体系时,三杆必须是不全平行也不交于同一点。

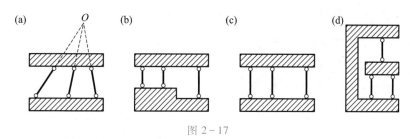

图 2-17

§2-5 机动分析示例

对一个体系进行机动分析时,可首先计算其计算自由度 W,若 $W>0$(或只就体系本身 $W>3$),则体系肯定是几何可变的;若 $W \leqslant 0$(或只就体系本身 $W \leqslant 3$),再进行几何组成分析,判定它是否几何不变。但通常也可以略去 W 的计算,而直接进行几何组成分析。

几何组成分析的依据就是前述几个基本组成规则,问题在于如何正确和灵活地运用它们去分析各种各样的体系。对于较复杂的体系,宜先把能直接观察出的几何不变部分当作刚片,或者以地基或一个刚片为基础按二元体或两刚片规则逐步扩大刚片范围,或者拆除二元体使体系的组成简化,以便进一步用基本组成规则去分析它们。下面举例加以说明。

例 2-1 试分析图 2-18 所示体系的几何构造。

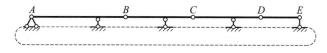

图 2-18

解：地基为一刚片。观察各段梁与地基的联结情况，首先可看出，*AB* 段梁与地基是用三根链杆按两刚片规则相联的，为几何不变。这样，就可以把地基与 *AB* 段梁一起看成是一个扩大了的刚片。再看 *BC* 段梁，它与上述扩大了的刚片之间又是用一铰一杆按两刚片规则相联的，于是这个"大刚片"就更扩大到包含 *BC* 段梁。同样，*CD* 段梁与上述大刚片又是按两刚片规则相联的，*DE* 段梁亦可作同样分析。因此，可知整个体系为几何不变，而且无多余联系。

例 2−2 试对图 2−19a 所示体系进行机动分析。

解：此体系的支座链杆只有三根，且不全平行也不交于一点，若体系本身为一刚片，则它与地基是按两刚片规则组成的，因此只需分析体系本身是不是一个几何不变的刚片即可。对于体系本身（图 2−19b），分析时可从左右两边均按结点 1，2，3，…的顺序拆去二元体，最后剩下刚片 9−10，但当拆到结点 6 时，即发现二元体的两杆在一直线上，故知此体系是瞬变的。当然，也可以把中间的 9−10 杆当作基本刚片，而按结点 8，7，…的顺序增加二元体，当加到结点 6 时同样可发现二元体的两杆在一直线上，故知为瞬变体系。

例 2−3 试分析图 2−20 所示体系的几何构造。

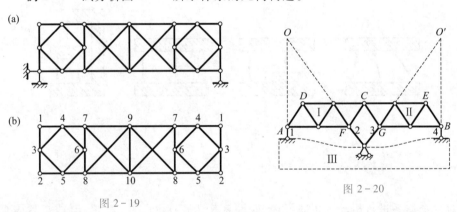

图 2−19

图 2−20

解：由观察可知，*ADCF* 和 *BECG* 两部分都是几何不变的，可作为刚片 Ⅰ、Ⅱ。此外地基可作为刚片 Ⅲ。这样，刚片 Ⅰ、Ⅲ 之间有杆 1、2 相联，这相当于用虚铰 *O* 相联；同理，刚片 Ⅱ、Ⅲ 相当于用虚铰 *O′* 相联；而刚片 Ⅰ、Ⅱ 则用铰 *C* 相联。*O*、*O′*、*C* 三铰不共线，故此桁架为几何不变体系，而且无多余联系。

例 2−4 试对图 2−21a 所示体系进行机动分析。

解：首先，可按式（2−2）求其计算自由度

$$W = 2j - (b + r) = 2 \times 6 - (8 + 4) = 0$$

这表明体系具有几何不变所必需的最少联系数目。

其次，进行几何构造分析。此体系本身不是一个几何不变的刚片，与地基又有四根支座链杆相联，因而不能按两刚片规则分析；此外，也无二元体可去。因此，可试用三刚片规则来分析。由于应连同地基一起分析，故首先应将地基作为一刚片，用 Ⅲ 表示。然后，可把三角形 *ABD* 和 *BCE* 当作刚片 Ⅰ、Ⅱ（图2−21b）。但是，接下去分析就有困难：刚片 Ⅰ、Ⅲ 用铰 *A* 相联，刚片 Ⅰ、Ⅱ 用铰 *B* 相联，而刚片 Ⅱ、Ⅲ 之间呢？只有链杆 *CH* 直接相联，链杆 *FG* 并不联在刚片 Ⅱ 上，此外还有杆件 *DF*、*EF* 没有用上。显

然,这不符合两两铰联的规则,分析无法进行下去。因此,应该按两两铰联的规则另选刚片。地基仍作为一刚片。铰 A 处的两根支座链杆可看作是地基上增加的二元体,因而同属于地基的刚片Ⅲ。于是,从刚片Ⅲ上一共有 AB、AD、FG 和 CH 四根链杆联出,它们应该两两分别联到另外两个刚片上。这样,就可找出应以杆件 DF 和三角形 BCE 作为另外两个刚片(图 2-21c)。此时,刚片Ⅰ、Ⅱ之间也恰有两根链杆相联。这样,所有的杆件都已用上,而且符合两两铰联。现分析各铰的位置:

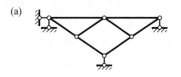

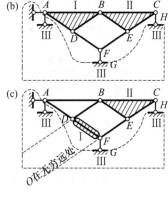

刚片Ⅰ、Ⅲ——用链杆 AD、FG 相联,虚铰在 F 点;

刚片Ⅱ、Ⅲ——用链杆 AB、CH 相联,虚铰在 C 点;

刚片Ⅰ、Ⅱ——用链杆 BD、EF 相联,因为此两杆平行,故虚铰 O 在此两杆延长线上的无穷远处。

图 2-21

由于虚铰 O 在 EF 的延长线上,故 C、F、O 三铰在一直线上。因此,这是一个瞬变体系。

最后需要指出,我们所遇到的多数工程结构,其几何构造性质按前述基本组成规则即可进行分析。但是,也有一些体系,用基本组成规则尚无法进行分析(例如图5-23所示结构),此时便需用其他一些方法例如零载法(见§5-7)、计算机方法等来进行分析。

§2-6 三刚片体系中虚铰在无穷远处的情况

由前面已知,三刚片用三个单铰(包括虚铰)两两铰联时,若三铰不在一直线上则体系为几何不变,而且无多余联系;若三铰共线则为瞬变。分析中,常遇到虚铰在无穷远处的情况,此时如何判定体系是否几何不变呢?现讨论如下。

(1)一铰无穷远。如图 2-22a 所示,虚铰 $O_{Ⅰ,Ⅱ}$ 在无穷远处,而另二铰 $O_{Ⅰ,Ⅲ}$ 和 $O_{Ⅱ,Ⅲ}$ 不在无穷远处。此时,若组成无穷远虚铰之两平行链杆与另二铰连线不平行,则体系为几何不变;若平行,则体系为瞬变(图 2-22b);在特殊情况下,如图 2-22c 所示,$O_{Ⅰ,Ⅲ}$ 和 $O_{Ⅱ,Ⅲ}$ 为实铰,其连线和杆件 1、2 平行,而且三者等长,则体系为常变。

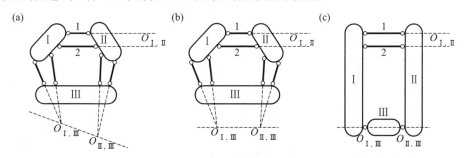

图 2-22

（2）两铰无穷远。如图2-23a所示，铰$O_{I,II}$不在无穷远处，铰$O_{I,III}$和$O_{II,III}$均在无穷远处。此时，若组成二无穷远虚铰之两对平行链杆互不平行，则体系为几何不变；若此两对平行链杆又相互平行（即四杆皆平行），则体系为瞬变（图2-23b）；若如图2-23c所示，此四杆均平行且等长，则体系为常变。

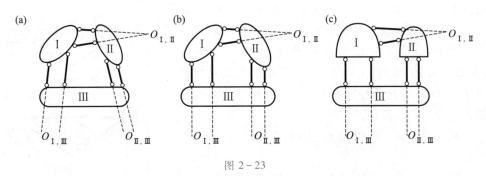

图 2-23

以上（1）、（2）两种情况，几何关系都比较简单，故上述各条结论读者可自行证明，兹不赘述。

（3）三铰均无穷远。如图2-24a所示，三刚片用任意方向的三对平行链杆两两铰联，三个虚铰均在无穷远处。三个不同方向的无穷远点是否在同一直线上呢？这是初等几何无法证明的。为此，可引用无穷远元素的性质：一组平行直线相交于同一个无穷远点，方向不同的平行直线则相交于不同的无穷远点，可以证明（略），平面上的所有无穷远点均在同一条直线上①，这条直线称为无穷远直线（而一切有限远点均不在此直线上）。于是可知，三虚铰$O_{I,II}$、$O_{I,III}$、$O_{II,III}$均在无穷远处时，体系是瞬变的。事实上，用其他一些方法（如零载法）也可以证明这种体系是瞬变的。在特殊情况下，如图2-24b那样三对平行链杆又各自等长，则体系是常变的，因为此时刚片间的相对平动可以继续进行下去（注意，这是指每对链杆都是从每一刚片的同侧方向联出的情况，而不是像图2-24c有从异侧方向联出的情况，后者仍将是瞬变的）。

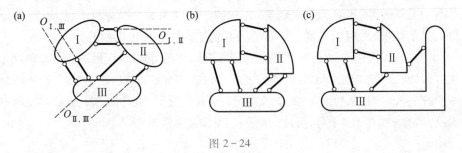

图 2-24

§2-7　几何构造与静定性的关系

机动分析除了可以判定体系是否几何不变外，还可以说明体系是否静定。为了

① 毛澍芬,等. 射影几何[M]. 上海:上海科学技术文献出版社,1985。

说明这一问题,现在来讨论体系的几何构造性质与平衡方程的解答之间的关系。按几何构造性质的不同,体系可分为几何可变的和几何不变的,其中几何可变的又包括常变和瞬变两种,几何不变的又包括无多余联系和有多余联系两种情况,现分别讨论如下。

如果体系是常变的,则在任意荷载作用下一般不能维持平衡,即平衡条件不能成立,因而平衡方程是无解的。

如果体系是几何不变的,则在任意荷载作用下均能维持平衡,因而平衡方程必定有解。但是解答是否只有一种?这又需要分无多余联系和有多余联系两种情况来讨论。

图 2-25a 为一无多余联系的几何不变体系,有三个支座反力,取刚片 AB 为隔离体,可建立平面力系的三个平衡方程来确定这三个反力,反力确定后,进一步由截面法可确定任一截面的内力,所以此体系是静定的。图 2-25b 为一有多余联系的几何不变体系,若去掉任一根竖向支座链杆,体系仍可保持几何不变。它共有四个支座反力,取刚片 AB 为隔离体,所能建立的独立平衡方程仍只有三个。除了水平反力 F_{Ax} 可由 $\sum F_x = 0$ 确定外,其余三个竖向反力便无法只靠剩下的

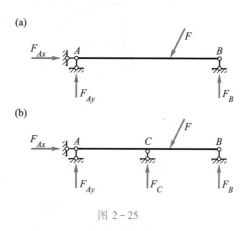

图 2-25

两个平衡方程来确定,当然也无法进一步确定其内力,所以此体系是超静定的。

一般情况下,设几何不变体系是由 m 个刚片用 h 个单铰及 r 根支座链杆相联而组成,则取每一刚片为隔离体可建立的平衡方程共有 $3m$ 个,而每一单铰处有两个约束力,故铰处及支座处的未知力共有 $(2h+r)$ 个。当体系几何不变,而且无多余联系时,其计算自由度 $W = 3m-(2h+r) = 0$,因而 $3m = 2h+r$,即平衡方程数目与未知力数目相等,此时解答只有确定的一组,故体系是静定的;当体系几何不变,而且有多余联系时,其 $W = 3m-(2h+r)<0$,因而 $3m<2h+r$,即平衡方程数目少于未知力数目,此时解答有无穷多组,仅靠平衡条件尚不能求得一组确定的解答,故体系是超静定的。

至于瞬变体系,前已述及,在一般荷载作用下其内力为无穷大,也就是平衡方程无解;在某些特殊荷载例如零荷载作用下其内力为不定值,即平衡方程有无穷多组解,此时是属于超静定的。

综上所述可知,只有无多余联系的几何不变体系才是静定的。或者说,静定结构的几何构造特征是几何不变且无多余联系。凡按前面所讲的基本组成规则组成的体系,都是几何不变且无多余联系的,因而都是静定结构;而在此基础上还有多余联系的便是超静定结构。这样,便可以从结构的几何构造来判定它是静定的还是超静定的。

复习思考题

1. 为什么计算自由度 $W \le 0$ 的体系不一定就是几何不变的?试举例说明。
2. 什么是刚片?什么是链杆?链杆能否作为刚片?刚片能否当作链杆?

3. 何谓单铰、复铰、虚铰？体系中的任何两根链杆是否都相当于在其交点处的一个虚铰？

4. 试述几何不变体系的三个基本组成规则，为什么说它们实质上只是同一个规则？

5. 何谓瞬变体系？为什么土木工程中要避免采用瞬变和接近瞬变的体系？

6. 试小结机动分析的一般步骤和技巧。

7. 在图 2-26 中，如果首先把 AC 杆和 BC 杆当作二元体去掉，则剩下的部分为常变体系，故推知原体系也是常变的，这样分析正确否？为什么？

8. 图 2-27 所示体系因 A、B、C 三铰共线所以是瞬变的，这样分析正确否？为什么？

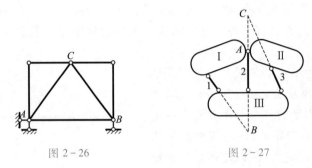

图 2-26　　　　　　　　　　图 2-27

习　　题

2-1~2-17　试对图示平面体系进行机动分析。

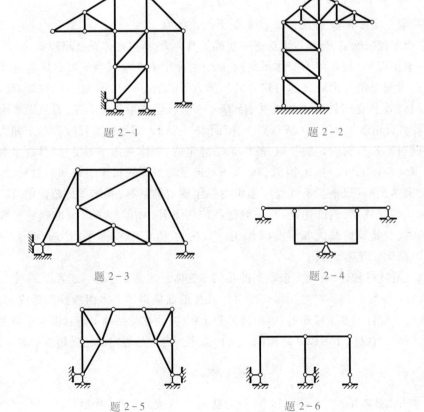

题 2-1　　　　　　　　　　题 2-2

题 2-3　　　　　　　　　　题 2-4

题 2-5　　　　　　　　　　题 2-6

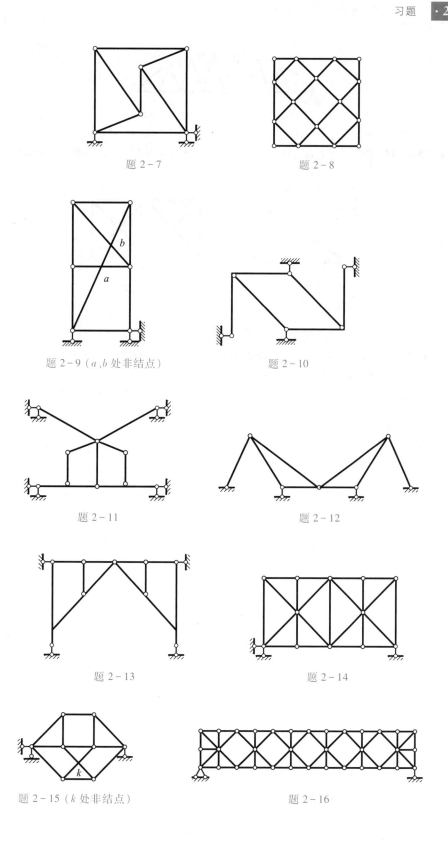

题 2-7

题 2-8

题 2-9（a、b 处非结点）

题 2-10

题 2-11

题 2-12

题 2-13

题 2-14

题 2-15（k 处非结点）

题 2-16

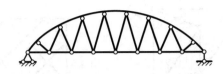

题 2−17

2−18、2−19　添加最少数目的链杆和支承链杆,使体系成为几何不变,而且无多余联系。

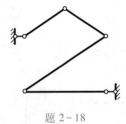

题 2−18　　　　　　　　　题 2−19

答　案

2−1~2−17	除 2−5、2−6、2−8 外,其余均 为几何不变,且无多余联系	2−14	几何不变,有 2 个多余联系
		2−15	常变
2−5	瞬变	2−16	几何不变,有 1 个多余联系
2−6	常变	2−17	几何不变,有 8 个多余联系
2−8	常变	2−18	加 4 根,可有不同方案
2−13	瞬变	2−19	加 3 根,可有不同方案

第三章 静定梁与静定刚架

§3-1 单跨静定梁

从本章起,将陆续讨论各类静定结构的内力计算。本章讨论静定梁与静定刚架,本节先讨论单跨静定梁。

单跨静定梁在工程中应用很广,是组成各种结构的基本构件之一,其受力分析是各种结构受力分析的基础。因此,尽管在材料力学(或工程力学)中对梁的内力分析已作过讨论,在这里仍有必要加以简略回顾和补充,以使初学者进一步熟练掌握。

3-1 本章学习要点

1. 反力

常见的单跨静定梁有简支梁、伸臂梁和悬臂梁三种(图3-1),它们都是由梁和地基按两刚片规则组成的静定结构,因而其支座反力都只有三个,可取全梁为隔离体,由平面一般力系的三个平衡方程求出,无须赘述。

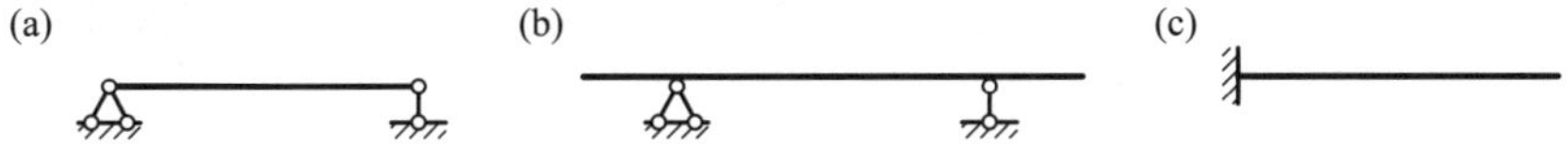

3-2 单跨静定梁实例

图 3-1

2. 内力

平面结构在任意荷载作用下,其杆件横截面上一般有三个内力分量,即轴力 F_N、剪力 F_S 和弯矩 M(图3-2)。计算内力的基本方法是<u>截面法</u>:将结构沿拟求内力的截面截开,取截面任一侧的部分为隔离体,利用平衡条件计算所求内力。内力的符号通常规定如下:轴力以拉力为正;剪力以绕隔离体顺时针方向转动者为正;弯矩以使梁的下侧纤维受拉者为正。由截面法可得:

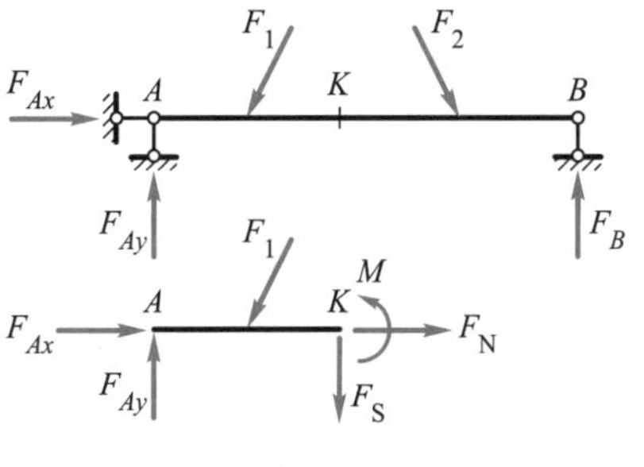

图 3-2

轴力等于截面一侧所有外力(包括荷载和反力)沿截面法线方向投影的代数和。

剪力等于截面一侧所有外力沿截面方向投影的代数和。

弯矩等于截面一侧所有外力对截面形心力矩的代数和。

对于直梁,当所有外力均垂直于梁轴线时,横截面上通常只有剪力和弯矩,没有轴力。

表示结构上各截面内力数值的图形称为<u>内力图</u>。内力图通常是用平行于杆轴线的坐标表示截面的位置(此坐标轴通常又称为<u>基线</u>),而用垂直于杆轴线的坐标

（又称竖标）表示内力的数值而绘出的。在土木工程中,弯矩图习惯绘在杆件受拉的一侧,而图上可不注明正负号;剪力图和轴力图则将正值的竖标绘在基线的上方,同时标明正负号。绘制内力图的基本方法是先分段写出内力方程,即以 x 表示任意截面的位置,由截面法写出内力与 x 之间的函数关系式,然后根据方程作图。但通常亦可不写内力方程,而用更简便的方法,即利用微分关系判断内力图形状,采用分段、定点、连线以及区段叠加法来作内力图。

3. 内力与外力间的微分关系及内力图形状判断

在直梁中（图 3-3a）,由微段（图 3-3b）的平衡条件可导出内力与外力间具有如下微分关系:

$$\left.\begin{aligned}\frac{\mathrm{d}F_{\mathrm{S}}}{\mathrm{d}x} &= -q(x)\\[4pt]\frac{\mathrm{d}M}{\mathrm{d}x} &= F_{\mathrm{S}}\\[4pt]\frac{\mathrm{d}F_{\mathrm{N}}}{\mathrm{d}x} &= -p(x)\end{aligned}\right\} \tag{3-1}$$

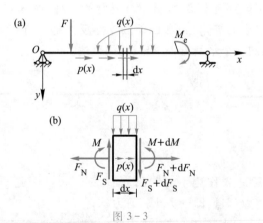

图 3-3

上式的几何意义是:剪力图上某点处切线斜率等于该点处的横向荷载集度,但符号相反;弯矩图上某点处切线斜率等于该点处的剪力;轴力图上某点处切线斜率等于该点处的轴向荷载集度,但符号相反。据此,可以推知荷载情况与内力图形状之间的一些对应关系,如表 3-1 所示。掌握内力图形状上的这些特征,对于正确和迅速地绘制内力图很有帮助。

表 3-1　直梁内力图的形状特征

梁上荷载情况	无横向外力区段	横向均布力作用区段	横向集中力作用处	集中力偶作用处	铰处
	$q=0$	q	F	M	—

	水平线	斜直线	有突变(突变值 = F)	无变化	
剪力图					无影响
弯矩图	一般为斜直线	抛物线(凸向同 q 指向)	有尖角(其指向同 F 指向)	有突变(突变值 = M)	为零
内力图特征	在剪力为零的区段弯矩图平行于基线	在剪力为零处弯矩有极值	集中力作用处左右两边剪力变号时弯矩有极值	集中力偶作用处左右两边弯矩图斜直线平行	

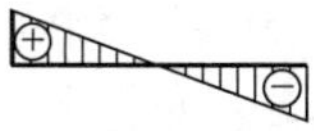

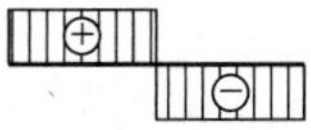

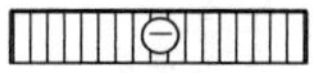

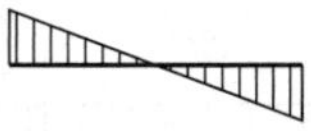

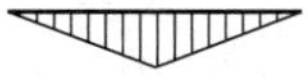

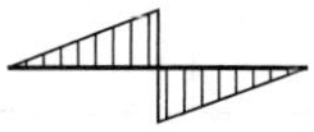

为了便于快速绘制内力图,把等截面单跨静定梁在不同简单荷载作用下的剪力图和弯矩图列于表 3-2 中。

表 3-2 简单荷载作用下等截面单跨静定梁的剪力图和弯矩图

编号	梁上荷载情况	剪力图	弯矩图
1	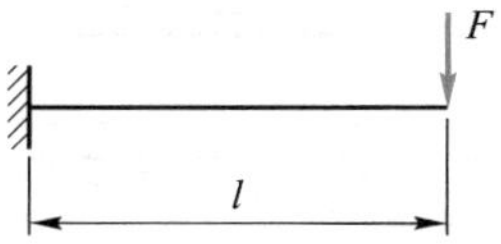	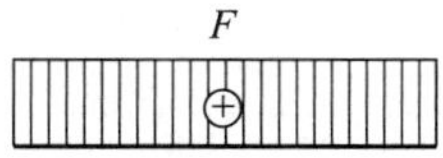	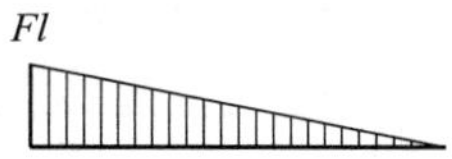
2	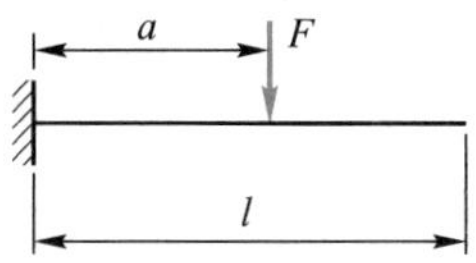	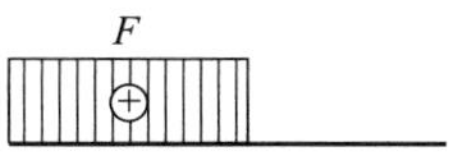	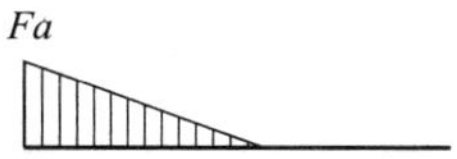
3	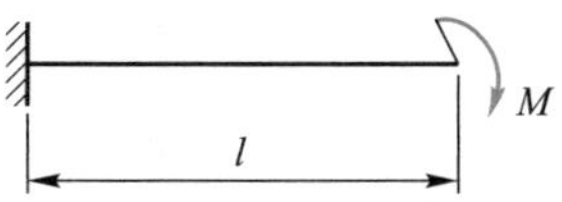		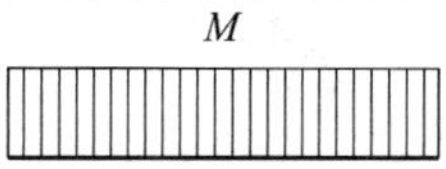
4	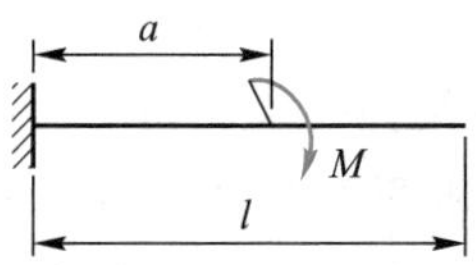		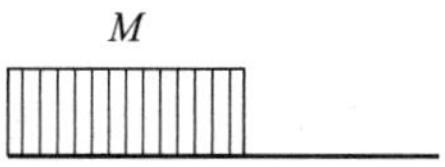

续表

编号	梁上荷载情况	剪力图	弯矩图
5	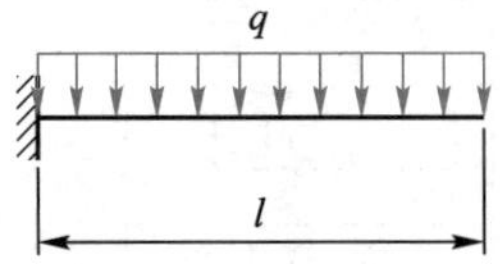	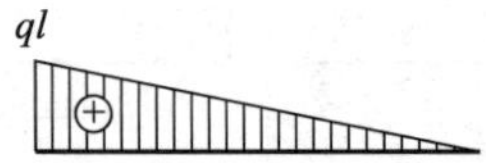	
6	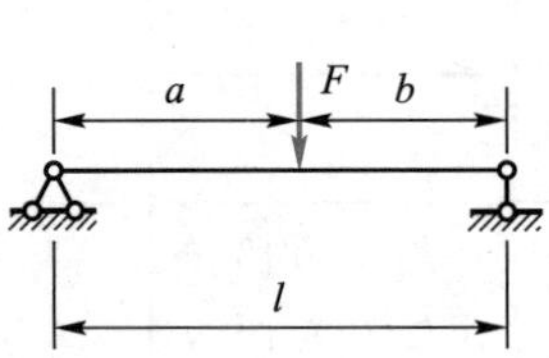	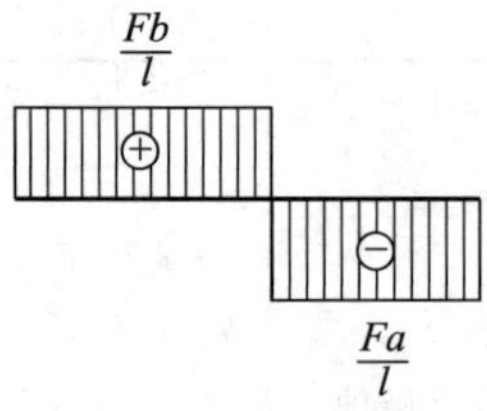	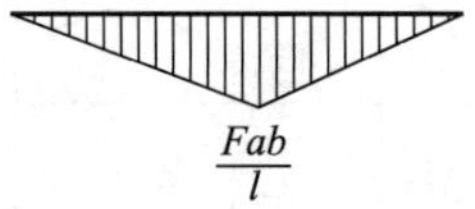
7	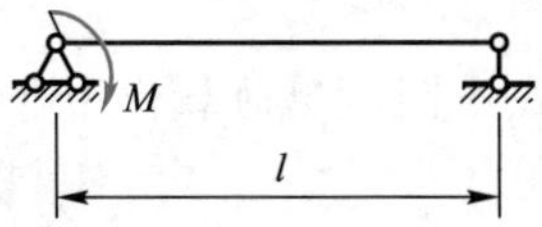	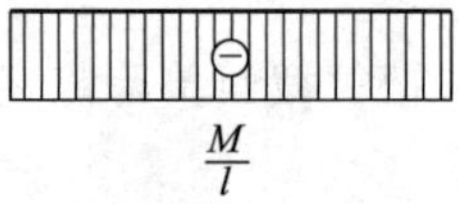	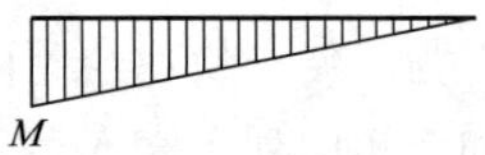
8	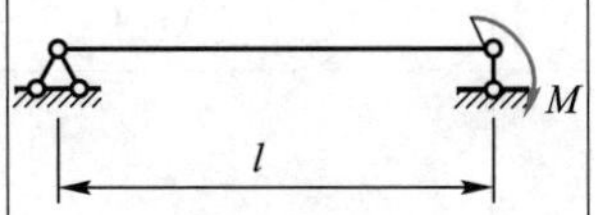	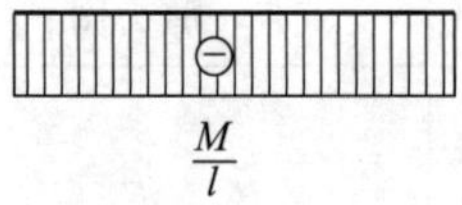	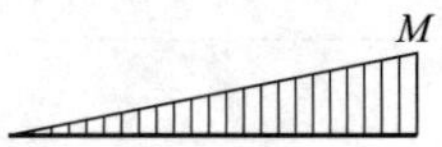
9	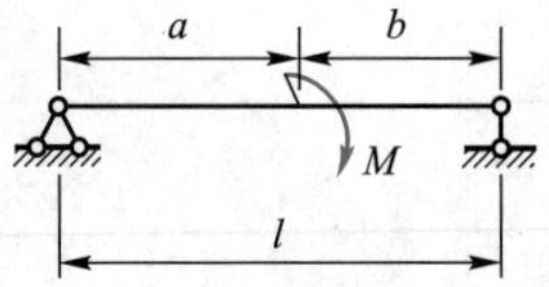	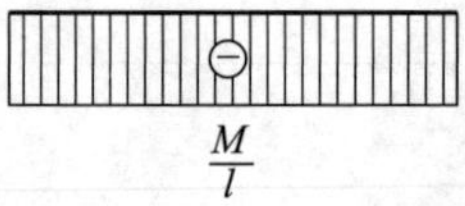	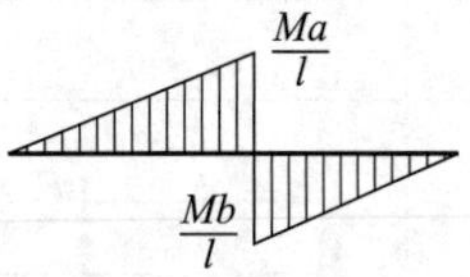
10	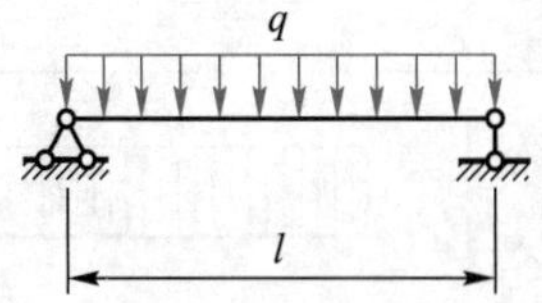	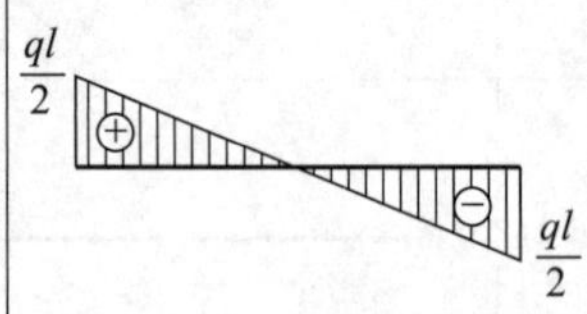	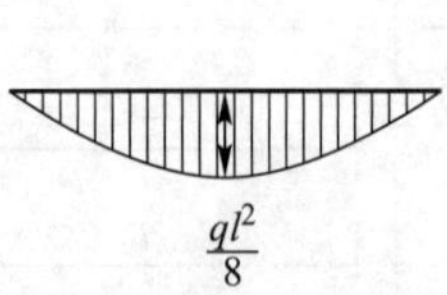

4. 区段叠加法作弯矩图

用叠加法作简支梁的弯矩图。如图 3-4a 所示简支梁同时承受集中力和两端力偶的作用,可先分别绘出两端力偶 M_A、M_B 作用下和荷载 F 作用下的弯矩图(图 3-4b、c),然后将其竖标叠加,即得所求弯矩图(图 3-4d)。实际作图时,不必作出图3-4b、c 而可直接作出图 3-4d。此方法是:先将两端弯矩 M_A、M_B 绘出并连以直线(虚线),然后以此直线为基线叠加简支梁在荷载 F 作用下的弯矩图。必须注意,这里所说弯矩图的叠加,是指其竖标值叠加,因此图 3-4d 中的竖标 Fab/l 仍应沿竖向量取(而不是垂直于 M_A、M_B 连线方向)。这样,最后的图线与最初的水平基线之间所包含的图形即为叠加后所得的弯矩图。

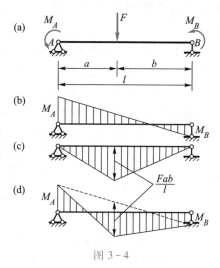

图 3-4

值得指出,上述叠加法对直梁的任何区段都是适用的。如图 3-5a 所示梁中某一区段 AB,取出该梁段为隔离体(图 3-5b),除荷载 q 外,两端还有弯矩 M_A、M_B 和剪力 F_{SA}、F_{SB} 作用,如果把它与一个长度相等承受同样荷载 q 并在两端有力偶 M_A、M_B 作用的简支梁(图 3-5c)相比,在二者中分别用平衡条件求剪力 F_{SA}、F_{SB} 及支座反力 F_A、F_B,则可知 $F_{SA} = F_A$,$F_{SB} = -F_B$。可见,它们所受的外力完全相同,因而二者具有相同的内力图。于是,这段梁的弯矩图就可以这样来绘制:先将其两端弯矩 M_A、M_B 求出并连以直线(虚线),然后在此直线上再叠加相应简支梁在荷载 q 作用下的弯矩图(图 3-5d)。这种方法可称为区段叠加法或简支梁叠加法,亦可简称叠加法。

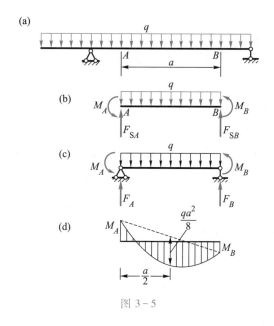

图 3-5

5. 绘制内力图的一般步骤

(1)求反力(悬臂梁可不求反力)。

(2)分段。凡外力不连续点均应作为分段点,如集中力及力偶作用点、均布荷载的起讫点等。这样,根据外力情况就可以判定各段梁的内力图形状。

(3)定点。根据各段梁的内力图形状,选定所需的控制截面,用截面法求出这些截面的内力值,并在内力图的基线上用竖标绘出。这样,就定出了内力图上的各控制点。

（4）连线。根据各段梁的内力图形状,将其控制点以直线或曲线相连。对控制点间有荷载作用的情况,其弯矩图可用区段叠加法绘制。

例 3-1 试作图 3-6a 所示梁的剪力图和弯矩图。

解: 首先,计算支座反力。取全梁为隔离体,由 $\sum M_B = 0$,有

$$F_A \times 8 \text{ m} - 20 \text{ kN} \times 9 \text{ m} - 30 \text{ kN} \times 7 \text{ m} - 5 \text{ kN/m} \times 4 \text{ m} \times 4 \text{ m} -$$

$$10 \text{ kN} \cdot \text{m} + 16 \text{ kN} \cdot \text{m} = 0$$

得

$$F_A = 58 \text{ kN}(\uparrow)$$

再由 $\sum F_y = 0$,可得

$$F_B = 20 \text{ kN} + 30 \text{ kN} + 5 \text{ kN/m} \times 4 \text{ m} - 58 \text{ kN} = 12 \text{ kN}(\uparrow)$$

绘制剪力图时,用截面法算出下列各控制截面的剪力值:

$$F_{SC}^R = -20 \text{ kN}$$

$$F_{SA}^R = -20 \text{ kN} + 58 \text{ kN} = 38 \text{ kN}$$

$$F_{SD}^R = -20 \text{ kN} + 58 \text{ kN} - 30 \text{ kN} = 8 \text{ kN}$$

$$F_{SE} = F_{SD}^R = 8 \text{ kN}$$

$$F_{SF} = -12 \text{ kN}$$

$$F_{SB}^R = 0$$

然后,即可绘出剪力图如图 3-6b 所示。

绘制弯矩图时,用截面法算出下列各控制截面的弯矩值:

$$M_C = 0$$

$$M_A = -20 \text{ kN} \times 1 \text{ m} = -20 \text{ kN} \cdot \text{m}$$

$$M_D = -20 \text{ kN} \times 2 \text{ m} + 58 \text{ kN} \times 1 \text{ m} = 18 \text{ kN} \cdot \text{m}$$

$$M_E = -20 \text{ kN} \times 3 \text{ m} + 58 \text{ kN} \times 2 \text{ m} - 30 \text{ kN} \times 1 \text{ m} = 26 \text{ kN} \cdot \text{m}$$

$$M_F = 12 \text{ kN} \times 2 \text{ m} - 16 \text{ kN} \cdot \text{m} + 10 \text{ kN} \cdot \text{m} = 18 \text{ kN} \cdot \text{m}$$

$$M_G^L = 12 \text{ kN} \times 1 \text{ m} - 16 \text{ kN} \cdot \text{m} + 10 \text{ kN} \cdot \text{m} = 6 \text{ kN} \cdot \text{m}$$

$$M_G^R = 12 \text{ kN} \times 1 \text{ m} - 16 \text{ kN} \cdot \text{m} = -4 \text{ kN} \cdot \text{m}$$

$$M_B^L = -16 \text{ kN} \cdot \text{m}$$

便可绘出弯矩图（图 3-6c）。其中,EF 段的弯矩图可用区段叠加法绘出,此段梁中点 H 的弯矩值为

$$M_H = \frac{M_E + M_F}{2} + \frac{qa^2}{8} = \frac{(26 + 18) \text{ kN} \cdot \text{m}}{2} + \frac{5 \text{ kN/m} \times (4 \text{ m})^2}{8}$$

$$= (22 + 10) \text{ kN} \cdot \text{m} = 32 \text{ kN} \cdot \text{m}$$

最后,为了求出最大弯矩值 M_{max},应确定剪力为零的截面 K 的位置,取 EF 段梁为隔离体（图 3-6d）,由

$$F_{SK} = F_{SE} - qx = 8 \text{ kN} - 5 \text{ kN/m} \cdot x = 0$$

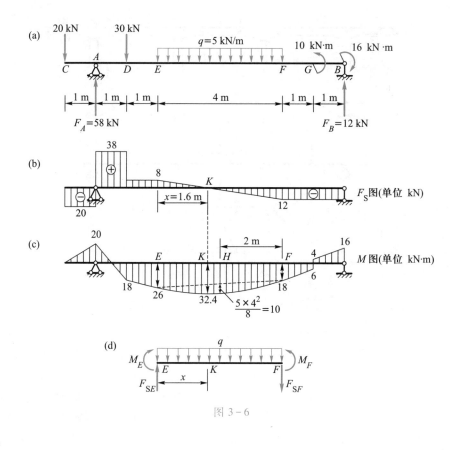

图 3-6

得

$$x = 1.6 \text{ m}$$

故

$$M_{\max} = M_E + F_{SE}x - \frac{qx^2}{2}$$

$$= 26 \text{ kN} \cdot \text{m} + 8 \text{ kN} \times 1.6 \text{ m} - \frac{5 \text{ kN/m} \times (1.6 \text{ m})^2}{2} = 32.4 \text{ kN} \cdot \text{m}$$

§3-2 多跨静定梁

多跨静定梁是由若干根梁用铰相联,并用若干支座与基础相联而组成的静定结构。图 3-7a 为一用于公路桥的多跨静定梁,图 3-7b 为其计算简图。

从几何组成上看,多跨静定梁的各部分可以分为基本部分和附属部分。例如上述多跨静定梁,其中 *AB* 部分有三根支座链杆直接与地基相联,它不依赖其他部分的存在而能独立地维持其几何不变性,称为基本部分。同理,*CD* 也是一基本部分。而 *BC* 部分则必须依靠基本部分的支承才能维持其几何不变性,故称为附属部分。显然,若附属部分被破坏或撤除,基本部分仍为几何不变;反之,若基本部分被破坏,则附属部分必随之连同倒塌。为了更清晰地表示各部分之间的支承关系,可以把基本部分画在下层,而把附属部分画在上层,如图 3-7c 所示,这称为层叠图。

3-3 多跨静定梁实例

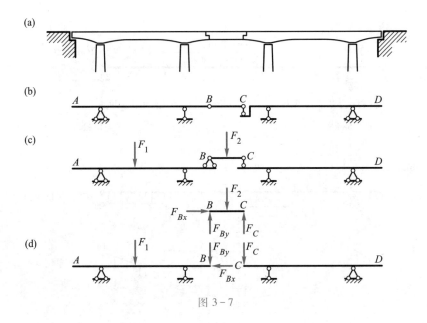

图 3-7

从受力分析来看,由于基本部分直接与地基组成为几何不变体系,因此它能独立承受荷载而维持平衡。当荷载作用于基本部分上时,由平衡条件可知,将只有基本部分受力,附属部分不受力。当荷载作用于附属部分上时,则不仅附属部分受力,而且由于它是支承在基本部分上的,其反力将通过铰结处传给基本部分,因而使基本部分也受力。由上述基本部分与附属部分之间的传力关系可知,计算多跨静定梁的顺序应该是先附属部分,后基本部分;也就是说,与几何组成的顺序相反,这样才可顺利地求出各铰结处的约束力和各支座反力,而避免求解联立方程。当每取一部分为隔离体进行分析时(图 3-7d),都与单跨梁的情况无异,故其反力计算与内力图的绘制均无困难。

多跨静定梁通常有两种基本组成形式。一种如图 3-8a 所示,为伸臂梁与支承于伸臂梁上的挂梁交互排列。除最左边的伸臂梁为基本部分外,其余各伸臂梁虽只有两根竖向支座链杆直接与地基相连,但在竖向荷载作用下能独立维持平衡。因此在竖向荷载作用下这些伸臂梁也是基本部分,各挂梁则为附属部分,其层叠图如图 3-8b 所示。分析时应先计算各挂梁,再计算各伸臂梁。另一种如图 3-9a 所示,左边伸臂梁为基本部分,其余各段梁则依次分别为其左边部分的附属部分,其层叠图如图 3-9b 所示。分析时应从最上层的附属部分开始,依次计算下来,最后才计算基本部分。

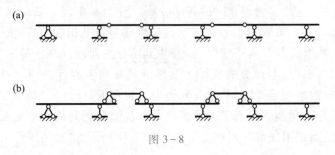

图 3-8

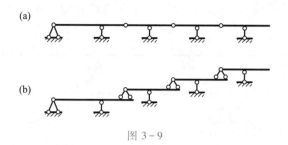

图 3-9

例 3-2 试计算图 3-10a 所示多跨静定梁。

解: AB 梁为基本部分, CF 梁有两根竖向支座链杆与地基相连, 故在竖向荷载作用下为基本部分, 层叠图如图 3-10b 所示。分析应从附属部分 BC 梁开始, 然后再分析 AB 梁和 CF 梁。各段梁的隔离体图如图 3-10c 所示。

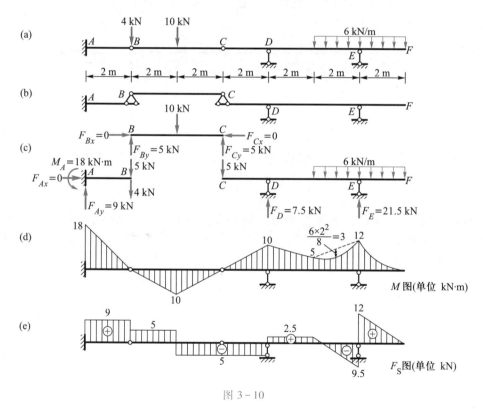

图 3-10

因梁上只承受竖向荷载, 由整体平衡条件可知水平反力 $F_{Ax}=0$, 从而可推知各铰结处的水平约束力都为零, 全梁均不产生轴力。求出 BC 段梁的竖向反力后, 将其反向即为作用于基本部分的荷载。其中 AB 梁在铰 B 处除承受梁 BC 传来的约束力 5 kN($\downarrow$) 外, 尚承受有原作用在该处的荷载 4 kN($\downarrow$)。至于其他各约束力和支座反力的数值均标明在图中, 毋须再行说明。

求出约束力和反力后, 即可按照上节所述方法逐段作出梁的弯矩图和剪力图, 如图 3-10d、e 所示, 读者可自行校核。

例 3-3 图 3-11a 所示多跨静定梁, 全长承受均布荷载 q, 各跨长度均为 l。今欲使梁上最大正、负弯矩的绝对值相等,试确定铰 B、E 的位置。

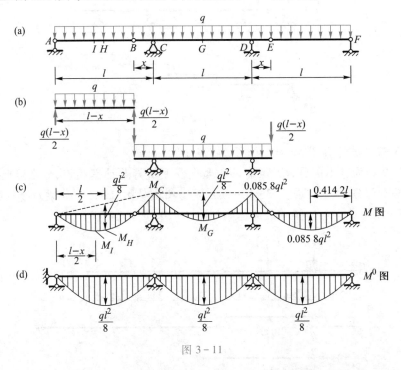

图 3 – 11

解: 先分析附属部分,后分析基本部分(图 3 – 11b),可知截面 C 的弯矩绝对值为

$$M_C = \frac{q(l-x)}{2}x + \frac{qx^2}{2} = \frac{qlx}{2}$$

由区段叠加法及对称性可绘出弯矩图如图 3 – 11c 所示。显然,全梁的最大负弯矩即发生在截面 C、D 处。现在来分析全梁的最大正弯矩发生在何处。CD 段梁的最大正弯矩发生在其跨中截面 G 处,其值为

$$M_G = \frac{ql^2}{8} - M_C$$

而 AC 段梁中点的弯矩为

$$M_H = \frac{ql^2}{8} - \frac{M_C}{2}$$

可见 $M_H > M_G$。而在 AC 段梁中,最大正弯矩还不是 M_H,而是 AB 段中点处的 M_I,其值为

$$M_I = \frac{q(l-x)^2}{8}$$

这也就是全梁的最大正弯矩。按题意要求,应使 $M_I = M_C$,从而得

$$\frac{q(l-x)^2}{8} = \frac{qlx}{2}$$

整理后有

$$x^2 - 6lx + l^2 = 0$$

由此解得

$$x = (3 - 2\sqrt{2})l = 0.171\ 6l$$

[另有一根为 $x = (3 + 2\sqrt{2})l$,因与题意不合,故不取]并可求得

$$M_I = M_C = \frac{qlx}{2} = \frac{3 - 2\sqrt{2}}{2}ql^2 = 0.085\ 8ql^2$$

及

$$M_G = \frac{ql^2}{8} - M_C = 0.039\ 2ql^2$$

若将此多跨静定梁的弯矩 M 图与相应多跨简支梁的弯矩 M^0 图(图3-11d)比较,可知前者的最大弯矩值要比后者的小 31.36%。这是由于在多跨静定梁中布置了伸臂梁的缘故,它一方面减小了附属部分的跨度,一方面又使得伸臂上的荷载对基本部分产生负弯矩,从而部分地抵消了跨中荷载所产生的正弯矩。因此,多跨静定梁比相应多跨简支梁在材料用量上较省,但构造上要复杂一些。

例3-4 试作图3-12a所示多跨静定梁的内力图,并求出各支座的反力。

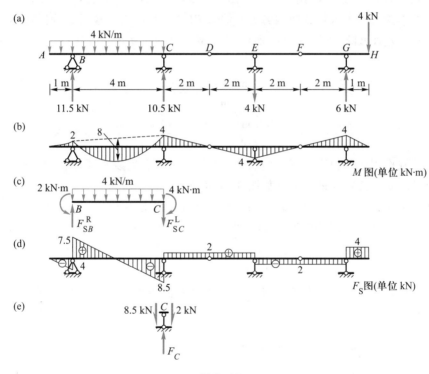

图 3-12

解: 按一般步骤是先求出各支座反力及铰结处的约束力,然后作梁的剪力图和弯矩图。但是,如果能熟练地应用弯矩图的形状特征以及叠加法,则在某些情况下也可以不计算反力而首先绘出弯矩图,本题即是一例。

作弯矩图时从附属部分开始。GH 段的弯矩图与悬臂梁的相同,可立即绘出。G、E 间并无外力作用,故其弯矩图必为一段直线,只需定出两个点便可绘出此直线。现已知 $M_G = -4\ \mathrm{kN \cdot m}$;而 F 处为铰,其弯矩应等于零,即 $M_F = 0$。因此,将以上两点

连以直线并将其延长至 E 点之下,即得 EG 段梁的弯矩图,并可定出 $M_E = 4\ \text{kN} \cdot \text{m}$。用同样的方法可绘出 CE 段梁的弯矩图。最后,在绘出伸臂部分 AB 的弯矩图后,BC 段梁的弯矩图便可用叠加法绘出。这样,就未经计算反力而绘出了全梁的弯矩图,如图 3 – 12b 所示。

有了弯矩图,剪力图即可根据微分关系或平衡条件求得。对于弯矩图为直线的区段,利用弯矩图的坡度(即斜率)来求剪力是方便的,例如 CE 段梁的剪力值为

$$F_{S(CE)} = \frac{4\ \text{kN} \cdot \text{m} + 4\ \text{kN} \cdot \text{m}}{4\ \text{m}} = 2\ \text{kN}$$

至于剪力的正负号,可按如下方法迅速判定:若弯矩图是从基线顺时针方向转的(以小于 90° 的转角),则剪力为正,反之为负。据此可知,$F_{S(CE)}$ 应为正。又如 EG 段梁,有

$$F_{S(EG)} = -\frac{4\ \text{kN} \cdot \text{m} + 4\ \text{kN} \cdot \text{m}}{4\ \text{m}} = -2\ \text{kN}$$

对于弯矩图为曲线的区段,则根据弯矩图的切线斜率来计算剪力并不方便,此时可利用杆段的平衡条件来求得其两端剪力。例如 BC 段梁,可取出该段梁为隔离体(在截面 B 右处和 C 左处截断)如图 3 – 12c 所示,由 $\sum M_C = 0$ 和 $\sum M_B = 0$ 可分别求得其两端剪力为

$$F_{SB}^{R} = \frac{4\ \text{kN/m} \times 4\ \text{m} \times 2\ \text{m} - 4\ \text{kN} \cdot \text{m} + 2\ \text{kN} \cdot \text{m}}{4\ \text{m}} = 7.5\ \text{kN}$$

$$F_{SC}^{L} = \frac{-4\ \text{kN/m} \times 4\ \text{m} \times 2\ \text{m} - 4\ \text{kN} \cdot \text{m} + 2\ \text{kN} \cdot \text{m}}{4\ \text{m}} = -8.5\ \text{kN}$$

在均布荷载作用区段剪力图应为斜直线,故将以上两点连以直线即得 BC 段梁的剪力图。整个多跨静定梁的剪力图如图 3 – 12d 所示。

剪力图作出后,求支座反力就不困难。例如欲求支座 C 的反力,可取出结点 C 为隔离体而考虑其平衡条件 $\sum F_y = 0$(图 3 – 12e,与投影方程无关的弯矩在图中未示出),得到

$$F_C = 8.5\ \text{kN} + 2\ \text{kN} = 10.5\ \text{kN}\ (\uparrow)$$

当然,反力值也可以直接从剪力图上竖标的突变值得到。各支座反力值已标在图 3 – 12a 中。

§3 – 3　静定平面刚架

刚架是由直杆组成的具有刚结点的结构。静定平面刚架常见的形式有悬臂刚架(如图 3 – 13 所示站台雨棚)、简支刚架(如图 3 – 14 所示渡槽的横向计算简图)及三铰刚架(如图 3 – 15 所示门式刚架)等。

静定刚架的内力通常有弯矩、剪力和轴力,其计算方法原则上与静定梁相同,通常需先求出支座反力。当刚架与地基系按两刚片规则组成时,支座反力只有三个,容易求得;当刚架与地基系按三刚片规则组成时(如三铰刚架),支座反力有四个,除考虑结构整体的三个平衡方程外,还需再取刚架的左半部(或右半部,一般取外荷载较少部分)

为隔离体建立一个平衡方程（通常是 $\sum M_C = 0$），方可求出全部反力；当刚架系由基本部分与附属部分组成时，亦应遵循先附属部分后基本部分的计算顺序。反力求出后，即可逐杆按照分段、定点、连线的步骤绘制内力图。

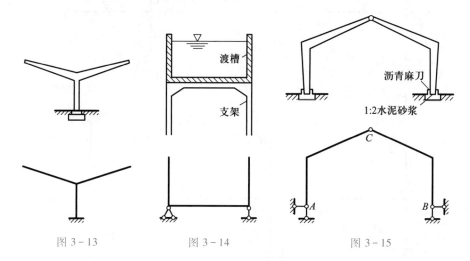

图 3-13   图 3-14   图 3-15

在刚架中，弯矩通常规定使刚架内侧受拉者为正（若不便区分内外侧时可假设任一侧受拉为正），弯矩图绘在杆件受拉边而不注正负号。其剪力和轴力正负号规定与梁相同，剪力图和轴力图可绘在杆件的任一侧但必须注明正负号。

为了明确地表示刚架上不同截面的内力，尤其是为区分汇交于同一结点的各杆端截面的内力，使之不致混淆，在内力符号后面引用两个脚标：第一个表示内力所属截面，第二个表示该截面所属杆件的另一端。例如 M_{AB} 表示 AB 杆 A 端截面的弯矩，F_{SAC} 则表示 AC 杆 A 端截面的剪力等。

例 3-5 试作图 3-16a 所示刚架的内力图。

解：（1）计算支座反力。此为一简支刚架，反力只有三个，考虑刚架的整体平衡，由 $\sum F_x = 0$ 可得

$$F_{Ax} = 6 \text{ kN/m} \times 8 \text{ m} = 48 \text{ kN} \ (\leftarrow)$$

由 $\sum M_A = 0$ 可得

$$F_B = \frac{6 \text{ kN/m} \times 8 \text{ m} \times 4 \text{ m} + 20 \text{ kN} \times 3 \text{ m}}{6 \text{ m}} = 42 \text{ kN} \ (\uparrow)$$

由 $\sum F_y = 0$ 可得

$$F_{Ay} = 42 \text{ kN} - 20 \text{ kN} = 22 \text{ kN} (\downarrow)$$

（2）绘制弯矩图。作弯矩图时应逐杆考虑。首先，考虑 CD 杆，该杆为一悬臂梁，故其弯矩图可直接绘出。其 C 端弯矩为

$$M_{CD} = \frac{6 \text{ kN/m} \times (4 \text{ m})^2}{2} = 48 \text{ kN} \cdot \text{m}（左侧受拉）$$

其次，考虑 CB 杆。该杆上作用一集中荷载，可分为 CE 和 EB 两无荷区段，用截面法求出下列控制截面的弯矩：

$$M_{BE} = 0$$

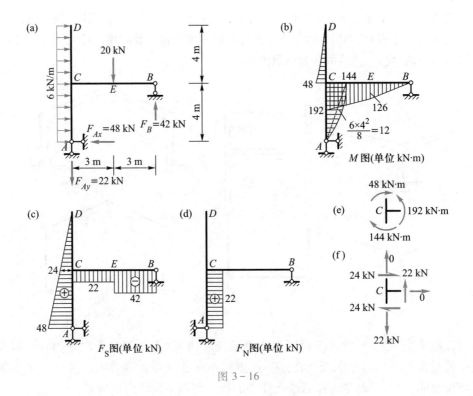

图 3 − 16

$$M_{EB} = M_{EC} = 42 \text{ kN} \times 3 \text{ m} = 126 \text{ kN} \cdot \text{m}（下侧受拉）$$

$$M_{CB} = 42 \text{ kN} \times 6 \text{ m} - 20 \text{ kN} \times 3 \text{ m} = 192 \text{ kN} \cdot \text{m}（下侧受拉）$$

便可绘出该杆弯矩图。

最后，考虑 AC 杆。该杆受均布荷载作用，可用叠加法来绘其弯矩图。为此，先求出该杆两端弯矩：

$$M_{AC} = 0$$

$$M_{CA} = 48 \text{ kN} \times 4 \text{ m} - 6 \text{ kN/m} \times 4 \text{ m} \times 2 \text{ m} = 144 \text{ kN} \cdot \text{m}（右侧受拉）$$

这里，M_{CA} 是取截面 C 下边部分为隔离体算得的。将两端弯矩绘出并连以直线，再于此直线上叠加相应简支梁在均布荷载作用下的弯矩图即成。

由上所得整个刚架的弯矩图如图 3 − 16b 所示。

（3）绘制剪力图和轴力图。作剪力图时同样逐杆考虑。根据荷载和已求出的反力，用截面法不难求得各控制截面的剪力值如下：

$$CD \text{ 杆}: F_{SDC} = 0, \qquad F_{SCD} = 6 \text{ kN/m} \times 4 \text{ m} = 24 \text{ kN}$$

$$CB \text{ 杆}: F_{SBE} = -42 \text{ kN}, \qquad F_{SCE} = -42 \text{ kN} + 20 \text{ kN} = -22 \text{ kN}$$

$$AC \text{ 杆}: F_{SAC} = 48 \text{ kN}, \qquad F_{SCA} = 48 \text{ kN} - 6 \text{ kN/m} \times 4 \text{ m} = 24 \text{ kN}$$

据此可绘出剪力图（图 3 − 16c）。

用同样方法可绘出轴力图（图 3 − 16d）。

（4）校核。内力图作出后应进行校核。对于弯矩图，通常是检查刚结点处是否满足力矩平衡条件。例如取结点 C 为隔离体（图 3 − 16e），有

$$\sum M_C = (48 - 192 + 144) \text{ kN} \cdot \text{m} = 0$$

可见,这一平衡条件是满足的。

为了校核剪力图和轴力图的正确性,可取刚架的任何部分为隔离体检查 $\sum F_x = 0$ 和 $\sum F_y = 0$ 的平衡条件是否得到满足。例如取结点 C 为隔离体(图3-16f),有

$$\sum F_x = 24 \text{ kN} - 24 \text{ kN} = 0$$

和

$$\sum F_y = 22 \text{ kN} - 22 \text{ kN} = 0$$

故知此结点投影平衡条件无误。

例3-6 试作图3-17a所示三铰刚架的内力图。

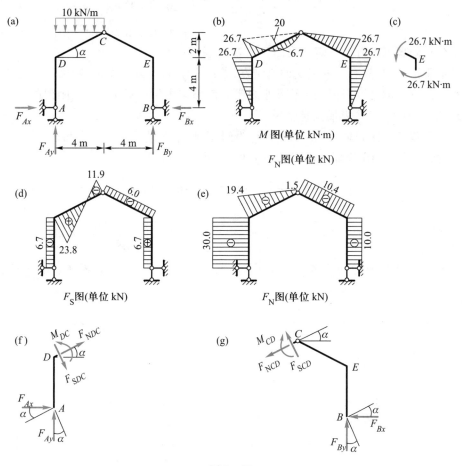

图3-17

解:(1)求反力。由刚架整体平衡,$\sum M_B = 0$ 可得

$$F_{Ay} = \frac{10 \text{ kN/m} \times 4 \text{ m} \times 6 \text{ m}}{8 \text{ m}} = 30 \text{ kN} \ (\uparrow)$$

由 $\sum F_y = 0$ 得

$$F_{By} = 10 \text{ kN/m} \times 4 \text{ m} - F_{Ay} = 40 \text{ kN} - 30 \text{ kN} = 10 \text{ kN} \ (\uparrow)$$

再取刚架右半部为隔离体,由 $\sum M_C = 0$ 有

$$F_{By} \times 4 \text{ m} - F_{Bx} \times 6 \text{ m} = 0$$

得

$$F_{Bx} = \frac{F_{By} \times 4 \text{ m}}{6 \text{ m}} = \frac{10 \text{ kN} \times 4 \text{ m}}{6 \text{ m}} = 6.67 \text{ kN}(\leftarrow)$$

又考虑刚架整体平衡,由 $\sum F_x = 0$ 可得

$$F_{Ax} = 6.67 \text{ kN}(\rightarrow)$$

(2)作弯矩图。以 DC 杆为例,先求出其两端弯矩:

$$M_{DC} = -6.67 \text{ kN} \times 4 \text{ m} = -26.7 \text{ kN} \cdot \text{m}(外侧受拉)$$

$$M_{CD} = 0$$

连以直线(虚线),再叠加简支梁的弯矩图,杆中点的弯矩为

$$\frac{10 \text{ kN/m} \times (4 \text{ m})^2}{8} - \frac{26.7 \text{ kN} \cdot \text{m}}{2} = (20 - 13.3) \text{kN} \cdot \text{m}$$

$$= 6.7 \text{ kN} \cdot \text{m}(内侧受拉)$$

其余各杆同理可求得。弯矩图见图 3-17b。

值得指出,凡只有两杆汇交的刚结点,若结点上无外力偶作用,则两杆端弯矩必大小相等且同侧受拉(即同使刚架外侧或同使刚架内侧受拉)。本例刚架的结点 D 或结点 E(图 3-17c)就属这种情况。

(3)作剪力图和轴力图。以 DC 杆为例,求此杆 D 端截面的剪力和轴力时,可取该截面以左部分 AD 为隔离体(图 3-17f),由截面法可得

$$F_{SDC} = F_{Ay} \cos \alpha - F_{Ax} \sin \alpha = 30 \text{ kN} \times \frac{2}{\sqrt{5}} - 6.67 \text{ kN} \times \frac{1}{\sqrt{5}} = 23.8 \text{ kN}$$

$$F_{NDC} = -F_{Ay} \sin \alpha - F_{Ax} \cos \alpha = -30 \text{ kN} \times \frac{1}{\sqrt{5}} - 6.67 \text{ kN} \times \frac{2}{\sqrt{5}} = -19.4 \text{ kN}$$

而求此杆 C 端截面的剪力和轴力时,若取其右边部分 CEB 为隔离体(图3-17g),则有

$$F_{SCD} = -F_{By} \cos \alpha - F_{Bx} \sin \alpha = -10 \text{ kN} \times \frac{2}{\sqrt{5}} - 6.67 \text{ kN} \times \frac{1}{\sqrt{5}} = -11.9 \text{ kN}$$

$$F_{NCD} = F_{By} \sin \alpha - F_{Bx} \cos \alpha = 10 \text{ kN} \times \frac{1}{\sqrt{5}} - 6.67 \text{ kN} \times \frac{2}{\sqrt{5}} = -1.5 \text{ kN}$$

这样,便可绘出此杆的剪力图和轴力图。其余各杆同理可求得,结果见图 3-17d、e。

例 3-7 绘制图 3-18a 所示刚架的弯矩图。

解:首先,进行几何构造分析。F 以右部分为三铰刚架,是基本部分;F 以左部分则为支承于地基和右部之上的简支刚架,是附属部分。因此,应先取附属部分计算(图 3-18b),求出其反力。然后,将 F 铰处的约束力反向加于基本部分,再求出基本部分的反力(图3-18c)。反力均求出后,即可绘出弯矩图(图 3-18d)。

§3-4 少求或不求反力绘制弯矩图

静定刚架的内力分析,不仅是强度计算的需要,而且也是位移计算和分析超静定刚架的基础,尤其是绘制弯矩图,以后应用很广,它是本课程最重要的基本功之一,读者务必通过足够的习题切实掌握。值得指出,与绘制多跨静定梁弯矩图的方法相似,

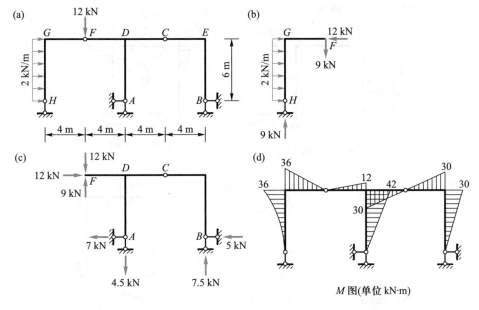

图 3-18

在静定刚架中,常常也可以不求或少求反力而迅速绘出弯矩图。例如,结构上若有悬臂部分及简支梁部分(含两端铰结直杆承受横向荷载),则其弯矩图可先绘出;充分利用弯矩图的形状特征(最常用的是直杆的无荷区段弯矩图为直线和铰处弯矩为零),刚结点的力矩平衡条件,区段叠加法作弯矩图;外力与杆轴重合时不产生弯矩,外力与杆轴平行及外力偶产生的弯矩为常数,以及对称性的利用等,这些都将给绘制弯矩图的工作带来极大方便。至于剪力图,则可根据弯矩图的斜率或杆段的平衡条件求得。然后,根据剪力图利用结点投影平衡条件又可作出轴力图,以及求得支座反力。

例 3-8 试计算图 3-19a 所示刚架并绘制其内力图。

解: 由刚架的整体平衡条件 $\sum F_x = 0$,可知水平反力

$$F_{Bx} = 5 \text{ kN}(\leftarrow)$$

此时,不需再求两竖向反力已可绘出刚架的全部弯矩图。因为反力 F_A 与竖杆 AC 的轴线重合,由截面法可知(取该杆任意截面以下部分为隔离体来看),F_A 无论多大都不会对 AC 杆产生弯矩。同理,反力 F_{By} 对 BD 杆的弯矩也不会产生影响。因此,该二竖杆的弯矩图已可作出(图 3-19b)。然后,根据结点 C 的力矩平衡条件(图 3-19c),可得

$$M_{CD} = 20 \text{ kN} \cdot \text{m} (\text{上边受拉})$$

再考虑结点 D 的力矩平衡(图 3-19d),可得

$$M_{DC} = 30 \text{ kN} \cdot \text{m} + 10 \text{ kN} \cdot \text{m} = 40 \text{ kN} \cdot \text{m} (\text{上边受拉})$$

至此,横梁 CD 两端的弯矩都已求得,故其弯矩图可用区段叠加法作出,如图 3-19b 所示。

根据已作出的弯矩图,利用微分关系或杆段的平衡条件可作出刚架的剪力图,如图 3-19e 所示(方法同前面例 3-4,读者可自行校核)。然后,根据剪力图,考虑各结点的投影平衡条件即可求出各杆端的轴力。例如取出结点 D 为隔离体(图 3-19f),

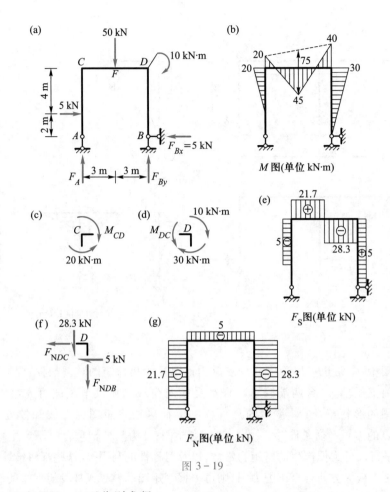

图 3-19

由 $\sum F_x = 0$ 和 $\sum F_y = 0$ 可分别求得

$$F_{NDC} = -5 \text{ kN （压力）}$$

$$F_{NDB} = -28.3 \text{ kN （压力）}$$

结点 C 处的各杆端轴力可用同样方法求得,从而可绘出刚架的轴力图,如图3-19g 所示。

例3-9　试作图3-20所示刚架的弯矩图。

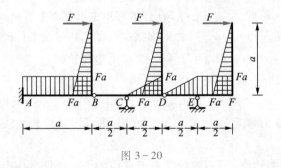

图 3-20

解:这是一个多刚片结构,若将各刚片拆开,自右至左按先附属部分后基本部分 的顺序依次求出各支座反力及刚片间铰结处的约束力,然后逐杆绘制其弯矩图,则无困难,不需赘述。现在要讨论的是不求反力如何绘出弯矩图。

首先,三根竖杆均为悬臂,它们的弯矩图可先行绘出。EG 亦属悬臂部分,由于外力 F 平行于该段杆轴线,故其弯矩为常数,相应的弯矩图为水平线。然后,由无荷区段弯矩图为直线和铰处弯矩为零,可绘出 DE 段的弯矩图。接着作 CD 段的弯矩图似乎遇到了困难,因为支座 E 的反力或铰 D 处的约束力都未求出。但是,注意到 CD 段和 DE 段的剪力是相等的(都等于支座 E 的反力),因而可知它们弯矩图的坡度也应相等。于是,利用刚结点力矩平衡和作 DE 段弯矩图的平行线,便可绘出 CD 段的弯矩图,并可定出 $M_{CD}=0$。据此并根据铰 B 处弯矩为零,又可绘出 BC 段的弯矩图,它与基线重合。最后,利用刚结点力矩平衡,并注意到 AB 段和 BC 段的剪力相等,因而两段的弯矩图应平行,便可作出 AB 段的弯矩图。

§3-5 静定结构的特性

根据静定结构的定义,可以列举它在静力学方面的若干特性。掌握了这些特性,对于了解静定结构的性能和正确迅速地进行内力分析,都是有益的。

(1)静力解答的唯一性。前已述及,超静定结构的内力,仅满足平衡条件,可以有无限多组解答。瞬变体系在一般荷载作用下内力是无限大的;在某些特殊荷载例如零荷载下,内力是不定的,也就是有无限多组解答。只有静定结构,全部反力和内力才可由平衡条件确定,在任何给定荷载下,满足平衡条件的反力和内力的解答只有一种,而且是有限的数值。这就是静定结构静力解答的唯一性。据此可知,在静定结构中,能够满足平衡条件的内力解答就是真正的解答,并可确信除此之外再无其他任何解答存在。这一特性,对于静定结构的所有理论,具有基本的意义。

(2)在静定结构中,除荷载外,其他任何原因如温度改变、支座位移、材料收缩、制造误差等均不引起内力。

如图 3-21 所示悬臂梁,若其上、下侧温度分别升高 t_1 和 t_2(设 $t_1>t_2$),则梁将变形,即产生伸长和弯曲(如图中虚线所示)。但因没有荷载作用,由平衡条件可知,梁的反力和内力均为零。又如图 3-22 所示简支梁,其支座 B 发生了沉陷,因而梁随之产生位移(如图中虚线所示)。同样,由于荷载为零,其反力及内力也均为零。实际上,当荷载为零时,零内力状态能够满足结构所有各部分的平衡条件,对于静定结构,这就是唯一的解答。因此,可以断定除荷载外其他任何因素均不引起静定结构的内力。

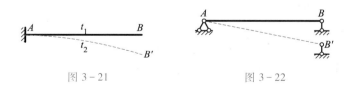

图 3-21   图 3-22

(3)平衡力系的影响。当由平衡力系组成的荷载作用于静定结构的某一本身为几何不变的部分上时,则只有此部分受力,其余部分的反力和内力均为零。

例如图 3-23a 所示静定结构,有平衡力系作用于本身为几何不变的部分 DE 上。若依次取 BC 和 AB 为隔离体计算,则可得知支座 C 处的反力、铰 B 处的约束力及支

座 A 处的反力均为零。由此可知,除 DE 部分外其余部分的内力均为零。结构的弯矩图如图中阴影线所示。又如图 3-23b 所示,有平衡力系作用在本身几何不变部分 BG 上,同上分析可知除 BG 部分外其余部分均不受力。这种情形实际上具有普遍性。因为当平衡力系作用于静定结构的任何本身几何不变部分上时,若设想其余部分均不受力而将它们撤去,则所剩部分由于本身是几何不变的,在平衡力系作用下仍能独立地维持平衡。而所去部分的零内力状态也与其零荷载相平衡。这样,结构上各部分的平衡条件都能得到满足。根据静力解答的唯一性可知,这样的内力状态就是唯一的解答。

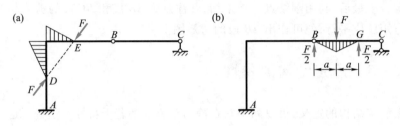

图 3-23

当平衡力系所作用的部分本身不是几何不变部分时,则上述结论一般不能适用。例如图 3-24a 所示,平衡力系作用于 HBJ 部分。若仍设想其余部分不受力而将它们撤去,则所剩部分是几何可变的,不能承受图示荷载的作用而维持平衡。因此,设想其余部分不受力是错误的。但当几何可变部分在某些特殊的荷载作用下可以独立维持平衡时,则上述结论仍可适用。例如图 3-24b 所示情况,KBC 部分本身虽是几何可变的,但其轴力可与荷载维持平衡,因而其余部分的反力和内力皆为零。

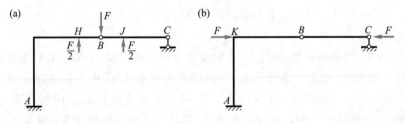

图 3-24

（4）荷载等效变换的影响。合力相同（即主矢及对同一点的主矩均相等）的各种荷载称为静力等效的荷载。<u>等效变换</u>是指将一种荷载变换为另一种静力等效的荷载。当作用在静定结构的某一本身几何不变部分上的荷载在该部分范围内作等效变换时,则只有该部分的内力发生变化,而其余部分的内力保持不变。

例如,将图 3-25a 所示梁上的荷载在本身几何不变部分 CD 段的范围内作等效变换,而成为图 3-25b 的情况时,则除 CD 段外其余部分的内力均不改变。这一结论可用平衡力系的影响来证明。设图 3-25a、b 的两种荷载分别用 F 和 $2\times\dfrac{F}{2}$ 表示,其产生的内力分别用 F_1 和 F_2 表示。若以 F 和 $-2\times\dfrac{F}{2}$ 作为一组荷载同时加于结构,如

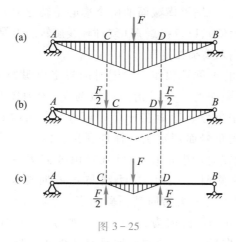

图 3-25

图3-25c所示,则根据叠加原理可知,由荷载 $F-2\times\dfrac{F}{2}$ 作用所产生的内力为 F_1-F_2。

显然荷载 F 和 $-2\times\dfrac{F}{2}$ 为一组平衡力系,故除其所作用的本身几何不变部分 CD 段外,其余部分的内力 $F_1-F_2=0$。因而有 $F_1=F_2$。这就证明了上述结论。

*§3-6 静定空间刚架

前已指出,当结构的各杆轴线和外力不在同一平面内时,即为空间结构。如图 3-26a所示刚架,虽然各杆轴线都在 Oxy 平面内,但荷载不在此平面内,故属于空间刚架计算问题,有时也称为平面刚架承受空间荷载。

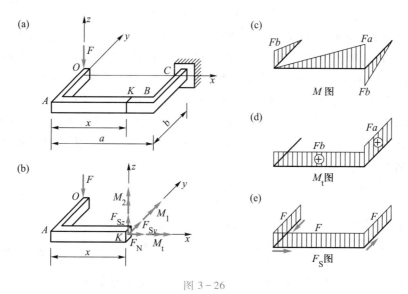

图 3-26

空间刚架的杆件横截面上一般有六个内力分量(图 3-26b),即轴力 F_N(沿杆轴线方向),剪力 F_{sy} 和 F_{sz}(分别沿横截面的两个形心主轴方向),弯矩 M_1 和 M_2(分别绕两形心主轴旋转的力偶),以及扭矩 M_t(绕杆轴线旋转的力偶)。为了清楚起见,力偶都按右手螺旋法则用双箭头矢量表示。

现将各内力分量的正负号和作内力图时的规定说明如下:轴力以拉力为正,扭矩以双箭头矢量与截面的外法线指向一致为正,轴力图和扭矩图可绘在杆件的任一侧,但需注明正负号。弯矩在计算时可规定使杆件的任一侧纤维受拉为正,弯矩图上则不注正负号而规定绘在杆件受拉一侧。为了确定剪力的正负号,需先规定杆轴线的正方向(例如 AB 杆可规定由 A 向 B 为正方向),并规定外法线与此正方向一致的截面为正面,外法线与正方向相反的截面为负面(或反面),然后再规定正面上的剪力指向某一侧为正(例如图 3-26b 中的截面 K 为正面,可规定 F_{sz} 向上为正,F_{sy} 向内为正)。至于剪力图,可不注正负号,而将其绘在正面上的剪力所指向的一侧,同时标明杆轴线的正方向。

计算静定空间刚架内力的基本方法仍是截面法,即取截面一边为隔离体,由所建立的六个平衡方程来求截面上的六个内力分量。作内力图时,可逐杆写出内力方程,再根据方程作图;也可以不写内力方程而采用分段、定点、连线的方法来作内力图。

以 AB 杆为例,取距 A 端为 x 的任一截面 K 以左部分刚架为隔离体(图3-26b),根据平衡条件可求得内力方程如下:

$$\sum F_x = 0, \qquad F_N = 0$$
$$\sum F_y = 0, \qquad F_{Sy} = 0$$
$$\sum F_z = 0, \qquad F_{Sz} = F \text{(正面上剪力向上)}$$
$$\sum M_{Kx} = 0, \qquad M_t = Fb$$
$$\sum M_{Ky} = 0, \qquad M_1 = Fx \text{(上侧受拉)}$$
$$\sum M_{Kz} = 0, \qquad M_2 = 0$$

分析上述计算不难得出如下结论:当刚架各杆的轴线位于同一平面,且荷载垂直于此平面时(又称为平面刚架承受垂直荷载),任一截面只产生三种内力:绕刚架平面内的主轴的弯矩 M_1(对 AB 杆为 M_1),垂直于刚架平面(即荷载方向)的剪力 F_{sz} 和扭矩 M_t。在这种情况下,为方便起见,可将 M_1、F_{sz} 简记为 M、F_s,而不致产生混淆。

OA、BC 两杆的内力同样可按上述方法分析。然后,即可绘出刚架的弯矩图、扭矩图和剪力图,如图 3-26c、d 和 e 所示。在 F_s 图中,杆旁的箭头方向即表示杆轴线的正方向。

复习思考题

1. 用叠加法作弯矩图时,为什么是竖标的叠加,而不是图形的拼合?

2. 为什么直杆上任一区段的弯矩图都可以用简支梁叠加法来作? 其步骤如何?

3. 试判断图 3-27 所示刚架中截面 A、B、C 的弯矩受拉边和剪力、轴力的正负号。

4. 怎样根据静定结构的几何构造情况(与地基按两刚片、三刚片规则组成,或具有基本部分与附属部分等)来确定计算反力的顺序和方法?

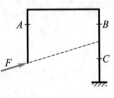

图 3-27

5. 当不求或少求反力而迅速作出弯矩图时,有哪些规律可以利用?

6. 怎样根据弯矩图来作剪力图? 又怎样进而作出轴力图及求出支座反力?

7. 为什么对于静定结构可以说:没有荷载就没有内力?

8. 静定结构的内力和反力与杆件的刚度是否有关?

习　　题

3-1~3-2 试作图示单跨梁的 M 图和 F_s 图。

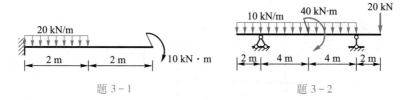

题 3-1　　　　　　　　　题 3-2

3-3~3-4 试作图示单跨梁的 M 图。

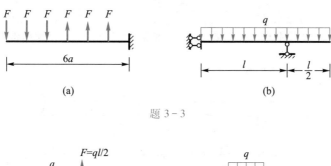

(a)　　　　　　　　　(b)

题 3-3

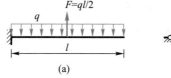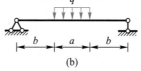

(a)　　　　　　　　　(b)

题 3-4

3-5 作斜梁的 M、F_s、F_N 图:(a)竖向均布荷载沿水平方向的集度为 q(例如楼梯上作用的人群荷载);(b)竖向均布荷载沿杆轴线方向的集度为 q(例如杆件自重)。

*3-6 当支座链杆 B 的方向改变时,试讨论图示斜梁的内力变化情况。

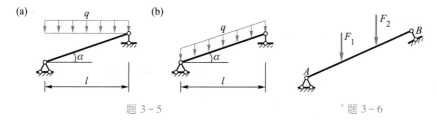

题 3-5　　　　　　　　　* 题 3-6

3-7 图示多跨静定梁承受左图和右图的荷载时(即集中力或集中力偶分别作用在铰左侧和右侧)弯矩图是否相同?

(a)

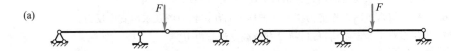

(b)

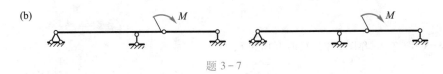

题 3 – 7

3 – 8 试作多跨静定梁的 M、F_S 图。

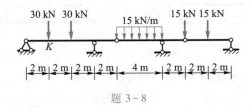

题 3 – 8

3 – 9 图示结构的荷载作用在纵梁上,再通过横梁传到主梁。试作主梁的 M 图。

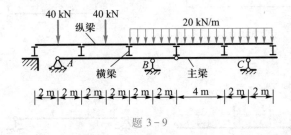

题 3 – 9

3 – 10 ~ 3 – 11 试不计算反力而绘出梁的弯矩图。

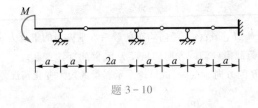

题 3 – 10

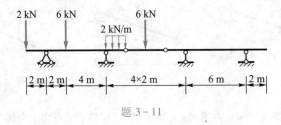

题 3 – 11

3 – 12 ~ 3 – 14 试作图示刚架的 M、F_S、F_N 图。

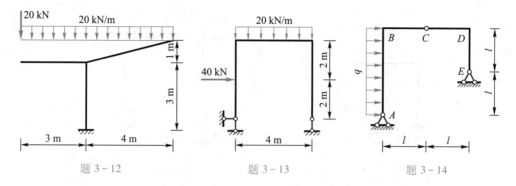

题 3 - 12   题 3 - 13   题 3 - 14

3 - 15 ~ 3 - 24 试作图示刚架的 *M* 图。

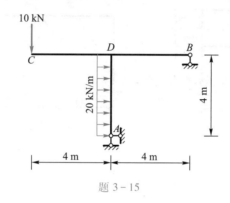

题 3 - 15

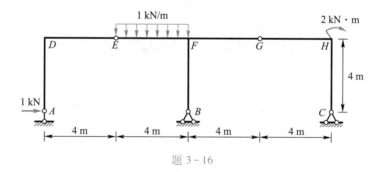

题 3 - 16

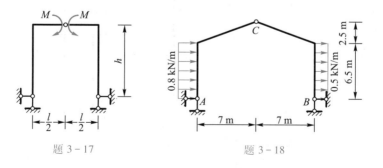

题 3 - 17   题 3 - 18

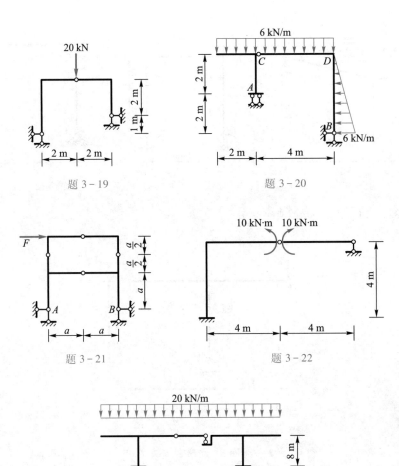

题 3 - 19　　　　　　　　　题 3 - 20

题 3 - 21　　　　　　　　　题 3 - 22

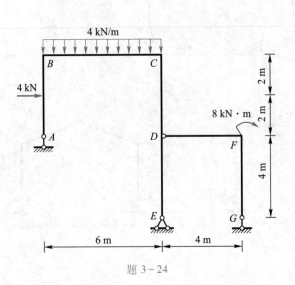

题 3 - 23

题 3 - 24

3-25 图示各弯矩图是否正确？如有错误试加以改正。

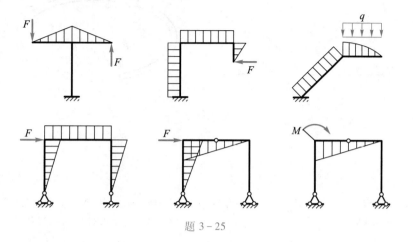

题 3-25

3-26 已知结构的弯矩图,试绘出其荷载。

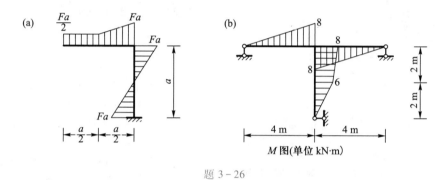

题 3-26

3-27 试绘出图示结构弯矩图的形状。

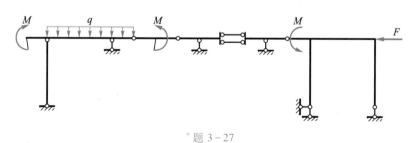

*题 3-27

*3-28 图为一水平面内的刚架承受竖直均布荷载 q 及力偶荷载 $M = \dfrac{1}{3}qb^2$。试作刚架内力图。

*3-29 一水平面内的圆环上有一切口,切口两侧有一对等值反向的竖向力 F 作用。试求圆环中的剪力、弯矩和扭矩。

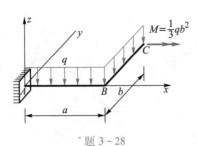

<table>
<tr><td>° 题 3 - 28</td><td>° 题 3 - 29</td></tr>
</table>

答　案

3－1　左端支座反力 40 kN(↑),左端弯矩
　　　－50 kN·m

3－2　左支座反力 52.5 kN(↑)

3－3　(a) 右端弯矩 －9Fa,(b) 左端弯矩
　　　$\dfrac{3}{8}ql^2$

3－4　(a) 左端弯矩$-\dfrac{ql^2}{4}$,(b) 梁中点弯矩
　　　$\dfrac{qab}{2}+\dfrac{qa^2}{8}$

3－5　(a) $M_{\max}=\dfrac{ql^2}{8}$,(b) $M_{\max}=\dfrac{ql^2}{8\cos\alpha}$

*3－6　弯矩、剪力不变,仅轴力改变。提示:
　　　将支座 A 的反力沿轴向和横向分解
　　　较方便

3－7　(a) 相同,(b) 不同

3－8　$M_K=47.5$ kN·m

3－9　$M_B=-186.7$ kN·m

3－12　竖柱弯矩 10 kN·m (左侧受拉)

3－14　$F_{Ax}=\dfrac{4ql}{3}$ (←)

3－15　$M_{DB}=120$ kN·m (下侧受拉)

3－16　$M_{DE}=4$ kN·m(上侧受拉)

3－18　$F_{Ax}=4.85$ kN (←),$F_{Bx}=$
　　　3.60 kN (←)

3－19　水平反力为 8 kN (向内)

3－20　$M_{DB}=16$ kN·m (左侧受拉)

3－21　$F_{Ax}=\dfrac{F}{2}$ (←),$F_{Bx}=\dfrac{F}{2}$ (←)

3－23　柱弯矩 800 kN·m (外侧受拉)

3－24　$M_{CB}=32$ kN·m(上侧受拉)

3－26　(a) 横梁左端力偶荷载 $Fa/2$(逆时
　　　针),横梁中点竖直荷载 F(向下),
　　　横梁左端(或横梁上任一点)水平
　　　荷载 $2F$(向右);(b) 刚结点处力偶
　　　荷载 8 kN·m(顺时针),竖杆中点
　　　水平荷载 2 kN (向右),横梁左端
　　　(或横梁上任一点)水平荷载 1 kN
　　　(向右)

*3－27　提示:两平行链杆处剪力为零

*3－29　$F_S=F$,
　　　$M=FR\sin\theta$,
　　　$M_t=-FR(1-\cos\theta)$

第四章　静定拱

§4-1　概述

拱是轴线（截面形心的连线）为曲线并且在竖向荷载作用下会产生水平反力的结构。拱常用的形式有三铰拱、两铰拱和无铰拱（图4-1a、b和c）等几种。其中三铰拱是静定的，后两种都是超静定的。本章只讨论静定拱。

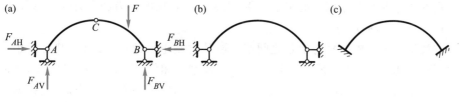

图 4-1

4-1　本章学习要点

4-2　国内外三铰拱桥实例

拱与梁的区别不仅在于杆轴线的曲直，更重要的是拱在竖向荷载作用下会产生水平反力。这种水平反力指向内方，故又称为<u>推力</u>。拱的内力一般有弯矩、剪力和轴力。由于推力的存在，拱的弯矩常比跨度、荷载相同的梁的弯矩小得多，并主要是承受压力。这就使得拱截面上的应力分布较为均匀，因而更能发挥材料的作用，并可利用抗拉性能较差而抗压较强的材料如砖、石、混凝土等来建造，这是拱的主要优点。拱的主要缺点也正在于支座要承受水平推力，因而要求比梁具有更坚固的地基或支承结构（墙、柱、墩、台等）。可见，推力的存在与否是区别拱与梁的主要标志。凡在竖向荷载作用下会产生水平反力的结构都可称为<u>拱式结构</u>或<u>推力结构</u>。例如三铰刚架、拱式桁架等均属此类结构。

有时，在拱的两支座间设置拉杆来代替支座承受水平推力，使其成为带拉杆的拱（图4-2a）。这样，在竖向荷载作用下支座就只产生竖向反力，从而消除了推力对支承结构的影响。为了使拱下获得较大的净空，有时也将拉杆做成折线形的（图4-2b）。

拱的各部名称如图4-3所示。拱身各横截面形心的连线称为<u>拱轴线</u>。拱的两端支座处称为<u>拱趾</u>。两拱趾间的水平距离称为拱的<u>跨度</u>。两拱趾的连线称为<u>起拱线</u>。拱轴上距起拱线最远的一点称为<u>拱顶</u>，三铰拱通常在拱顶处设置铰。拱顶至起拱线之间的竖直距离称为<u>拱高</u>。拱高与跨度之比f/l称为<u>高跨比</u>。两拱趾在同一水平线上的拱称为<u>平拱</u>，不在同一水平线上的称为<u>斜拱</u>。

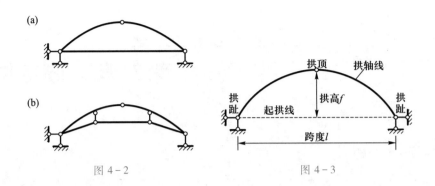

图 4-2

图 4-3

4-3 模型
的形成 1

4-4 模型
的形成 2

4-5 模型
的形成 3

§4-2　三铰拱的计算

现在以竖向荷载作用下的平拱为例,来说明三铰拱的反力和内力的计算方法。

1. 支座反力的计算

三铰拱是由两根曲杆与地基之间按三刚片规则组成的静定结构,共有四个未知反力(图 4-4a)。此未知反力计算方法与三铰刚架相同,即除了取全拱为隔离体可建立三个平衡方程外,还须取左(或右)半拱为隔离体,以中间铰 C 为矩心,根据平衡条件 $\sum M_C = 0$ 建立一个方程,从而求出所有的反力。

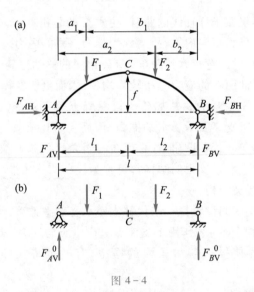

图 4-4

首先,考虑全拱的整体平衡。由 $\sum M_B = 0$ 及 $\sum M_A = 0$ 可求得两支座的竖向反力为

$$F_{AV} = \frac{\sum F_i b_i}{l} \qquad\qquad (a)$$

$$F_{BV} = \frac{\sum F_i a_i}{l} \qquad\qquad (b)$$

由 $\sum F_x = 0$ 可得

$$F_{AH} = F_{BH} = F_H ^{①} \qquad\qquad (c)$$

然后,取左半拱为隔离体,由 $\sum M_C = 0$ 有

$$F_{AV} l_1 - F_1 (l_1 - a_1) - F_H f = 0$$

可得

$$F_H = \frac{F_{AV} l_1 - F_1 (l_1 - a_1)}{f} \qquad\qquad (d)$$

考察式(a)和式(b)的右边,可知其恰等于相应简支梁(图4-4b)的支座竖向反力 F_{AV}^0 和 F_{BV}^0,而式(d)右边的分子则等于相应简支梁上与拱的中间铰处对应的截面 C 的弯矩 M_C^0,因此可将以上各式写为

$$\left.\begin{aligned} F_{AV} &= F_{AV}^0 \\ F_{BV} &= F_{BV}^0 \\ F_H &= \frac{M_C^0}{f} \end{aligned}\right\} \qquad\qquad (4-1)$$

由式(4-1)可知,推力 F_H 等于相应简支梁截面 C 的弯矩 M_C^0 除以拱高 f。当荷载和跨度 l 给定时,M_C^0 即为定值,当拱高 f 亦给定时,F_H 值即可确定。这表明三铰拱的反力只与荷载及三个铰的位置有关,而与拱轴线形状无关。当荷载及拱跨 l 不变时,推力 F_H 将与拱高 f 成反比,f 愈大即拱愈陡时 F_H 愈小,反之,f 愈小即拱愈平坦时 F_H 愈大。若 $f = 0$,则 $F_H = \infty$,此时三个铰已在一直线上,属于瞬变体系。

2. 内力的计算

反力求出后,用截面法即可求出拱上任一横截面的内力。任一横截面 K 的位置可由其形心的坐标 x、y 和该处拱轴切线的倾角 φ 确定(图4-5a)。在拱中,通常规定弯矩以使拱内侧受拉者为正。由图4-5b所示的隔离体可求得截面 K 的弯矩为

$$M = \left[F_{AV} x - F_1 (x - a_1) \right] - F_H y$$

由于 $F_{AV} = F_{AV}^0$,可见式中方括号内之值即为相应简支梁(图4-5c)截面 K 的弯矩 M^0,故上式可写为

$$M = M^0 - F_H y$$

即拱内任一截面的弯矩 M 等于相应简支梁对应截面的弯矩 M^0 减去推力所引起的弯矩 $F_H y$。可见,由于推力的存在,拱的弯矩比梁的要小。

剪力以绕隔离体顺时针转动为正,反之为负。任一截面 K 的剪力 F_S 等于该截面一侧所有外力在该截面方向上的投影代数和,由图4-5b可得

$$\begin{aligned} F_S &= F_{AV} \cos \varphi - F_1 \cos \varphi - F_H \sin \varphi \\ &= (F_{AV} - F_1) \cos \varphi - F_H \sin \varphi \\ &= F_S^0 \cos \varphi - F_H \sin \varphi \end{aligned}$$

式中 $F_S^0 = F_{AV} - F_1$,为相应简支梁截面 K 的剪力,φ 的符号在图示坐标系中左半拱取正,右半拱取负。

---

① 这里,三铰拱在竖向荷载作用下的水平反力用 F_H 表示。以下类同。

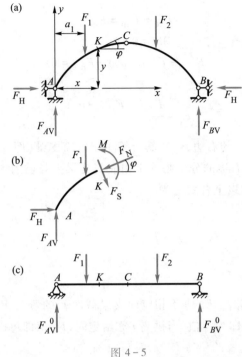

图 4－5

因拱常受压,故规定轴力以压力为正。任一截面 K 的轴力等于该截面一侧所有外力在该截面法线方向上的投影代数和,由图 4－5b 有

$$F_N = (F_{AV} - F_1)\sin\varphi + F_H\cos\varphi$$

$$= F_S^0\sin\varphi + F_H\cos\varphi$$

综上所述,三铰平拱在竖向荷载作用下的内力计算公式可写为

$$\left.\begin{aligned} M &= M^0 - F_H y \\ F_S &= F_S^0\cos\varphi - F_H\sin\varphi \\ F_N &= F_S^0\sin\varphi + F_H\cos\varphi \end{aligned}\right\} \tag{4-2}$$

由式(4－2)可知,三铰拱的内力值将不但与荷载及三个铰的位置有关,而且与各铰间拱轴线的形状有关。

例 4－1　试作图 4－6a 所示三铰拱的内力图。拱轴线为抛物线,其方程为 $y = \dfrac{4f}{l^2}x(l-x)$。

解:求支座反力。由式(4－1)可得

$$F_{AV} = F_{AV}^0 = \frac{14\ \text{kN/m} \times 6\ \text{m} \times 9\ \text{m} + 50\ \text{kN} \times 3\ \text{m}}{12\ \text{m}} = 75.5\ \text{kN}$$

$$F_{BV} = F_{BV}^0 = \frac{14\ \text{kN/m} \times 6\ \text{m} \times 3\ \text{m} + 50\ \text{kN} \times 9\ \text{m}}{12\ \text{m}} = 58.5\ \text{kN}$$

$$F_H = \frac{M_C^0}{f} = \frac{75.5\ \text{kN} \times 6\ \text{m} - 14\ \text{kN/m} \times 6\ \text{m} \times 3\ \text{m}}{4\ \text{m}} = 50.25\ \text{kN}$$

反力求出后,即可按式(4-2)计算各截面的内力。为此,可将拱轴沿水平方向分为 8 等份,计算各分段点截面的 M、F_S、F_N 值。今以距左支座 1.5 m 的截面 1 为例,计算其内力如下。

首先,将 $l = 12$ m 及 $f = 4$ m 代入拱轴方程有

$$y = \frac{4 \times 4 \text{ m}}{(12 \text{ m})^2} x(12 \text{ m} - x) = \frac{x}{9 \text{ m}}(12 \text{ m} - x)$$

由此可得

$$\tan \varphi = y' = \frac{2}{9 \text{ m}}(6 \text{ m} - x)$$

截面 1 的横坐标 $x_1 = 1.5$ m,代入以上二式可求得其纵坐标 y_1 及 $\tan \varphi_1$ 为

$$y_1 = \frac{1.5 \text{ m}}{9 \text{ m}}(12 \text{ m} - 1.5 \text{ m}) = 1.75 \text{ m}$$

$$\tan \varphi_1 = \frac{2}{9 \text{ m}}(6 \text{ m} - 1.5 \text{ m}) = 1$$

据此可得 $\varphi_1 = 45°$,并有

$$\sin \varphi_1 = 0.707, \quad \cos \varphi_1 = 0.707$$

由式(4-2)可得

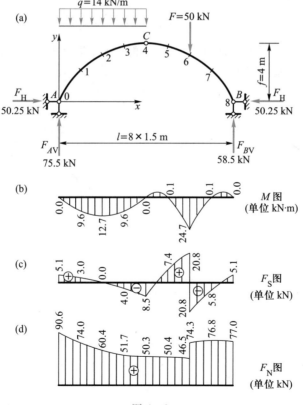

图 4−6

$$M_1 = M_1^0 - F_H y_1$$

$$= \left(75.5 \text{ kN} \times 1.5 \text{ m} - 14 \text{ kN/m} \times 1.5 \text{ m} \times \frac{1.5 \text{ m}}{2} \right) - 50.25 \text{ kN} \times 1.75 \text{ m}$$

$$= 97.5 \text{ kN} \cdot \text{m} - 87.9 \text{ kN} \cdot \text{m} = 9.6 \text{ kN} \cdot \text{m}$$

$$F_{S1} = F_{S1}^0 \cos \varphi_1 - F_H \sin \varphi_1$$

$$= (75.5 \text{ kN} - 14 \text{ kN/m} \times 1.5 \text{ m}) \times 0.707 - 50.25 \text{ kN} \times 0.707$$

$$= 38.5 \text{ kN} - 35.5 \text{ kN} = 3.0 \text{ kN}$$

$$F_{N1} = F_{S1}^0 \sin \varphi_1 + F_H \cos \varphi_1$$

$$= (75.5 \text{ kN} - 14 \text{ kN/m} \times 1.5 \text{ m}) \times 0.707 + 50.25 \text{ kN} \times 0.707$$

$$= 38.5 \text{ kN} + 35.5 \text{ kN} = 74.0 \text{ kN}$$

其他各截面的计算与上相同。为了清楚起见,计算应列表进行,详见表 4-1。然后,根据表中算得的结果绘出 M、F_S、F_N 图,如图 4-6b、c 和 d 所示。

以上为平拱(两拱趾等高)的计算。对于斜拱(两拱趾不等高),如图 4-7 所示,求反力时,可由整体平衡 $\sum M_B = 0$ 及左半拱 $\sum M_C = 0$ 两方程联解求出反力 F_{AV} 和 F_H,然后 F_{BV} 即可求得。有时,为了避免解联立方程,也可先将两支座的反力分别沿竖向和起拱线方向分解为相互斜交的分力 F'_{AV}、F'_R 和 F'_{BV}、F'_R(图 4-8),根据前述平衡条件可求得它们为

$$F'_{AV} = F_{AV}^0 , \quad F'_{BV} = F_{BV}^0 , \quad F'_R = \frac{M_C^0}{h}$$

其中 h 为铰 C 到起拱线的垂直距离。然后,再将 F'_R 沿水平和竖直方向分解,从而求得支座水平反力和竖向反力为

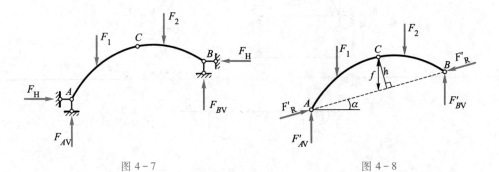

图 4-7　　　　　　　　　　　　　　　　　　图 4-8

表 4-1　三铰拱的内力计算

截面	$x/$ m	$y/$ m	$\tan \varphi$	$\sin \varphi$	$\cos \varphi$	$F_S^0/$ kN	$M/(\text{kN} \cdot \text{m})$			F_S/kN			F_N/kN		
							M^0	$-F_H y$	M	$F_S^0 \cos \varphi$	$-F_H \sin \varphi$	F_S	$F_S^0 \sin \varphi$	$F_H \cos \varphi$	F_N
0	0	0	1.333	0.800	0.600	75.5	0	0	0	45.3	-40.2	5.1	60.4	30.2	90.6
1	1.5	1.75	1.000	0.707	0.707	54.5	97.5	-87.9	9.6	38.5	-35.5	3.0	38.5	35.5	74.0
2	3	3.00	0.667	0.555	0.832	33.5	163.5	-150.8	12.7	27.9	-27.9	0.0	18.6	41.8	60.4
3	4.5	3.75	0.333	0.316	0.949	12.5	198.0	-188.4	9.6	11.9	-15.9	-4.0	4.0	47.7	51.7
4	6	4.00	0	0	1.000	-8.5	201.0	-201.0	0	-8.5	0	-8.5	0	50.3	50.3

续表

截面	x/m	y/m	$\tan\varphi$	$\sin\varphi$	$\cos\varphi$	F_S^0/kN	M/(kN·m)			F_S/kN			F_N/kN		
							M^0	$-F_Hy$	M	$F_S^0\cos\varphi$	$-F_H\sin\varphi$	F_S	$F_S^0\sin\varphi$	$F_H\cos\varphi$	F_N
5	7.5	3.75	-0.333	-0.316	0.949	-8.5	188.3	-188.4	-0.1	-8.1	15.9	7.8	2.7	47.7	50.4
6 左 右	9	3.00	-0.667	-0.555	0.832	-8.5 -58.5	175.5	-150.8	24.7	-7.1 -48.7	27.9	20.8 -20.8	4.7 32.5	41.8	46.5 74.3
7	10.5	1.75	-1.000	-0.707	0.707	-58.5	87.8	-87.9	-0.1	-41.3	35.5	-5.8	41.3	35.5	76.8
8	12	0	-1.333	-0.800	0.600	-58.5	0	0	0	-35.1	40.2	5.1	46.8	30.2	77.0

$$\left.\begin{aligned} F_H &= F'_R\cos\alpha = \frac{M_C^0}{f} \\ F_{AV} &= F_{AV}^0 + F_H\tan\alpha \\ F_{BV} &= F_{BV}^0 - F_H\tan\alpha \end{aligned}\right\} \tag{4-3}$$

式中 f 是铰 C 到起拱线的竖向距离，α 为起拱线倾角。反力求出后，即可进行内力计算，不需赘述。

至于带拉杆的三铰拱，其支座反力只有三个，易于求得。然后截断拉杆拆开顶铰，取左半拱(或右半拱)为隔离体由 $\sum M_C = 0$ 即可求出拉杆内力。拱部分内力计算则同前述。

§4-3 三铰拱的合理拱轴线

由前已知，当荷载及三个铰的位置给定时，三铰拱的反力就可确定，而与各铰间拱轴线形状无关；三铰拱的内力则与拱轴线形状有关。当拱上所有截面的弯矩都等于零(可以证明，剪力也为零)而只有轴力时，截面上的正应力是均匀分布的，材料能得以最充分地利用。单从力学观点看，这是最经济的，故称这时的拱轴线为合理拱轴线。

合理拱轴线可根据弯矩为零的条件来确定。在竖向荷载作用下，三铰平拱任一截面的弯矩可由式(4-2)的第一式计算，故合理拱轴线方程可由下式求得

$$M = M^0 - F_H y = 0$$

由此得

$$y = \frac{M^0}{F_H} \tag{4-4}$$

上式表明，在竖向荷载作用下，三铰拱合理拱轴线的纵坐标 y 与相应简支梁弯矩图的竖标成正比。当荷载已知时，只需求出相应简支梁的弯矩方程，然后除以常数 F_H，便得到合理拱轴线方程。

例 4-2 试求图 4-9a 所示对称三铰拱在图示满跨竖向均布荷载 q 作用下的合理拱轴线。

解：相应简支梁(图 4-9b)的弯矩方程为

$$M^0 = \frac{ql}{2}x - \frac{qx^2}{2} = \frac{1}{2}qx(l-x)$$

又由式(4-1)求得推力为

$$F_H = \frac{M_C^0}{f} = \frac{ql^2}{8f}$$

于是由式(4-4)有

$$y = \frac{M^0}{F_H} = \frac{4f}{l^2}x(l-x)$$

可见,在满跨竖向均布荷载作用下,三铰拱的合理拱轴线是抛物线。

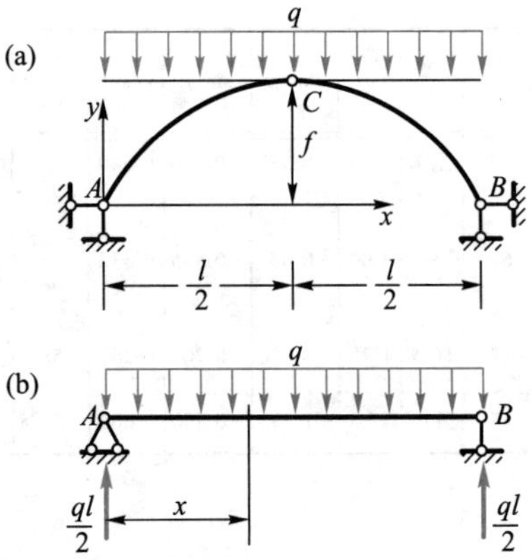

例4-3 设图4-10所示三铰拱上作用有沿拱轴均匀分布的竖向荷载(如自重),试求其合理拱轴线。

解: 当拱轴线改变时,荷载也随之改变。

令$p(x)$为沿拱轴线每单位长度的自重,荷载沿水平方向的集度为$q(x)$,如图4-11所示,则有

$$q(x)\,dx = p(x)\,ds$$

可得

$$q(x) = p(x)\frac{ds}{dx}$$

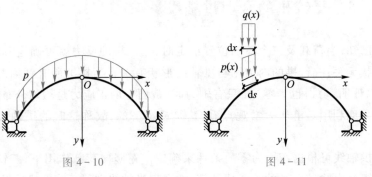

图4-10

图4-11

对式(4-4)两边分别对x求导两次得

$$\frac{d^2y}{dx^2} = \frac{1}{F_H}\frac{d^2M^0}{dx^2} \tag{4-5}$$

注意到q以向下为正时,有$\dfrac{d^2M^0}{dx^2} = q(x)$,故得

$$\frac{d^2y}{dx^2} = \frac{q(x)}{F_H} \tag{4-6}$$

将$q(x) = p(x)\dfrac{ds}{dx}$代入式(4-6),得

$$\frac{d^2y}{dx^2} = \frac{q(x)}{F_H} = \frac{p(x)}{F_H}\frac{ds}{dx} = \frac{p(x)}{F_H}\sqrt{1+\left(\frac{dy}{dx}\right)^2}$$

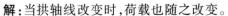

上式可进一步写为

$$\frac{\dfrac{\mathrm{d}}{\mathrm{d}x}\left(\dfrac{\mathrm{d}y}{\mathrm{d}x}\right)}{\sqrt{1+\left(\dfrac{\mathrm{d}y}{\mathrm{d}x}\right)^2}}=\frac{p(x)}{F_H}$$

积分后,得

$$\operatorname{arc}\,\sinh\left(\frac{\mathrm{d}y}{\mathrm{d}x}\right)=\int\frac{p(x)}{F_H}\mathrm{d}x$$

如 $p(x)=$ 常数 $=p$,则

$$\operatorname{arc}\,\sinh\left(\frac{\mathrm{d}y}{\mathrm{d}x}\right)=\frac{p}{F_H}x+A$$

即

$$\frac{\mathrm{d}y}{\mathrm{d}x}=\sinh\left(\frac{p}{F_H}x+A\right)$$

式中 A 为积分常数。

当 $x=0$ 时, $\dfrac{\mathrm{d}y}{\mathrm{d}x}=0$,故常数 A 等于零,即

$$\frac{\mathrm{d}y}{\mathrm{d}x}=\sinh\left(\frac{p}{F_H}x\right)$$

再积分一次,可得

$$y=\frac{F_H}{p}\cosh\frac{p}{F_H}x+B \tag{4−7}$$

当 $x=0$ 时, $y=0$,有

$$B=-\frac{F_H}{p}$$

最后得

$$y=\frac{F_H}{p}\left(\cosh\frac{p}{F_H}x-1\right) \tag{4−8}$$

可见,等截面拱在自重荷载作用下,合理拱轴线为一悬链线。

例4−4 试求三铰拱在垂直于拱轴线的均布荷载(例如水压力)作用下的合理拱轴线(图4−12a)。

解: 本题为非竖向荷载。我们可以假定拱处于无弯矩状态,然后根据平衡条件推求合理拱轴线的方程。为此,从拱中截取一微段为隔离体(图4−12b),设微段两端横截面上弯矩、剪力均为零,而只有轴力 F_N 和 $F_N+\mathrm{d}F_N$。由 $\sum M_o=0$ 有

$$F_N\rho-(F_N+\mathrm{d}F_N)\rho=0$$

(a)

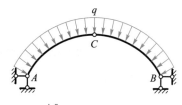

(b)

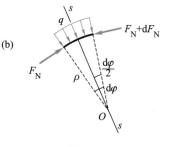

图 4−12

式中 ρ 为微段的曲率半径。由上式可得

$$\mathrm{d}F_N = 0$$

由此可知

$$F_N = 常数$$

再沿 $s-s$ 轴写出投影方程有

$$2F_N \sin\frac{\mathrm{d}\varphi}{2} - q\rho\mathrm{d}\varphi = 0$$

因 $\mathrm{d}\varphi$ 角极小，故可取 $\sin\dfrac{\mathrm{d}\varphi}{2} = \dfrac{\mathrm{d}\varphi}{2}$，于是，上式成为

$$F_N - q\rho = 0$$

因 F_N 为常数，荷载 q 亦为常数，故

$$\rho = \frac{F_N}{q} = 常数$$

这表明合理拱轴线是圆弧线。

复习思考题

1. 拱的受力情况和内力计算与梁和刚架有何异同？
2. 在非竖向荷载作用下怎样计算三铰拱的反力和内力？能否使用式（4-1）和式（4-2）？
3. 什么是合理拱轴线？试绘出图 4-13 各荷载作用下三铰拱的合理拱轴线形状。

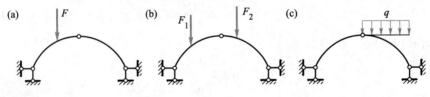

图 4-13

习　　题

4-1　图示抛物线三铰拱的轴线方程为 $y = \dfrac{4f}{l^2}x(l-x)$，试求截面 K 的内力。

4-2　试求带拉杆的半圆三铰拱截面 K 的内力。

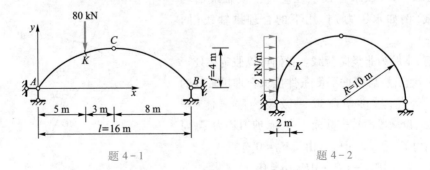

题 4-1　　　　　　　　　　　　题 4-2

4-3 试求图示三铰圆环截面 K 的内力。

*4-4 试求图示三铰拱在均布荷载作用下的合理拱轴线方程。

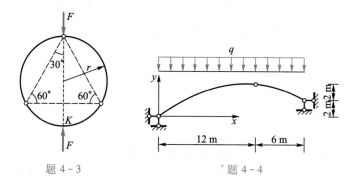

题 4-3　　　　　　　　*题 4-4

4-5 试求图示对称三铰拱在拱上填料重量作用下的合理拱轴线。拱上荷载集度按 $q = q_c + \gamma y$ 变化，其中 q_c 为拱顶处的荷载集度，γ 为填料重度。

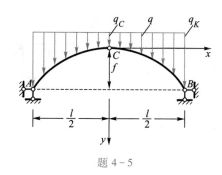

题 4-5

答　案

4-1　$F_H = 50$ kN,
$M_K = 103.1$ kN·m,
$F_{SK}^{L} = 33.9$ kN,
$F_{SK}^{R} = -41.0$ kN,
$F_{NK}^{L} = 66.1$ kN,
$F_{NK}^{R} = 38.0$ kN

4-2　拉杆轴力 5 kN,
$M_K = 44$ kN·m,
$F_{SK} = -0.6$ kN,
$F_{NK} = -5.8$ kN（拉力）

4-3　$M_K = \dfrac{\sqrt{3}}{3} Fr$（内侧受拉），
$F_{SK}^{L} = -F/2,\ F_{SK}^{R} = F/2,$
$F_{NK} = \dfrac{\sqrt{3}}{6} F$（拉力）

*4-4　$y = \dfrac{x}{27\ \text{m}}(21\ \text{m} - x)$

4-5　$y = \dfrac{q_c}{\gamma}\left(\cosh\sqrt{\dfrac{\gamma}{F_H}}\,x - 1\right)$

第五章 静定平面桁架

5-1 本章学习要点

5-2 滇越铁路人字桥

5-3 现代铁路钢桥制造新技术

§5-1 平面桁架的计算简图

梁和刚架是以承受弯矩为主的,横截面上主要产生非均匀分布的弯曲正应力(图5-1a),其边缘处应力最大,而中部的材料并未充分利用。桁架由杆件组成,整体以承受弯矩为主,而杆件则主要承受轴力。在平面桁架的计简图(图5-1b)中,通常引用如下假定:

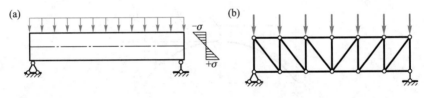

图 5-1

(1)各结点都是无摩擦的理想铰。

(2)各杆轴都是直线,并在同一平面内且通过铰的中心。

(3)荷载只作用在结点上并在桁架的平面内。

符合上述理想假定的桁架各杆将只受轴力,截面上的应力是均匀分布的,可同时达到容许值,材料能得到充分利用。因此,与梁相比,桁架的用料较省,并能跨越更大的跨度。

实际的桁架并不完全符合上述理想假定。例如图5-2a所示钢桁架桥,它是由两片主桁架和联结系(上、下平纵联、横联、桥门架等)及桥面系(纵、横梁等)组成的空间结构。图5-2b为其横剖面示意图。列车荷载通过钢轨、轨枕、纵梁、横梁传到主桁架的结点上。图5-2c为主桁架的一个结点构造略图,各杆件与结点板之间是用许多铆钉(或螺栓)联结起来的(也有的用焊接)。此外,主桁架与联结系、桥面系之间也是铆(栓)接或焊接的。可见,实际钢桁架桥的构造和受力情况都是很复杂的。

在竖向荷载作用下计算主桁架时,为了简化起见,可不考虑整个体系的空间作用,而认为纵梁是支承在横梁上的简支梁,横梁又是支承在主桁架结点上的简支梁。于是,可按杠杆原理将荷载分配于两片主桁架,同时认为在竖向荷载作用下联结系只起联结作用而不承受力。这样,每片主桁架便可作为彼此独立的平面桁架来计算,而得到图5-3所示的计算简图。

实际结构与上述计算简图之间尚存在以下一些差别:

(1)结点的刚性。

(2)各杆轴线不可能绝对平直,在结点处也不可能准确交于一点。

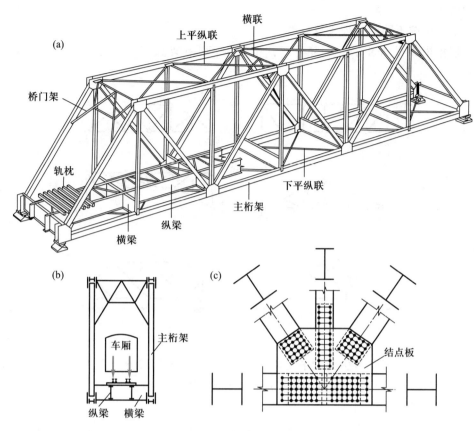

(a)

横联

上平纵联

桥门架

轨枕

横梁 纵梁 主桁架 下平纵联

5-4 实际钢桁梁结点构造

(b)

车厢 主桁架

纵梁 横梁

(c)

结点板

图 5-2

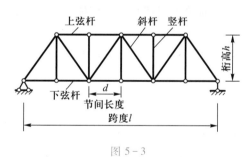

上弦杆 斜杆 竖杆

桁高h

下弦杆 d 节间长度

跨度l

图 5-3

（3）非结点荷载（例如杆件自重、风荷载等）。

（4）结构的空间作用等。

通常把按理想平面桁架算得的应力称为主应力，而把上述一些因素所产生的附加应力称为次应力。理论计算和实际量测结果表明，在一般情况下次应力的影响是不大的，可以忽略不计。对于必须考虑次应力的桁架，则应将其各结点视为刚结点而按刚架计算，其计算将较为复杂，宜采用矩阵位移法（见第十章）用计算机计算。

桁架的杆件，依其所在位置不同，可分为弦杆和腹杆两类。弦杆又分为上弦杆和下弦杆。腹杆又分为斜杆和竖杆。弦杆上相邻两结点间的区间称为节间，其间距 d 称为节间长度。两支座间的水平距离 l 称为跨度。支座连线至桁架最高点的距离 h

称为桁高。

桁架可按不同的特征进行分类。

根据桁架的外形,可分为平行弦桁架、折弦桁架和三角形桁架(图 5-4a、b 和 c)。

5-5 各式
桁架结构

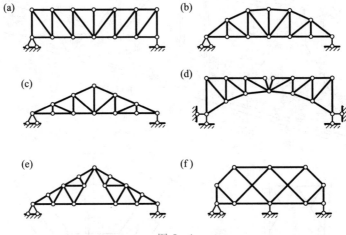

图 5-4

按照竖向荷载是否引起水平支座反力(即推力),桁架可分为无推力桁架或梁式桁架(图 5-4a、b 和 c)和有推力桁架或拱式桁架(图 5-4d)。

静定桁架按几何组成方式可分为:

(1)简单桁架。由基础或一个基本铰结三角形依次增加二元体而组成的桁架(图 5-4a、b 和 c)。

(2)联合桁架。由几个简单桁架按几何不变体系的基本组成规则而联合组成的桁架(图 5-4d、e)。

(3)复杂桁架。不是按上述两种方式组成的其他静定桁架(图 5-4f)。

§5-2 结点法

为了求得桁架各杆的内力,可以截取桁架的一部分为隔离体,由隔离体的平衡条件来计算所求内力。若所取隔离体只包含一个结点,就称为结点法;若所取隔离体不止包含一个结点,则称为截面法。本节讨论结点法。

一般说来,任何静定桁架的内力和反力都可以用结点法求出。因为作用于任一结点的诸力(包括荷载、反力及杆件内力)均组成一平面汇交力系,故可就每一结点列出两个平衡方程。设桁架的结点数为 j,杆件数为 b,支座链杆数为 r,则一共可列出 $2j$ 个独立的平衡方程,而所需求解的各杆内力和支座反力共有 $(b+r)$ 个。由于静定桁架的计算自由度 $W=2j-b-r=0$,故有 $b+r=2j$,即未知力数目与方程式数目相等,故所有内力及反力总可以用结点法解出。但是,在实际计算中,只有当每取一个结点,其上的未知力都不超过两个而能将它们解出时,才能避免在结点间解算联立方程,应用结点法才是方便的。由于简单桁架是从一个基本铰结三角形开始,依次增加二元体所组成的，其最后一个结点只包含两根杆件，故对于这类桁架，在求出支座反力后，可按与几何组成相反的顺序，从最后的结点开始，依次倒算回去，便能顺利地用结点法求出所有杆件的内力。

在计算中，经常需要把斜杆的内力 F_N分解为水平分力 F_x和竖向分力 F_y（图 5-5）。设斜杆的长度为 l，其水平和竖向的投影长度分别为 l_x和 l_y，则由比例关系可知

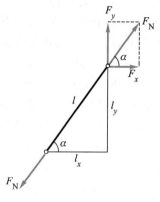

$$\frac{F_N}{l}=\frac{F_x}{l_x}=\frac{F_y}{l_y}$$

这样，在 F_N、F_x和 F_y三者中，任知其一便可很方便地推算其余两个，而无需使用三角函数。

F_y
F_N
α
F_x
l
l_y
α
l_x
F_N

图 5-5

现在用图 5-6a 所示桁架为例，来说明结点法的运算。首先，可由桁架的整体平衡条件求出支座反力如图上所注。然后，即可截取各结点解算杆件内力。最初遇到只包含两个未知力的结点有 A 和 G 两个。现在从结点 G 开始，其隔离体图见图 5-6b。通常假定杆件内力均为拉力，若计算结果为负，则表明为压力。为了计算方便，将斜杆内力 F_{NGE}的水平和竖向分力 F_{xGE}和 F_{yGE}作为未知数。由 $\sum F_y=0$可得

$$F_{yGE}=15\ \text{kN}$$

(a)
B
60
D
60
E
F_B=120 kN
60
40
20
−45
75
45
0
30
50
15
25
15
3 m
−120
−20
−20
F_{AH}=120 kN
A
C
F
G
15 kN
15 kN
15 kN
F_{AV}=45 kN
4 m
4 m
4 m
轴力单位 kN
(b)
F_{NGE}
G
F_{NGF}
15 kN

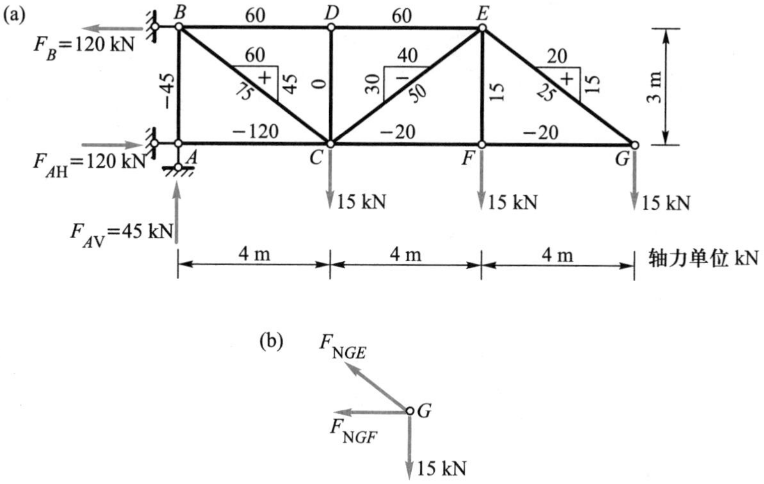

图 5-6

并可由比例关系求得

$$F_{xGE}=15\ \text{kN}\times\frac{4}{3}=20\ \text{kN}$$

及

$$F_{NGE}=15\ \text{kN}\times\frac{5}{3}=25\ \text{kN}$$

再由 $\sum F_x = 0$ 可得

$$F_{NGF} = -F_{xGE} = -20 \text{ kN}$$

然后,依次取结点 F、E、D、C 计算,每次都只有两个未知力,故不难求解。到结点 B 时只有一个未知力 F_{NBA},而最后到结点 A 时,各力都已求出,故此二结点的平衡条件是否都满足可作为校核。

当计算比较熟练时,可不必绘出各结点的隔离体图,而直接在桁架图上进行心算,并将杆件内力及其分力标注于杆旁,如图 5-6a 所示。

有时会遇到一个结点上内力未知的两杆都是斜杆的情形,例如图 5-7a 中的结点 A。此时可仍用水平和竖向两投影平衡方程来求 F_{N1} 和 F_{N2},但需解算联立方程。如欲避免解联立方程,则可改选投影轴的方向或者改用力矩平衡方程求解。如图 5-7b 所示,若取与 F_{N2} 垂直的方向为 x 轴,则由 $\sum F_x = 0$ 可首先求出 F_{N1},但这种方法有时投影计算不很方便。另一方法是在 F_{N2} 的作用线上选择一点(A 点除外)作为力矩中心,而用力矩平衡方程来求 F_{N1}。例如选 C 点为矩心,但此时 F_{N1} 至 C 的力臂 r 不容易求得。为此,可将 F_{N1} 在其作用线上的适当的点分解,例如在 B 点分解,用水平和竖直分力 F_{x1} 和 F_{y1} 来代替 F_{N1}。这样,竖直分力 F_{y1} 恰通过矩心 C,而水平分力 F_{x1} 的力臂即为竖直距离 h。于是,由 $\sum M_C = 0$ 求得

$$F_{x1} = \frac{Fd}{h}$$

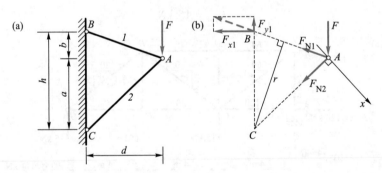

图 5-7

值得指出,在桁架中常有一些特殊形状的结点,掌握了这些特殊结点的平衡规律,可给计算带来很大的方便。现列举几种特殊结点如下:

(1)L 形结点。这是两杆结点(图 5-8a)。当结点上无荷载时两杆内力皆为零。凡内力为零的杆件称为零杆。

(2)T 形结点。这是三杆汇交的结点而其中两杆在一直线上(图 5-8b),当结点上无荷载时,第三杆(又称单杆)必为零杆,而共线两杆内力相等且符号相同(即同为拉力或同为压力)。

(3)X 形结点。这是四杆结点且两两共线(图 5-8c),当结点上无荷载时,则共线两杆内力相等且符号相同。

(4)K 形结点。这是四杆结点。四杆中两杆共线,而另外两杆在此直线同侧且交角相等(图 5-8d)。结点上如无荷载,则非共线两杆内力大小相等而符号相反(一

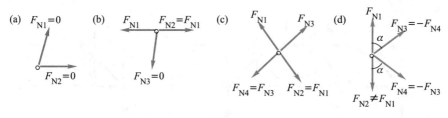

图 5-8

为拉力,则另一为压力)。

上述各条结论,均可根据适当的投影平衡方程得出,读者可自行证明。

应用以上结论,不难判断图 5-9 及图 5-10 桁架中虚线所示各杆皆为零杆。于是,剩下的计算工作便大为简化。

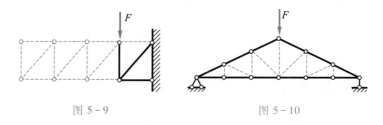

图 5-9   图 5-10

§5-3 截面法

截面法是作一截面将桁架分为两部分,然后任取一部分为隔离体(隔离体包含一个以上的结点),根据平衡条件来计算所截杆件的内力。通常作用在隔离体上的诸力为平面一般力系,故可建立三个平衡方程。因此,若隔离体上的未知力不超过三个,则一般可将它们全部求出。为了避免联立求解,应注意选择适宜的平衡方程。按所选方程类型的不同,截面法又可分为力矩法和投影法,现分述如下。

(1) 力矩法。如图 5-11a 所示简支桁架,设支座反力已求出,现要求 EF、ED 和 CD 三杆的内力。为此,作截面 I-I 截断此三杆,并取截面以左部分为隔离体来计算(图 5-11b)。在列平衡方程时,最好使每个方程中只包含一个未知力,这样就可避免联立求解。例如求下弦杆 CD 的内力时,可取另二杆 EF 和 ED 的交点 E 为力矩中心,由力矩平衡方程 $\sum M_E = 0$ 来求。此时有

$$F_A d - F_1 d - F_2 \times 0 - F_{NCD} h = 0$$

得

$$F_{NCD} = \frac{F_A d - F_1 d - F_2 \times 0}{h}$$

式中分母 h 为 F_{NCD} 对矩心 E 的力臂;分子为隔离体上所有外力对矩心 E 的力矩代数和,它恰等于相应简支梁(图 5-11c)上 E 点的弯矩 M_E^0,因此上式又可写为

$$F_{NCD} = \frac{M_E^0}{h}$$

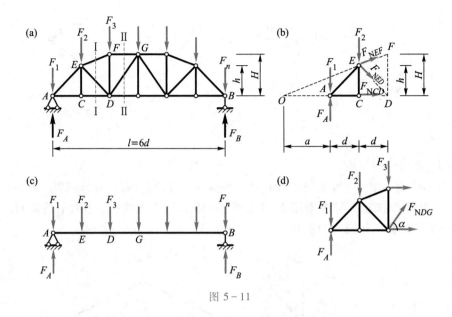

图 5 - 11

当荷载向下时,简支梁跨内截面的弯矩 M_E^0 是正的,故 F_{NCD} 为拉力,即简支桁架的下弦杆受拉。

同样,在求上弦杆 EF 的内力时,应取 ED、CD 两杆的交点 D 为矩心。此时,要计算 F_{NEF} 的力臂是不太方便的。为此,可将 F_{NEF} 在其作用线上的 F 点处分解为水平和竖向两个分力,竖向分力 F_{yEF} 通过矩心 D,而水平分力 F_{xEF} 的力臂即为桁高 H。由 $\sum M_D = 0$ 有

$$F_A \times 2d - F_1 \times 2d - F_2 d + F_{xEF} H = 0$$

得

$$F_{xEF} = -\frac{F_A \times 2d - F_1 \times 2d - F_2 d}{H} = -\frac{M_D^0}{H}$$

既求得了分力 F_{xEF},便可依比例关系求得 F_{NEF}。式中 M_D^0 表示相应简支梁上 D 点的弯矩。同样,当荷载向下时,简支梁跨内截面的弯矩 M_D^0 是正的,故 F_{NEF} 为压力,即简支桁架的上弦杆受压。

用同样方法可以证明:简支桁架在竖直向下的荷载作用下,下弦杆都受拉力,上弦杆都受压力。

最后,为了求斜杆 ED 的内力,应取 EF、CD 两杆延长线的交点 O 为矩心,并将 F_{NED} 在 D 点分解为水平和竖向分力 F_{xED} 和 F_{yED},由 $\sum M_O = 0$ 有

$$-F_A a + F_1 a + F_2(a+d) + F_{yED}(a+2d) = 0$$

得

$$F_{yED} = \frac{F_A a - F_1 a - F_2(a+d)}{a+2d}$$

据此不难求得 F_{NED}。至于此杆为受拉或受压,需看上式右端分子为正或为负而定。

（2）投影法。如在上述桁架中,欲求斜杆 DG 的内力时,可作截面 $\mathrm{II} - \mathrm{II}$ 并取其左边部分来计算（图 5 - 11d）。此时,因被截断的另两杆平行,故应采用投影方程来

求,由 $\sum F_y = 0$ 有

$$F_A - F_1 - F_2 - F_3 + F_{yDG} = 0$$

得

$$F_{yDG} = F_{NDG}\sin\alpha = -(F_A - F_1 - F_2 - F_3)$$

上式右端括号内之值恰等于相应简支梁上 DG 段的剪力,故此法有时也称剪力法。

如前所述,用截面法求桁架内力时,应尽量使所截断的杆件不超过三根,这样所截杆件的内力均可求出。有时,所作截面虽然截断了三根以上的杆件,但只要在被截各杆中,除一杆外,其余均汇交于一点或均平行,则该杆内力仍可首先求得。例如在图 5-12 所示桁架中作截面 I-I,由 $\sum M_K = 0$ 可求得 F_{Na},又如在图 5-13 所示桁架中作截面 I-I,由 $\sum F_x = 0$ 可求出 F_{Nb}。

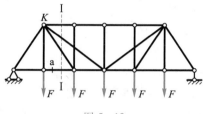

图 5-12

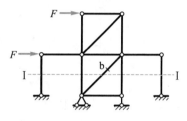

图 5-13

上面分别介绍了结点法和截面法。对于简单桁架,当要求全部杆件内力时,用结点法是适宜的;若只求个别杆件的内力,则往往用截面法较方便。对于联合桁架,若只用结点法将会遇到未知力超过两个的结点,故宜先用截面法将联合杆件的内力求出。例如图 5-14 所示桁架,应先由截面 I-I 求出联合杆件 DE 的内力,然后再对各简单桁架进行分析便无困难。又如图 5-15a 所示桁架,要求各杆内力时,初看似乎无从下手,但从分析其几何构造可知,它是由两个铰结三角形用 1、2、3 三杆相联而组成的联合桁架。因此,可作截面截断该三杆而取出一个三角形为隔离体(图 5-15b),首先求出该三杆的内力,然后便不难求得其余杆件的内力。

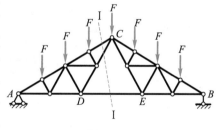

图 5-14

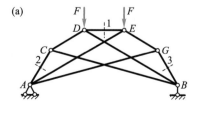

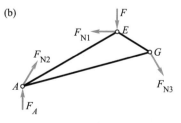

图 5-15

§5-4　截面法和结点法的联合应用

上节已指出,截面法和结点法各有所长,应根据具体情况选用。在有些情况下,则将两种方法联合使用更为方便,下面举例说明。

例 5-1　试求图 5-16a 所示桁架中 a 杆和 b 杆的内力。

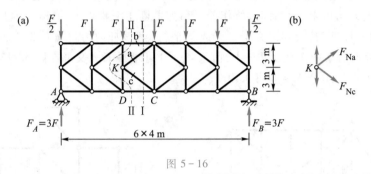

图 5-16

解:求 a 杆内力时,可作截面 I-I 并取其左部为隔离体。由于截断了四根杆件,故仅由此截面尚不能求解,还需再取其他隔离体先求出这四个未知力中的某一个或找出其中两个未知力的关系,从而使该截面所取隔离体上只包含三个独立的未知力时,方可解出。为此,可截取结点 K 为隔离体(图 5-16b),由 K 形结点的特性可知

$$F_{Na} = -F_{Nc} \quad 或 \quad F_{ya} = -F_{yc}$$

再由截面 I-I,根据 $\sum F_y = 0$ 有

$$3F - \frac{F}{2} - F - F + F_{ya} - F_{yc} = 0$$

即

$$\frac{F}{2} + 2F_{ya} = 0$$

得

$$F_{ya} = -\frac{F}{4}$$

由比例关系得

$$F_{Na} = -\frac{F}{4} \times \frac{5}{3} = -\frac{5}{12}F$$

求得 F_{Na} 后,由截面 I-I 利用 $\sum M_C = 0$ 即可求得 F_{Nb}。不过,也可以作截面 II-II 并取其左部,由 $\sum M_D = 0$ 来求得 b 杆内力:

$$F_{Nb} = -\frac{3F \times 8 \text{ m} - (F/2) \times 8 \text{ m} - F \times 4 \text{ m}}{6 \text{ m}} = -\frac{8}{3}F$$

显然,后一方法更简捷。

例 5-2　试求图 5-17 所示桁架中 *HC* 杆的内力。

解:可由不同的途径求得 *HC* 杆的内力。方法之一是先作截面 I-I,由

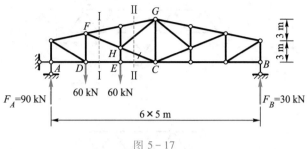

图 5-17

$\sum M_F = 0$ 求得 DE 杆内力；接着由结点 E 求得 EC 杆内力；再作截面 Ⅱ-Ⅱ，由 $\sum M_G = 0$ 求得 HC 杆的内力。现计算如下：

由桁架整体平衡可求出支座反力如图所注。

取截面 Ⅰ-Ⅰ 以左为隔离体，由 $\sum M_F = 0$ 可得

$$F_{NDE} = \frac{90 \text{ kN} \times 5 \text{ m}}{4 \text{ m}} = 112.5 \text{ kN}（拉）$$

由结点 E 的平衡可知 $F_{NEC} = F_{NED} = 112.5$ kN（拉）。

再取截面 Ⅱ-Ⅱ 以右为隔离体，由 $\sum M_G = 0$ 并将 F_{NHC} 在 C 点分解为水平和竖向分力，可求得

$$F_{xHC} = \frac{30 \text{ kN} \times 15 \text{ m} - 112.5 \text{ kN} \times 6 \text{ m}}{6 \text{ m}} = -37.5 \text{ kN}$$

并由几何关系可得

$$F_{NHC} = -37.5 \text{ kN} \times \frac{\sqrt{5^2 + 2^2}}{5} = -40.4 \text{ kN}（压）$$

例 5-3 试求图 5-18a 所示桁架支座 A 的反力。

解： 对称结构的受力分析通常可利用其对称性的受力特点，即在对称荷载作用下内力是对称的，在反对称荷载作用下内力是反对称的。

首先将图 5-18a 原结构在外荷载 F 作用下的受力状态分解为图 5-18b 对称荷载和图 5-18c 反对称荷载两种受力状态的叠加，分别对支座 A 的反力进行求解。现计算如下：

对称荷载作用下，取 Ⅰ-Ⅰ 以左为隔离体，由 $\sum M_B = 0$ 可得

$$F_{Ay对} \cdot 3a - \frac{F}{2} \cdot a = 0$$

可得 $\qquad\qquad\qquad F_{Ay对} = F/6（\uparrow）$。

反对称荷载作用下，取 Ⅱ-Ⅱ 以左为隔离体，由 $\sum M_C = 0$ 可得

$$F_{Ay反} \cdot 5a - \frac{F}{2} \cdot 3a = 0$$

可得 $F_{Ay反} = 3F/10（\uparrow）$。

因此，支座 A 的反力 $F_{Ay} = F_{Ay对} + F_{Ay反} = 7F/15（\uparrow）$。

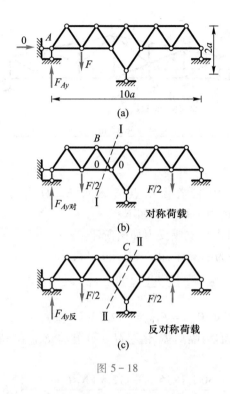

图 5-18

5-6 三种
常用梁式桁
架

§5-5 常用梁式桁架的比较

　　不同形式的桁架,其内力分布情况及适用场合亦各不同,设计时应根据具体要求选用。下面就三种常用的简支梁式桁架:平行弦桁架、抛物线形桁架和三角形桁架进行比较。图5-19a、b和c分别表示这三种桁架在下弦承受均布荷载时各杆的内力(这里,均布荷载已用等效结点荷载代替,并为了计算方便,设各结点荷载 $F=1$)。其中对于弦杆的内力分布情况,可由力矩法的内力计算公式

$$F_N = \pm \frac{M^0}{r}$$

来分析。式中 M^0 是相应简支梁上与矩心对应的点的弯矩,r 是内力对矩心的力臂。我们知道,在均布荷载作用下,简支梁的弯矩分布图形是抛物线形的,两边小中间大。因此,可由力臂 r 的变化情况来讨论弦杆内力的变化情况。

　　在平行弦桁架中,弦杆的力臂是一常数,故弦杆内力与弯矩的变化规律相同,即两端小中间大。至于腹杆内力,由投影法可知,竖杆内力与斜杆的竖向分力各等于相应简支梁上对应节间的剪力,故它们的大小均分别由两端向中间递减。

　　在抛物线形桁架(上弦各结点在抛物线上)中,各下弦杆内力及各上弦杆的水平分力对其矩心的力臂,即为各竖杆的长度。而竖杆的长度与弯矩一样都是按抛物线规律变化的,故可知各下弦杆内力与各上弦杆水平分力的大小都相等,从而各上弦杆的内力也近于相等。根据截面法由 $\sum F_x = 0$ 可知各斜杆内力均为零,并可推知各竖杆内力也都一样,均等于相应下弦结点上的荷载。

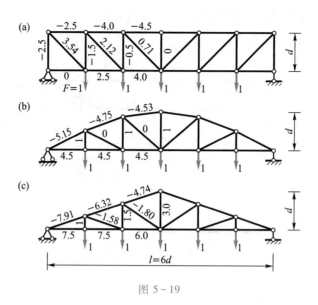

图 5-19

在三角形桁架中,弦杆所对应的力臂是由两端向中间按直线变化递增的,其增加速度要比弯矩的增加来得快,因而弦杆的内力就由两端向中间递减。至于腹杆内力,由结点法的计算不难看出,各竖杆及斜杆的内力都是由两端向中间递增的。

由上所述可得如下结论:

(1) 平行弦桁架的内力分布不均匀,弦杆内力向跨中递增,若每一节间改变截面,则增加拼接困难;如采用相同的截面,又浪费材料。但是,平行弦桁架在构造上有许多优点,如所有弦杆、斜杆、竖杆长度都分别相同,所有结点处相应各杆交角均相同等,因而利于标准化设计与施工。平行弦桁架用于轻型桁架时,可采用截面一致的弦杆而不致有很大的浪费。厂房中多用于 12 m 以上的吊车梁。铁路桥梁中,由于平行弦桁架构件制作及施工拼装都很方便,故较多采用。

(2) 抛物线形桁架的内力分布均匀,因而在材料使用上最为经济。但是构造上有缺点,上弦杆在每一结点处均转折而需设置接头,故构造较复杂。不过在大跨度桥梁(例如 100~150 m)及大跨度屋架(18~30 m)中,节约材料意义较大,故常采用。

(3) 三角形桁架的内力分布也不均匀,弦杆内力在两端最大,且端结点处夹角甚小,构造布置较为困难。但是,其两斜面符合屋顶构造需要,故只在屋架中采用。

§5-6　组合结构的计算

组合结构是指由链杆和受弯杆件混合组成的结构,其中链杆(两铰直杆且杆身上无荷载作用者)只受轴力(又称二力杆),受弯杆件则同时还受有弯矩和剪力。用截面法分析组合结构的内力时,为了使隔离体上的未知力不致过多,宜尽量避免截断受弯杆件。因此,分析这类结构的步骤一般是先求出反力,然后计算各链杆的轴力,最后再分析受弯杆件的内力。当然,如受弯杆件的弯矩图很容易先行绘出时,则不必拘泥于上述步骤。

例 5-4　试分析图 5-20a 所示组合结构的内力。

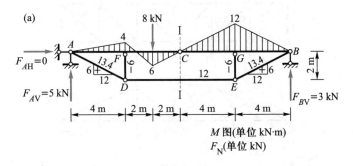

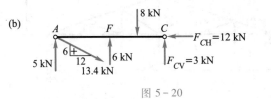

图 5-20

解：首先考虑结构的整体平衡，可求得支座反力如图所示。然后，作截面 I-I 拆开铰 C 和截断拉杆 DE，并取右边部分为隔离体，由 $\sum M_C = 0$ 有

$$3 \text{ kN} \times 8 \text{ m} - F_{NDE} \times 2 \text{ m} = 0$$

得

$$F_{NDE} = 12 \text{ kN （拉力）}$$

再考虑结点 D 和 E 的平衡，便可求得其余各链杆的内力如图所示。

现在来分析受弯杆件的内力。取出 AC 杆为隔离体（图 5-20b），考虑其平衡可求得

$$F_{CH} = 12 \text{ kN } (\leftarrow), \quad F_{CV} = 3 \text{ kN } (\uparrow)$$

并可作出其弯矩图如图 5-20a 所示。其剪力图及轴力图亦不难作出，此处从略。CB 杆的内力可同样分析，无须赘述。

图 5-21a 所示为静定拱式组合结构，它是由若干根链杆组成的链杆拱与加劲梁用竖向链杆联结而组成的几何不变体系。当跨度较大时，加劲梁亦可换为加劲桁架。

计算这类结构的反力时，为了方便起见，可将拱两端的反力分别在 A' 和 B' 点分解为水平和竖向分力。考虑结构的整体平衡，不难看出拱和梁两部分总的竖向反力就等于相应简支梁（图 5-21b）的竖向反力，即

$$F'_{AV} + F''_{AV} = F^0_{AV}$$

$$F'_{BV} + F''_{BV} = F^0_{BV}$$

若考虑链杆拱上每一结点的平衡条件 $\sum F_x = 0$，则可知拱上每一杆件的水平分力都相等，即等于拱的水平推力 F_H。

再作截面 I-I 并取其左（或右）部为隔离体，且将被截拱杆的内力在 C' 点沿水平及竖向分解，则由 $\sum M_C = 0$ 有

$$F_H z - F_H (f' + z) + (F'_{AV} + F''_{AV}) l_1 - F_1 c_1 = 0$$

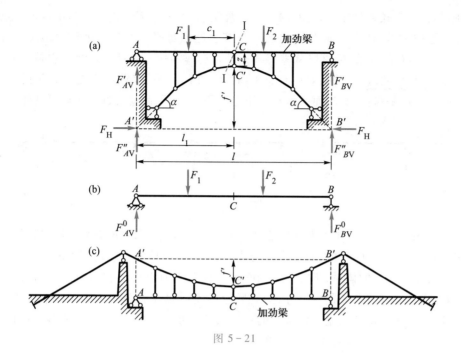

图 5-21

式中后两项之和即为相应简支梁截面 C 的弯矩 M_C^0,故得

$$F_H = \frac{M_C^0}{f'} \tag{5-1}$$

链杆拱及加劲梁的竖向反力分别为

$$\left. \begin{aligned} F''_{AV} &= F''_{BV} = F_H \tan \alpha \\ F'_{AV} &= F_{AV}^0 - F_H \tan \alpha \\ F'_{BV} &= F_{BV}^0 - F_H \tan \alpha \end{aligned} \right\} \tag{5-2}$$

式中 α 为两端拱杆的倾角。

反力确定后,便不难求出各链杆的轴力,然后即可求出加劲梁的内力。

图 5-21c 所示为静定悬吊式组合结构,它可以看作是一个倒置的拱式组合结构,因此其计算方法与上相同。

§5-7 用零载法分析体系的几何构造

前面曾指出,我们所遇到的多数工程结构,其几何构造性质用基本组成规则即可进行分析。但是,也有一些结构,用基本组成规则是无法分析的,例如本章开始时提到的复杂桁架(图 5-4f)、图 5-21 所示组合结构等。此时,尚可采用其他一些方法来进行分析,其中较方便的一种是零载法。

零载法是以静定结构静力解答的唯一性为根据建立的。我们知道,一个计算自由度 $W = 0$ 的体系,若是几何不变的,则其内力是静定的。当荷载为零时,显然所有反力和内力均为零能够满足平衡条件,而对于静定结构这就是唯一的解答,此外再无其他任何非零的解答存在(图 5-22a)。反之,若 $W = 0$ 的体系是几何常变的或瞬变时,则必有多余联系存在,因而其内力是超静定的,在零荷载下内力将为不定值,也就是除了零内力外,还有其他非零的任意解答也能满足平衡条件(图 5 – 22b、c)。因此,对于 $W=0$ 的体系,便可以从零荷载下是否有非零的内力存在来判定它是否几何不变,这就是零载法。这里,对于有非零内力存在的体系,零载法不能进一步区分它是几何常变还是瞬变的,然而一般情况下也不需区分,因此就统称为几何可变体系。

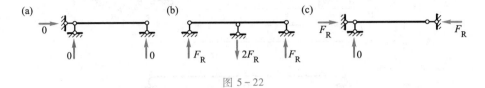

图 5 – 22

例如图 5 – 23 所示体系 $W=0$,在零荷载时,由结点 A 知 AB 必为零杆,然后依次考察结点 $B,C,\cdots$,便可知所有反力内力均必为零,故此体系是几何不变的。

当对于所分析的体系,不能立刻判断在零荷载下所有反力和内力是否均必为零时,则可假设某杆有非零的内力存在,然后考察此项假设能否满足所有的平衡条件。若能满足,则表明此体系是几何可变的;反之,若体系是几何不变的,则非零的假设必不能满足平衡条件而导致矛盾的结果。

例如图 5 – 24 所示 $W=0$ 的桁架,在零荷载下只能看出 DH、DE、CG、FB 四杆必为零杆,其余各杆内力及各反力不能直接判断是否必为零。为此,可假定某杆有非零内力存在,例如为计算方便设 EH 杆有拉力 $\sqrt{2}$。然后,依次取各结点推算,便可得出图中所示的内力、反力能够满足所有结点的平衡条件。因此,知这是一个几何可变体系。

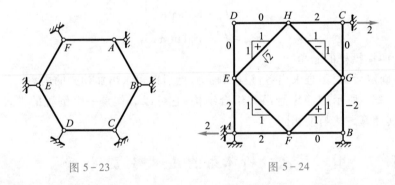

图 5 – 23　　　　　　　　　图 5 – 24

又如图 5 – 25 所示桁架,其 $W=0$。当零荷载时,可直接判断三支座反力及右上角两杆和右下角两杆内力必为零。然后,可设其余任一杆有非零内力存在,例如设 AE 杆有拉力。据此,由结点 A 的平衡可知 AB 杆应为压力。再依次取结点 B、C、D、E 考虑,它们均为 K 形结点或三杆结点,因而很容易推断非共线二杆的内力正负号。最后,推到结点 E 时得出 AE 杆应为压力,这与最初假设为拉力相矛盾。由此可知,AE 杆的内力只有等于零才能满足上述各结点的平衡条件。而当 AE 杆内力为零时,由结点法可判断其余各杆均必为零杆。因此,得知此桁架是几何不变的。

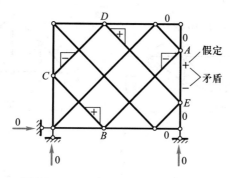

图 5-25

再如图 5-26 所示组合体系，$W=0$，在零荷载作用下首先可判断支座 A 处水平反力必为零。其次，可假设支座 A 处有非零的向上的竖向反力，于是可作出梁部的弯矩图并得知支座 B 的反力应向下，但这显然已不能满足整体平衡条件 $\sum M_F = 0$。因此，A 处竖向反力只能为零，并由此可推知全部反力和内力均必为零，故知这是一个几何不变体系。

最后须指出，零载法只能适用于 $W=0$（或只就体系本身 $W=3$）的体系，否则将会导致不正确的结果。例如对图 5-27a、b 所示体系，如果也用零载法去分析，将会得出前者是几何不变、后者是几何可变的错误结论。

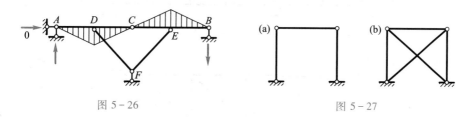

图 5-26   图 5-27

复习思考题

1. 桁架的计算简图作了哪些假设？它与实际的桁架有哪些差别？

2. 如何根据桁架的几何构造特点来选择计算顺序？

3. 在结点法和截面法中，怎样尽量避免解联立方程？

4. 零杆既然不受力，为何在实际结构中不把它去掉？

5. 怎样识别组合结构中的链杆（二力杆）和受弯杆？组合结构的计算与桁架有何不同之处？

6. 在图 5-20a 中，能否将 G 视为 T 形结点而判断 GE 为零杆？结点 G 是怎样平衡的？对于结点 A，既然 $F_{AV} = 5$ kN（↑），为什么 AD 杆的竖向分力不等于 5 kN？

习　题

5-1~5-2　试用结点法计算图示桁架各杆的内力。

5-3~5-8　试判断图示桁架中的零杆。

5-9~5-10　试用截面法计算图示桁架中指定杆件的内力。

5-11~5-17　试用较简便方法求图示桁架中指定杆件的内力。

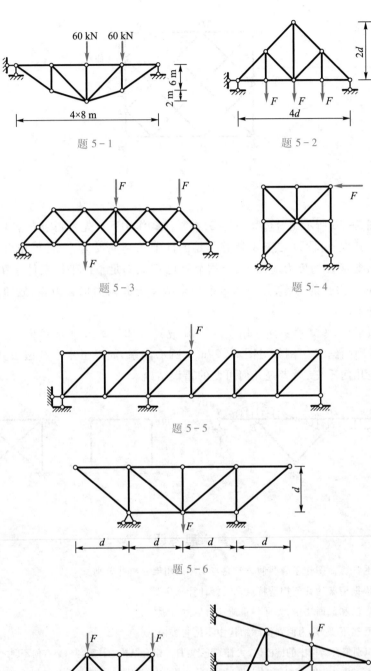

题 5 - 1

题 5 - 2

题 5 - 3

题 5 - 4

题 5 - 5

题 5 - 6

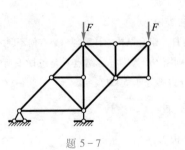

题 5 - 7

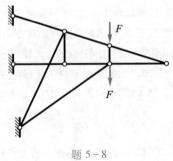

题 5 - 8

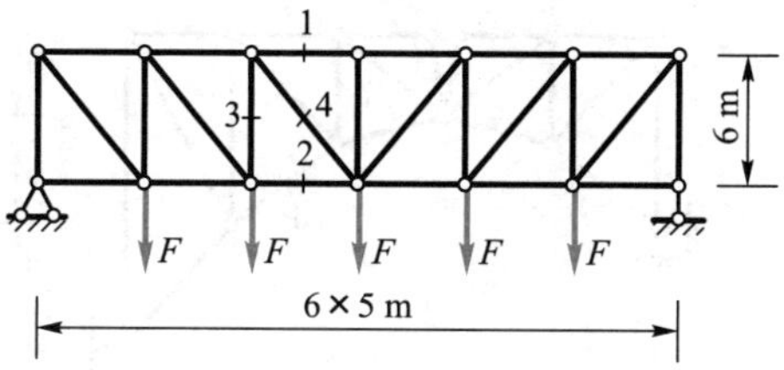

题 5-9

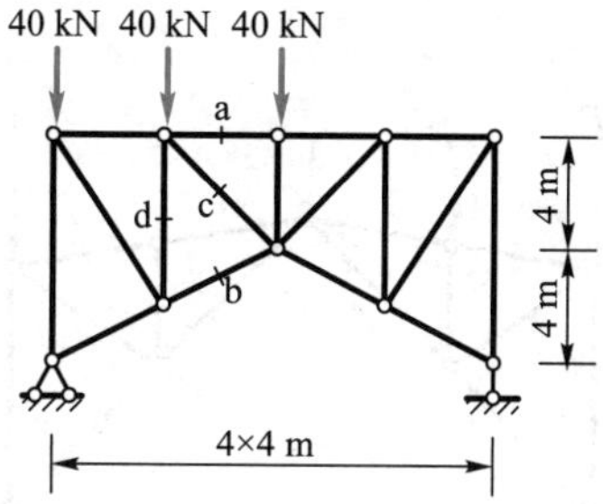

题 5-10

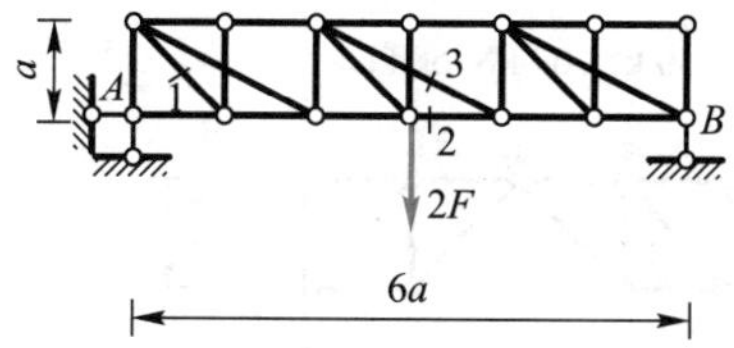

题 5-11

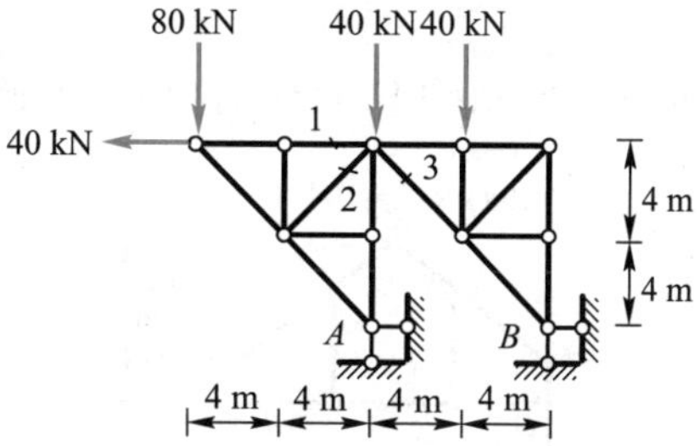

题 5-12

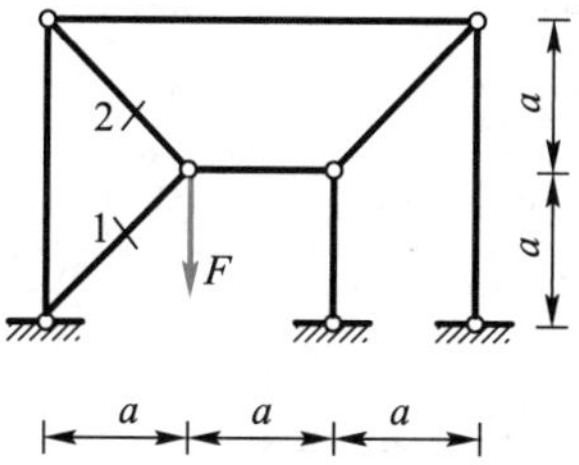

题 5-13

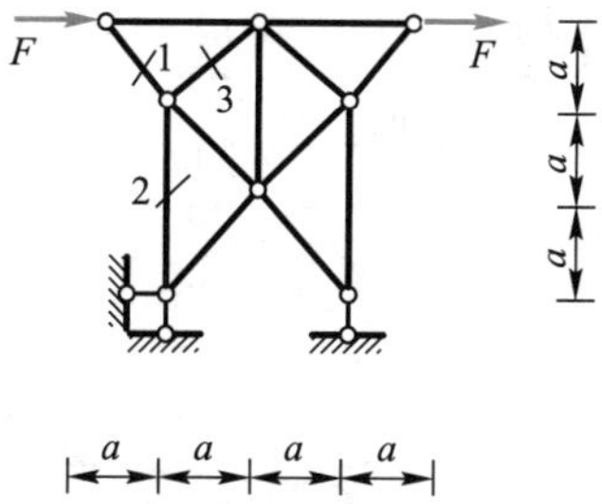

题 5-14

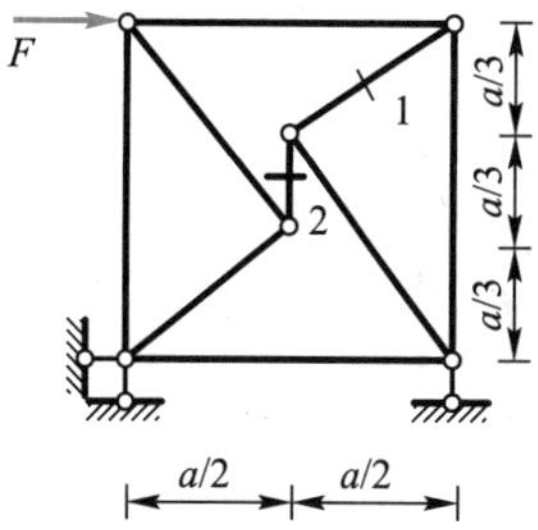

题 5-15

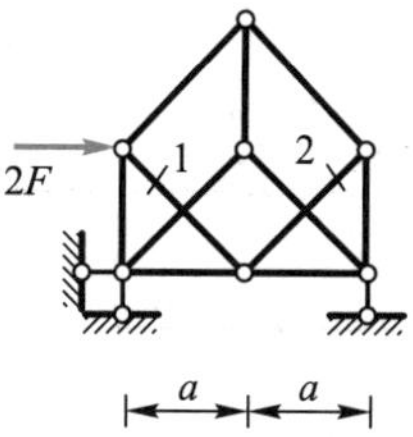

题 5-16

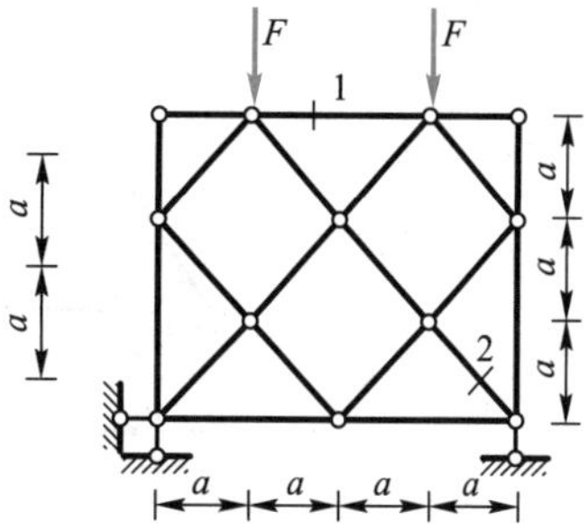

题 5-17

5-18~5-19 试求图示拱式桁架中指定杆件的内力。

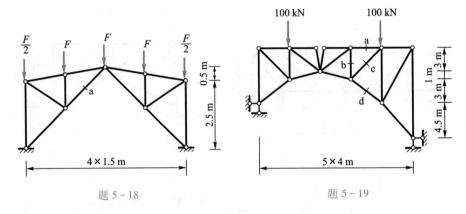

题 5 - 18　　　　　　　　　　题 5 - 19

5 - 20 ~ 5 - 23　试求图示组合结构中各链杆的轴力并作受弯杆件的内力图。

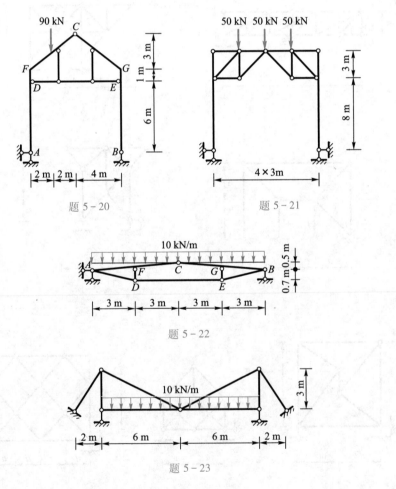

题 5 - 20　　　　　　　　　　题 5 - 21

题 5 - 22

题 5 - 23

5 - 24 ~ 5 - 27　试用零载法分析图示体系的几何构造性质。

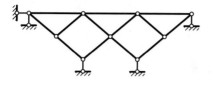

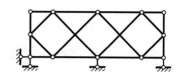

题 5－24　　　　　　　　　　　　题 5－25

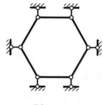

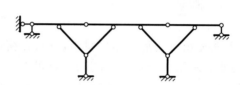

题 5－26　　　　　　　　　　　题 5－27

5－28　试用零载法检查图 5－23 所示组合结构的几何不变性。

答　　案

5－1　左第二节间下弦杆内力为 61.8 kN

5－2　中间竖杆内力为 $2F$

5－3　零杆共有 7 根

5－4　零杆共有 9 根

5－5　零杆共有 15 根

5－6　零杆共有 7 根

5－7　零杆共有 6 根

5－8　零杆共有 6 根

5－9　$F_{N1} = -3.75F, F_{N2} = 3.33F$

　　　　$F_{N3} = -0.50F, F_{N4} = 0.65F$

5－10　$F_{Na} = -60$ kN, $F_{Nb} = 37.3$ kN

　　　　$F_{Nc} = 37.3$ kN, $F_{Nd} = -66.7$ kN

5－11　$F_{N1} = 0, F_{N2} = 4F, F_{N3} = -\sqrt{5}F$

5－12　$F_{N1} = 120$ kN, $F_{N2} = 0, F_{N3} = 140\sqrt{2}$ kN

5－13　$F_{N1} = 0$　$F_{N2} = \sqrt{2}F$

5－14　$F_{N1} = 0, F_2 = F, F_{N3} = \sqrt{2}F$

5－15　$F_{N1} = \dfrac{\sqrt{13}}{6}F, F_{N2} = F$

5－16　$F_{N1} = -\sqrt{2}F, F_{N2} = \sqrt{2}F$

5－17　$F_{N1} = F, F_{N2} = -\sqrt{2}F$

5－18　$F_{Na} = -0.566F$

5－19　$F_{Na} = -1.7$ kN, $F_{Nb} = 1.3$ kN,

　　　　$F_{Nc} = -28.2$ kN, $F_{Nd} = -59.1$ kN

5－20　$F_{NDE} = 22.5$ kN

5－21　水平反力 $F_H = 27.3$ kN

5－22　$F_{NDE} = 150$ kN, $M_F = -7.5$ kN·m

5－23　水平反力 $F_H = 60$ kN

5－24　几何不变

5－25　几何不变

5－26　几何可变

5－27　几何不变

5－28　几何不变

第六章 结构位移计算

6-1 本章学习要点

§6-1 概述

任何结构都是由可变形固体材料组成的,在荷载作用下将会产生变形和位移。这里,所谓变形是指结构(或其一部分)形状的改变,位移则是指结构各截面位置的移动或转动。例如图6-1a所示刚架在荷载作用下发生如虚线所示的变形,使截面 A 的形心 A 点移到了 A' 点,线段 AA' 称为 A 点的线位移,记为 Δ_A,它也可以用水平线位移 Δ_{Ax} 和竖向线位移 Δ_{Ay} 两个分量来表示(图6-1b)。同时,截面 A 还转动了一个角度,称为截面 A 的角位移,用 φ_A 表示。又如图6-2所示刚架,在荷载作用下发生虚线所示变形,截面 A 的角位移为 φ_A(顺时针方向),截面 B 的角位移为 φ_B(逆时针方向),这两个截面的方向相反的角位移之和,就构成截面 A、B 的相对角位移,即 $\varphi_{AB} = \varphi_A + \varphi_B$。同样,$C$、$D$ 两点的水平线位移分别为 Δ_C(向右)和 Δ_D(向左),这两个指向相反的水平位移之和就称为 C、D 两点的水平相对线位移,即 $\Delta_{CD} = \Delta_C + \Delta_D$。

6-2 荷载引起的静定结构位移

6-3 温度变化引起的静定结构位移

6-4 支座移动引起的静定结构位移

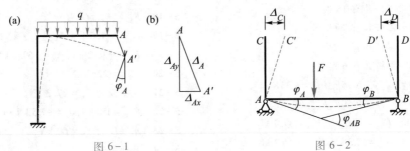

图6-1　　　　　　　　　　　图6-2

总体来说,结构产生位移的原因主要归结于下列三种情况:(1)荷载作用;(2)温度变化与材料缩胀;(3)支座沉降或制造误差。

计算结构位移的目的通常有:

(1)为了校核结构的刚度。我们知道,结构在荷载作用下如果变形太大,也就是没有足够的刚度,则即使不破坏也是不能正常使用的。例如列车通过桥梁时,若桥梁的挠度(即竖向线位移)太大,则线路将不平顺,以至引起过大的冲击、振动、影响行车。因此,铁路桥涵设计规范规定,在竖向静荷载作用下桥梁的最大挠度,简支钢板梁不得超过跨度的1/800,简支钢桁梁不得超过跨度的1/900。又如钢筋混凝土高层建筑的水平位移如果过大,将可能导致混凝土开裂或次要结构及装饰的破坏,此外人也感觉不舒服。因此,有关规范规定,在风力或地震作用下,相邻两层间的相对水平线位移(简称层间位移)的最大值与层高之比不宜大于1/1 000至1/500(随结构类型及楼房总高而异)。

（2）在结构的施工过程中,也常常需要知道结构的位移。例如图 6-3 所示三孔钢桁梁,进行悬臂拼装时,在梁的自重、临时轨道、吊机等荷载作用下,悬臂部分将下垂而发生竖向位移 f_A。若 f_A 太大,则吊机容易滚走,同时梁也不能按设计要求就位。因此,必须先行计算 f_A 的数值,以便采取相应措施,确保施工安全和拼装就位。

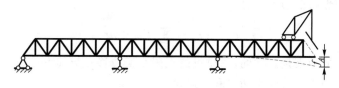

图 6-3

（3）为分析超静定结构打下基础。因为超静定结构的内力单凭静力平衡条件不能全部确定,还必须考虑变形条件,而建立变形条件时就必须计算结构的位移。

（4）在结构的动力计算和稳定计算中,也需要计算结构的位移。

可见,结构的位移计算在工程上是具有重要意义的。

结构力学中计算位移的一般方法是以虚功原理为基础的。本章将先介绍变形体系的虚功原理,然后讨论静定结构的位移计算。至于超静定结构的位移计算,在学习了超静定结构的内力分析后,仍可用这一章的方法进行。

§6-2　刚体体系的虚功原理及应用

我们在理论力学中讨论过质点系的虚位移原理(或称虚功原理),其表述为:具有理想约束的质点系在某一位置处于平衡的必要与充分条件是,对于任何虚位移,作用于质点的主动力所作虚功之和为零。即

$$\sum_{i=1}^{n} \boldsymbol{F}_i \cdot \delta \boldsymbol{r}_i = 0 \tag{6-1}$$

在直角坐标系中,上式写成

$$\sum_{i=1}^{n} (F_{ix}\delta x_i + F_{iy}\delta y_i + F_{iz}\delta z_i) = 0 \tag{6-2}$$

必要条件的证明:

当力学系统相对惯性系处于静平衡时

$$\boldsymbol{F}_i + \boldsymbol{F}_{\mathrm{R}i} = 0 \quad (i = 1, 2, \cdots, n)$$

$$(\boldsymbol{F}_i + \boldsymbol{F}_{\mathrm{R}i}) \cdot \delta \boldsymbol{r}_i = 0 \quad (i = 1, 2, \cdots, n)$$

$$\sum_{i=1}^{n} \boldsymbol{F}_i \cdot \delta \boldsymbol{r}_i + \sum_{i=1}^{n} \boldsymbol{F}_{\mathrm{R}i} \cdot \delta \boldsymbol{r}_i = 0$$

因为所有约束为理想约束,故

$$\sum_{i=1}^{n} \boldsymbol{F}_{\mathrm{R}i} \cdot \delta \boldsymbol{r}_i = 0$$

所以

$$\sum_{i=1}^{n} \boldsymbol{F}_i \cdot \delta \boldsymbol{r}_i = 0$$

充分条件的证明：

若系统的主动力虚功之和为零，即

$$\sum_{i=1}^{n} \boldsymbol{F}_i \cdot \delta \boldsymbol{r}_i = 0$$

则对于受有理想约束的系统有

$$\sum_{i=1}^{n} \boldsymbol{F}_i \cdot \delta \boldsymbol{r}_i + \sum_{i=1}^{n} \boldsymbol{F}_{\text{R}i} \cdot \delta \boldsymbol{r}_i = 0$$

力学系统的约束是定常的，各质点的无限小实位移必与其中一组虚位移重合，故系统的主动力和约束力的实功之和也满足

$$\sum_{i=1}^{n} \boldsymbol{F}_i \cdot \text{d} \boldsymbol{r}_i + \sum_{i=1}^{n} \boldsymbol{F}_{\text{R}i} \cdot \text{d} \boldsymbol{r}_i = 0$$

根据质点系的动能定理

$$\text{d}T = \sum_{i=1}^{n} \boldsymbol{F}_i \cdot \text{d} \boldsymbol{r}_i + \sum_{i=1}^{n} \boldsymbol{F}_{\text{R}i} \cdot \text{d} \boldsymbol{r}_i = 0$$
$$T = 常量$$

说明系统开始时静止，以后也会静止。

若将作用于质点系上的约束反力与主动力统称为外力，则质点系的虚功方程也可表述为：具有理想约束的质点系在某一位置处于平衡的必要与充分条件是，对于任何虚位移，作用于质点的外力所作虚功之和为零。这里，虚位移是指为约束所容许的任意微小位移。理想约束是指其约束反力在虚位移上作功恒等于零的约束，如光滑铰链、刚性链杆等。

对于刚体来说，由于刚体内任意两点距离均保持不变，故可以认为刚体内任意两点之间由刚性链杆相连，所以刚体可以看成是具有理想约束的质点系。而由若干个刚体采用理想约束连接而成的结构体系也可以看成具有理想约束的质点系。因此虚功原理应用于刚体体系时同样可表述为：刚体体系在某一位置处于平衡的必要与充分条件是，对于任何可能的虚位移，作用于刚体体系的外力所作虚功之和为零。

由于虚功原理中的平衡力系（外力系）与可能位移（虚位移）无关，因此不仅可以将位移看作是虚设的，也可以将力看成是虚设的。根据虚设对象的不同，刚体虚功原理可以有两种应用形式：虚位移原理与虚力原理，下面我们分别举例说明。

1. 虚设位移状态求已知力状态中的未知力（虚位移原理）

例 6-1 求图 6-4 所示支座 A 的竖向反力。

解：此题要求 A 支座的竖向反力，我们首先应解除 A 支座的竖向约束，代之以约束反力。

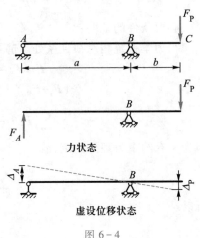

图 6-4

该约束反力与施加于 C 端的主动力构成实际的力状态;我们只需要虚设一个与之对应的虚位移状态,就可利用虚位移原理建立虚功方程求得 A 端的未知竖向反力。

$$F_A\Delta_A + F_P\Delta_P = 0$$

$$F_A = -F_P\frac{\Delta_P}{\Delta_A} = -F_P\frac{b}{a}(负号表示实际竖向反力与假设方向相反)$$

例6-2　求图6-5所示多跨梁支座 A 的约束反力。

解:(1)解除 A 支座的约束反力而代之以反力 F_A,组成实际力状态;

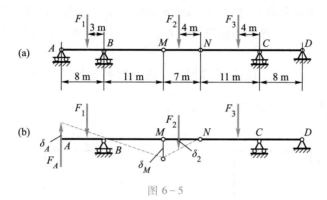

图6-5

(2)给系统一个约束所容许的虚位移 δ_A;

(3)实际力状态在给定虚位移状态下作虚功,建立虚功方程

$$F_A \cdot \delta_A - F_1 \cdot \delta_1 + F_2 \cdot \delta_2 + F_3 \cdot \delta_3 = 0$$

令 $\delta_A = 1$,其他各虚位移相应变化,有 $\delta_1 = \frac{3}{8}$,$\delta_2 = \frac{11}{8}\times\frac{4}{7} = \frac{11}{14}$,$\delta_3 = 0$

故 $F_A = \frac{3}{8}F_1 - \frac{11}{14}F_2$。

2. 虚设力状态求已知位移状态下的位移(虚力原理)

例6-3　如图6-6所示静定梁,支座 A 向上移动一个已知距离 c_1,求 B 点的竖向位移。

解:在拟求位移的位置方向上设置单位荷载,这个单位荷载与相应的支座反力组成一个虚设的平衡力系(图6-6b),称之为虚设的力系,实际结构位移状态称之为实际位移系统(图6-6a),两个系统相互独立,互不干扰。

对虚拟力系根据平衡条件 $\overline{F}_{R1} = -\frac{b}{a}$。

根据虚功方程,虚拟的平衡力系

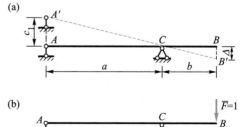

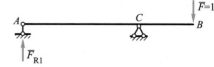

图6-6

（图 6 – 6b）在实际位移系统上作虚功之和为 0，即

$$1 \times \Delta + \overline{F}_{R1} \times c_1 = 0$$

故

$$\Delta = \frac{b}{a} c_1$$

　　这种在拟求位移方向上虚设单位荷载，再利用平衡条件求反力。然后利用虚力原理建立方程求得所求位移的方法，称为单位荷载法。下面再举一个求支座位移时静定结构的位移计算的例子，并结合相关图示进行说明。

　　例 6 – 4　如图所示三铰钢架，右边支座的竖向位移为 $\Delta_{By} = 0.06\text{m}$（向下），水平位移为 $\Delta_{Bx} = 0.04\text{m}$（向右），已知 $l = 12\text{m}$，$h = 8\text{m}$。求由此引起的 A 端转角 φ_A。

　　解：要求 A 端转角，在 A 端施加相应的单位力偶矩 $m = 1$，对应的虚拟力状态如图 6 – 7b 所示。

　　求解虚拟力状态，得到相应的虚拟力状态各约束反力：

　　考虑整体平衡，由 $\sum M_A = 0$，有 $\overline{F}_{BV} = \dfrac{1}{l}（\uparrow）$。

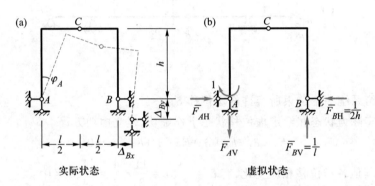

图 6 – 7

　　考虑右半部分刚架平衡，由 $\sum M_C = 0$ 有 $\overline{F}_{BH} = \dfrac{1}{2h}（\leftarrow）$。

　　虚拟力状态各主动力对实际位移状态作虚功，建立虚功方程：

$$1 \times \varphi_A + \frac{1}{l} \times (-\Delta_{By}) + (-\frac{1}{2h}) \times \Delta_{Bx} = 0$$

故

$$\varphi_A = \frac{\Delta_{By}}{l} + \frac{\Delta_{Bx}}{2h} = 0.007\ 5\ \text{rad}（顺时针方向）$$

　　由上面例题，我们可以总结利用虚力原理求刚体体系实际位移的步骤如下：

　　（1）沿所求位移方向加单位力（可以是广义力），求出虚力系统对应的虚反力 $\overline{F}_{Ri}$；

　　（2）利用虚力系统对实际位移状态作虚功，建立虚功方程 $1 \times \Delta + \sum \overline{F}_{Ri} \cdot c_i = 0$；

　　（3）解方程得 $\Delta = -\sum \overline{F}_{Ri} \cdot c_i$。

§6-3 变形体系的虚功原理

虚功原理应用于变形体系时,外力虚功总和则不等于零。对于杆系结构,变形体系的虚功原理可表述为:变形体系处于平衡的必要和充分条件是,对于任何虚位移,外力所作虚功总和等于各微段上的内力在其变形上所作的虚功总和,或者简单地说,外力虚功等于变形虚功。

下面来说明上述原理的正确性,为了简明,这里只着重从物理概念上来论证其必要条件。关于更详细的数学推导及充分性的证明,读者可参阅其他书籍。

图6-8a 表示一平面杆结构在力系作用下处于平衡状态,图6-8b 表示该结构由于别的原因(图中未示出)而产生的虚位移状态,下面分别称这两个状态为结构的力状态和位移状态。这里,虚位移可以是与力状态无关的其他任何原因(例如另一组力系、温度变化、支座移动等)引起的,甚至是假想的。但虚位移必须是微小的,并为支承约束条件和变形连续条件所允许,即应是所谓协调的位移。

现从图6-8a 的力状态中取出一个微段来研究,作用在微段上的力除外力 q 外,还有两侧截面上的内力即轴力、弯矩和剪力(注意,这些力对整个结构而言是内力,对于所取微段而言则是外力,由于习惯,同时也为了与整个结构的外力即荷载和支座反力相区别,这里仍称这些力为内力)。在图6-8b 的位移状态中此微段由 $ABCD$ 移到了 $A'B'C'D'$,于是上述作用在微段上的各力将在相应的位移上作虚功。把所有微段的虚功总加起来,便是整个结构的虚功。下面按两种不同的途径来计算虚功。

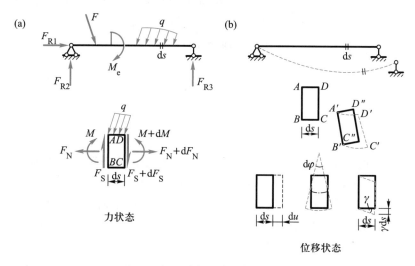

图6-8

(1) 按外力虚功与内力虚功计算。设作用于微段上所有各力所作虚功总和为 dW,它可以分为两部分:一部分是外力所作的功 dW_e,另一部分是截面上的内力所作的功 dW_i,即

$$dW = dW_e + dW_i$$

将其沿杆段积分并将各杆段积分总和起来,得整个结构的虚功为

$$\sum \int \mathrm{d}W = \sum \int \mathrm{d}W_e + \sum \int \mathrm{d}W_i$$

或简写为

$$W = W_e + W_i$$

这里,W_e 便是整个结构的所有外力(包括荷载和支座反力)在其相应的虚位移上所作虚功的总和,即上面简称的外力虚功;W_i 则是所有微段截面上的内力所作虚功的总和。由于任何两相邻微段的相邻截面上的内力互为作用力与反作用力,它们大小相等方向相反;又由于虚位移是协调的,满足变形连续条件,两微段相邻的截面总是密贴在一起而具有相同的位移,因此每一对相邻截面上的内力所作的功总是大小相等正负号相反而互相抵消。由此可见,所有微段截面上内力所作功的总和必然为零,即

$$W_i = 0$$

于是整个结构的总虚功便等于外力虚功:

$$W = W_e \tag{a}$$

(2)按刚体虚功与变形虚功计算。可以把微段的虚位移分解为两步:先只发生刚体位移(由 $ABCD$ 移到 $A'B'C''D''$),然后再发生变形位移(截面 $A'B'$ 不动,$C''D''$ 再移到 $C'D'$)。作用在微段上的所有各力在刚体位移上所作虚功为 $\mathrm{d}W_s$,在变形位移上所作虚功为 $\mathrm{d}W_v$,于是微段总的虚功又可写为

$$\mathrm{d}W = \mathrm{d}W_s + \mathrm{d}W_v$$

由于微段处于平衡状态,故由刚体的虚功原理可知

$$\mathrm{d}W_s = 0$$

于是

$$\mathrm{d}W = \mathrm{d}W_v$$

对于全结构有

$$\sum \int \mathrm{d}W = \sum \int \mathrm{d}W_v$$

即

$$W = W_v \tag{b}$$

现在来讨论 W_v 的计算。对于平面杆系结构,微段的变形可以分为轴向变形 $\mathrm{d}u$、弯曲变形 $\mathrm{d}\varphi$ 和剪切变形 $\gamma\mathrm{d}s$。不难看出,微段上轴力、弯矩和剪力的增量 $\mathrm{d}F_N$、$\mathrm{d}M$ 和 $\mathrm{d}F_S$ 以及分布荷载 q 在这些变形上所作虚功为高阶微量而可略去不计,因此微段上各力在其变形上所作的虚功可写为

$$\mathrm{d}W_v = F_N \mathrm{d}u + M \mathrm{d}\varphi + F_S \gamma \mathrm{d}s$$

此外,假若此微段上还有集中荷载或力偶荷载作用时,可以认为它们作用在截面 AB 上,因而当微段变形时它们并不作功。总之,仅考虑微段的变形而不考虑其刚体位移时,外力不作功,只有截面上的内力作功。对于整个结构有

$$W_v = \sum \int \mathrm{d}W_v = \sum \int F_N \mathrm{d}u + \sum \int M \mathrm{d}\varphi + \sum \int F_S \gamma \mathrm{d}s \tag{c}$$

可见,W_v 是所有微段两侧截面上的内力(对微段而言是外力)在微段的变形上所作虚

功的总和,称为变形虚功(有的书中也称为内力虚功①或虚应变能)。

比较(a)、(b)两式可得

$$W_e = W_v \tag{d}$$

这就是我们要证明的结论。

为了书写简明,现根据式(a)将外力虚功 W_e 改用 W 表示,于是式(d)可写为

$$W = W_v \tag{6-3}$$

上式又称为变形体系的虚功方程。对于平面杆系结构,有

$$W_v = \sum \int F_N du + \sum \int M d\varphi + \sum \int F_S \gamma ds \tag{6-4}$$

故虚功方程为

$$W = \sum \int F_N du + \sum \int M d\varphi + \sum \int F_S \gamma ds \tag{6-5}$$

注意上面的讨论过程中,并没有涉及材料的物理性质,因此无论对于弹性、非弹性、线性、非线性的变形体系,虚功原理都适用。

上述变形体系的虚功原理对于刚体体系自然也适用,由于刚体体系发生虚位移时,各微段不产生任何变形,故变形虚功 $W_v = 0$,此时式(6-3)成为

$$W = 0 \tag{6-6}$$

即外力虚功为零。可见刚体体系的虚功原理可看作是变形体系虚功原理的一个特例。

虚功原理在具体应用时有两种方式:一种是对于给定的力状态,另虚设一个位移状态,利用虚功方程来求解力状态中的未知力,这时的虚功原理可称为虚位移原理。在理论力学中曾详细讨论过这种应用方式,在本书第十一章中用机动法作影响线时还将应用这一方法。虚功原理的另一种应用方式则是对于给定的位移状态,另虚设一个力状态,利用虚功方程来求解位移状态中的位移,这时的虚功原理又可称为虚力原理,本章就是讨论用这种方法来计算结构的位移。

6-5 容易混淆的概念

§6-4 位移计算的一般公式 单位荷载法

设图6-9a所示平面杆系结构由于荷载、温度变化及支座移动等因素引起了如虚线所示变形,现在要求任一指定点 K 沿任一指定方向 k-k 上的位移 Δ_K。

我们来讨论如何利用虚功原理来求解这一问题。要应用虚功原理,就需要有两个状态:力状态和位移状态。现在,要求的位移是由给定的荷载、温度变化及支座移动等因素引起的,故应以此作为结构的位移状态,并称为实际状态。此外,还需要建立一个力状态。由于力状态与位移状态是彼此独立无关的,因此力状态完全可以根据计算的需要来假设。为了使力状态中的外力能在位移状态中的所求位移 Δ_K 上作虚功,在 K 点沿 k-k 方向加一个集中荷载 F_K,其箭头指向则可任意假设,并且为了计

---

① 但应注意与前面(1)中所提的内力虚功有区别:(1)中的内力虚功 W_i 是指各微段截面上的内力在截面的总位移(包括刚体位移和变形位移)上所作虚功的总和,如前所述它恒等于零;而这里所称的内力虚功即指变形虚功 W_v。

算方便,令 $F_K = 1$[①],称为单位荷载,或单位力,如图6-9b所示,以此作为结构的力状态。这个力状态并不是实际原有的,而是虚设的,故称为虚拟状态。

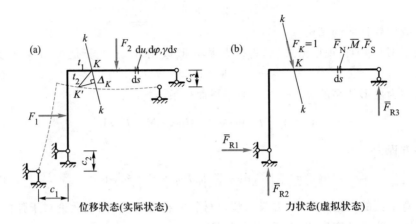

图 6-9

现在来计算虚拟状态的外力和内力在实际状态相应的位移和变形上所作的虚功。外力虚功包括荷载和支座反力所作的虚功。设在虚拟状态中由单位荷载 $F_K = 1$ 引起的支座反力为 $\overline{F}_{R1}$、$\overline{F}_{R2}$、$\overline{F}_{R3}$,而在实际状态中相应的支座位移为 c_1、c_2、c_3,则外力虚功为

$$W = F_K\Delta_K + \overline{F}_{R1}c_1 + \overline{F}_{R2}c_2 + \overline{F}_{R3}c_3 = 1 \cdot \Delta_K + \sum\overline{F}_R c$$

这样,单位荷载 $F_K = 1$ 所作的虚功恰好就等于所要求的位移 Δ_K。

计算变形虚功时,设虚拟状态中由单位荷载 $F_K = 1$ 作用而引起的某微段上的内力为 $\overline{F}_N$、$\overline{M}$、$\overline{F}_S$,而实际状态中微段相应的变形为 du、$d\varphi$、γds,则变形虚功为

$$W_v = \sum\int\overline{F}_N du + \sum\int\overline{M}d\varphi + \sum\int\overline{F}_S\gamma ds$$

由虚功原理 $W = W_v$,有

$$1 \cdot \Delta_K + \sum\overline{F}_R c = \sum\int\overline{F}_N du + \sum\int\overline{M}d\varphi + \sum\int\overline{F}_S\gamma ds$$

可得

$$\Delta_K = -\sum\overline{F}_R c + \sum\int\overline{F}_N du + \sum\int\overline{M}d\varphi + \sum\int\overline{F}_S\gamma ds \tag{6-7}$$

这就是平面杆系结构位移计算的一般公式。如果确定了虚拟状态的反力 $\overline{F}_R$ 和内力 $\overline{F}_N$、$\overline{M}$、$\overline{F}_S$,同时已知了实际状态的支座位移 c 并求得了微段的变形 du、$d\varphi$、γds,则由上式可算出位移 Δ_K。若计算结果为正,表示单位荷载所作虚功为正,故所求位移 Δ_K 的实际指向与所假设的单位荷载 $F_K = 1$ 的指向相同,为负则相反。

由上可以看出,利用虚功原理来求结构的位移,关键就在于虚设恰当的力状态,而方法的巧妙之处在于虚拟状态中只在所求位移地点沿所求位移方向加一个

---

① 这里,$F_K = 1$ 为外加单位荷载(F_K 上面不加横线表示),属单位物理量,是量纲一的量,即所有量纲指数为零的量,其量纲为 $A^0 = 1$,称为量纲一的量(以往称为无量纲量)。以下类同。

单位荷载,以使荷载虚功恰好等于所求位移。这种计算位移的方法称为单位荷载法。

在实际问题中,除了计算线位移外,还需要计算角位移、相对位移等。下面讨论如何按照所求位移类型的不同,设置相应的虚拟状态。

由上已知,当要求某点沿某方向的线位移时,应在该点沿所求位移方向加一个单位集中力。如图 6-10a 所示,即为求 A 点水平位移时的虚拟状态。

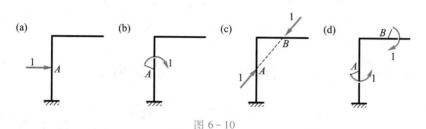

图 6-10

当要求某截面的角位移时,则应在该截面处加一个单位力偶,如图6-10b所示。这样,荷载所作的虚功为 $1 \cdot \varphi_A = \varphi_A$,即恰好就等于所要求的角位移。

有时,要求两点间距离的变化,也就是求两点沿其连线方向上的相对线位移,此时应在两点沿其连线方向上加一对指向相反的单位力,如图 6-10c 所示。对此说明如下:设在实际状态中 A 点沿 AB 方向的位移为 Δ_A,B 点沿 BA 方向的位移为 Δ_B,则两点在其连线方向上的相对线位移为 $\Delta_{AB} = \Delta_A + \Delta_B$,对于图6-10c所示虚拟状态,荷载所作的虚功为

$$1 \cdot \Delta_A + 1 \cdot \Delta_B = 1 \cdot (\Delta_A + \Delta_B) = \Delta_{AB}$$

可见荷载虚功恰好等于所求相对位移。

同理,若要求两截面的相对角位移,就应在两截面处加一对方向相反的单位力偶,如图 6-10d 所示。

这里,我们引出广义位移和广义力的概念。线位移、角位移、相对线位移、相对角位移以及某一组位移等,可统称为广义位移;而集中力、力偶、一对集中力、一对力偶以及某一力系等,则统称为广义力。这样,在求任何广义位移时,虚拟状态所加的荷载就应是与所求广义位移相应的单位广义力。这时,"相应"是指力与位移在作功的关系上的对应,如集中力与线位移对应,力偶与角位移对应等。

在求桁架某杆的角位移时,由于桁架只承受轴力,故应将单位力偶换为等效的结点集中荷载,即在该杆两端加一对方向与杆件垂直、大小等于杆长倒数而指向相反的集中力,如图 6-11a 所示。这是因为在位移微小的情况下,桁架杆件的角位移等于其两端在垂直于杆轴方向上的相对线位移除以杆长(图 6-11b),即

$$\varphi_{AB} = \frac{\Delta_A + \Delta_B}{d}$$

这样,荷载所作虚功

$$\frac{1}{d} \cdot \Delta_A + \frac{1}{d} \cdot \Delta_B = \frac{\Delta_A + \Delta_B}{d} = \varphi_{AB}$$

即等于所求杆件角位移。

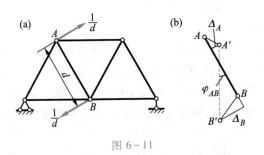

图 6 - 11

§6-5　静定结构在荷载作用下的位移计算

现在讨论结构在荷载作用下的位移计算。这里,仅限于研究线弹性结构,即结构的位移与荷载是成正比的,因而计算位移时荷载的影响可以叠加,而且当荷载全部撤除后位移也完全消失。这样的结构,位移应是微小的,应力与应变的关系须符合胡克定律。

设图 6-12a 所示结构只受到广义荷载 F_P(包括 F、M、q 等)作用,现要求 K 点沿指定方向(比如竖向)的位移 Δ_{KP},这里,位移 Δ_{KP} 用了两个下标:第一个下标 K 表示该位移的地点和方向,即 K 点沿指定方向;第二个下标 P 表示引起该位移的原因,即是由于广义荷载引起的。此时,由于没有支座移动,故式(6-7)中的 $-\sum \overline{F}_R c$ 一项为零,因而位移计算公式为

$$\Delta_{KP} = \sum \int \overline{M} \mathrm{d}\varphi_P + \sum \int \overline{F}_N \mathrm{d}u_P + \sum \int \overline{F}_S \gamma_P \mathrm{d}s \qquad (\text{a})$$

式中 $\overline{M}$、$\overline{F}_N$、$\overline{F}_S$ 为虚拟状态中微段上的内力(图 6-12b);$\mathrm{d}\varphi_P$、$\mathrm{d}u_P$、$\gamma_P \mathrm{d}s$ 是实际状态中微段的变形。若实际状态中微段上的内力为 M_P、F_{NP}、F_{SP},则由材料力学可知,由 M_P 和 F_{NP} 分别引起的微段的弯曲变形和轴向变形为

$$\mathrm{d}\varphi_P = \frac{M_P \mathrm{d}s}{EI} \qquad (\text{b})$$

$$\mathrm{d}u_P = \frac{F_{NP} \mathrm{d}s}{EA} \qquad (\text{c})$$

式中 E 为材料的弹性模量,I 和 A 分别为杆件截面二次矩(也称惯性矩)和面积。由 F_{SP} 引起的剪切变形可表示为

$$\gamma_P \mathrm{d}s = \frac{k F_{SP} \mathrm{d}s}{GA} \qquad (\text{d})$$

式中 G 为材料的切变模量;k 为切应力沿截面分布不均匀而引用的改正系数,其值与截面形状有关,对于矩形截面 $k = \dfrac{6}{5}$,圆形截面 $k = \dfrac{10}{9}$,薄壁圆环截面 $k = 2$,工字形截面 $k \approx \dfrac{A}{A'}$,A' 为腹板截面面积。关于系数 k 的推导将在本节后面给出。

应该指出,上述微段变形的计算,只是对于直杆才是正确的,对于曲杆还需考虑

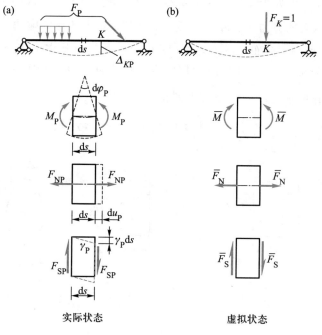

图 6-12

曲率对变形的影响,不过在常用的曲杆结构中,其截面高度与曲率半径相比很小(称为小曲率杆),曲率的影响不大,可以略去不计。

将式(b)、(c)、(d)代入式(a)得

$$\Delta_{KP} = \sum \int \frac{\overline{M} M_P \mathrm{d}s}{EI} + \sum \int \frac{\overline{F}_N F_{NP} \mathrm{d}s}{EA} + \sum \int \frac{k \overline{F}_S F_{SP} \mathrm{d}s}{GA} \qquad (6-8)$$

这就是平面杆系结构在荷载作用下的位移计算公式。式(6-8)右边三项分别代表结构的弯曲变形、轴向变形和剪切变形对所求位移的影响。在实际计算中,根据结构的具体情况,常常可以只考虑其中的一项(或两项)。例如对于梁和刚架,位移主要是弯矩引起的,轴力和剪力的影响很小,一般可以略去,故式(6-8)可简化为

$$\Delta_{KP} = \sum \int \frac{\overline{M} M_P \mathrm{d}s}{EI} \qquad (6-9)$$

在桁架中,因只有轴力作用,且同一杆件的轴力 $\overline{F}_N$、F_{NP} 及 EA 沿杆长 l 均为常数,故式(6-8)成为

$$\Delta_{KP} = \sum \int \frac{\overline{F}_N F_{NP} \mathrm{d}s}{EA} = \sum \frac{\overline{F}_N F_{NP}}{EA} \int \mathrm{d}s = \sum \frac{\overline{F}_N F_{NP} l}{EA} \qquad (6-10)$$

对于组合结构,则对其中的受弯杆件可只计弯矩一项的影响,对链杆则只有轴力影响,故其位移计算公式可写为

$$\Delta_{KP} = \sum \int \frac{\overline{M} M_P \mathrm{d}s}{EI} + \sum \frac{\overline{F}_N F_{NP} l}{EA} \qquad (6-11)$$

最后,补充说明剪切变形中改正系数 k 的来源。在前面式(a)右边第三项中,$\overline{F}_S \gamma_P ds$ 是虚拟状态的剪力在实际状态微段的剪切变形上所作的虚功。由于虚拟状态中切应力 $\overline{\tau}$ 沿截面高度分布是不均匀的(图 6-13a),实际状态中切应力 τ_P 也是按同样规律不均匀分布的,因而其相应的切应变 γ 分布亦不均匀(图6-13b),所以上述微段上剪力所作的虚功 $\overline{F}_S \gamma_P ds$ 应按下列积分式来计算:

$$\overline{F}_S \gamma_P ds = \int_A \overline{\tau} dA \cdot \gamma ds = ds \int_A \overline{\tau} \gamma dA \qquad (e)$$

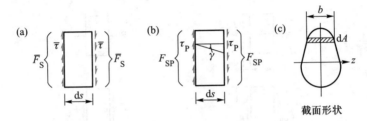

图 6-13

由材料力学可知

$$\overline{\tau} = \frac{\overline{F}_S S}{Ib}, \qquad \tau_P = \frac{F_{SP} S}{Ib} \quad 及 \quad \gamma = \frac{\tau_P}{G} = \frac{F_{SP} S}{GIb}$$

式中 b 为所求切应力处截面的宽度,S 为该处以上(或以下)截面积对中性轴 z 的静矩(图 6-13c),其余符号意义同前。代入式(e),就有

$$\overline{F}_S \gamma_P ds = ds \int_A \frac{\overline{F}_S F_{SP} S^2 dA}{GI^2 b^2} = \frac{\overline{F}_S F_{SP} ds}{GA} \cdot \frac{A}{I^2} \int \frac{S^2}{b^2} dA = \frac{k \overline{F}_S F_{SP} ds}{GA} \qquad (f)$$

式中

$$k = \frac{A}{I^2} \int_A \frac{S^2}{b^2} dA \qquad (g)$$

这就是切应力分布不均匀的改正系数,它是一个只与截面形状有关的系数,对于几种常见的截面,k 值已在前面给出,读者可自行校核。

例 6-5 试求图 6-14a 所示刚架 A 点的竖向位移 Δ_{Ay}。各杆材料相同,截面的 I、A 均为常数。

解:(1) 在 A 点加一竖向单位荷载作为虚拟状态(图 6-14b),并分别设各杆的 x 坐标如图所示,则各杆内力方程为

$$AB \text{ 段:} \quad \overline{M} = -x, \quad \overline{F}_N = 0, \quad \overline{F}_S = 1$$

$$BC \text{ 段:} \quad \overline{M} = -l, \quad \overline{F}_N = -1, \quad \overline{F}_S = 0$$

(2)在实际状态中(图 6-14a),各杆内力方程为

$$AB \text{ 段:} \quad M_P = -\frac{qx^2}{2}, \quad F_{NP} = 0, \quad F_{SP} = qx$$

$$BC \text{ 段:} \quad M_P = -\frac{ql^2}{2}, \quad F_{NP} = -ql, \quad F_{SP} = 0$$

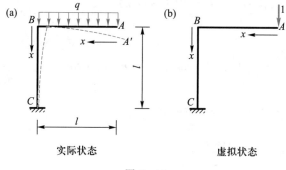

图 6 − 14

（3）代入式（6−8）得

$$\Delta_{Ay} = \sum \int \frac{\overline{M}M_P \mathrm{d}s}{EI} + \sum \int \frac{\overline{F}_N F_{NP} \mathrm{d}s}{EA} + \sum \int \frac{k\overline{F}_S F_{SP} \mathrm{d}s}{GA}$$

$$= \int_0^l (-x)\left(-\frac{qx^2}{2}\right)\frac{\mathrm{d}x}{EI} + \int_0^l (-l)\left(-\frac{ql^2}{2}\right)\frac{\mathrm{d}x}{EI} +$$

$$\int_0^l (-1)(-ql)\frac{\mathrm{d}x}{EA} + \int_0^l k(+1)(qx)\frac{\mathrm{d}x}{GA}$$

$$= \frac{5}{8}\frac{ql^4}{EI} + \frac{ql^2}{EA} + \frac{kql^2}{2GA} = \frac{5}{8}\frac{ql^4}{EI}\left(1 + \frac{8}{5}\frac{I}{Al^2} + \frac{4}{5}\frac{kEI}{GAl^2}\right)$$

（4）讨论：上式中，第一项为弯矩的影响，第二、三项分别为轴力和剪力的影响。若设杆件的截面为矩形，其宽度为 b、高度为 h，则有 $A = bh$，$I = \frac{bh^3}{12}$，$k = \frac{6}{5}$，代入上式得

$$\Delta_{Ay} = \frac{5}{8}\frac{ql^4}{EI}\left[1 + \frac{2}{15}\left(\frac{h}{l}\right)^2 + \frac{2}{25}\frac{E}{G}\left(\frac{h}{l}\right)^2\right]$$

可以看出，杆件截面高度与杆长之比 h/l 愈大，则轴力和剪力影响所占的比重愈大。例如 $\frac{h}{l} = \frac{1}{10}$，并取 $G = 0.4E$，可算得

$$\Delta_{Ay} = \frac{5}{8}\frac{ql^4}{EI}\left[1 + \frac{1}{750} + \frac{1}{500}\right]$$

可见，此时轴力和剪力的影响很小，通常可以略去。

例 6−6　试求图 6−15a 所示等截面圆弧曲梁 B 点的水平位移 Δ_{Bx}。设梁的截面厚度远较其半径 R 为小。

解：此曲梁系小曲率杆，故可近似采用直杆的位移计算公式，并可略去轴力和剪力对位移的影响而只考虑弯矩一项。在实际状态中（图 6−15a），任一截面的弯矩为

$$M_P = -FR\sin\theta$$

在虚拟状态中（图 6−15b），任一截面的弯矩为

$$\overline{M} = 1 \cdot (R - R\cos\theta) = R(1 - \cos\theta)$$

代入式(6-9)有

$$\Delta_{Bx} = \sum \int \frac{\overline{M} M_P \mathrm{d}s}{EI} = \frac{1}{EI} \int_0^\alpha R(1 - \cos\theta)(-FR\sin\theta)R\mathrm{d}\theta$$

$$= -\frac{FR^3}{EI}\left[\int_0^\alpha \sin\theta\mathrm{d}\theta - \int_0^\alpha \sin\theta\cos\theta\mathrm{d}\theta\right]$$

$$= -\frac{FR^3}{EI}\left[-\cos\alpha + 1 + \frac{\cos^2\alpha}{2} - \frac{1}{2}\right]$$

$$= -\frac{(1 - \cos\alpha)^2 FR^3}{2EI}$$

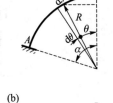

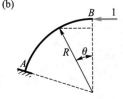

图 6-15

负号表示 Δ_{Bx} 的方向与假设单位力的指向相反,即 B 点的实际水平位移是向右的。

例 6-7　试求图 6-16a 所示对称桁架结点 D 的竖向位移 Δ_D。图中右半部各括号内数值为杆件的截面面积 $A/(10^{-4}\text{m}^2)$,设 $E = 210$ GPa。

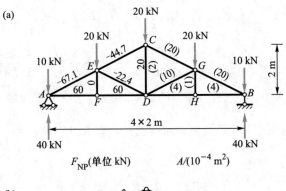

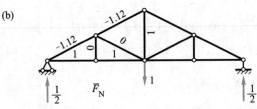

图 6-16

解:实际状态和虚拟状态的各杆内力分别如图 6-16a(左半部)、b 所示。根据式(6-10),可将计算列成表格进行,由于对称,可只算半个桁架的杆件,详见表 6-1。最后,计算时将表中的总和值乘 2,但由于 CD 杆只有一根,故应减去由于乘 2 多算的该杆数值。由此可求得

$$\Delta_D = \sum \frac{\overline{F}_N F_{NP} l}{EA} = \frac{(2 \times 940\,300 - 200\,000) \times 10^3\ \text{N/m}}{210 \times 10^9\ \text{N/m}^2} = 0.008\ \text{m} = 8\ \text{mm}\ (\downarrow)$$

表 6-1 桁架位移计算(半个桁架)

杆 件		l /m	A /m²	(l/A) /m⁻¹	$\overline{F}_N$	F_{NP} /kN	$(\overline{F}_N F_{NP} l/A)$ /(kN·m⁻¹)
上弦	AE	2.24	20×10⁻⁴	1 120	−1.12	−67.1	84 200
	EC	2.24	20×10⁻⁴	1 120	−1.12	−44.7	56 100
下弦	AD	4.00	4×10⁻⁴	10 000	1	60	600 000
斜杆	ED	2.24	10×10⁻⁴	2 240	0	−22.4	0
竖杆	EF	1.00	1×10⁻⁴	10 000	0	0	0
	CD	2.00	2×10⁻⁴	10 000	1	20	200 000
Σ							940 300

§6-6 图乘法

从上节可知,计算梁和刚架在荷载作用下的位移时,先要写出 $\overline{M}$ 和 M_P 的方程式,然后代入公式

$$\Delta_{KP} = \sum \int \frac{\overline{M}M_P \mathrm{d}s}{EI}$$

进行积分运算,这仍是比较麻烦的。但是,当结构的各杆段符合下列条件时,则可用下述图乘法来代替积分运算,从而简化计算工作。

(1)杆轴为直线。

(2)EI = 常数。

(3)$\overline{M}$ 和 M_P 两个弯矩图中至少有一个是直线图形。

如图 6-17 所示,设等截面直杆 AB 段上的两个弯矩图中,$\overline{M}$ 图为一段直线,而 M_P 图为任意形状。以杆轴为 x 轴,以 $\overline{M}$ 图的延长线与 x 轴的交点 O 为原点并设置 y 轴,则积分式为

$$\int \frac{\overline{M}M_P \mathrm{d}s}{EI}$$

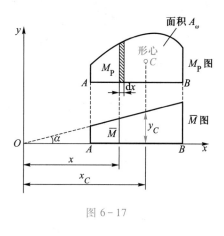

图 6-17

式中的 $\mathrm{d}s$ 可用 $\mathrm{d}x$ 代替,EI 可提到积分号外面,且因 $\overline{M}$ 为直线变化,故有 $\overline{M} = x\tan\alpha$,且 $\tan\alpha$ 为常数,故上面的积分式成为

$$\int \frac{\overline{M}M_P \mathrm{d}s}{EI} = \frac{\tan\alpha}{EI} \int xM_P \mathrm{d}x = \frac{\tan\alpha}{EI} \int x\mathrm{d}A_\omega$$

式中 $\mathrm{d}A_\omega = M_P \mathrm{d}x$,为 M_P 图中有阴影线的微分面积,故 $x\mathrm{d}A_\omega$ 为微分面积对 y 轴的静矩。$\int x\mathrm{d}A_\omega$ 即为整个 M_P 图的面积对 y 轴的静矩,根据面积矩定理,它应等于 M_P 图的面积

A_ω 乘以其形心 C 到 y 轴的距离 x_C，即

$$\int x\,dA_\omega = A_\omega x_C$$

代入上式有

$$\int \frac{\overline{M}M_P\,ds}{EI} = \frac{\tan \alpha}{EI} A_\omega x_C = \frac{A_\omega y_C}{EI}$$

式中 y_C 是 M_P 图的形心 C 处所对应的 $\overline{M}$ 图的竖标。可见，上述积分式等于一个弯矩图的面积 A_ω 乘以其形心处所对应的另一个直线弯矩图上的竖标 y_C，再除以 EI，这就称为图乘法。

如果结构上所有各杆段均可图乘，则位移计算公式(6-9)可写为

$$\Delta_{KP} = \sum \int \frac{\overline{M}M_P\,ds}{EI} = \sum \frac{A_\omega y_C}{EI} \qquad (6-12)$$

根据上面的推证过程，可知在应用图乘法时应注意：

(1) 必须符合上述前提条件。

(2) 竖标 y_C 只能取自直线图形。

(3) A_ω 与 y_C 若在杆件的同侧则乘积取正号，异侧则取负号。

现将常用的几种简单图形的面积及形心列入图 6-18 中。在所示的各抛物线图形中，顶点是指其切线平行于底边的点，而顶点在中点或端点者可称为"标准抛物线图形"。

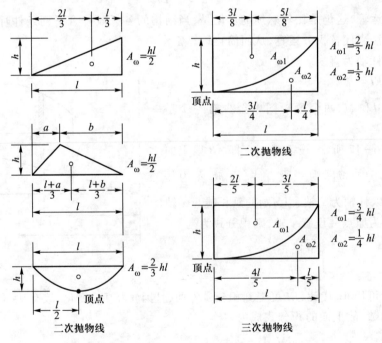

图 6-18

当图形的面积或形心位置不便确定时，可以将它分解为几个简单的图形，将它们分别与另一图形相乘，然后把所得结果叠加。

例如图6-19所示两个梯形相乘时,可不必定出M_P图的梯形形心位置,而把它分解成两个三角形(也可分为一个矩形及一个三角形)。此时,$M_P = M_{Pa} + M_{Pb}$,故有

$$\frac{1}{EI} \int \overline{M} M_P dx = \frac{1}{EI} \int \overline{M} (M_{Pa} + M_{Pb}) dx$$

$$= \frac{1}{EI} \left(\int \overline{M} M_{Pa} dx + \int \overline{M} M_{Pb} dx \right) = \frac{1}{EI} \left(\frac{al}{2} y_a + \frac{bl}{2} y_b \right)$$

式中竖标y_a、y_b可按下式计算:

$$y_a = \frac{2}{3}c + \frac{1}{3}d, \quad y_b = \frac{1}{3}c + \frac{2}{3}d$$

当M_P或$\overline{M}$图的竖标a、b或c、d不在基线的同一侧时(图6-20),处理原则仍和上面一样,可分解为位于基线两侧的两个三角形,按上述方法分别图乘,然后叠加。

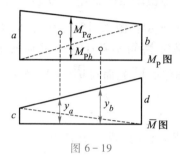

图6-19

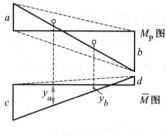

图6-20

对于在均布荷载作用下的任何一段直杆(图6-21a),其弯矩图均可看成一个梯形与一个标准抛物线图形的叠加。因为这段直杆的弯矩图,与图6-21b所示相应简支梁在两端弯矩M_A、M_B和均布荷载q作用下的弯矩图是相同的。这里还需注意,所谓弯矩图的叠加,是指其竖标的叠加,而不是原图形状的剪贴拼合。因此,叠加后的抛物线图形的所有竖标仍应为竖向的,而不是垂直于M_A、M_B连线的。这样,叠加后的抛物线图形与原标准抛物线在形状上并不相同,但二者任一处对应的竖标y和微段长度dx仍相等,因而对应的每一窄条微分面积仍相等。由此可知,两个图形总的面积大小和形心位置仍然是相同的。理解了这个道理,对于分解复杂的弯矩图形是有利的。

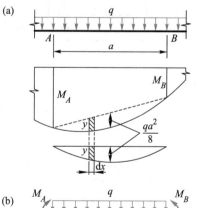

图6-21

此外,在应用图乘法中,当y_c所属图形不是一段直线而是由若干段直线组成时,或当各杆段的截面不相等时,均应分段图乘,再进行叠加。例如对于图6-22应为

$$\Delta = \frac{1}{EI} (A_{\omega 1} y_1 + A_{\omega 2} y_2 + A_{\omega 3} y_3)$$

对于图6-23应为

$$\Delta = \frac{A_{\omega 1} y_1}{EI_1} + \frac{A_{\omega 2} y_2}{EI_2} + \frac{A_{\omega 3} y_3}{EI_3}$$

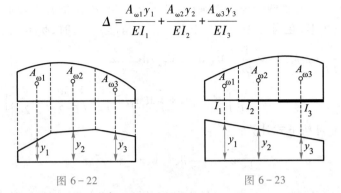

图 6 – 22　　　　　　　　图 6 – 23

例 6 – 8　试求图 6 – 24a 所示刚架 C、D 两点的距离改变。设 EI = 常数。

解：实际状态的 M_P 图如图 6 – 24b 所示。虚拟状态应是在 C、D 两点沿其连线方向加一对指向相反的单位力，$\overline{M}$图如图 6 – 24c 所示。图乘时需分 AC、AB、BD 三段计算，但其中 AC、BD 两段的 $M_P = 0$，故图乘结果为零，可不必计算。AB 段的 M_P 图为一标准抛物线，$\overline{M}$图为一水平直线，故应以 M_P 图作面积 A_{ω} 而在 $\overline{M}$图上取竖标 y_C，可得

$$\Delta_{CD} = \sum \frac{A_{\omega} y_C}{EI} = \frac{1}{EI} \left(\frac{2}{3} \frac{ql^2}{8} l \right) h = \frac{qhl^3}{12EI}$$

所得正号表示相对位移与所设一对单位力指向相同，即 C、D 两点是相互靠拢的。

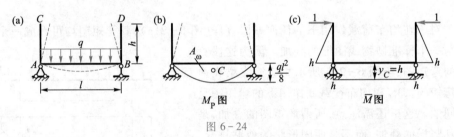

图 6 – 24

例 6 – 9　试求图 6 – 25a 所示刚架 A 点的竖向位移 Δ_{Ay}，并勾绘刚架的变形曲线。

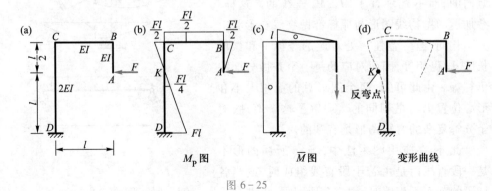

图 6 – 25

解：M_P 图和 $\overline{M}$图分别如图 6 – 25b、c 所示。由于各杆的两图都是直线，故可任取一个图形作为面积。现以 $\overline{M}$图作面积 A_{ω} 而在 M_P 图上取竖标 y_C，则有

$$\Delta_{Ay} = \sum \frac{A_\omega y_C}{EI} = \frac{1}{EI}\left(\frac{l \cdot l}{2}\right)\frac{Fl}{2} - \frac{1}{2EI}\left(l\frac{3l}{2}\right)\frac{Fl}{4} = \frac{Fl^3}{16EI} \ (\downarrow)$$

勾绘变形曲线时,根据实际状态的弯矩图 M_P,可判定杆件弯曲后的凹凸方向。例如 DK 段应向右凸,KC 段则向左凸,而在弯矩为零的 K 点处有一反弯点;CB 和 AB 段则分别向上和向右凸。然后,根据支座处的位移边界条件和结点处的位移连续条件,便可确定变形曲线的位置。例如 D 为固定端,其线位移与转角均为零。C、D 为刚结点,在该处各杆端的夹角应保持为直角。然后,根据已求出的 Δ_{Ay} 系向下,以及忽略各杆的轴向变形,便可绘出变形曲线的大致轮廓如图 6-25d 所示。

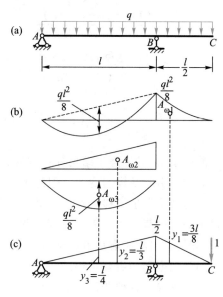

图 6-26

例 6-10 试求图 6-26a 所示外伸梁 C 点的竖向位移 Δ_{Cy}。梁的 $EI = $ 常数。

解:M_P、$\overline{M}$ 图分别如图 6-26b、c 所示。BC 段的 M_P 图是标准二次抛物线图形;AB 段的 M_P 图较复杂,但可分解为一个三角形和一个标准二次抛物线图形。于是,由图乘法可得

$$\Delta_{Cy} = \frac{1}{EI}\left[\left(\frac{1}{3}\frac{ql^2}{8}\frac{l}{2}\right)\frac{3l}{8} + \left(\frac{1}{2}\frac{ql^2}{8}l\right)\frac{l}{3} - \right.$$
$$\left.\left(\frac{2}{3}\frac{ql^2}{8}l\right)\frac{l}{4}\right] = \frac{ql^4}{128EI} \ (\downarrow)$$

例 6-11 图 6-27a 为一组合结构,链杆 CD、BD 的抗拉(压)刚度为 E_1A_1,受弯杆件 AC 的抗弯刚度为 E_2I_2,在结点 D 有集中荷载 F 作用。试求 D 点竖向位移 Δ_{Dy}。

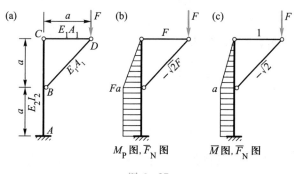

图 6-27

解:计算组合结构在荷载作用下的位移时,对链杆只有轴力影响,对受弯杆只计弯矩影响。现分别求出 F_{NP}、M_P 及 $\overline{F}_N$、$\overline{M}$ 如图 6-27b、c 所示,根据式(6-11)有

$$\Delta_{Dy} = \sum \frac{\overline{F}_N F_{NP} l}{E_1 A_1} + \sum \frac{A_\omega y_C}{E_2 I_2}$$

$$= \frac{(1)(F)a + (-\sqrt{2})(-\sqrt{2}F)\sqrt{2}a}{E_1 A_1} + \frac{1}{E_2 I_2}\left(\frac{Fa^2}{2} \cdot \frac{2a}{3} + Fa^2 a\right)$$

$$= \frac{(1+2\sqrt{2})Fa}{E_1 A_1} + \frac{4Fa^3}{3E_2 I_2} \quad (\downarrow)$$

§6-7　非荷载因素引起的静定结构位移计算

前已指出,对于静定结构除荷载外,其他非荷载因素如温度变化、制造误差、支座位移等均不引起结构的内力。但静定结构如发生温度变化、制造误差或支座位移时均会引起结构发生位移。对于这类非荷载因素引起的位移的计算,仍然可以采用前面提出的单位荷载法。需要特别强调的是:单位荷载法是由虚功原理得来的,结构位移计算时,列出相应虚功方程即可。具体步骤是:

(1) 根据问题需要求得的广义位移,设置相应的单位广义力;

(2) 推导出各种非荷载因素作用下结构的变形位移;

(3) 根据外力虚功等于变形虚功列出相应方程,即可求解。

下面给出一些主要的非荷载因素作用下结构的变形位移的计算,然后给出相应虚功方程,最后利用该方程求解一些问题。

1. 温度变化引起的结构位移计算

如图6-28a所示,结构外侧温度升高 t_1,内侧温度升高 t_2,现要求由此引起的任一点沿任一方向的位移,例如 K 点的竖向位移 Δ_{Kt}。此时,在 K 截面施加一虚拟单位力,得虚拟状态(图6-28b),则有虚功方程:

$$1 \cdot \Delta_{Kt} = \sum \int \overline{F}_N \mathrm{d}u_t + \sum \int \overline{M} \mathrm{d}\varphi_t + \sum \int \overline{F}_S \gamma_t \mathrm{d}s \tag{a}$$

现在来研究实际状态中任一微段 $\mathrm{d}s$ 由于温度变化所产生的变形。微段上、下边缘纤维的伸长分别为 $\alpha t_1 \mathrm{d}s$ 和 $\alpha t_2 \mathrm{d}s$,这里 α 是材料的线膨胀系数。为了简化计算,可假设温度沿截面高度成直线变化,这样在温度变化时截面仍保持为平面。由几何关系可求得微段在杆轴线处的伸长为

$$\mathrm{d}u_t = \alpha t_1 \mathrm{d}s + (\alpha t_2 \mathrm{d}s - \alpha t_1 \mathrm{d}s)\frac{h_1}{h}$$

$$= \alpha\left(\frac{h_2}{h}t_1 + \frac{h_1}{h}t_2\right)\mathrm{d}s = \alpha t \mathrm{d}s \tag{b}$$

式中 $t = \frac{h_2}{h}t_1 + \frac{h_1}{h}t_2$,为杆轴线处的温度变化。若杆件的截面对称于形心轴,即 $h_1 = h_2 = \frac{h}{2}$,则 $t = \frac{t_1 + t_2}{2}$。而微段两端截面的相对转角为

$$\mathrm{d}\varphi_t = \frac{\alpha t_2 \mathrm{d}s - \alpha t_1 \mathrm{d}s}{h} = \frac{\alpha(t_2 - t_1)\mathrm{d}s}{h} = \frac{\alpha \Delta t \mathrm{d}s}{h} \tag{c}$$

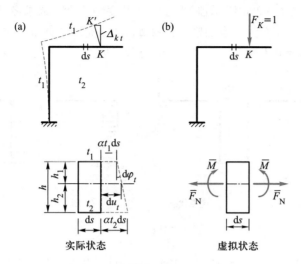

图 6-28

式中 $\Delta t = t_2 - t_1$，为两侧温度变化之差。此外，对于杆系结构，温度变化并不引起剪切变形，即 $\gamma_t = 0$。将以上微段的温度变形即式（b）、（c）代入式（a）可得

$$\Delta_{Kt} = \sum \int \overline{F}_N \alpha t \mathrm{d}s + \sum \int \overline{M} \frac{\alpha \Delta t \mathrm{d}s}{h}$$

$$= \sum \alpha t \int \overline{F}_N \mathrm{d}s + \sum \alpha \Delta t \int \frac{\overline{M} \mathrm{d}s}{h} \qquad (6-13)$$

若各杆均为等截面杆时，则有

$$\Delta_{Kt} = \sum \alpha t \int \overline{F}_N \mathrm{d}s + \sum \frac{\alpha \Delta t}{h} \int \overline{M} \mathrm{d}s$$

$$= \sum \alpha t A_{\omega \overline{F}_N} + \sum \frac{\alpha \Delta t}{h} A_{\omega \overline{M}} \qquad (6-14)$$

式中 $A_{\omega \overline{F}_N} = \int \overline{F}_N \mathrm{d}s$，为 $\overline{F}_N$ 图的面积；$A_{\omega \overline{M}} = \int \overline{M} \mathrm{d}s$，为 $\overline{M}$ 图的面积。

在应用式（6-13）和（6-14）时，应注意右边各项正负号的确定。由于它们都是内力所作的变形虚功，故当实际温度变形与虚拟内力方向一致时其乘积为正，相反时为负。因此，对于温度变化，若规定以升温为正，降温为负，则轴力 $\overline{F}_N$ 以拉力为正，压力为负；弯矩 $\overline{M}$ 则应以使 t_2 边受拉者为正，反之为负。

对于梁和刚架，在计算温度变化所引起的位移时，一般不能略去轴向变形的影响。

对于桁架，在温度变化时，其位移计算公式为

$$\Delta_{Kt} = \sum \overline{F}_N \alpha t l \qquad (6-15)$$

当桁架的杆件长度因制造误差而与设计长度不符时，由此所引起的位移计算与温度变化时相类似。设各杆长度的误差为 Δl，则位移计算公式为

$$\Delta_K = \sum \overline{F}_N \Delta l \qquad (6-16)$$

例 6-12 图 6-29a 所示刚架施工时温度为 20℃,试求冬季当外侧温度为 -10℃,内侧温度为 0℃时 A 点的竖向位移 Δ_{Ay}。已知 $l = 4$ m,$\alpha = 10^{-5}℃^{-1}$,各杆均为矩形截面,高度 $h = 0.4$ m。

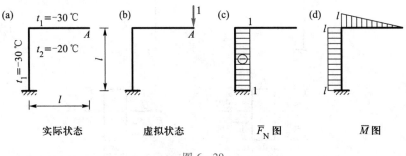

图 6-29

解:外侧温度变化为 $t_1 = -10℃ - 20℃ = -30℃$,内侧温度变化为 $t_2 = 0℃ - 20°C = -20℃$,故有

$$t = \frac{t_1 + t_2}{2} = \frac{(-30 - 20)°C}{2} = -25℃$$

$$\Delta t = t_2 - t_1 = -20℃ - (-30℃) = 10℃$$

虚拟状态如图 6-29b 所示,绘出 $\overline{F}_N$、$\overline{M}$ 图(图 6-29c、d),代入式(6-14),并注意正负号的确定,可得

$$\Delta_{Ay} = \sum \alpha t A_{\omega\overline{F}_N} + \sum \frac{\alpha \Delta t}{h} A_{\omega\overline{M}}$$

$$= \alpha(-25) \times (-1) l + \frac{\alpha \times 10}{h}\left(-\frac{l^2}{2} - l^2\right) = 25\alpha l - \frac{15\alpha l^2}{h}$$

$$= 25 \times 1 \times 10^{-5} \times 4 \text{ m} - \frac{15 \times 1 \times 10^{-5} \times (4 \text{ m})^2}{0.4 \text{ m}}$$

$$= -0.005 \text{ m} = -5 \text{ mm}(\uparrow)$$

2. 支座位移引起的结构位移计算

静定结构发生支座位移时,结构没有发生变形,只有刚体位移。因此,列体系虚功方程时,虚力系统的变形虚功为零。结构发生位移的支座是非理想约束,外力虚功体现在两个方面:一个是虚拟单位力所作虚功,另一个是由虚拟单位力引起的非理想约束力所作虚功。

设图 6-30a 所示静定结构,其支座发生了水平位移 c_1、竖向沉陷 c_2 和转角 c_3,现要求由此引起的任一点沿任一方向的位移,例如 K 点的竖向位移 Δ_{Kc}。

对于静定结构,支座发生移动并不引起内力,因而材料不发生变形,故此时结构的位移纯属刚体位移,通常不难由几何关系求得,但是这里仍用虚功原理来计算这种位移。虚功方程为

$$1 \cdot \Delta_{Kc} + \sum \overline{F}_R c = 0 \qquad\qquad (6-17)$$

故位移计算的一般公式简化为

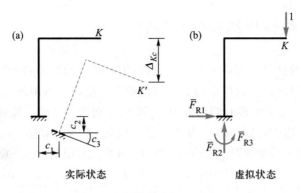

图 6-30

$$\Delta_{Kc} = -\sum \overline{F}_{R} c \qquad (6-17a)$$

这就是静定结构在支座移动时的位移计算公式。式中$\overline{F}_R$为虚拟状态(图6-30b)的支座反力,$\sum \overline{F}_R c$为反力虚功,当$\overline{F}_R$与实际支座位移c方向一致时其乘积取正,相反时为负。此外,上式右边前面还有一负号,系原来移项时所得,不可漏掉。

例6-13 图6-31a所示三铰刚架右边支座的竖向位移为$\Delta_{By} = 0.06$ m(向下),水平位移为$\Delta_{Bx} = 0.04$ m(向右),已知$l = 12$ m,$h = 8$ m。试求由此引起的A端转角φ_A。

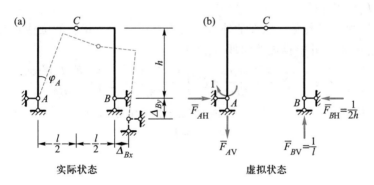

图 6-31

解:虚拟状态如图6-31b所示,考虑刚架的整体平衡,由$\sum M_A = 0$可求得$\overline{F}_{BV} = \dfrac{1}{l}$(↑);再考虑右半刚架的平衡,由$\sum M_C = 0$可求得$\overline{F}_{BH} = \dfrac{1}{2h}$(←)。由式(6-17)有

$$\varphi_A = -\sum \overline{F}_R c = -\left(-\frac{1}{l}\Delta_{By} - \frac{1}{2h}\Delta_{Bx}\right)$$

$$= \frac{\Delta_{By}}{l} + \frac{\Delta_{Bx}}{2h} = \frac{0.06 \text{ m}}{12 \text{ m}} + \frac{0.04 \text{ m}}{2 \times 8 \text{ m}}$$

$$= 0.007\ 5 \text{ rad}(顺时针方向)$$

应用刚体系虚功原理可同样求解,详见例6-4。

§6-8　线弹性结构的互等定理

本节介绍线弹性结构的四个互等定理,其中最基本的是功的互等定理,其他三个定理都可由此推导出来。这些定理在以后的章节中是经常引用的。

(1) 功的互等定理。设有两组外力 F_1 和 F_2 分别作用于同一线弹性结构上,如图 6-32a、b 所示,分别称为结构的第一状态和第二状态。如果计算第一状态的外力和内力在第二状态相应的位移和变形上所作的虚功 W_{12} 和 W_{i12},并根据虚功原理 $W_{12}=W_{i12}$,则有

$$F_1\Delta_{12}=\sum\int\frac{M_1M_2\mathrm{d}s}{EI}+\sum\int\frac{F_{N1}F_{N2}\mathrm{d}s}{EA}+\sum\int k\frac{F_{S1}F_{S2}\mathrm{d}s}{GA} \tag{a}$$

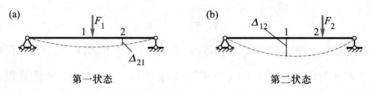

第一状态　　　　　　　　　第二状态

图 6-32

这里,位移 Δ_{12} 的两个下标的含义与前相同:第一个下标 1 表示位移的地点和方向,即该位移是 F_1 作用点沿 F_1 方向上的位移;第二个下标 2 表示产生位移的原因,即该位移是由于 F_2 所引起的。

反过来,如果计算第二状态的外力和内力在第一状态相应的位移和变形上所作的虚功 W_{21} 和 W_{i21},并根据虚功原理 $W_{21}=W_{i21}$,则有

$$F_2\Delta_{21}=\sum\int\frac{M_2M_1\mathrm{d}s}{EI}+\sum\int\frac{F_{N2}F_{N1}\mathrm{d}s}{EA}+\sum\int k\frac{F_{S2}F_{S1}\mathrm{d}s}{GA} \tag{b}$$

以上(a)、(b)两式的右边是相等的,因此左边也应相等,故有

$$F_1\Delta_{12}=F_2\Delta_{21} \tag{6-18}$$

或写为

$$W_{12}=W_{21} \tag{6-19}$$

这表明:第一状态的外力在第二状态的位移上所作的虚功,等于第二状态的外力在第一状态的位移上所作的虚功。这就是功的互等定理。

(2) 位移互等定理。现在应用功的互等定理来研究一种特殊情况。如图6-33所示,假设两个状态中的荷载都是单位力,即 $F_1=1$、$F_2=1$,则由功的互等定理即式(6-18)有

$$1\cdot\Delta_{12}=1\cdot\Delta_{21}$$

即

$$\Delta_{12}=\Delta_{21}$$

此时,Δ_{12} 和 Δ_{21} 都是由于单位力所引起的位移,为了区别起见,改用小写字母 δ_{12} 和 δ_{21} 表示,于是将上式写成

$$\delta_{12}=\delta_{21} \tag{6-20}$$

这就是位移互等定理。它表明:第二个单位力所引起的第一个单位力作用点沿其方向

的位移,等于第一个单位力所引起的第二个单位力作用点沿其方向的位移。

这里的单位力也包括单位力偶,即可以是广义单位力。位移也包括角位移,即是相应的广义位移。例如在图 6-34 的两个状态中,根据位移互等定理,应有 $\varphi_A = f_C$。实际上,由材料力学可知

$$\varphi_A = \frac{Fl^2}{16EI}, \quad f_C = \frac{Ml^2}{16EI}$$

现在 $F=1$、$M=1$(注意,$F=1$、$M=1$ 的量纲为一),故有 $\varphi_A = f_C = \dfrac{l^2}{16EI}$。可见,虽然 φ_A 代表单位力引起的角位移,f_C 代表单位力偶引起的线位移,含义不同,但此时二者在数值上是相等的,量纲也相同。

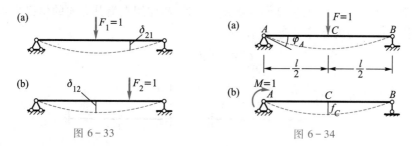

图 6-33   图 6-34

读者还可自行举出其他例子来说明位移互等定理。

(3)反力互等定理。这个定理也是功的互等定理的一个特殊情况。它用来说明在超静定结构中假设两个支座分别产生单位位移时,两个状态中反力的互等关系。图 6-35a 表示支座 1 发生单位位移 $\Delta_1 = 1$ 的状态,此时使支座 2 产生的反力为 r_{21};图 6-35b 表示支座 2 发生单位位移 $\Delta_2 = 1$ 的状态,此时使支座 1 产生的反力为 r_{12}。根据功的互等定理,有

$$r_{21} \cdot \Delta_2 = r_{12} \cdot \Delta_1$$

现在 $\Delta_1 = \Delta_2 = 1$,故得

$$r_{21} = r_{12} \tag{6-21}$$

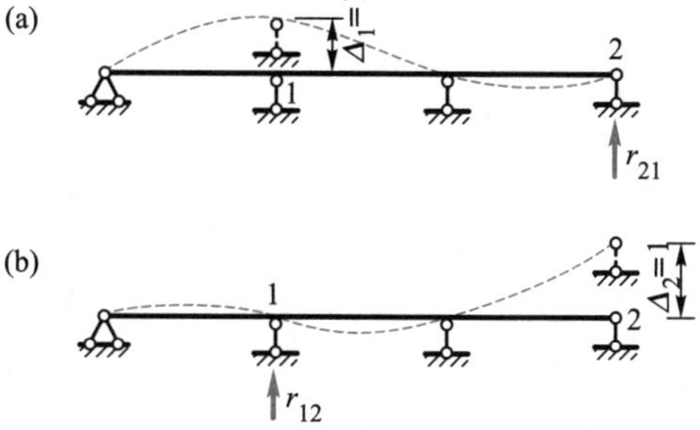

图 6-35

这就是反力互等定理。它表明:支座 1 发生单位位移所引起的支座 2 的反力,等于支座 2 发生单位位移所引起的支座 1 的反力。

这一定理对结构上任何两个支座都适用,但应注意反力与位移在作功的关系上

应相对应,即力对应于线位移,力矩对应于角位移。例如在图 6 - 36a、b 的两个状态中,应有 $r_{12} = r_{21}$,它们虽然一为单位位移引起的反力矩,一为单位转角引起的反力,含义不同,但此时二者在数值上是相等的,量纲也相同。

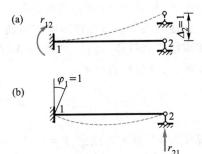

图 6 - 36

　　(4) 反力位移互等定理。这个定理是功的互等定理的又一特殊情况,它说明一个状态中的反力与另一个状态中的位移具有的互等关系。图 6 - 37a 表示单位荷载 $F_2 = 1$ 作用时,支座 1 的反力矩为 r_{12},其方向设如图所示。图 6 - 37b 表示当支座 1 顺 r_{12} 的方向发生单位转角 $\varphi_1 = 1$ 时,F_2 作用点沿其方向的位移为 δ_{21}。对这两个状态应用功的互等定理,就有

$$r_{12}\varphi_1 + F_2\delta_{21} = 0$$

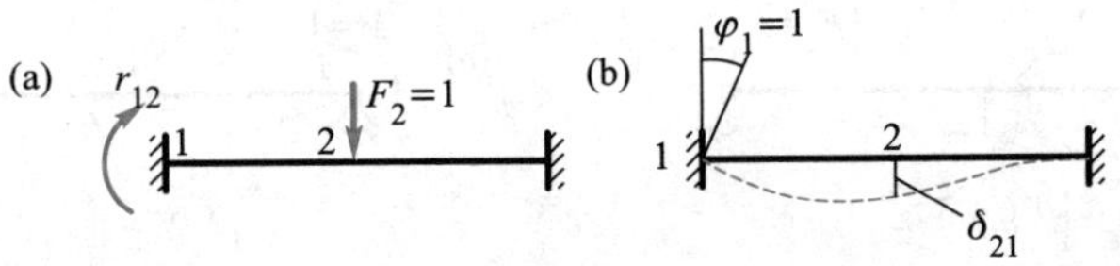

图 6 - 37

现在 $\varphi_1 = 1, F_2 = 1$,故有

$$r_{12} = -\delta_{21} \tag{6-22}$$

这就是反力位移互等定理。它表明:单位力所引起的结构某支座反力,等于该支座发生单位位移时所引起的单位力作用点沿其方向的位移,但符号相反。

*§6 - 9　空间刚架的位移计算公式

　　空间刚架的杆件横截面上一般有六个内力分量(图 3 - 26b),即绕截面两主轴的两个弯矩 M_1、M_2,沿两主轴方向的两个剪力 F_{Sy}、F_{Sz},轴力 F_N 和扭矩 M_t,因此空间刚架在荷载作用下的位移计算公式为

$$\Delta_{KP} = \sum \int \frac{\overline{M}_1 M_{yP}\,ds}{EI_y} + \sum \int \frac{\overline{M}_2 M_{zP}\,ds}{EI_z} + \sum \int \frac{k_y \overline{F}_{Sy} F_{SyP}\,ds}{GA} +$$

$$\sum \int \frac{k_z \overline{F}_{Sz} F_{SzP}\,ds}{GA} + \sum \int \frac{\overline{F}_N F_{NP}\,ds}{EA} + \sum \int \frac{\overline{M}_t M_{tP}\,ds}{GI_t} \tag{6-23}$$

式中 $\overline{M}_t$、M_{tP} 分别为虚拟状态和实际状态的扭矩,其余各符号的含义可类推。GI_t 为截面抗扭刚度,G 是材料的切变模量,I_t 是截面抗扭二次矩,对于圆截面或空心圆截面 I_t 即为截面二次极矩 I_p,对于非圆截面则称为相当截面二次极矩,其值见表 6 - 2。

　　对于空间刚架,在式(6 - 23)中一般可略去剪力及轴力的影响,但除弯矩外通常还须考虑扭矩的影响。

在§3-6中曾指出,当刚架各杆轴线均在同一平面内且外力均垂直于此平面时(又称平面刚架承受垂直荷载),截面上只有三种内力:绕位于刚架平面内的主轴的弯矩,垂直于刚架平面的剪力和扭矩。在这种情况下,若略去剪力影响,则位移计算公式可写为

$$\Delta_{KP} = \sum \int \frac{\overline{M} M_{\mathrm{P}} \mathrm{d}s}{EI} + \sum \int \frac{\overline{M}_{\mathrm{t}} M_{\mathrm{tP}} \mathrm{d}s}{GI_{\mathrm{t}}} \qquad (6-24)$$

表 6-2　截面抗扭二次矩

截面形式	截面抗扭二次矩 I_{t}
圆形(直径为 d)	$\dfrac{\pi}{32} d^4$
薄壁圆管(壁厚为 δ)	$\dfrac{\pi}{4} \delta d^3$
正方形(边长为 a)	$0.141 a^4$
矩形(长边 a,短边 b)	$\beta_1 ab^3$[①]
狭长矩形($a \gg b$)	$\dfrac{1}{3}(a - 0.63b) b^3 \approx \dfrac{ab^3}{3}$
狭长矩形组合截面	$\dfrac{1}{3} \sum a_i b_i^3$

复习思考题

1. 没有变形就没有位移,此结论对否?

2. 为什么虚功原理无论对于弹性体、非弹性体、刚体都成立?它的适用条件是什么?

3. 结构上本来没有虚拟单位荷载作用,但在求位移时,却加上了虚拟单位荷载,这样求出的位移会等于原来的实际位移吗?它包括了虚拟单位荷载引起的位移没有?

4. 何谓线弹性结构?它必须满足哪些条件?

5. 荷载下的位移计算公式(6-8)适用于什么情况?

6. 图乘法的应用条件及注意点是什么?变截面杆及曲杆是否可用图乘法?

7. 在温度变化引起的位移计算公式中,如何确定各项的正负号?

8. 互等定理为何只适用于线弹性结构?

9. 图6-38a、b所示结构的两个平衡状态中,有一个为温度变化,此时功的互等定理是否成立?为什么?

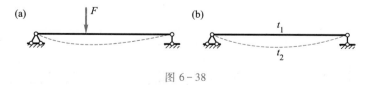

图 6-38

---

① β_1 为与比值 $\dfrac{a}{b}$ 有关的系数,可参阅:徐芝纶.弹性力学简明教程[M].5版.北京:高等教育出版社,2018。

10. 反力互等定理可否用于静定结构? 如用于会得出什么结果?

11. 反力位移互等定理能否用于非弹性的静定结构?

习   题

6−1 试用积分法求图示刚架 *B* 点的水平位移。*EI* 为常数。

6−2～6−3 图示曲梁为圆弧形,*EI* 为常数。试求 *B* 点的水平位移。

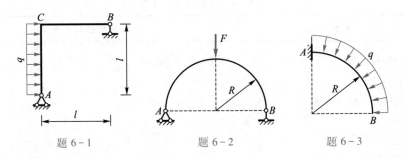

题 6−1   题 6−2   题 6−3

6−4 图示桁架各杆截面均为 $A = 2 \times 10^{-3}$ m^2,$E = 210$ GPa,$F = 40$ kN,$d = 2$ m。试求:(a) *C* 点的竖向位移;(b) $\angle ADC$ 的改变量。

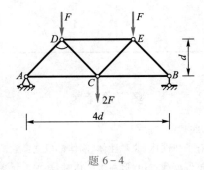

题 6−4

6−5 下列各图乘是否正确? 如不正确应如何改正?

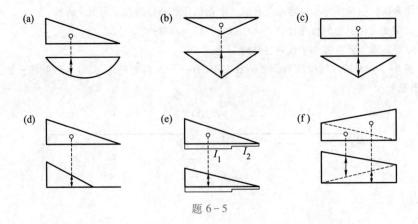

题 6−5

6-6　试用图乘法求指定位移。

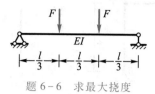

题 6-6　求最大挠度

6-7　用图乘法求图示刚架 C 点水平位移,已知各杆 $EI = 2.667 \times 10^4 \, \text{kN} \cdot \text{m}^2$。

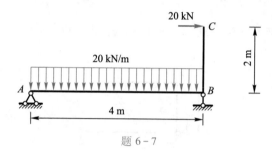

题 6-7

6-8~6-9　试用图乘法求指定位移。

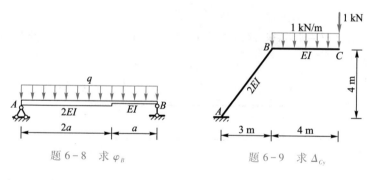

题 6-8　求 φ_B　　　　　题 6-9　求 Δ_{Cy}

6-10　求图示结构 A、B 点相对竖向线位移,EI 为常数。

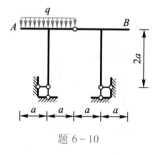

题 6-10

6-11~6-12   试用图乘法求指定位移。

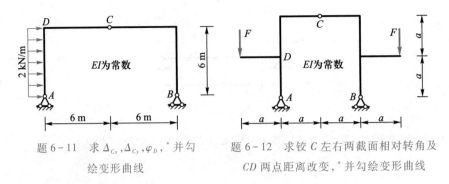

题 6-11   求 Δ_{Cx}，Δ_{Cy}，φ_D，*并勾   题 6-12   求铰 C 左右两截面相对转角及
绘变形曲线 CD 两点距离改变，*并勾绘变形曲线

6-13   求图示刚架 D 点水平位移 Δ_{Dx}，转角位移 φ_D，各杆 EI 为常数。

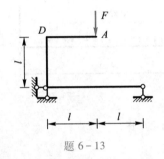

题 6-13

6-14   图示梁 EI 为常数，在荷载 F 作用下，已测得截面 A 的角位移为 0.001 rad（逆时针）。试求 C 点的竖向线位移。

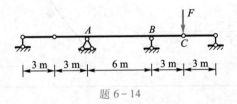

题 6-14

6-15   图示刚架，已知 $EI = 2.1 \times 10^4$ kN·m²，$q = 10$ kN/m，求 B 点的水平位移。

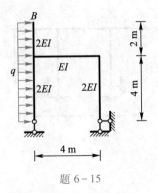

题 6-15

6-16   结构的温度改变如图所示，试求 C 点的竖向位移。各杆截面相同且对称于形心轴，其厚度为 $h = l/10$，材料的线膨胀系数为 α。

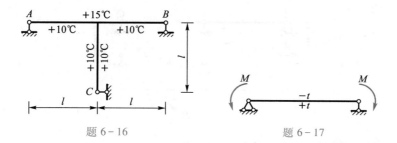

题 6－16

题 6－17

6－17 图示等截面简支梁上边温度降低 t，下边温度升高 t，同时两端有一对力偶 M 作用。若欲使梁端转角为零，M 应为多少？EI 为常数，杆件截面高为 h，材料的线膨胀系数为 α。

6－18 在图示桁架中，AD 杆的温度上升 t，试求结点 C 的竖向位移。材料的线膨胀系数为 α。

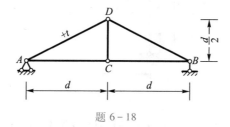

题 6－18

6－19 图为 48 m 下承式铁路桁架桥简图。为了设置上拱度，在制造时将上弦杆每 16 m 加长 16 mm，试求由此引起的结点 E_3 的竖向位移。（注：实际制作时，为了制造安装方便，各上弦杆长度仍保持不变，而是在结点 A_1、A_3、A_1' 处，将结点板上与上弦杆相联的钉孔位置外移 8 mm 来达到上述目的。）

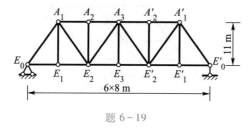

题 6－19

6－20 图示简支刚架，支座 A 向左水平移动 a，支座 B 下沉 b，求：（1）结点 C、D 的相对转角 φ_{CD}；（2）结点 D 的转角 φ_D。

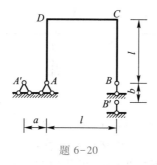

题 6-20

6－21 图示两跨简支梁 $l = 16$ m，支座 A、B、C 的沉降分别为 $a = 40$ mm，$b = 100$ mm，$c = 80$ mm。试求 B 铰左右两侧截面的相对角位移 φ。

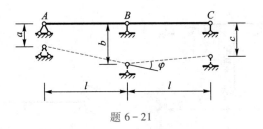

题 6 - 21

6 - 22　求图示结构 C 点水平位移 Δ_{Cx},EI 为常数。

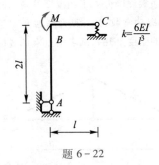

题 6 - 22

6 - 23　图为一水平面内的交叉梁系,A、E 两点为竖向简支,沿 LM 为固定。当 H 点有竖向荷载 10 kN 作用时,已测得各结点竖向位移为:0. 5 mm(结点 B 和 D),0. 6 mm(结点 F、C、K),1 mm(结点 G 与 J),1. 2 mm(结点 H),方向均向下。若有 100 kN 竖向荷载平均分配于 15 个结点上时,H 点的竖向位移为多少?

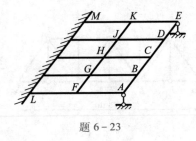

题 6 - 23

6 - 24　结构分别承受两组荷载作用,如图 a、b 所示,下列等式中哪些是正确的?(各位移均以与相应广义力指向一致为正。)

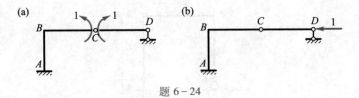

题 6 - 24

(1) 图 a 中 D 截面的转角 = 图 b 中 C 点的水平位移;

(2) 图 a 中 C 点的水平位移 = 图 b 中 D 截面的转角;

(3) 图 a 中 C 铰两侧截面相对转角 = 图 b 中 D 点的水平位移;

(4) 图 a 中 D 点水平位移 = 图 b 中 C 铰两侧截面相对转角。

*6-25　图为一水平面内的刚架,∠ABC = 90°,BC 杆上承受竖向均布荷载 q。试求 C 点竖向位移。已知 q = 2 kN/m,a = 0.6 m,b = 0.4 m,各杆均为直径 d = 30 mm 的圆钢,E = 210 GPa,G = 80 GPa。

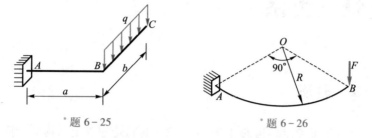

*题 6-25　　　　　　　　*题 6-26

*6-26　图示水平面内的曲杆为 1/4 圆周,B 点受竖向荷载 F 作用。试求 B 点竖向位移。杆的抗弯刚度 EI 及抗扭刚度 GI_t 均为常数。

答　案

6-1　$\dfrac{3ql^4}{8EI}$（→）

6-2　$\dfrac{FR^3}{2EI}$（→）

6-3　$\dfrac{qR^4}{2EI}$（←）

6-4　（a）3.52 mm（↓）,
　　　　（b）5.156×10⁻⁴ rad（增大）

6-6　$\dfrac{23}{648}\dfrac{Fl^3}{EI}$（↓）

6-7　2 mm（→）

6-8　$\dfrac{19}{24}\dfrac{qa^3}{EI}$（逆时针方向）

6-9　$\dfrac{1\,985\ \text{kN}\cdot\text{m}^3}{6\,EI}$（↓）

6-10　$\dfrac{4}{EI}q$（远离）

6-11　$\Delta_{Cx} = \dfrac{486\ \text{kN}\cdot\text{m}^3}{EI}$（→）,

　　　　$\Delta_{Cy} = \dfrac{54\ \text{kN}\cdot\text{m}^3}{EI}$（↑）,

　　　　$\varphi_D = \dfrac{27\ \text{kN}\cdot\text{m}^2}{EI}$（顺时针）

6-12　$\dfrac{Fa^2}{6EI}$（下边角度增大）,

　　　　$\dfrac{\sqrt{2}}{24}\dfrac{Fa^3}{EI}$（缩短）,

　　　　$\Delta_{Dx} = \dfrac{11}{6EI}Fl^3$（→）

6-13　$\Delta_{Dx} = \dfrac{7Fl^3}{6EI}$（→）,$\varphi_D = \dfrac{5}{3EI}Fl^2$（↑）

6-14　9 mm（↓）

6-15　0.08 m（→）

6-16　$15\alpha l$（↑）

6-17　$M = \dfrac{2\alpha tEI}{h}$

6-18　$\dfrac{5\alpha td}{4}$（↑）

6-19　23.3 mm（↑）

6-20　（1）0;（2）$\dfrac{b}{l}$（↑）

6-21　上边角度减小 0.005 rad

6-22　$\dfrac{Ml^2}{EI}$（→）

6-23　4 mm（↓）

6-24　（4）

*6-25　$\dfrac{qb}{EI}\left(\dfrac{b^3}{8} + \dfrac{a^3}{3}\right) + \dfrac{qb^3a}{2GI_t} = 13.7\ \text{mm}$（↓）

*6-26　$FR^3\left(\dfrac{\pi}{4EI} + \dfrac{3\pi - 8}{4GI_t}\right)$（↓）

第七章　力法

7-1　本章
学习要点

§7-1　概述

前面各章讨论了静定结构的计算,从本章起将讨论超静定结构的计算。

前已指出,全部反力和内力只靠平衡条件便可确定的结构,称为静定结构;而单靠平衡条件还不能确定全部反力和内力的结构,便称为超静定结构。例如图7-1a所示梁,其竖向反力仅靠平衡条件就无法确定,因而也就无法确定其内力。又如图7-2a所示桁架,虽然由平衡条件可以确定其全部反力和部分杆件内力,但不能确定全部杆件的内力。因此,这两个结构都是超静定结构。

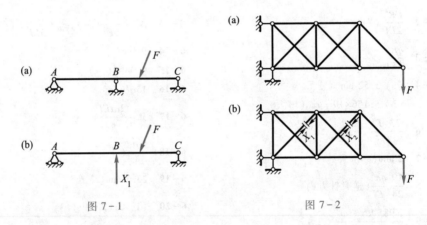

图7-1　　　　　　　　图7-2

在§2-7中已指出,超静定结构在几何构造上的特征是几何不变,而且具有多余联系。所谓"多余",是指这些联系仅就保持结构的几何不变性来说,是不必要的。多余联系中产生的力称为多余未知力(也称赘余力或冗力)。例如图7-1a所示梁,可将任一根竖向支座链杆作为多余联系,例如将中间支座链杆作为多余联系,则相应的多余未知力 X_i[①]就是该支座的反力 X_1(图7-1b)。又如图7-2a所示桁架,可把向左下倾斜的两斜杆作为多余联系,相应的多余未知力即为该二杆的轴力 X_1 及 X_2(图7-2b)。

工程中常见的超静定结构的类型有:超静定梁(图7-1a)、超静定桁架(图7-2a)、超静定拱、超静定刚架及超静定组合结构(图7-3a、b 和 c)。

求解任何超静定问题,都必须综合考虑以下三个方面的条件:

---

① 由于多余未知力有时是未知的广义力,为叙述的统一和完整,本书仍沿用以往教材中的 X_i 表示,对于文中所对应的物理量和相应单位,则视具体问题而定。

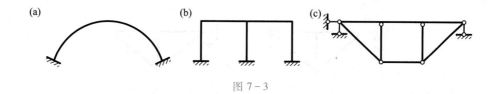

图 7-3

（1）平衡条件。即结构的整体及任何一部分的受力状态都应满足平衡方程。

（2）几何条件。也称为变形条件或位移条件、协调条件、相容条件等，即结构的变形和位移必须符合支承约束条件和各部分之间的变形连续条件。

（3）物理条件。即变形或位移与力之间的物理关系。

在具体求解时，根据计算途径的不同，可以有两种不同的基本方法，即力法（又称柔度法）和位移法（又称刚度法）。二者的主要区别在于基本未知量的选择不同。所谓基本未知量，是指这样一些未知量，当首先求出它们之后，即可用它们求出其他的未知量。在力法中，是以多余未知力作为基本未知量；在位移法中，则是以某些位移作为基本未知量。除力法和位移法两种基本方法外，还有其他各种方法，但它们都是从上述两种方法演变而来的。例如力矩分配法就是位移法的变体，混合法则是力法与位移法的混合应用等。由于电子计算机的应用，又发展了结构矩阵分析方法，按所取基本未知量的不同，相应地也有矩阵力法和矩阵位移法。

§7-2　超静定次数的确定

在超静定结构中，由于具有多余未知力，使平衡方程的数目少于未知力的数目，故单靠平衡条件无法确定其全部反力和内力，还必须考虑位移条件以建立补充方程。一个超静定结构有多少个多余联系，相应地便有多少个多余未知力，也就需要建立同样数目的补充方程，才能求解。因此，用力法计算超静定结构时，首先必须确定多余联系或多余未知力的数目。多余联系或多余未知力的数目，称为超静定结构的超静定次数。

在几何构造上，超静定结构可以看作是在静定结构的基础上增加若干多余联系而构成。因此，确定超静定次数最直接的方法，就是解除多余联系，使原结构变成一个静定结构，而所去多余联系的数目，就是原结构的超静定次数。

从超静定结构上解除多余联系的方式通常有如下几种：

（1）去掉或切断一根链杆，相当于去掉一个联系（图 7-4a）。

（2）拆开一个单铰，相当于去掉两个联系（图 7-4b）。

（3）在刚结处作一切口，或去掉一个固定端，相当于去掉三个联系（图7-4c）。

（4）将刚结改为单铰联结，相当于去掉一个联系（图 7-4d）。

（5）将固定端改为滑动支座，相当于去掉一个联系（图 7-4e）。

（6）将固定端改为可动铰支座，相当于去掉两个联系（图 7-4f）。

（7）将滑动支座改为可动铰支座，相当于去掉一个联系（图 7-4g）。

应用上述方法，不难确定任何超静定结构的超静定次数。例如图 7-5a 所示结

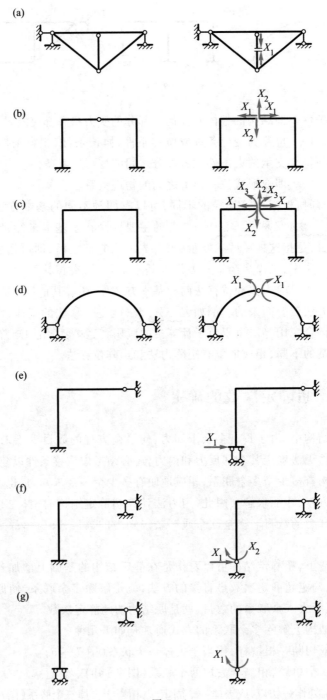

图 7-4

构,在拆开单铰、切断链杆并在刚结处作一切口后,将可得到图 7-5b 所示的静定结构,故知原结构为 6 次超静定。

对于同一个超静定结构,可以采取不同的方式去掉多余联系,而得到不同的静定结构,但是所去多余联系的数目总是相同的。例如对于上述结构,还可以按图 7-5c、d

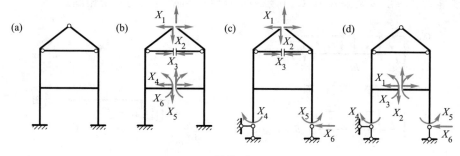

图 7-5

等方式去掉多余联系,但都将表明原结构是 6 次超静定的。

对于具有较多框格的结构,按框格的数目来确定超静定次数是较方便的。一个封闭无铰的框格,其超静定次数等于 3(图 7-4c)。当结构有 f 个封闭无铰框格时,其超静定次数 $n=3f$。例如图 7-6a 所示结构的超静定次数 $n=3\times7=21$。当结构上还有若干铰结处时,设单铰数目为 h,则超静定次数 $n=3F-h$。如图 7-5a 所示结构的超静定次数为 $n=3\times3-3=6$,而图 7-6b 所示结构的超静定次数为 $n=3\times7-5=16$。在确定封闭框格数目时,应注意由地基本身围成的框格不应计算在内,也就是地基应作为一个开口刚片。例如图 7-6c 所示结构,其封闭框格数是 3 而不是 4。

也可由结构的计算自由度 W 来确定超静定次数 n。显然,对几何不变体系有 $n=-W$。例如对图 7-4a 所示结构,由式(2-1)得 $W=3m-(2h+r)=3\times4-(2\times5+3)=-1$,故 $n=1$;又如图 7-2a 所示桁架,由式(2-2)得 $W=2j-(b+r)=2\times7-(13+3)=-2$,故 $n=2$。

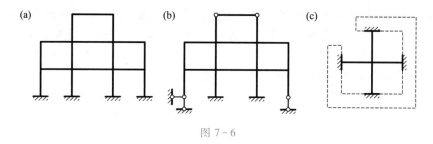

图 7-6

§7-3 力法的基本概念

本节先用一个简单的例子来说明力法的基本概念,即讨论如何在计算静定结构的基础上,进一步寻求计算超静定结构的方法。

图 7-7a 所示梁是一次超静定结构。如果把支座 B 作为多余联系去掉,则得到如图 7-7b 中的静定结构。将原超静定结构中去掉多余联系后所得到的静定结构称为力法的基本结构。所去掉的多余联系,则以相应的多余未知力 X_1 来代替其作用。这样,基本结构就同时承受着已知荷载 q 和多余未知力 X_1 的作用,基本结构在原有荷载和多余未知力共同作用下的体系称为力法的基本体系,如图 7-7b 所示。显然,

只要能设法求出多余未知力 X_1，其余一切计算就与静定结构完全相同。

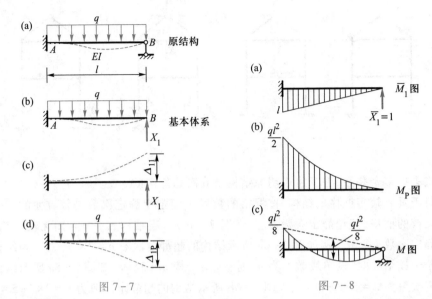

图 7-7　　　　　　　　　　　图 7-8

7-2　力法
的基本思想 1

7-3　力法
的基本思想 2

怎样求出 X_1 呢？仅靠平衡条件是无法求出的。因为在基本体系中截取的任何隔离体上，除了 X_1 之外还有三个未知内力或反力，故平衡方程的总数恒少于未知力的总数，其解答是不定的。实际上此时的 X_1 相当于作用在基本结构上的荷载，因此无论 X_1 为多大（只要梁不破坏），都能够满足平衡条件。为了确定多余未知力 X_1，必须考虑变形条件以建立补充方程。为此，对比原结构与基本体系的变形情况。原结构在支座 B 处由于多余联系的约束而不可能有竖向位移；基本体系上虽然该多余联系已被去掉，但若其受力和变形情况与原结构完全一致，则在荷载 q 和多余未知力 X_1 共同作用下，其 B 点的竖向位移（即沿力 X_1 方向上的位移）Δ_1 也应等于零，即

$$\Delta_1 = 0 \qquad\qquad (a)$$

这就是用以确定 X_1 的变形条件或称位移条件。

设以 Δ_{11} 和 Δ_{1P} 分别表示多余未知力 X_1 和荷载 q 单独作用在基本结构上时，B 点沿 X_1 方向的位移（图 7-7c、d），其符号都以沿假定的 X_1 方向为正，两个下标的含义与第六章所述相同，即第一个表示位移的地点和方向，第二个表示产生位移的原因。根据叠加原理，式（a）可写成：

$$\Delta_1 = \Delta_{11} + \Delta_{1P} = 0 \qquad\qquad (b)$$

若以 δ_{11} 表示 X_1 为单位力即 $\overline{X}_1 = 1$ 作用时 B 点沿 X_1 方向的位移，则有 $\Delta_{11} = \delta_{11}X_1$，于是上述位移条件式（b）可写为

$$\delta_{11}X_1 + \Delta_{1P} = 0 \qquad\qquad (7-1)$$

由于 δ_{11} 和 Δ_{1P} 都是静定结构在已知力作用下的位移，完全可用第六章所述方法求得，因而多余未知力 X_1 即可由此方程解出。此方程便称为一次超静定结构的力法基本方程。

为了计算 δ_{11} 和 Δ_{1P}，可分别绘出基本结构在 $\overline{X}_1 = 1$ 和 q 作用下的弯矩图 $\overline{M}_1$ 图和 M_P 图（图 7-8a、b），然后用图乘法计算这些位移。求 δ_{11} 时应为 $\overline{M}_1$ 图乘 $\overline{M}_1$ 图，称为 $\overline{M}_1$

图"自乘"：

$$\delta_{11} = \sum \int \frac{\overline{M}_1^2 \mathrm{d}s}{EI} = \frac{1}{EI} \frac{l^2}{2} \frac{2l}{3} = \frac{l^3}{3EI}$$

求 Δ_{1P} 则为 $\overline{M}_1$ 图与 M_P 图相乘：

$$\Delta_{1P} = \sum \int \frac{\overline{M}_1 M_P \mathrm{d}s}{EI} = -\frac{1}{EI}\left(\frac{1}{3}\frac{ql^2}{2}l\right)\frac{3l}{4} = -\frac{ql^4}{8EI}$$

将 δ_{11} 和 Δ_{1P} 代入式(7-1)可求得

$$X_1 = -\frac{\Delta_{1P}}{\delta_{11}} = -\left(-\frac{ql^4}{8EI}\right)\bigg/\frac{l^3}{3EI} = \frac{3ql}{8}\ (\uparrow)$$

正号表明 X_1 的实际方向与假定相同，即向上。

多余未知力 X_1 求出后，其余所有反力、内力的计算都是静定问题，无须赘述。在绘制最后弯矩图 M 图时，可以利用已经绘出的 $\overline{M}_1$ 图和 M_P 图按叠加法绘制，即

$$M = \overline{M}_1 X_1 + M_P$$

也就是将 $\overline{M}_1$ 图的竖标乘以 X_1，再与 M_P 图的对应竖标相加。例如截面 A 的弯矩为

$$M_A = l \times \frac{3ql}{8} + \left(-\frac{ql^2}{2}\right) = -\frac{ql^2}{8}\ (\text{上侧受拉})$$

于是，可绘出 M 图如图 7-8c 所示。此弯矩图既是基本体系的弯矩图，同时也就是原结构的弯矩图，因为此时基本体系与原结构的受力、变形和位移情况已完全相同，二者是等价的。

像上述这样解除超静定结构的多余联系而得到静定的基本结构，以多余未知力作为基本未知量，根据基本体系应与原结构变形相同而建立的位移条件，首先求出多余未知力，然后由平衡条件即可计算其余反力、内力的方法，称为力法。这里，整个计算过程自始至终都是在基本结构上进行的，这就把超静定结构的计算问题，转化为已经熟悉的静定结构的内力和位移的计算问题。力法是分析超静定结构最基本的方法，应用很广，可以分析任何类型的超静定结构。

§7-4　力法的典型方程

上节我们用一个一次超静定结构的计算说明了力法的基本概念。可以看出，用力法计算超静定结构的关键，在于根据位移条件建立补充方程以求解多余未知力。对于多次超静定结构，其计算原理也完全相同。下面以一个三次超静定结构为例，来说明如何根据位移条件建立求解多余未知力的方程。

图 7-9a 所示为三次超静定结构，用力法分析时，需去掉三个多余联系。设去掉固定支座 A，则得如图 7-9b 中的基本结构，并以相应的多余未知力 X_1、X_2 和 X_3 代替所去联系的作用。由于原结构在固定支座 A 处不可能有任何位移，即水平位移、竖向位移和角位移都等于零，因此基本结构在荷载和多余未知力共同作用下，A 点沿 X_1、X_2 和 X_3 方向的相应位移 Δ_1、Δ_2 和 Δ_3 也都应该为零，即位移条件为

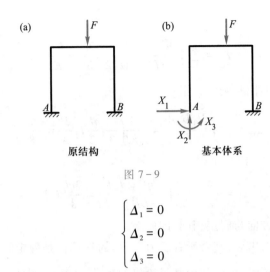

图 7 - 9

$$\left\{ \begin{aligned} \Delta_1 &= 0 \\ \Delta_2 &= 0 \\ \Delta_3 &= 0 \end{aligned} \right.$$

设各单位多余未知力 $\bar{X}_1 = 1$、$\bar{X}_2 = 1$、$\bar{X}_3 = 1$ 和荷载 F 分别作用于基本结构上时,A 点沿 X_1 方向的位移分别为 δ_{11}、δ_{12}、δ_{13} 和 Δ_{1P},沿 X_2 方向的位移分别为 δ_{21}、δ_{22}、δ_{23} 和 Δ_{2P},沿 X_3 方向的位移分别为 δ_{31}、δ_{32}、δ_{33} 和 Δ_{3P},则根据叠加原理,上述位移条件可写为

$$\left. \begin{aligned} \Delta_1 &= \delta_{11}X_1 + \delta_{12}X_2 + \delta_{13}X_3 + \Delta_{1P} = 0 \\ \Delta_2 &= \delta_{21}X_1 + \delta_{22}X_2 + \delta_{23}X_3 + \Delta_{2P} = 0 \\ \Delta_3 &= \delta_{31}X_1 + \delta_{32}X_2 + \delta_{33}X_3 + \Delta_{3P} = 0 \end{aligned} \right\} \tag{7-2}$$

求解这一方程组便可求得多余未知力 X_1、X_2 和 X_3。

对于 n 次超静定结构,则有 n 个多余未知力,而每一个多余未知力都对应着一个多余联系,相应也就有一个已知位移条件,故可据此建立 n 个方程,从而可解出 n 个多余未知力。当原结构上各多余未知力作用处的位移为零时,这 n 个方程可写为

$$\left. \begin{aligned} \delta_{11}X_1 + \delta_{12}X_2 + \cdots + \delta_{1i}X_i + \cdots + \delta_{1n}X_n + \Delta_{1P} &= 0 \\ \cdots\cdots\cdots\cdots \\ \delta_{i1}X_1 + \delta_{i2}X_2 + \cdots + \delta_{ii}X_i + \cdots + \delta_{in}X_n + \Delta_{iP} &= 0 \\ \cdots\cdots\cdots\cdots \\ \delta_{n1}X_1 + \delta_{n2}X_2 + \cdots + \delta_{ni}X_i + \cdots + \delta_{nn}X_n + \Delta_{nP} &= 0 \end{aligned} \right\} \tag{7-3}$$

这就是 n 次超静定结构的力法基本方程。这一组方程的物理意义为:基本结构在全部多余未知力和荷载共同作用下,在去掉各多余联系处沿各多余未知力方向的位移,应与原结构相应的位移相等。

在上述方程组中,主斜线(自左上方的 δ_{11} 至右下方的 δ_{nn})上的系数 δ_{ii} 称为主系数或主位移,它是单位多余未知力 $\bar{X}_i = 1$ 单独作用时所引起的沿其本身方向上的位移,其值恒为正,且不会等于零。其他的系数 δ_{ij} 称为副系数或副位移,它是单位多余未知力 $\bar{X}_j = 1$ 单独作用时所引起的沿 X_i 方向的位移。各式中最后一项 Δ_{iP} 称为自由项,它是荷载 F 单独作用时所引起的沿 X_i 方向的位移。副系数和自由项的值可能为正、负或零。根据位移互等定理可知,在主斜线两边处于对称位置的两个副系数 δ_{ij} 和 δ_{ji} 是相等的,即

$$\delta_{ij} = \delta_{ji}$$

上述力法基本方程在组成上具有一定规律,并有副系数互等的性质,故又常称它为力法的**典型方程**。

典型方程中的各系数和自由项,都是基本结构在已知力作用下的位移,完全可以用第六章所述方法求得。对于平面结构,这些位移的计算式可写为

$$\delta_{ii} = \sum \int \frac{\overline{M}_i^2 \mathrm{d}s}{EI} + \sum \int \frac{\overline{F}_{Ni}^2 \mathrm{d}s}{EA} + \sum \int \frac{k\,\overline{F}_{Si}^2 \mathrm{d}s}{GA}$$

$$\delta_{ij} = \delta_{ji} = \sum \int \frac{\overline{M}_i \overline{M}_j \mathrm{d}s}{EI} + \sum \int \frac{\overline{F}_{Ni} \overline{F}_{Nj} \mathrm{d}s}{EA} + \sum \int \frac{k\,\overline{F}_{Si} \overline{F}_{Sj} \mathrm{d}s}{GA}$$

$$\Delta_{iP} = \sum \int \frac{\overline{M}_i M_P \mathrm{d}s}{EI} + \sum \int \frac{\overline{F}_{Ni} F_{NP} \mathrm{d}s}{EA} + \sum \int \frac{k\,\overline{F}_{Si} F_{SP} \mathrm{d}s}{GA}$$

显然,对于各种具体结构,通常只需计算其中的一项或两项。系数和自由项求得后,将它们代入典型方程即可解出各多余未知力。然后,由平衡条件即可求出其余反力和内力。

如上所述,力法典型方程中的每个系数都是基本结构在某单位多余未知力作用下的位移。显然,结构的刚度愈小,这些位移的数值愈大,因此这些系数又称为**柔度系数**;力法典型方程是表示位移条件,故又称为结构的**柔度方程**;力法又称为**柔度法**。

§7-5 力法的计算步骤和示例

现以图7-10a所示刚架为例,来说明力法的具体计算。此刚架为两次超静定,若去掉铰支座 B,代以多余未知力 X_1 和 X_2,则得基本体系如图7-10b所示。根据原结构 B 点的水平和竖向位移均为零的条件,可建立力法的典型方程为

$$\left.\begin{array}{r} \delta_{11}X_1 + \delta_{12}X_2 + \Delta_{1P} = 0 \\ \delta_{21}X_1 + \delta_{22}X_2 + \Delta_{2P} = 0 \end{array}\right\} \tag{a}$$

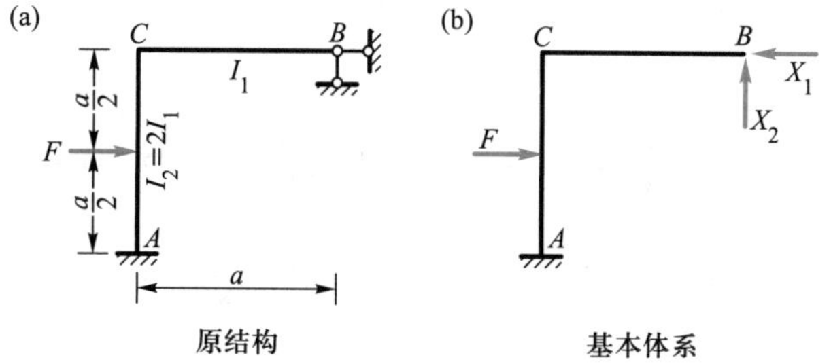

图 7-10

计算系数和自由项时,对于刚架通常可略去轴力和剪力的影响而只考虑弯矩一项。为此,可分别绘出基本结构在单位多余未知力 $\overline{X}_1 = 1$、$\overline{X}_2 = 1$ 和荷载作用下的弯矩图,如图7-11a、b和c所示,然后利用图乘法求得各系数和自由项为

$$\delta_{11} = \sum \int \frac{\overline{M}_1^2 \mathrm{d}s}{EI} = \frac{1}{2EI_1} \frac{a^2}{2} \frac{2a}{3} = \frac{a^3}{6EI_1}$$

$$\delta_{22} = \sum \int \frac{\overline{M}_2^2 \mathrm{d}s}{EI} = \frac{1}{2EI_1}a^2 a + \frac{1}{EI_1} \frac{a^2}{2} \frac{2a}{3} = \frac{5a^3}{6EI_1}$$

$$\delta_{12} = \delta_{21} = \sum \int \frac{\overline{M}_1 \overline{M}_2 \mathrm{d}s}{EI} = \frac{1}{2EI_1} \frac{a^2}{2} a = \frac{a^3}{4EI_1}$$

$$\Delta_{1P} = \sum \int \frac{\overline{M}_1 M_P \mathrm{d}s}{EI} = -\frac{1}{2EI_1}\left(\frac{1}{2} \frac{Fa}{2} \frac{a}{2}\right)\frac{5a}{6} = -\frac{5Fa^3}{96EI_1}$$

$$\Delta_{2P} = \sum \int \frac{\overline{M}_2 M_P \mathrm{d}s}{EI} = -\frac{1}{2EI_1}\left(\frac{1}{2} \frac{Fa}{2} \frac{a}{2}\right)a = -\frac{Fa^3}{16EI_1}$$

将以上各系数和自由项代入典型方程(a),并消去 $\dfrac{a^3}{EI_1}$ 后得

$$\left.\begin{array}{l} \dfrac{1}{6}X_1 + \dfrac{1}{4}X_2 - \dfrac{5}{96}F = 0 \\[2mm] \dfrac{1}{4}X_1 + \dfrac{5}{6}X_2 - \dfrac{1}{16}F = 0 \end{array}\right\} \tag{b}$$

解联立方程得

$$X_1 = \frac{4}{11}F, \quad X_2 = -\frac{3}{88}F$$

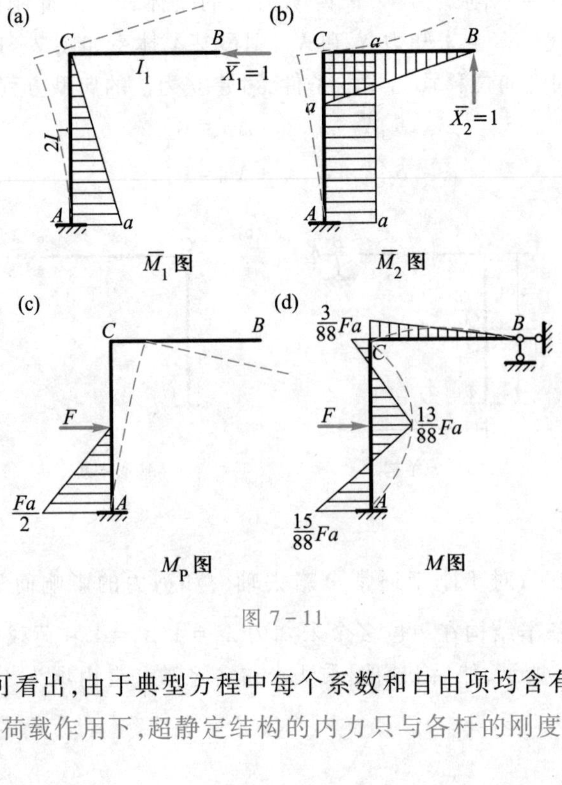

图 7 - 11

由以上计算可看出,由于典型方程中每个系数和自由项均含有 EI_1,因而可以消去。由此可知,在荷载作用下,超静定结构的内力只与各杆的刚度相对值有关,而与

其刚度绝对值无关。对于同一材料组成的结构,内力与材料性质 E 也无关。

多余未知力求得后,其余反力、内力的计算便是静定问题。在绘制最后弯矩图时,也可以利用已经绘出的基本结构的各单位弯矩图和荷载弯矩图,按叠加法由下式求得:

$$M = \overline{M}_1 X_1 + \overline{M}_2 X_2 + M_P$$

例如 AC 杆 A 端的弯矩为

$$M_{AC} = a \times \frac{4}{11} F + a\left(-\frac{3}{88}F\right) - \frac{Fa}{2} = -\frac{15}{88}Fa \text{（外侧受拉）}$$

最后,弯矩图如图 7-11d 所示。剪力图与轴力图亦不难绘出,现从略,读者可自行完成。

值得指出,对于同一超静定结构,可以按不同的方式去掉多余联系而得到不同的基本结构。例如对于上述超静定刚架,还可以取图 7-12a、b 中的基本体系。但须注意,基本结构必须是几何不变的,而不能是几何可变或瞬变的,否则将无法求解。例如图 7-12c 中所示的体系就不能作为基本体系。对于不同的基本体系,典型方程在形式上仍然与前面的式（a）相同,但所代表的具体含义则不相同。例如对于图 7-12b 所示基本体系,其典型方程的第一式代表截面 A 的转角为零,第二式则代表铰 C 两侧截面的相对转角为零。然而,不论采用哪一种基本体系求解,所得的最后内力图都是一样的,因为任何一种基本体系都应与同一原结构的受力和变形情况完全一致。

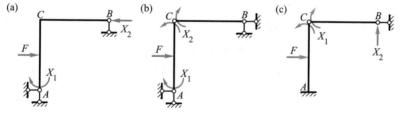

图 7-12

通过以上算例,可将力法的计算步骤归纳如下:

（1）确定原结构的超静定次数,去掉多余联系,得出一个静定的基本结构,并以多余未知力代替相应多余联系的作用。

（2）根据基本结构在多余未知力和荷载共同作用下,在所去各多余联系处的位移应与原结构各相应位移相等的条件,建立力法的典型方程。

（3）作出基本结构的各单位内力图和荷载内力图（或内力表达式）,按求位移的方法计算典型方程中的系数和自由项。

（4）解算典型方程,求出各多余未知力。

（5）按分析静定结构的方法,由平衡条件或叠加法求得最后内力。

下面再举数例,说明力法的应用。

例 7-1 试分析图 7-13a 所示两端固定梁。其 EI 为常数。

解: 取简支梁为基本结构,其基本体系如图 7-13b 所示,多余未知力为梁端弯矩

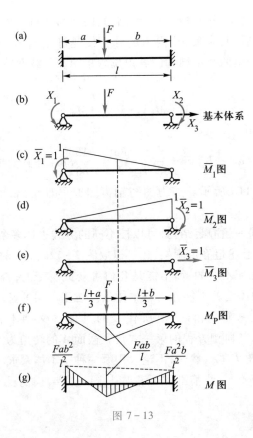

图 7 – 13

X_1、X_2和水平反力 X_3,典型方程为

$$\left.\begin{array}{l}\delta_{11}X_1+\delta_{12}X_2+\delta_{13}X_3+\Delta_{1P}=0\\\delta_{21}X_1+\delta_{22}X_2+\delta_{23}X_3+\Delta_{2P}=0\\\delta_{31}X_1+\delta_{32}X_2+\delta_{33}X_3+\Delta_{3P}=0\end{array}\right\}$$

基本结构的各 $\overline{M}$ 图和 M_P 图如图 7–13c、d、e 和 f 所示。由于 $\overline{M}_3=0$,$\overline{F}_{S3}=0$ 以及 $\overline{F}_{N1}=\overline{F}_{N2}=F_{NP}=0$,故由位移计算公式或图乘法可知 $\delta_{13}=\delta_{31}=0$,$\delta_{23}=\delta_{32}=0$,$\Delta_{3P}=0$。因此典型方程的第三式成为

$$\delta_{33}X_3=0$$

在计算 δ_{33} 时,应同时考虑弯矩和轴力的影响,则有

$$\delta_{33}=\sum\int\frac{\overline{M}_3^2\mathrm{d}s}{EI}+\sum\int\frac{\overline{F}_{N3}^2\mathrm{d}s}{EA}=0+\frac{1^2\cdot l}{EA}=\frac{l}{EA}\neq0$$

于是有

$$X_3=0$$

这表明两端固定的梁在垂直于梁轴线的荷载作用下并不产生水平反力。因此,可简化为只需求解两个多余未知力的问题,典型方程成为

$$\left.\begin{array}{l}\delta_{11}X_1+\delta_{12}X_2+\Delta_{1P}=0\\\delta_{21}X_1+\delta_{22}X_2+\Delta_{2P}=0\end{array}\right\}$$

由图乘法可求得各系数和自由项为（只考虑弯矩影响）：

$$\delta_{11} = \frac{l}{3EI}, \quad \delta_{22} = \frac{l}{3EI}, \quad \delta_{12} = \delta_{21} = \frac{l}{6EI}$$

$$\Delta_{1P} = -\frac{1}{EI}\left(\frac{1}{2}\frac{Fab}{l}l\right)\left(\frac{l+b}{3l}\right) = -\frac{Fab(l+b)}{6EIl}$$

$$\Delta_{2P} = -\frac{Fab(l+a)}{6EIl}$$

代入典型方程，并以 $\dfrac{6EI}{l}$ 乘各项，有

$$\left.\begin{array}{c} 2X_1 + X_2 - \dfrac{Fab(l+b)}{l^2} = 0 \\[3mm] X_1 + 2X_2 - \dfrac{Fab(l+a)}{l^2} = 0 \end{array}\right\}$$

解得

$$X_1 = \frac{Fab^2}{l^2}, \quad X_2 = \frac{Fa^2b}{l^2}$$

最后弯矩图如图 7-13g 所示。

例 7-2 试用力法计算图 7-14a 所示超静定桁架的内力。设各杆 *EA* 相同。

解：这是一次超静定结构。切断上弦杆并代以相应的多余未知力 X_1，得到图 7-14b 的基本体系。根据切口两侧截面沿 X_1 方向的位移即相对轴向线位移为零的条件，建立典型方程

$$\delta_{11}X_1 + \Delta_{1P} = 0$$

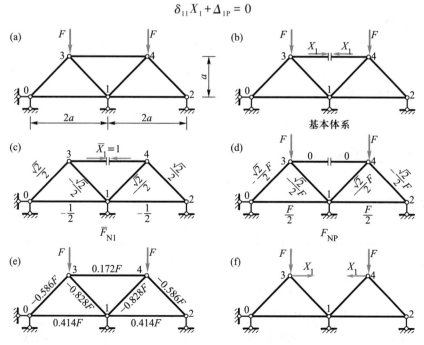

图 7-14

系数和自由项按第六章静定桁架位移计算公式有

$$\delta_{11} = \sum \frac{\overline{F}_{N1}^2 l}{EA}, \quad \Delta_{1P} = \sum \frac{\overline{F}_{N1} F_{NP} l}{EA}$$

为此,应分别求出基本结构在单位多余未知力 $\overline{X}_1 = 1$ 和荷载作用下各杆的内力 $\overline{F}_{N1}$ 和 F_{NP},如图 7-14c、d 所示,然后列表 7-1 进行计算。

表 7-1 计算系数和自由项

杆件	l	$\overline{F}_{N1}$	F_{NP}	$\overline{F}_{N1}^2 l$	$\overline{F}_{N1} F_{NP} l$
0-1	$2a$	$-\dfrac{1}{2}$	$\dfrac{F}{2}$	$\dfrac{1}{2}a$	$-\dfrac{1}{2}Fa$
1-2	$2a$	$-\dfrac{1}{2}$	$\dfrac{F}{2}$	$\dfrac{1}{2}a$	$-\dfrac{1}{2}Fa$
0-3	$\sqrt{2}a$	$\dfrac{\sqrt{2}}{2}$	$-\dfrac{\sqrt{2}}{2}F$	$\dfrac{\sqrt{2}}{2}a$	$-\dfrac{\sqrt{2}}{2}Fa$
2-4	$\sqrt{2}a$	$\dfrac{\sqrt{2}}{2}$	$-\dfrac{\sqrt{2}}{2}F$	$\dfrac{\sqrt{2}}{2}a$	$-\dfrac{\sqrt{2}}{2}Fa$
1-3	$\sqrt{2}a$	$-\dfrac{\sqrt{2}}{2}$	$-\dfrac{\sqrt{2}}{2}F$	$\dfrac{\sqrt{2}}{2}a$	$\dfrac{\sqrt{2}}{2}Fa$
1-4	$\sqrt{2}a$	$-\dfrac{\sqrt{2}}{2}$	$-\dfrac{\sqrt{2}}{2}F$	$\dfrac{\sqrt{2}}{2}a$	$\dfrac{\sqrt{2}}{2}Fa$
3-4	$2a$	1	0	$2a$	0
$\sum$				$(3+2\sqrt{2})a$	$-Fa$

由表中数据得

$$EA\delta_{11} = (3+2\sqrt{2})a$$

$$EA\Delta_{1P} = -Fa$$

代入典型方程,解得

$$X_1 = -\frac{\Delta_{1P}}{\delta_{11}} = \frac{F}{3+2\sqrt{2}} \quad (拉力)$$

各杆最后内力可按叠加法求得

$$F_N = \overline{F}_{N1} X_1 + F_{NP}$$

列表 7-2 进行计算,并将结果标明在图 7-14e 中相应各杆上。

表 7-2 计算各杆轴力

杆件	$\dfrac{F}{3+2\sqrt{2}}\overline{F}_{N1}$	F_{NP}	F_N
0-1,1-2	$-0.086F$	$0.500F$	$0.414F$
0-3,2-4	$0.121F$	$-0.707F$	$-0.586F$
1-3,1-4	$-0.121F$	$-0.707F$	$-0.828F$
3-4	$0.172F$	0	$0.172F$

此例也可将原结构的上弦杆去掉,其基本体系如图 7-14f 所示,则典型方程为

$$\delta_{11}X_1 + \Delta_{1P} = -\frac{X_1 \times 2a}{EA}$$

该方程的物理意义是:基本结构在荷载 F 和多余未知力 X_1 共同作用下,结点 3、4 所产生的水平相对线位移等于原结构的相应位移。此处的自由项 Δ_{1P} 与前面所求的相同,系数 δ_{11} 却不相同(因为基本结构中少了一根杆件),但按此基本体系确定的 X_1 与前述结果是完全一样的。

例 7-3 图 7-15a 为一加劲梁,横梁 $I = 1 \times 10^{-4}$ m^4,链杆 $A = 1 \times 10^{-3}$ m^2,E 为常数。试绘梁的弯矩图和求各杆轴力,并讨论改变链杆截面 A 时内力的变化情况。

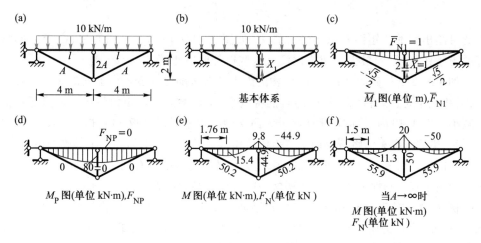

图 7-15

解:这是一次超静定组合结构,切断竖向链杆并代以多余未知力 X_1,可得图 7-15b 所示基本体系。根据切口处相对轴向位移为零的条件,建立典型方程:

$$\delta_{11}X_1 + \Delta_{1P} = 0$$

计算系数和自由项时,对于梁可只计弯矩影响,对于链杆则应计轴力影响。绘出基本结构中梁的 $\overline{M}_1$ 及 M_P 图并求出各杆的轴力 $\overline{F}_{N1}$ 及 F_{NP}(图 7-15c、d),由位移计算公式可求得

$$\delta_{11} = \sum \int \frac{\overline{M}_1^2 \mathrm{d}s}{EI} + \sum \frac{\overline{F}_{N1}^2 l}{EA}$$

$$= \frac{1}{E \times 1 \times 10^{-4} \text{ m}^4} \times 2 \times \frac{4 \text{ m} \times 2 \text{ m}}{2} \times \frac{2 \times 2 \text{ m}}{3} + \frac{1}{E \times 1 \times 10^{-3} \text{ m}^2} \times$$

$$\left[\frac{1^2 \times 2 \text{ m}}{2} + 2 \times \left(-\frac{\sqrt{5}}{2} \right)^2 \times 2\sqrt{5} \text{ m} \right]$$

$$= \frac{1.189 \times 10^5 \text{ m}^{-1}}{E}$$

$$\Delta_{1P} = \sum \int \frac{\overline{M}_1 M_P \mathrm{d}s}{EI} + \sum \frac{\overline{F}_{N1} F_{NP} l}{EA}$$

$$= \frac{1}{E \times 1 \times 10^{-4} \text{ m}^4} \times 2 \times \frac{2 \times 4 \text{ m} \times 80 \text{ kN} \cdot \text{m}}{3} \times \frac{5 \times 2 \text{ m}}{8} + 0$$

$$= \frac{5.333 \times 10^6 \text{ kN/m}}{E}$$

故得

$$X_1 = -\frac{\Delta_{1P}}{\delta_{11}} = -44.9 \text{ kN（压力）}$$

最后内力为

$$M = \overline{M}_1 X_1 + M_{\text{P}}$$

$$F_{\text{N}} = \overline{F}_{\text{N1}} X_1 + F_{\text{NP}}$$

据此可绘出梁的弯矩图并求出各杆轴力，如图 7－15e 所示。可以看出，由于下部链杆的支承作用，梁的最大弯矩值比没有这些链杆时减小了 80.7%。

如果改变链杆截面 A 的大小，结构的内力分布将随之改变。由上面的算式不难看出，当 A 减小时，δ_{11} 将增大，X_1 的绝对值将减小，于是梁的正弯矩值将增大而负弯矩值将减小。当 $A \to 0$ 时，梁的弯矩图将成为简支梁的弯矩图，与图7－15d 相同。反之，当 A 增大时，梁的正弯矩值将减小而负弯矩值将增大。若使 $A = 1.7 \times 10^{-3} \text{ m}^2$，梁的最大正、负弯矩值将接近相等（读者可自行验算），这对梁的受力是较有利的。当 $A \to \infty$ 时，梁的中点相当于有一刚性支座，其弯矩图将与两跨连续梁的弯矩图相同（图 7－15f）。

例 7－4 图 7－16a 所示为装配式钢筋混凝土单跨单层厂房排架结构的计算简图，其中左、右柱为阶梯形变截面杆件，横梁为 $EA = \infty$ 的二力杆，左柱受到风荷载 q 的作用。试用力法求其弯矩图。竖柱 E 为常数。

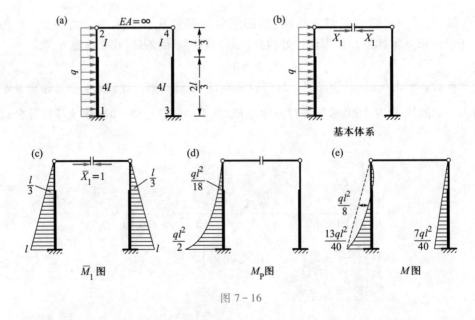

图 7－16

解： 此排架为一次超静定结构，切断二力杆并代之相应的多余未知力，即得基本体系，如图 7－16b 所示。

力法典型方程为

$$\delta_{11}X_1 + \Delta_{1P} = 0$$

绘出基本结构的 $\overline{M}_1$、M_P 图(图 7-16c、d),由此求出系数和自由项

$$\delta_{11} = 2 \times \left\{ \frac{1}{EI} \times \frac{1}{2} \cdot \frac{l}{3} \cdot \frac{l}{3} \times \frac{2}{3} \cdot \frac{l}{3} + \frac{1}{4EI} \left[\frac{1}{2} \cdot \frac{2}{3} l \times \left(\frac{2l}{3} + \frac{1}{3} \cdot \frac{l}{3} \right) + \frac{1}{2} \cdot \frac{2}{3} \cdot \frac{l}{3} \times \frac{l}{3} \left(\frac{l}{3} + \frac{2}{3} \cdot \frac{l}{3} \right) \right] \right\}$$

$$= \frac{5l^3}{27EI}$$

$$\Delta_{1P} = \frac{1}{EI} \times \frac{1}{3} \cdot \frac{ql^2}{18} \cdot \frac{l}{3} \times \frac{3}{4} \cdot \frac{l}{3} + \frac{1}{4EI} \left(\frac{1}{3} \cdot \frac{ql^2}{2} l \times \frac{3l}{4} - \frac{1}{3} \cdot \frac{ql^2}{18} \cdot \frac{l}{3} \times \frac{3}{4} \cdot \frac{l}{3} \right) = \frac{7ql^4}{216EI}$$

故得

$$X_1 = -\frac{\Delta_{1P}}{\delta_{11}} = -\frac{7}{40}ql \quad (压力)$$

最后弯矩图由叠加原理 $M = X_1\overline{M}_1 + M_P$ 绘出,如图 7-16e 所示。需要指出的是,用力法分析排架结构时,通常取切断或去掉横梁(二力杆)的结构作为基本体系,计算较为简便。

§7-6 对称性的利用

用力法分析超静定结构时,结构的超静定次数愈高,计算工作量也就愈大,而其中主要工作量又在于组成和解算典型方程,即需要计算大量的系数、自由项,并求解线性方程组。若要使计算简化,则须从简化典型方程入手。在典型方程中,能使一些系数及自由项等于零,则计算可得到简化。我们知道,主系数是恒为正且不会等于零的。因此,力法简化总的原则是:使尽可能多的副系数以及自由项等于零。能达到这一目的的途径很多,例如利用对称性,弹性中心法等,而各种方法的关键都在于选择合理的基本结构,以及设置适宜的基本未知量。本节讨论对称性的利用。

工程中很多结构是对称的,利用其对称性可简化计算。

1. 选取对称的基本结构

图 7-17a 所示为一对称结构,它有一个对称轴。对称结构的条件是:

(1)结构的几何形状和支承情况对称于此轴。

(2)各杆的刚度(EI、EA 等)也对称于此轴。

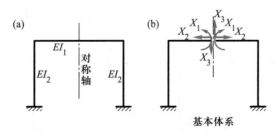

图 7-17

　　若将此结构沿对称轴上的截面切开,便得到一个对称的基本结构,如图7-17b中所示。此时,多余未知力包括三对力:一对弯矩 X_1、一对轴力 X_2 和一对剪力 X_3。如果对称轴两边的力大小相等,绕对称轴对折后作用点和作用线均重合且指向相同,则称为正对称(或简称对称)的力;若对称轴两边的力大小相等,绕对称轴对折后作用点和作用线均重合但指向相反,则称为反对称的力。由此可知,在上述多余未知力中,X_1 和 X_2 是正对称的,X_3 是反对称的。

　　绘出基本结构的各单位弯矩图(图7-18),可以看出,$\overline{M}_1$ 图和 $\overline{M}_2$ 图是正对称的,而 $\overline{M}_3$ 图是反对称的。由于正、反对称的两图相乘时恰好正负抵消使结果为零,因而可知副系数

$$\delta_{13} = \delta_{31} = 0, \quad \delta_{23} = \delta_{32} = 0$$

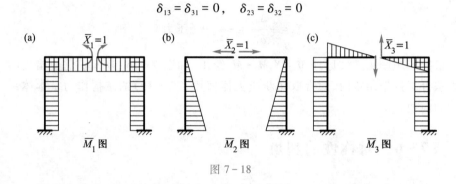

图 7-18

于是,典型方程便简化为

$$\left.\begin{array}{l} \delta_{11}X_1 + \delta_{12}X_2 + \Delta_{1P} = 0 \\ \delta_{21}X_1 + \delta_{22}X_2 + \Delta_{2P} = 0 \\ \delta_{33}X_3 + \Delta_{3P} = 0 \end{array}\right\}$$

可见,典型方程已分为两组,一组只包含正对称的多余未知力 X_1 和 X_2,另一组只包含反对称的多余未知力 X_3。显然,这比一般的情形计算简单得多。

　　如果作用在结构上的荷载也是正对称的(图7-19a),则 M_P 图也是正对称的(图7-19b),于是自由项 $\Delta_{3P} = 0$。由典型方程的第三式可知反对称的多余未知力 $X_3 = 0$,因此只有正对称的多余未知力 X_1 和 X_2。最后弯矩图为 $M = \overline{M}_1 X_1 + \overline{M}_2 X_2 + M_P$,它也将是正对称的,其形状如图7-19c所示。由此可推知,此时结构的所有反力、内力及位移(图7-19a中虚线所示)都将是正对称的。但必须注意,此时剪力图是反对称的,这是由于剪力的正负号规定所致,而剪力的实际方向则是正对称的。

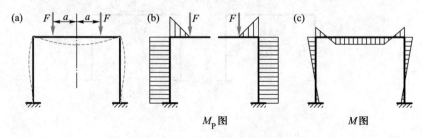

图 7-19

图 7-19

如果作用在结构上的荷载是反对称的(图7-20a),作出M_P图如图7-20b所示,则同理可证,此时正对称的多余未知力$X_1 = X_2 = 0$,只有反对称的多余未知力X_3。最后弯矩图为$M = \overline{M}_3 X_3 + M_P$,它也是反对称的(图7-20c),且此时结构的所有反力、内力和位移(图7-20a中虚线所示)都将是反对称的。但必须注意,剪力图是正对称的,剪力的实际方向则是反对称的。

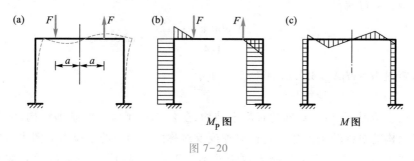

图7-20

由上所述可得如下结论:对称结构在正对称荷载作用下,其内力和位移都是正对称的;在反对称荷载作用下,其内力和位移都是反对称的。

例7-5 试分析图7-21a所示刚架。设EI为常数。

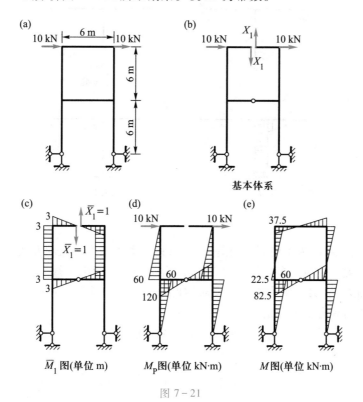

$\overline{M}_1$图(单位 m)　　M_P图(单位 kN·m)　　M图(单位 kN·m)

图7-21

解:这是一个对称结构,为四次超静定。取图7-21b所示对称的基本体系。由于荷载是反对称的,故可知正对称的多余未知力皆为零,而只有反对称的多余未知力X_1,从而使典型方程大为简化,仅相当于求解一次超静定的问题。

分别作出 $\overline{M}_1$、M_P 图如图 7-21c、d 所示,由图乘法可得

$$EI\delta_{11} = \left[\left(\frac{1}{2} \times 3 \text{ m} \times 3 \text{ m} \times 2 \text{ m}\right) \times 2 + 3 \text{ m} \times 6 \text{ m} \times 3 \text{ m}\right] \times 2 = 144 \text{ m}^3$$

$$EI\Delta_{1P} = \left(3 \text{ m} \times 6 \text{ m} \times 30 \text{ kN} \cdot \text{m} + \frac{1}{2} \times 3 \text{ m} \times 3 \text{ m} \times 80 \text{ kN} \cdot \text{m}\right) \times 2 = 1\ 800 \text{ kN} \cdot \text{m}^3$$

代入典型方程可解得

$$X_1 = -\frac{\Delta_{1P}}{\delta_{11}} = -\frac{1\ 800 \text{ kN} \cdot \text{m}^3}{144 \text{ m}^3} = -12.5 \text{ kN}$$

最后弯矩图 $M = \overline{M}_1 X_1 + M_P$,如图 7-21e 所示。

2. 未知力分组及荷载分组

在很多情况下,对于对称的超静定结构,虽然选取了对称的基本结构,但多余未知力对结构的对称轴来说却不是正对称或反对称的。相应的单位内力图也就既非正对称也非反对称,因此有关的副系数仍然不等于零。例如图 7-22 所示对称刚架就是这样的例子。

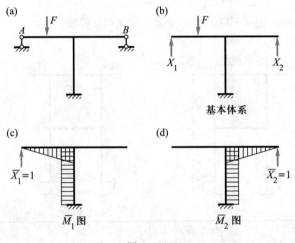

图 7-22

对于这种情况,为了使副系数等于零,可以采取未知力分组的方法。这就是将原有在对称位置上的两个多余未知力 X_1 和 X_2 分解为新的两组未知力:一组为两个成正对称的未知力 Y_1,另一组为两个成反对称的未知力 Y_2(图 7-23a)。新的未知力与原有未知力之间具有如下关系:

$$X_1 = Y_1 + Y_2, \quad X_2 = Y_1 - Y_2$$

或

$$Y_1 = \frac{X_1 + X_2}{2}, \quad Y_2 = \frac{X_1 - X_2}{2}$$

经过上述未知力分组后,求解原有两个多余未知力的问题就转变为求解新的两对多余未知力组。此时的 Y_1 是广义力,它代表着一对正对称的力,作 $\overline{M}_1$ 图时要把这两个正对称的单位力同时加上去,这样所得的 $\overline{M}_1$ 图便是正对称的(图 7-23b)。同

理,可作出 $\overline{M}_2$ 图(图 7-23c)。由于 $\overline{M}_1$、$\overline{M}_2$ 两图分别为正、反对称,故副系数 $\delta_{12}=\delta_{21}=0$。典型方程简化为

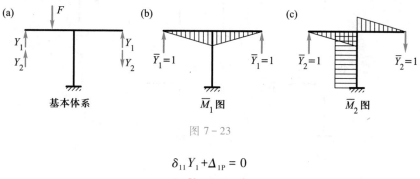

图 7-23

$$\delta_{11}Y_1+\Delta_{1P}=0$$
$$\delta_{22}Y_2+\Delta_{2P}=0$$

因为 Y_1、Y_2 都是广义力,故以上方程的物理意义也转变为相应的广义位移条件。第一式代表基本结构上与广义力 Y_1 相应的广义位移为零,即 A、B 两点同方向的竖向位移之和为零。因为原结构在 A、B 两点均无竖向位移,故其和亦等于零。同理,第二式则代表 A、B 两点反方向的竖向位移之和等于零。

当对称结构承受一般非对称荷载时,还可以将荷载分解为正、反对称的两组,将它们分别作用于结构上求解,然后将计算结果叠加(图 7-24)。显然,若取对称的基本结构计算,则在正对称荷载作用下将只有正对称的多余未知力,反对称荷载作用下只有反对称的多余未知力。

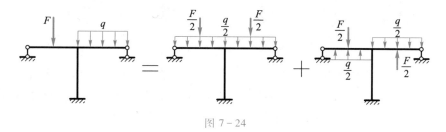

图 7-24

3. 取一半结构计算

当对称结构承受正对称或反对称荷载时,也可以只截取结构的一半来进行计算。下面分别就奇数跨和偶数跨两种对称刚架加以说明。

(1)奇数跨对称刚架。如图 7-25a 所示刚架,在正对称荷载作用下,由于只产生正对称的内力和位移,故可知在对称轴上的截面 C 处不可能发生转角和水平线位移,但可有竖向线位移。同时,该截面上将有弯矩和轴力,而无剪力。因此,截取刚架的一半时,在该处应用一滑动支座(也称定向支座)来代替原有联系,从而得到图 7-25b 所示的计算简图。

在反对称荷载作用下(图 7-25c),由于只产生反对称的内力和位移,故可知在对称轴上的截面 C 处不可能发生竖向线位移,但可有水平线位移及转角。同时,该截面上弯矩、轴力均为零而只有剪力。因此,截取一半时该处用一竖向支承链杆来代替原有联系,从而得到图 7-25d 所示的计算简图。

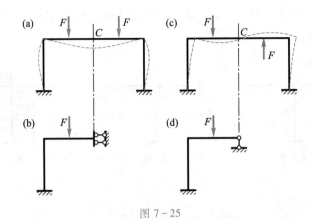

图 7-25

例 7-5 所示结构同样为单跨刚架受反对称荷载作用,取半结构如图 7-26 所示。

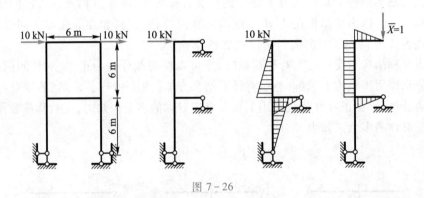

图 7-26

(2) 偶数跨对称刚架。如图 7-27a 所示刚架,在正对称荷载作用下,若忽略杆件的轴向变形,则在对称轴上的刚结点 C 处将不可能产生任何位移。同时,在该处的横梁杆端有弯矩、轴力和剪力存在。因此,截取一半时该处用固定支座代替,从而得到图 7-27b 所示的计算简图。

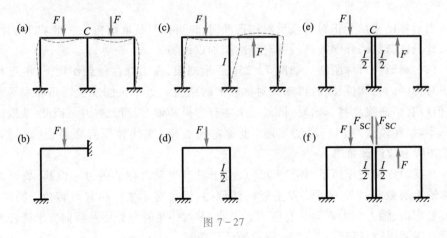

图 7-27

　　在反对称荷载作用下(图7-27c),可将其中间柱设想为由两根刚度各为$I/2$的竖柱组成,它们在顶端分别与横梁刚结(图7-27e),显然这与原结构是等效的。然后,设想将此两柱中间的横梁切开,则由于荷载是反对称的,故切口上只有剪力F_{sc}(图7-27f)。因忽略轴向变形,这对剪力将只使两柱分别产生等值反号的轴力,而不使其他杆件产生内力。而原结构中间柱的内力是等于该两柱内力之代数和,故剪力F_{sc}实际上对原结构的内力和变形均无影响。因此,可将其去掉不计,而取一半刚架的计算简图如图7-27d所示。

　　例7-6　试计算图7-28a所示圆环的内力。EI为常数。

　　解:这是一个三次超静定结构。由于结构及荷载具有两个对称轴,故可只取$\dfrac{1}{4}$结构来分析,计算简图如图7-28b所示,仅为一次超静定。取其基本体系如图7-28c中所示,多余未知力为弯矩X_1。

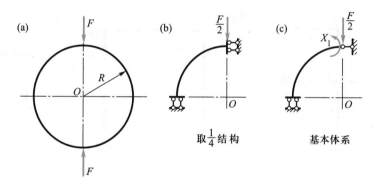

图 7-28

　　取极坐标系,单位弯矩和荷载弯矩分别为

$$\overline{M}_1 = 1, \quad M_{\mathrm{P}} = -\frac{FR}{2}\sin\varphi$$

相应的$\overline{M}_1$图和M_{P}图分别如图7-29a、b所示。若计算位移时略去轴力、剪力及曲率影响而只计弯矩一项,则系数和自由项为

$$\delta_{11} = \int \frac{\overline{M}_1^2\mathrm{d}s}{EI} = \frac{1}{EI}\int_0^{\frac{\pi}{2}} R\mathrm{d}\varphi = \frac{\pi R}{2EI}$$

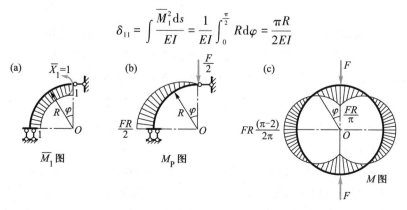

图 7-29

$$\Delta_{1P} = \int \frac{\overline{M}_1 M_P \mathrm{d}s}{EI} = \frac{1}{EI} \int_0^{\frac{\pi}{2}} \left(-\frac{FR}{2} \sin \varphi \right) R \mathrm{d}\varphi = -\frac{FR^2}{2EI}$$

于是得

$$X_1 = -\frac{\Delta_{1P}}{\delta_{11}} = \frac{FR}{\pi}$$

最后弯矩为

$$M = \overline{M}_1 X_1 + M_P = \frac{FR}{\pi} - \frac{FR}{2} \sin \varphi = FR \left(\frac{1}{\pi} - \frac{\sin \varphi}{2} \right)$$

在绘出 $\frac{1}{4}$ 结构的弯矩图后,整个结构的弯矩图可根据对称关系得出,如图7-29c所示。

  例 7-7 试求图 7-30a 所示对称结构的弯矩图(两个集中力分别作用于对应杆件的中点)。

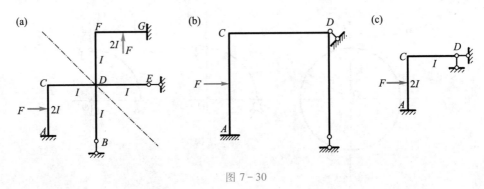

图 7-30

  解:该结构为以倾角 45° 的斜直线为对称轴的奇数跨对称结构,承受反对称荷载,取半结构如图 7-30b 所示。注意到 DE 和 DB 杆中无弯矩存在,故截取一半分析时,D 点处用固定铰支座代替原有联系,如图 7-30c 所示。该半刚架的弯矩图已在 §7-5 中求出,此处不再赘述。

§7-7 超静定结构的位移计算

  第六章中所述位移计算的原理和公式,对超静定结构也是适用的。以前面图 7-10a 的超静定刚架为例,其最后弯矩 M 图已求出(图 7-11d),现将其重绘为图 7-31a,这就是结构的实际状态。设现在要求 CB 杆中点 K 的竖向位移 Δ_{Ky}。为此,应在 K 点加上单位力作为虚拟状态并作出其 $\overline{M}_K$ 图(图 7-31b),然后将 $\overline{M}_K$ 图与 M 图相乘即可求得 Δ_{Ky}。但是,为了作出 $\overline{M}_K$ 图,又需要解算一个两次超静定结构,显然这样作是比较麻烦的。

  我们知道,用力法计算超静定结构,是根据基本结构在荷载和多余未知力共同作用下其位移应与原结构相同这个条件来进行的。这就是说,在荷载及已求出的多余未知力共同作用下,基本结构的受力和位移与原结构是完全一致的。因此,求超静定结构的位移,完全可以用求基本结构的位移来代替。于是,虚拟状态的单位力就可以

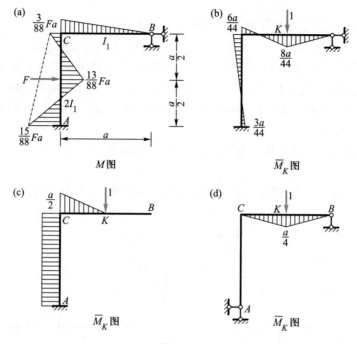

图 7-31

加在基本结构上,由于基本结构是静定的,故此时的内力图仅由平衡条件便可求得,这样就大大简化了计算工作。此外,由于超静定结构的最后内力图并不因所取基本结构的不同而异,也就是说,其实际内力可以看作是选取任何一种基本结构求得的。因此,在求位移时,也可以任选一种基本结构来求虚拟状态的内力,通常可选择虚拟内力图较简单的基本结构,以便进一步简化计算。

例如求上述刚架的位移 Δ_{Ky} 时,若取图 7-31c 中的基本结构,加上单位力并绘出虚拟状态的 $\overline{M}_K$ 图,将其与 M 图相乘可得

$$\Delta_{Ky} = \frac{1}{EI_1} \times \frac{1}{2} \frac{a}{2} \frac{a}{2} \times \frac{5}{6} \frac{3}{88} Fa + \frac{1}{2EI_1} \left[\frac{1}{2} \left(\frac{3}{88} Fa + \frac{15}{88} Fa \right) a \times \frac{a}{2} - \right.$$

$$\left. \left(\frac{1}{2} \frac{Fa}{4} a \right) \times \frac{a}{2} \right] = -\frac{3Fa^3}{1\,408EI_1} \quad (\uparrow)$$

若取图 7-31d 中的基本结构,则有

$$\Delta_{Ky} = -\frac{1}{EI_1} \left(\frac{1}{2} \frac{a}{4} a \right) \times \frac{1}{2} \frac{3}{88} Fa = -\frac{3Fa^3}{1\,408EI_1} \quad (\uparrow)$$

二者结果相同,但显然后者较简便。

综上所述,计算超静定结构位移的步骤是:

(1) 解算超静定结构,求出最后内力,此为实际状态。

(2) 任选一种基本结构,加上单位力求出虚拟状态的内力。

(3) 按位移计算公式或图乘法计算所求位移。

§7-8　最后内力图的校核

用力法计算超静定结构,步骤多、易出错,因此应注意步步检查。对于作为计算成果的最后内力图,是结构设计的依据,必须保证其正确性,故应加以校核。正确的内力图必须同时满足平衡条件和位移条件,因而校核亦应从这两方面进行。

1. 平衡条件校核

取结构的整体或任何部分为隔离体,其受力均应满足平衡条件,如不满足,则表明内力图有错误。

对于刚架的弯矩图,通常应检查刚结点处所受弯矩是否满足 $\sum M = 0$ 的平衡条件。例如图 7-32a 所示刚架,取结点 E 为隔离体(图 7-32b),应有

$$\sum M_E = M_{ED} + M_{EB} + M_{EF} = 0$$

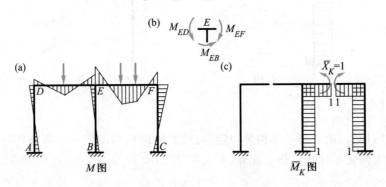

图 7-32

至于剪力图和轴力图的校核,可取结点、杆件或结构的某一部分为隔离体,考查是否满足 $\sum F_x = 0$ 和 $\sum F_y = 0$ 的平衡条件,无须详述。但是,仅满足了平衡条件,还不能说明最后内力图就是正确的。这是因为最后内力图是在求出了多余未知力之后按平衡条件或叠加法作出的,而多余未知力的数值正确与否,平衡条件是检查不出来的,还必须看是否满足位移条件。因此,更重要的是要进行位移条件的校核。

2. 位移条件校核

校核位移条件,就是检查各多余联系处的位移是否与已知的实际位移相符。根据上一节计算超静定结构位移的方法,对于刚架,可取基本结构的单位弯矩图与原结构的最后弯矩图相乘,看所得位移是否与原结构的已知位移相符。例如图 7-33a 为刚架的最后弯矩 M 图。为了检查支座 A 处的水平位移 Δ_1 是否为零,可取图 7-33b 所示基本结构并作其 $\overline{M}_1$ 图,将它与 M 图相乘得

$$\Delta_1 = \frac{1}{EI_1} \frac{a^2}{2} \times \frac{2}{3} \frac{3Fa}{88} + \frac{1}{2EI_1} \left[\frac{a^2}{2} \times \left(\frac{2}{3} \frac{3Fa}{88} + \frac{1}{3} \frac{15Fa}{88} \right) - \frac{1}{2} \frac{Fa}{4} a \times \frac{a}{2} \right] = 0$$

可见,这一位移条件是满足的。

从理论上讲,一个 n 次超静定结构需要 n 个位移条件才能求出全部多余未知力,故位移条件的校核也应进行 n 次。不过,通常只需抽查少数的位移条件即可,而且也不限于在原来解算时所用的基本结构上进行。

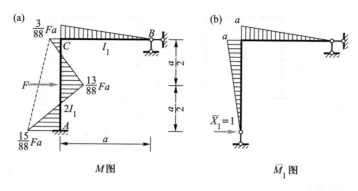

图 7-33

对于具有封闭无铰框格的刚架,利用框格上任一截面处的相对角位移为零的条件来校核弯矩图是很方便的。例如校核图7-32a 的 M 图时,可取图7-32c 中所示基本结构的单位弯矩图 $\overline{M}_K$ 与 M 图相乘,以检查相对转角 Δ_K 是否为零。由于 $\overline{M}_K$ 只在这一封闭框格上不为零,且其竖标处处为 1,故对于该封闭框格应有

$$\Delta_K = \sum \int \frac{\overline{M}_K M \mathrm{d}s}{EI} = \sum \int \frac{M \mathrm{d}s}{EI} = \sum \frac{\int M \mathrm{d}s}{EI} = 0$$

这表明在任一封闭无铰的框格上,弯矩图的面积除以相应的刚度的代数和应等于零。

§7-9 非荷载因素作用下超静定结构的计算

1. 温度变化时超静定结构的计算

对于静定结构,温度变化将使其产生变形和位移,但不引起内力。如图 7-34a 所示静定梁,当温度改变时,梁将自由地伸长及弯曲而不受到任何阻碍,其变形如图中虚线所示。对于超静定结构则不然,如图 7-34b 所示超静定梁,当温度改变时,梁的变形将受到两端支座的限制,因此必将引起支座反力,同时产生内力。

用力法分析超静定结构在温度变化时的内力,其原理与前述荷载作用下的计算相同,仍是根据基本结构在外因和多余未知力共同作用下,在去掉多余联系处的位移应与原结构的位移相符这一原则进行的。例如图 7-35a 所示刚架,其温度变化如图所示,取图 7-35b 所示基本体系,典型方程为

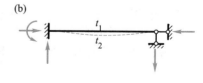

图 7-34

$$\delta_{11}X_1 + \delta_{12}X_2 + \delta_{13}X_3 + \Delta_{1t} = 0$$
$$\delta_{21}X_1 + \delta_{22}X_2 + \delta_{23}X_3 + \Delta_{2t} = 0$$
$$\delta_{31}X_1 + \delta_{32}X_2 + \delta_{33}X_3 + \Delta_{3t} = 0$$

式中系数的计算与以前相同,它们是与外因无关的。自由项 Δ_{1t}、Δ_{2t}、Δ_{3t} 则分别为基本结构由于温度变化引起的沿 X_1、X_2、X_3 方向的位移。根据第六章式(6-14)可知,

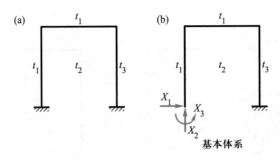

图 7 – 35

它们的计算式可写为

$$\Delta_{it} = \sum \overline{F}_{Ni} \alpha t l + \sum \frac{\alpha \Delta t}{h} \int \overline{M}_i \mathrm{d}s \qquad (7-4)$$

将系数和自由项求得后代入典型方程即可解出多余未知力。

因为基本结构是静定的,温度变化并不使其产生内力,故最后内力只是由多余未知力所引起的,即

$$M = \overline{M}_1 X_1 + \overline{M}_2 X_2 + \overline{M}_3 X_3$$

但温度变化却会使基本结构产生位移,因此在求位移时,除了考虑由于内力而产生的弹性变形所引起的位移外,还要加上由于温度变化所引起的位移。对于刚架,位移计算公式一般可写为

$$\Delta_K = \sum \int \frac{\overline{M}_K M \mathrm{d}s}{EI} + \Delta_{Kt}$$

$$= \sum \int \frac{\overline{M}_K M \mathrm{d}s}{EI} + \sum \overline{F}_{NK} \alpha t l + \sum \frac{\alpha \Delta t}{h} \int \overline{M}_K \mathrm{d}s \qquad (7-5)$$

同理,在对最后内力图进行位移条件校核时,亦应把温度变化所引起的基本结构的位移考虑进去。对多余未知力 X_i 方向上的位移校核式一般为

$$\Delta_i = \sum \int \frac{\overline{M}_i M \mathrm{d}s}{EI} + \Delta_{it} = 0$$

例 7 – 8　图 7 – 36a 所示刚架外侧温度升高 25 ℃,内侧温度升高 35 ℃,试绘制其弯矩图并计算横梁中点的竖向位移。刚架的 EI 为常数,截面对称于形心轴,其高度 $h = l/10$,材料的线膨胀系数为 α。

解:这是一次超静定刚架,取图 7 – 36b 所示基本体系,典型方程为

$$\delta_{11} X_1 + \Delta_{1t} = 0$$

计算 $\overline{F}_{N1}$ 并绘出 $\overline{M}_1$ 图(图 7 – 36c),求得系数及自由项为

$$\delta_{11} = \sum \int \frac{\overline{M}_1^2 \mathrm{d}s}{EI} = \frac{1}{EI} \left(2 \frac{l^2}{2} \times \frac{2l}{3} + l^3 \right) = \frac{5l^3}{3EI}$$

$$\Delta_{1t} = \sum \overline{F}_{N1} \alpha t l + \sum \frac{\alpha \Delta t}{h} \int \overline{M}_1 \mathrm{d}s$$

$$= (-1) \alpha \times \frac{25 + 35}{2} l - \alpha \frac{35 - 25}{h} \times \left(2 \frac{l^2}{2} + l^2 \right)$$

$$= -30\alpha l \left(1 + \frac{2l}{3h}\right) = -230\alpha l$$

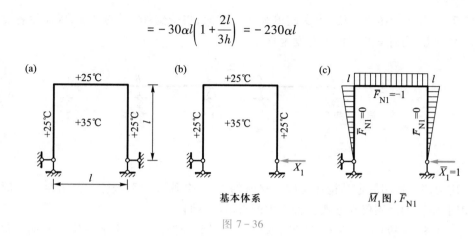

图 7-36

故得

$$X_1 = -\frac{\Delta_{1t}}{\delta_{11}} = 138 \frac{\alpha EI}{l^2}$$

最后弯矩图 $M = \overline{M}_1 X_1$，如图 7-37a 所示。由计算结果可知，在温度变化影响下，超静定结构的内力与各杆刚度的绝对值有关，这是与荷载作用下不同的。

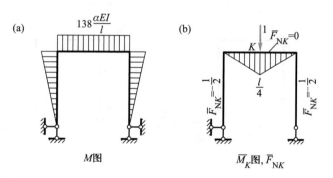

图 7-37

为求横梁中点的竖向位移 Δ_K，作出基本结构虚拟状态的 $\overline{M}_K$ 图并求出 $\overline{F}_{NK}$（图 7-37b），然后由位移计算公式可得

$$\Delta_K = \sum \int \frac{\overline{M}_K M \mathrm{d}s}{EI} + \sum \overline{F}_{NK} \alpha t l + \sum \frac{\alpha \Delta t}{h} \int \overline{M}_K \mathrm{d}s$$

$$= -\frac{1}{EI}\left(\frac{1}{2} \frac{l}{4} l \times 138 \frac{\alpha EI}{l}\right) + 2 \times \left(-\frac{1}{2}\right) \alpha \times \frac{25+35}{2} l + \alpha \frac{35-25}{h} \times \left(\frac{1}{2} \frac{l}{4} l\right)$$

$$= -\frac{69}{4}\alpha l - 30\alpha l + \frac{50}{4}\alpha l = -34.75\alpha l \ (\uparrow)$$

2. 支座位移时超静定结构的计算

对于静定结构，支座移动将使其产生位移，但并不产生内力。如图 7-38a 所示静定梁，当支座 B 发生竖向位移时不会受到任何阻碍。因为假想去掉支座 B，结构就成为一个自由度的几何可变体系。因此，当支座 B 移动时，结构只随之发生刚体位移（如图中虚线所示），而不产生弹性变形和内力。对于超静定结构情况就不同了。

如图 7-38b 所示超静定梁,当支座 B 发生位移时,将受到 AC 梁的牵制,因而使各支座产生反力,同时梁产生内力并发生弯曲。

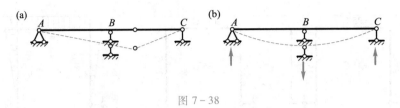

图 7-38

用力法分析超静定结构在支座位移时的内力,其原理与荷载作用或温度变化时仍相同,唯一的区别仅在于典型方程中的自由项不同。

例如图 7-39a 所示刚架,设其支座 B 由于某种原因产生了水平位移 a、竖向位移 b 及转角 φ。现取基本体系如图 7-39b 所示。根据基本结构在多余未知力和支座位移共同影响下,沿各多余未知力方向的位移应与原结构相应的位移相同的条件,可建立典型方程如下:

$$\delta_{11}X_1 + \delta_{12}X_2 + \delta_{13}X_3 + \Delta_{1\Delta} = 0$$
$$\delta_{21}X_1 + \delta_{22}X_2 + \delta_{23}X_3 + \Delta_{2\Delta} = -\varphi$$
$$\delta_{31}X_1 + \delta_{32}X_2 + \delta_{33}X_3 + \Delta_{3\Delta} = -a$$

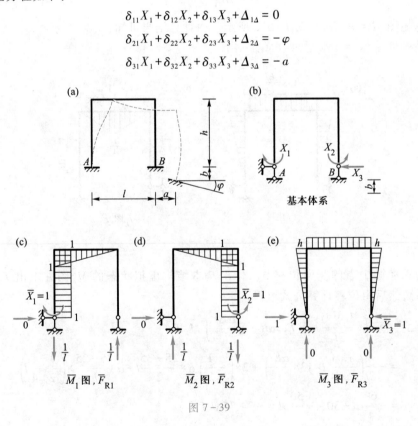

图 7-39

式中的系数与外因无关,其计算同前。自由项 $\Delta_{1\Delta}$、$\Delta_{2\Delta}$、$\Delta_{3\Delta}$ 则分别代表基本结构上由于支座移动所引起的沿 X_1、X_2、X_3 方向的位移,它们可按第六章的式(6-17a)来计算。现将式(6-17a)改写为

$$\Delta_{i\Delta} = -\sum \overline{F}_{Ri}c \qquad\qquad (7-6)$$

由图 7-39c、d 和 e 所示的虚拟反力,按上式可求得

$$\Delta_{1\Delta} = -\left(-\frac{1}{l}b\right) = \frac{b}{l}$$

$$\Delta_{2\Delta} = -\left(\frac{1}{l}b\right) = -\frac{b}{l}$$

$$\Delta_{3\Delta} = 0$$

自由项求出后,其余计算则可仿照温度变化下的情况来进行,无须详述。此时,最后内力也只是由多余未知力所引起的,即

$$M = \overline{M}_1 X_1 + \overline{M}_2 X_2 + \overline{M}_3 X_3$$

但在求位移时,则应加上支座移动的影响:

$$\Delta_K = \sum \int \frac{\overline{M}_K M \mathrm{d}s}{EI} + \Delta_{K\Delta}$$

$$= \sum \int \frac{\overline{M}_K M \mathrm{d}s}{EI} - \sum \overline{F}_{RK} c \qquad (7-7)$$

沿 X_i 方向的位移条件校核式为

$$\Delta_i = \sum \int \frac{\overline{M}_i M \mathrm{d}s}{EI} - \sum \overline{F}_{Ri} c = 0$$

或已知值。

例7-9 图7-40a所示两端固定的等截面梁 A 端发生了转角 φ,试分析其内力。

解: 取简支梁为基本结构(图7-40b),因目前情况下 $X_3 = 0$(参见例7-1),故只需求解两个多余未知力,典型方程为

$$\delta_{11} X_1 + \delta_{12} X_2 + \Delta_{1\Delta} = \varphi$$
$$\delta_{21} X_1 + \delta_{22} X_2 + \Delta_{2\Delta} = 0$$

绘出 $\overline{M}_1$、$\overline{M}_2$ 图(图7-40c、d),由图乘法求得各系数为

$$\delta_{11} = \frac{l}{3EI}, \quad \delta_{22} = \frac{l}{3EI},$$

$$\delta_{12} = \delta_{21} = -\frac{l}{6EI}$$

自由项 $\Delta_{1\Delta}$、$\Delta_{2\Delta}$ 代表基本结构上由于支座位移引起的沿 X_1、X_2 方向的位移。由于取基本结构时已把发生转角的固定支座 A 改为铰支,故支座 A 的转动已不再对基本结构产生任何影响,故有

$$\Delta_{1\Delta} = \Delta_{2\Delta} = 0$$

如按公式 $\Delta_{i\Delta} = -\sum \overline{F}_{Ri} c$ 计算亦得出同样结果。

将系数、自由项代入典型方程解算可得

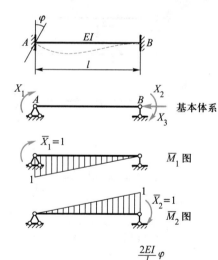

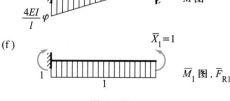

图7-40

$$X_1 = \frac{4EI}{l}\varphi, \quad X_2 = \frac{2EI}{l}\varphi$$

最后弯矩图 $M = \overline{M}_1 X_1 + \overline{M}_2 X_2$，如图 7-40e 所示。

现在对最后内力图进行位移条件校核,检查固定支座 B 处转角是否为零。为此,可另取悬臂梁为基本结构(图 7-40f),作出其 $\overline{M}_1$ 图并求出虚拟反力 $\overline{F}_{R1}$,由位移计算公式有

$$\varphi_B = \sum \int \frac{\overline{M}_1 M \mathrm{d}s}{EI} - \sum \overline{F}_{R1} c$$

$$= \frac{1}{EI}(1 \cdot l) \times \frac{1}{2}\left(\frac{4EI}{l}\varphi - \frac{2EI}{l}\varphi\right) - (1 \cdot \varphi) = 0$$

可见,这一位移条件是满足的。

例 7-10　图 7-41a 所示连续梁 EI 为常数,B 处为弹性支座,弹簧刚度系数 $k = \dfrac{10EI}{l^3}$。试作其弯矩图并求 D 点的竖向位移。

解:此为一次超静定结构,今以两种不同的基本体系来求解其内力。

(1)基本体系一。去掉弹性支座 B,以其反力为多余未知力 X_1(假设向上),即取图 7-41b 中的长跨简支梁为基本结构。典型方程为

$$\delta_{11} X_1 + \Delta_{1P} = -\frac{X_1}{k}$$

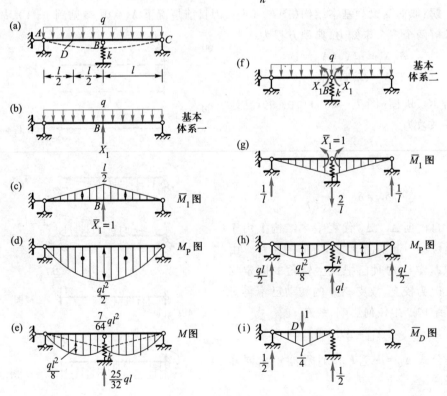

图 7-41

注意典型方程的左边是基本结构在多余未知力和荷载共同作用下沿 X_1 方向的位移,即 B 点向上的位移,它应等于原结构的同一位移。而原结构 B 点位移并不等于零,设反力 X_1 向上时,弹簧受压,将缩短 X_1/k,因而 B 点位移向下,故典型方程右边为 $-X_1/k$。

作出 $\overline{M}_1$ 和 M_P 图(图 7-41c、d)后,由图乘法可求得

$$\delta_{11} = \frac{l^3}{6EI}, \quad \Delta_{1P} = -\frac{5}{24}\frac{ql^4}{EI}$$

代入典型方程并注意到 $k = 10EI/l^3$ 可解得

$$X_1 = -\frac{\Delta_{1P}}{\left(\delta_{11} + \dfrac{1}{k}\right)} = \frac{25}{32}ql \ (\uparrow)$$

然后,由叠加法 $M = \overline{M}_1 X_1 + M_P$ 可作出最后弯矩图(图 7-41e)。

(2)基本体系二。将梁在截面 B 的连续处改为铰结,以支座 B 处的弯矩为多余未知力 X_1(假设下侧受拉),即取图 7-41f 中两跨简支梁为基本结构,注意此时弹性支座 B 并未去掉,仍保留在基本结构上。典型方程为

$$\delta_{11}X_1 + \Delta_{1P} = 0$$

它所代表的含义是基本体系沿 X_1 方向的位移即 B 铰两侧截面的相对转角,应等于原结构的同一位移,原结构在 B 处是连续的,故相对转角等于零。

由于基本结构中尚有弹性支座,故在计算系数 δ_{11} 和自由项 Δ_{1P} 时应包括支座位移的影响。作出 $\overline{M}_1$ 和 M_P 图并求出相应的反力(图 7-41g、h),由图乘法及支座位移时的位移计算公式可求得

$$\delta_{11} = \sum \int \frac{\overline{M}_1^2 \mathrm{d}s}{EI} - \sum \overline{F}_{R1} c_1 = \frac{2l}{3EI} - \left(-\frac{2}{l} \times \frac{2}{lk}\right)$$

$$= \frac{2l}{3EI} + \frac{4}{l^2 k} = \frac{16}{15}\frac{l}{EI}$$

$$\Delta_{1P} = \sum \int \frac{\overline{M}_1 M_P \mathrm{d}s}{EI} - \sum \overline{F}_{R1} c_P = \frac{ql^3}{12EI} - \frac{2}{l} \times \frac{ql}{k}$$

$$= \frac{ql^3}{12EI} - \frac{2q}{k} = -\frac{7}{60}\frac{ql^3}{EI}$$

可解出

$$X_1 = -\frac{\Delta_{1P}}{\delta_{11}} = \frac{7ql^2}{64} \ (下侧受拉)$$

然后,由叠加法可绘出最后弯矩图仍为图 7-41e 所示。

(3)求 D 点竖向位移。取基本体系二,作 $\overline{M}_D$ 图并求出反力(图 7-41i),与图 7-41e 相乘可求得

$$\Delta_{Dy} = \sum \int \frac{\overline{M}_D M \mathrm{d}s}{EI} - \sum \overline{F}_R c$$

$$= \frac{1}{EI}\left(\frac{2}{3}\frac{ql^2}{8}\frac{l}{2} \times \frac{5}{8}\frac{l}{4} \times 2 + \frac{1}{2}l\frac{l}{4} \times \frac{7ql^2}{128}\right) - \left(-\frac{1}{2} \times \frac{25ql}{32k}\right)$$

$$= \frac{5ql^4}{384EI} + \frac{7ql^4}{1\ 024EI} + \frac{25ql}{64k} = \frac{181}{3\ 072} \frac{ql^4}{EI} \quad (\downarrow)$$

§7-10 用弹性中心法计算无铰拱

拱是一种曲轴线推力结构,除三铰拱外,其他都是超静定的,常用有无铰拱和两铰拱两种形式(图 7-42a、b)。一般来说,无铰拱弯矩分布比较均匀,且构造简单,工程中应用较多。例如钢筋混凝土拱桥和石拱桥,隧道的混凝土拱圈(图 7-43a、b),房屋中的拱形屋架及门窗拱圈等。

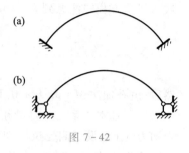

图 7-42

因为超静定结构的内力与变形有关,所以在计算超静定拱之前,须事先确定拱轴线方程和截面变化规律。常用的拱轴线形式有悬链线、抛物线、圆弧及多心圆等。可以证明,在计算超静定拱时若忽略轴向变

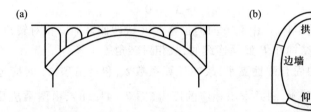

图 7-43

形影响,则其合理拱轴线与相应三铰拱的相同。但是,若考虑轴向变形,则由于拱轴受压缩短影响,超静定拱中必将产生附加内力而出现弯矩,但其数值通常不大。因此,在初步计算时,常采用相应三铰拱的合理拱轴线作为超静定拱的轴线。然后,根据计算结果加以修改调整,以尽量减小弯矩,但在超静定拱中要使所有截面弯矩都为零是难以做到的。至于拱的截面变化规律,有变截面的,也有等截面的。在无铰拱中,由于拱趾处的弯矩常比其他截面的大,故截面常设计成由拱顶向拱趾逐渐增大的形式(图 7-44)。在拱桥设计中,可采用下列经验公式

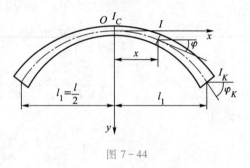

图 7-44

$$I = \frac{I_C}{\left[1 - (1-n)\dfrac{x}{l_1}\right]\cos\varphi} \tag{7-8}$$

式中 I 为距拱顶 x 处截面二次矩,φ 为该处拱轴切线倾角,I_C 为拱顶截面二次矩,l_1 为跨度 l 之半,n 为拱厚变化系数。在拱趾处截面二次矩为 I_K,拱轴切线倾角为 φ_K,$x =$

l_1,由式(7-8)有

$$n = \frac{I_C}{I_K \cos \varphi_K}$$

可见,n 愈小,I_C 与 I_K 之比愈小,即拱厚变化愈剧烈。n 的范围一般为 $0.25 \sim 1$。当取 $n = 1$ 时,截面二次矩即按下列"余弦规律"变化:

$$I = \frac{I_C}{\cos \varphi}$$

此时计算较为简便。对于截面面积 A,为了简化计算亦常近似取为

$$A = \frac{A_C}{\cos \varphi}$$

当拱高 $f < l/8$ 时,因 φ 较小,又可近似取为

$$A = A_C = 常数$$

无铰拱是三次超静定结构。对称无铰拱(图 7-45a)在计算时为了简化应取对称的基本结构。若从拱顶切开(图 7-45b),由于多余未知力中的弯矩 X_1 和轴力 X_2 是正对称的,剪力 X_3 是反对称的,故知副系数

$$\delta_{13} = \delta_{31} = 0$$
$$\delta_{23} = \delta_{32} = 0$$

但仍有 $\delta_{12} = \delta_{21} \neq 0$。

如果能设法使 $\delta_{12} = \delta_{21}$ 也等于零,则典型方程中的全部副系数都为零,计算就更加简化。这可以用下述引用"刚臂"的办法来达到目的。

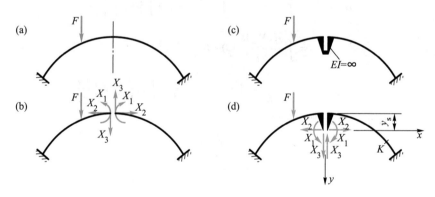

图 7-45

可以设想,将图 7-45a 所示的对称无铰拱沿拱顶截面切开后,在切口两边沿对称轴方向引出两个刚度为无穷大的伸臂——刚臂,然后在两刚臂下端将其刚结,这就得到如图 7-45c 所示的结构。由于刚臂本身是不变形的,因而切口两边的截面也就没有任何相对位移,这就保证了此结构与原无铰拱的变形情况完全一致,所以在计算中可以用它来代替原无铰拱。将此结构从刚臂下端的刚结处切开,并代以多余未知力 X_1、X_2 和 X_3,便得到基本体系如图 7-45d 所示,它是两个带刚臂的悬臂曲梁。利用对称性,并适当选择刚臂长度,便可以使典型方程中全部副系数都等于零。

为此,须先将各单位多余未知力作用下基本结构的内力表达式写出来。现以刚

臂端点 O 为坐标原点,并规定 x 轴向右为正,y 轴向下为正,弯矩以使拱内侧受拉为正,剪力以绕隔离体顺时针方向为正,轴力以压力为正。则当 $\overline{X}_1 = 1$、$\overline{X}_2 = 1$、$\overline{X}_3 = 1$ 分别作用时(图 7-46a、b 和 c)所引起的内力为

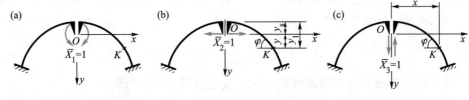

图 7-46

$$
\left.
\begin{aligned}
&\overline{M}_1 = 1, & &\overline{F}_{S1} = 0, & &\overline{F}_{N1} = 0 \\
&\overline{M}_2 = y, & &\overline{F}_{S2} = \sin \varphi, & &\overline{F}_{N2} = \cos \varphi \\
&\overline{M}_3 = x, & &\overline{F}_{S3} = \cos \varphi, & &\overline{F}_{N3} = -\sin \varphi
\end{aligned}
\right\}
\tag{7-9}
$$

式中 φ 为拱轴各点切线的倾角,由于 x 轴向右为正,y 轴向下为正,故 φ 在右半拱取正,左半拱取负。

由于多余未知力 X_1 和 X_2 是对称的,X_3 是反对称的,故有

$$
\delta_{13} = \delta_{31} = 0
$$
$$
\delta_{23} = \delta_{32} = 0
$$

而

$$
\begin{aligned}
\delta_{12} = \delta_{21} &= \int \frac{\overline{M}_1 \overline{M}_2 \mathrm{d}s}{EI} + \int \frac{\overline{F}_{N1} \overline{F}_{N2} \mathrm{d}s}{EA} + \int k \frac{\overline{F}_{S1} \overline{F}_{S2} \mathrm{d}s}{GA} \\
&= \int \frac{\overline{M}_1 \overline{M}_2 \mathrm{d}s}{EI} + 0 + 0 \\
&= \int y \frac{\mathrm{d}s}{EI} = \int (y_1 - y_s) \frac{\mathrm{d}s}{EI} = \int y_1 \frac{\mathrm{d}s}{EI} - y_s \int \frac{\mathrm{d}s}{EI}
\end{aligned}
$$

令 $\delta_{12} = \delta_{21} = 0$,便可得到刚臂长度 y_s 为

$$
y_s = \frac{\displaystyle\int y_1 \frac{\mathrm{d}s}{EI}}{\displaystyle\int \frac{\mathrm{d}s}{EI}}
\tag{7-10}
$$

设想沿拱轴线作宽度等于 $\dfrac{1}{EI}$ 的图形(图 7-47),则 $\dfrac{\mathrm{d}s}{EI}$ 就代表此图中的微面积,而式(7-10)就是计算这个图形面积的形心坐标公式。由于此图形的面积与结构的弹性性质 EI 有关,故称它为弹性面积图,它的形心则称为弹性中心。由于 y 轴是对称轴,故知 x、y 是弹性面积的一对形心主轴。由此可知,把刚臂端点引到弹性中心上,且将 X_2、X_3 置于主轴方向上,就可以使全部副系数都等于零。这一方

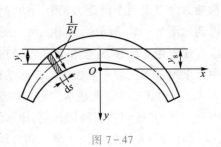

图 7-47

法就称为弹性中心法。此时典型方程将简化为三个独立方程式：

$$\delta_{11}X_1 + \Delta_{1P} = 0$$
$$\delta_{22}X_2 + \Delta_{2P} = 0$$
$$\delta_{33}X_3 + \Delta_{3P} = 0$$

于是，多余未知力可按下式求得：

$$\left. \begin{aligned} X_1 &= -\frac{\Delta_{1P}}{\delta_{11}} \\[2mm] X_2 &= -\frac{\Delta_{2P}}{\delta_{22}} \\[2mm] X_3 &= -\frac{\Delta_{3P}}{\delta_{33}} \end{aligned} \right\} \tag{7-11}$$

拱是曲杆，在计算系数和自由项时，理应考虑到曲率对变形的影响，但计算结果表明这种影响一般很小。因此，可仍用直杆的位移计算公式来求系数和自由项：

$$\delta_{ii} = \int \frac{\overline{M}_i^2 \, \mathrm{d}s}{EI} + \int \frac{\overline{F}_{Ni}^2 \, \mathrm{d}s}{EA} + \int k \frac{\overline{F}_{Si}^2 \, \mathrm{d}s}{GA}$$

$$\Delta_{iP} = \int \frac{\overline{M}_i M_P \, \mathrm{d}s}{EI} + \int \frac{\overline{F}_{Ni} F_{NP} \, \mathrm{d}s}{EA} + \sum \int k \frac{\overline{F}_{Si} F_{SP} \, \mathrm{d}s}{GA}$$

对于多数情况，通常可忽略轴向变形和剪切变形的影响，但在少数情况下这两项影响也必须加以考虑。根据实际经验总结如表 7-3，计算时可作参考。

对于一般拱桥，常有拱顶截面高度 $h_c < \dfrac{l}{10}$，故仅当拱高 $f < \dfrac{l}{5}$ 时，才需考虑轴力对 δ_{22} 的影响，于是可将各系数和自由项的计算公式写为

$$\left. \begin{aligned} E\delta_{11} &= \int \overline{M}_1^2 \frac{\mathrm{d}s}{I} = \int \frac{\mathrm{d}s}{I} \\[2mm] E\delta_{22} &= \int \overline{M}_2^2 \frac{\mathrm{d}s}{I} + \int \overline{F}_{N2}^2 \frac{\mathrm{d}s}{A} = \int y^2 \frac{\mathrm{d}s}{I} + \int \cos^2\varphi \frac{\mathrm{d}s}{A} \\[2mm] E\delta_{33} &= \int \overline{M}_3^2 \frac{\mathrm{d}s}{I} = \int x^2 \frac{\mathrm{d}s}{I} \\[2mm] E\Delta_{1P} &= \int \overline{M}_1 M_P \frac{\mathrm{d}s}{I} = \int M_P \frac{\mathrm{d}s}{I} \\[2mm] E\Delta_{2P} &= \int \overline{M}_2 M_P \frac{\mathrm{d}s}{I} = \int y M_P \frac{\mathrm{d}s}{I} \\[2mm] E\Delta_{3P} &= \int \overline{M}_3 M_P \frac{\mathrm{d}s}{I} = \int x M_P \frac{\mathrm{d}s}{I} \end{aligned} \right\} \tag{7-12}$$

若 $f > \dfrac{l}{5}$，则 δ_{22} 中的轴力影响项也可略去。

如果拱轴方程和截面变化规律已知，则上式中各项可用积分法进行计算。当截面按"余弦规律"变化，即 $I = \dfrac{I_c}{\cos\varphi}$，并取 $A = \dfrac{A_c}{\cos\varphi}$ 时，则有

表 7-3 计算系数和自由项时需考虑影响的内力

f	h_c	δ_{22}	δ_{33}	Δ_{2P}, Δ_{3P}
$f < \dfrac{l}{5}$		M, F_N	M	M
$f > \dfrac{l}{5}$	$h_c > \dfrac{l}{10}$	M, F_N, F_S	M, F_S	
	$h_c < \dfrac{l}{10}$	M	M	

$$\frac{ds}{I} = \frac{ds\cos\varphi}{I_C} = \frac{dx}{I_C} \quad 及 \quad \frac{ds}{A} = \frac{dx}{A_C}$$

这时,式(7-12)可写成

7-4 辛普森法

$$\left.\begin{array}{l}
EI_C\delta_{11} = \int dx = l \\[2mm]
EI_C\delta_{22} = \int y^2 dx + \dfrac{I_C}{A_C}\int \cos^2\varphi \, dx \\[2mm]
EI_C\delta_{33} = \int x^2 dx \\[2mm]
EI_C\Delta_{1P} = \int M_P dx \\[2mm]
EI_C\Delta_{2P} = \int y M_P dx \\[2mm]
EI_C\Delta_{3P} = \int x M_P dx
\end{array}\right\} \tag{7-13}$$

但当拱轴方程及截面变化规律比较复杂时,式(7-12)或式(7-13)用积分法计算将很困难,甚至是不可能的。因此,工程上常采用数值积分法,即总和法来进行近似计算。这就是把拱沿轴线或跨度等分为若干段,把各段的近似计算结果加起来,作为上述积分式的近似值。通常,可采用梯形法或辛普森法(即抛物线法)进行计算,具体计算方法参见有关数值分析教材,此处从略。

用总和法或积分法算出各系数和自由项后,代入典型方程(7-11)中即可求得三个多余未知力的数值。然后即可将无铰拱看作是在荷载和多余未知力共同作用下的两根悬臂曲梁(图7-45d),其任一截面的内力可按叠加法求得

$$\left.\begin{array}{l}
M = X_1 + X_2 y + X_3 x + M_P \\
F_S = X_2 \sin\varphi + X_3 \cos\varphi + F_{SP} \\
F_N = X_2 \cos\varphi - X_3 \sin\varphi + F_{NP}
\end{array}\right\} \tag{7-14}$$

式中 M_P、F_{SP} 和 F_{NP} 分别为基本结构在荷载作用下该截面的弯矩、剪力和轴力。

§7-11 两铰拱及系杆拱

两铰拱是一次超静定结构(图7-48a),当其支座发生竖向位移时并不引起内力,故在地基可能发生较大的不均匀沉陷时宜于采用。两铰拱的弯矩在两端拱趾处

为零而逐渐向拱顶增大,所以其截面一般亦相应设计为由拱趾向拱顶逐渐增大的形式。通常采用的变化规律为

$$I = I_C \cos \varphi \qquad (7-15)$$

但按这个规律计算很不方便。经验表明,当 $f < \dfrac{l}{4}$ 时,可以采用式

$$I = \frac{I_C}{\cos \varphi}$$

这样计算较为简便而结果相差无几。当然,实际制作时采用的截面仍应按式 (7-15) 变化。此外,两铰拱也常做成等截面的,尤其当跨度不大时较多采用。

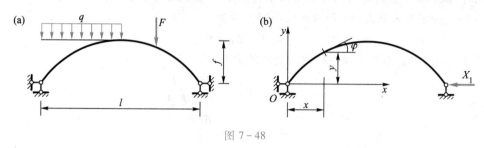

图 7-48

计算两铰拱时,通常采用简支曲梁为基本结构,以支座的水平推力 X_1 为多余未知力(图 7-48b)。典型方程为

$$\delta_{11} X_1 + \Delta_{1P} = 0$$

计算系数和自由项时,一般可略去剪力影响,而轴力影响通常仅当 $f < \dfrac{l}{5}$ 时才在 δ_{11} 中予以考虑。因此有

$$\delta_{11} = \int \frac{\overline{M}_1^2 \mathrm{d}s}{EI} + \int \frac{\overline{F}_{N1}^2 \mathrm{d}s}{EA}$$

$$\Delta_{1P} = \int \frac{\overline{M}_1 M_P \mathrm{d}s}{EI}$$

现因

$$\overline{M}_1 = -y, \quad \overline{F}_{N1} = \cos \varphi$$

故有

$$X_1 = -\frac{\Delta_{1P}}{\delta_{11}} = \frac{\displaystyle\int y M_P \frac{\mathrm{d}s}{I}}{\displaystyle\int y^2 \frac{\mathrm{d}s}{I} + \int \cos^2 \varphi \frac{\mathrm{d}s}{A}} \qquad (7-16)$$

与计算无铰拱一样,当积分困难时可以采用总和法来近似计算。

求得了推力 X_1,则其他内力就不难按叠加法求得。任一截面的内力计算式与三铰拱是相似的:

$$\left. \begin{aligned} M &= M^0 - X_1 y \\ F_S &= F_S^0 \cos \varphi - X_1 \sin \varphi \\ F_N &= F_S^0 \sin \varphi + X_1 \cos \varphi \end{aligned} \right\} \qquad (7-17)$$

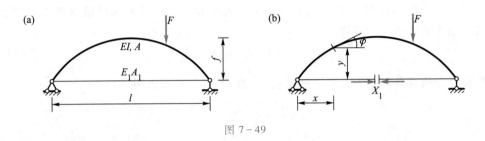

图 7 - 49

有时为了避免支座承受推力,可采用带拉杆的两铰拱(图 7-49a),也称系杆拱。此时,拱的水平推力将由系杆承受而不传到下部支承结构上去。计算时可以系杆的内力 X_1 为多余未知力(图 7-49b),典型方程为

$$\delta_{11}X_1 + \Delta_{1P} = 0$$

计算 δ_{11} 时,注意不能丢掉系杆轴向变形的影响,即

$$\delta_{11} = \int \overline{M}_1^2 \frac{\mathrm{d}s}{EI} + \int \overline{F}_{N1}^2 \frac{\mathrm{d}s}{EA} + \frac{l}{E_1A_1}$$

$$\Delta_{1P} = \int \overline{M}_1 M_P \frac{\mathrm{d}s}{EI}$$

式中 $\dfrac{l}{E_1A_1}$ 是系杆在 $\overline{X}_1 = 1$ 作用下的轴向变形,E_1A_1 为系杆的抗拉刚度。以 $\overline{M}_1 = -y$,$\overline{F}_{N1} = \cos \varphi$ 代入,可得

$$X_1 = \frac{\displaystyle\int y M_P \frac{\mathrm{d}s}{EI}}{\displaystyle\int y^2 \frac{\mathrm{d}s}{EI} + \int \cos^2 \varphi \frac{\mathrm{d}s}{EA} + \frac{l}{E_1A_1}} \qquad (7-18)$$

由此可知,系杆拱的推力要比相应两铰拱的推力小。当系杆的 $E_1A_1 \to \infty$ 时,则系杆拱的内力与两铰拱相同;而当 $E_1A_1 \to 0$ 时,则 $X_1 \to 0$,系杆拱将成为简支曲梁而丧失拱的特征。因此,设计系杆拱时应适当加大系杆的抗拉刚度,以减小拱的弯矩。

此外,值得指出,工程中有些系杆拱,其系杆颇为粗大,它不仅能承受轴力,而且能承受弯矩和剪力。因此对于系杆拱,在确定其计算简图时,应该按照拱圈与系杆二者抗弯刚度的相对大小来考虑。设拱圈与系杆材料相同,前者的截面二次矩为 I_a,后者的为 I_b(图 7-50a),则有以下三种不同的情况:

(1)柔性系杆刚性拱。此时,系杆刚度甚小,例如 $\dfrac{I_b}{I_a} = \dfrac{1}{100} \sim \dfrac{1}{80}$,故可认为系杆只能承受轴力。计算简图如图 7-50b 所示,为一带拉杆的两铰拱,是一次超静定的。

(2)刚性系杆柔性拱。此时,拱圈刚度甚小,例如 $\dfrac{I_b}{I_a} = 80 \sim 100$,则可认为拱仅能承受轴力,系杆则可承受弯矩和剪力。计算简图如图 7-50c 所示,为一带链杆拱的加劲梁,也是一次超静定的。

(3)刚性系杆刚性拱。此时,拱圈与系杆二者刚度相差不大,均能承受弯矩与剪力。吊杆(竖杆)通常刚度较小,仍可视为链杆。其计算简图如图 7-50d 所示,为多

次超静定的(次数等于吊杆数加3),用力法计算就比前两种复杂多了。

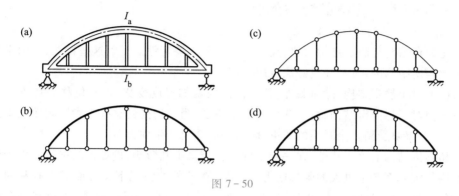

图 7-50

前些年,我国在大量建造公路双曲拱桥的同时,又因地制宜地提出了桁架拱的桥式。图7-51a 所示桁架拱片是其主要承重结构,它包括桁架部分和实腹部分。考虑到拱片两端仅有一小段插入墩台的预留孔中,可认为属于铰结,因而可取图 7-51b 所示的计算简图,即为两铰拱。桁架拱桥自重较轻,对基础的压力和推力均较小。因而对软土地基有较好的适应性。

7-5 桁架拱桥

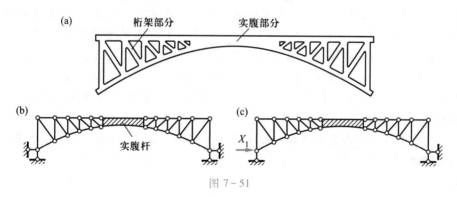

图 7-51

桁架拱是一次超静定结构,可取支座的水平推力为多余未知力(图7-51c),典型方程为

$$\delta_{11}X_1 + \Delta_{1P} = 0$$

计算系数和自由项时,由于桁架部分各杆只受轴力,而实腹部分则主要是弯矩影响,因此有

$$\delta_{11} = \sum \frac{\overline{F}_{N1}^2 l}{EA} + \int \frac{\overline{M}_1^2 \mathrm{d}s}{EI}$$

$$\Delta_{1P} = \sum \frac{\overline{F}_{N1} F_{NP} l}{EA} + \int \frac{\overline{M}_1 M_P \mathrm{d}s}{EI}$$

由于实腹部分是变截面的,式中第二项比较难于积分,故一般用总和法近似求解。多余未知力 X_1 求得之后,其他计算就不困难了。

§7–12 超静定结构的特性

超静定结构与静定结构对比,具有以下一些重要特性。了解这些特性,有助于加深对超静定结构的认识,并更好地应用它们。

(1) 对于静定结构,除荷载外,其他任何因素如温度变化、支座位移等均不引起内力。但对于超静定结构,由于存在着多余联系,当结构受到这些因素影响而发生位移时,一般将要受到多余联系的约束,因而相应地要产生内力。

超静定结构的这一特性,在一定条件下会带来不利影响,例如连续梁可能由于地基不均匀沉陷而产生过大的附加内力。但是,在另外的情况下又可能成为有利的方面,例如同样对于连续梁,可以通过改变支座的高度来调整梁的内力,以得到更合理的内力分布。

(2) 静定结构的内力只按平衡条件即可确定,其值与结构的材料性质和截面尺寸无关。但超静定结构的内力只由平衡条件则无法全部确定,还必须考虑变形条件才能确定其解答,因此其内力数值与材料性质和截面尺寸有关。

由于这一特性,在计算超静定结构前,必须事先确定各杆截面大小或其相对值。但是,由于内力尚未算出,故通常只能根据经验拟定或用较简单的方法近似估算各杆截面尺寸,以此为基础进行计算。然后,按算出的内力再选择所需的截面,这与事先拟定的截面当然不一定相符,这就需要重新调整截面再行计算。如此反复进行,直至得出满意的结果为止。因此,设计超静定结构的过程比设计静定结构复杂。但是,同样也可以利用这一特性,通过改变各杆的刚度大小来调整超静定结构的内力分布,以达到预期的目的。

(3) 超静定结构在多余联系被破坏后,仍能维持几何不变;而静定结构在任何一个联系被破坏后,便立即成为几何可变体系而丧失了承载能力。因此,从军事及抗震方面来看,超静定结构具有较强的防御能力。

(4) 超静定结构由于具有多余联系,一般地说,要比相应的静定结构刚度大些,内力分布也均匀些。例如图 7–52a、b 所示的三跨连续梁和三跨简支梁,在荷载、跨度及截面相同的情况下,显然前者的最大挠度及最大弯矩值都较后者为小,而且连续梁具有较平滑的变形曲线,这对于桥梁可以减小行车时的冲击作用。

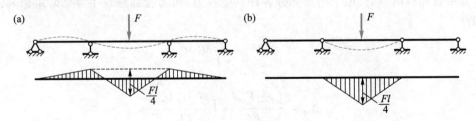

图 7–52

复习思考题

1. 力法解超静定结构的思路是什么?

2. 什么是力法的基本结构和基本体系? 它们在计算中起什么作用? 基本体系与原结构有何异同?

3. 力法典型方程的物理意义是什么? 方程中每一系数和自由项的含义是什么? 怎样求得?

4. 为什么主系数恒大于零,而副系数及自由项可为正、负或零?

5. 典型方程的右端是否一定为零? 在什么情况下不为零?

6. 超静定结构的内力在什么情况下只与各杆刚度的相对大小有关? 什么情况下与各杆刚度的绝对大小有关?

7. 试比较用力法计算超静定梁和刚架、桁架、组合结构及排架的异同。

8. 何谓对称结构? 何谓正对称和反对称的力和位移? 怎样利用对称性简化力法计算?

9. 为何超静定结构最后内力图的校核包括平衡条件和位移条件两方面的校核?

10. 怎样求超静定结构的位移? 为什么可以把虚拟单位荷载加在任何一种基本结构上?

11. 用力法计算超静定结构在温度变化和支座位移影响下的内力与荷载作用下有何异同?

12. 试证明,在不计轴向变形影响时,超静定拱与相应三铰拱的合理拱轴线是相同的。(提示:采用三铰拱作基本结构。)

13. 在均布荷载作用下,超静定拱的合理拱轴线是不是抛物线? 为什么?

14. 什么叫弹性中心? 怎样确定其位置? 什么叫弹性中心法? 它有什么好处? 图 7-53 所示结构能否采用弹性中心法?

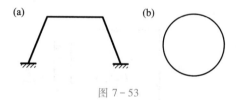

图 7-53

15. 两铰拱与系杆拱的计算有何异同?

习　　题

7-1　试确定图示各结构的超静定次数。

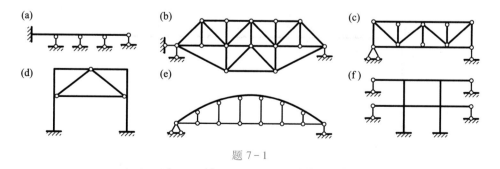

题 7-1

7-2~7-4　试作图示超静定梁的 M、F_s 图。

7-5　试用力法分析图示刚架,绘制 M、F_s、F_N 图。

7-6　用力法求解图示刚架弯矩图,EI 为常数。

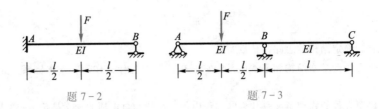

题 7-2   题 7-3

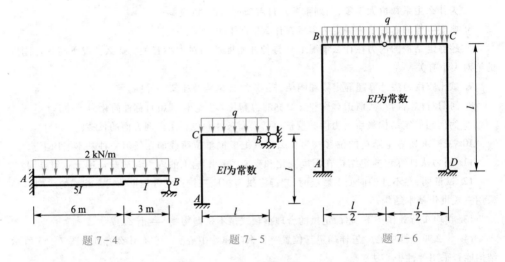

题 7-4   题 7-5   题 7-6

7-7 作刚架的 *M* 图。

题 7-7

7-8 用力法求解图示刚架弯矩图，*EI* 为常数。

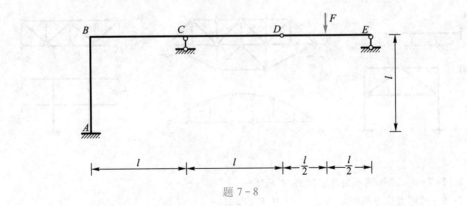

题 7-8

7-9 试求图示超静定桁架各杆的内力,各杆 *EA* 相同。

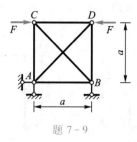

题 7-9

7-10 用力法求解图示桁架。已知斜杆抗拉刚度为 $\sqrt{2}EA$,其余杆件抗拉刚度均为 *EA*。

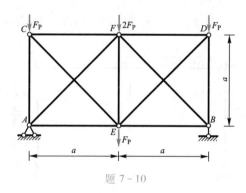

题 7-10

7-11 试分析图示组合结构的内力,绘出受弯杆的弯矩图并求出各杆轴力。已知上弦横梁的 $EI = 1 \times 10^4 \text{ kN} \cdot \text{m}^2$,腹杆和下弦的 $EA = 2 \times 10^5 \text{ kN}$。

7-12 图示组合结构 $A = 10I/l^2$,试按去掉 *CD* 杆和切断 *CD* 杆两种不同的基本体系,以建立典型方程进行计算,并讨论当 $A \to 0$ 和 $A \to \infty$ 时的情况。

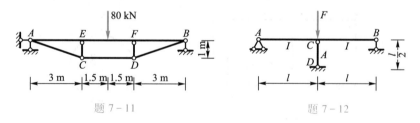

题 7-11   题 7-12

7-13~7-14 试计算图示排架,作 *M* 图。

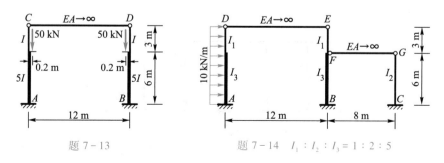

题 7-13   题 7-14 $I_1 : I_2 : I_3 = 1 : 2 : 5$

7-15 试分析图示对称结构,绘制 M、F_S、F_N 图。

7-16 试绘制图示对称结构的 M 图。

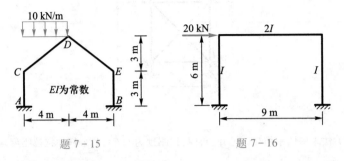

题 7-15   题 7-16

7-17 用力法求解图示刚架弯矩图,两根横杆刚度为 $2EI$,其他杆件刚度为 EI。

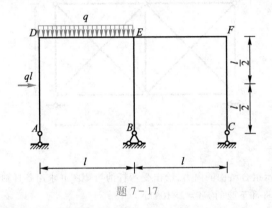

题 7-17

7-18~7-20 试绘制图示对称结构的 M 图。

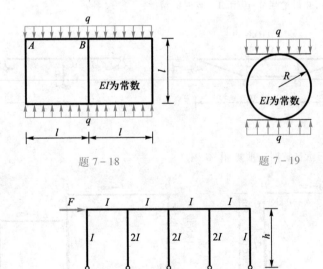

题 7-18   题 7-19

题 7-20

7－21　试作图示刚架的 M 图。(提示:支座反力是静定的,可将支座去掉代替以反力并视为荷载。结构有竖直、水平两个对称轴,荷载对竖轴是正对称的。将荷载对水平轴分解为正反对称两组,正对称组作用下 M 为零(忽略轴向变形时),不需求解;反对称时只有一个多余未知力。)

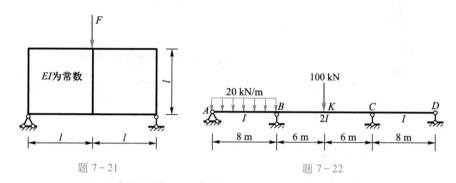

题 7－21　　　　　　　　　　　　　題 7－22

7－22　试计算图示连续梁,作 M、F_S 图,求出各支座反力,并计算 K 点的竖向位移和截面 C 的转角。(提示:取三跨简支梁为基本结构,即以支座 B、C 处截面的弯矩为多余未知力求解较简便。)

7－23　试求题 7－7 中 D 点的竖向位移及铰 D 左右两截面的相对转角。

7－24　试在题 7－2~7－22 中任选二、三题进行最后内力图的校核。

7－25　试问图示各结构的弯矩图是否正确?

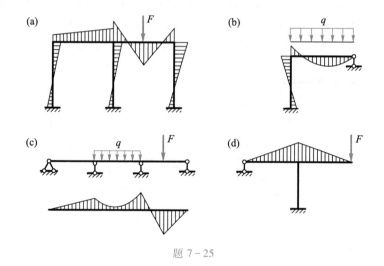

题 7－25

7－26　结构的温度改变如图所示,EI 为常数,截面对称于形心轴,其高度 $h = l/10$,材料的线膨胀系数为 α。试:(a) 作 M 图;(b) 求杆端 A 的角位移。

7－27　图示连续梁由一工字钢制成,温度变化为 $t_1 = 20℃$,$t_2 = 0℃$,钢的 $\alpha = 1×10^{-5}℃^{-1}$,$E = 210$ GPa。试求梁内最大正应力;并讨论若加大工字钢型号能否达到降低应力的目的?

7－28　图示桁架各杆 l 和 EA 均相同,其中 AB 杆制作时较设计长度 l 短了 Δ。现将其拉伸(设受力在线弹性范围内)拼装于桁架上,试求拼装后该杆的长度。

7－29　梁的支座发生位移如图所示,试以两种不同的基本体系进行计算,绘制 M 图。

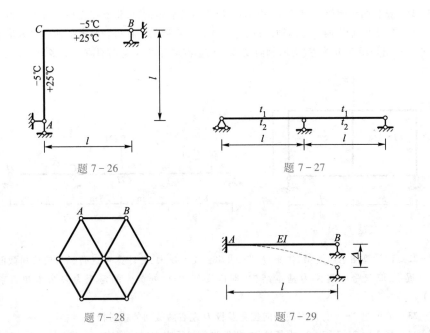

题 7 - 26

题 7 - 27

题 7 - 28

题 7 - 29

7 - 30　图示结构的支座 B 发生了水平位移 $a = 30$ mm(向右), $b = 40$ mm(向下), $\varphi = 0.01$ rad, 已知各杆的 $I = 6\,400$ cm^4, $E = 210$ GPa。试:(a) 作 M 图;(b) 求 D 点竖向位移及 F 点水平位移。

7 - 31　图示连续梁由 28a 工字钢制成, $I = 7\,114$ cm^4, $E = 210$ GPa, $l = 10$ m, $F = 50$ kN。若欲使梁内最大正、负弯矩的绝对值相等,试问应将中间支座升高或降低若干?

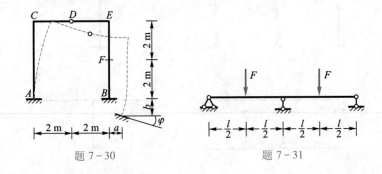

题 7 - 30

题 7 - 31

7 - 32　用力法求解图示刚架弯矩图, EI 为常数, $a = 2ql^4/(3EI)$, $b = ql^4/(6EI)$。

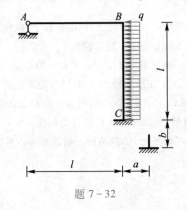

题 7 - 32

7−33 用力法计算图示结构的 M 图,并计算 B 点的水平位移 Δ_{BH}。已知 $c = 2\text{cm}, d = 2\text{m}, \theta = 0.01 \text{ rad}, EI = 3.6 \times 10^4 \text{kN} \cdot \text{m}^2$。

7−34 图示刚架 EI 为常数,两弹性支座刚度系数为 $k = 3EI/l^3$。试绘制其弯矩图。

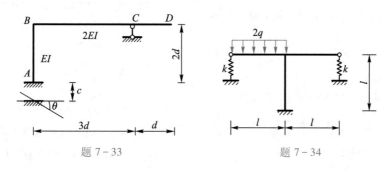

题 7−33   题 7−34

7−35 试用积分法计算图示等截面半圆无铰拱的内力。

7−36 试求图示抛物线系杆拱截面 K 的弯矩、剪力和轴力。计算时可采用 $I = \dfrac{I_c}{\cos \varphi}$,拱中轴力和剪力对位移的影响可略去不计。已知拱顶 $EI_c = 5\,000 \text{ kN} \cdot \text{m}^2$,拉杆 $E_1 A_1 = 2 \times 10^5 \text{ kN}$。

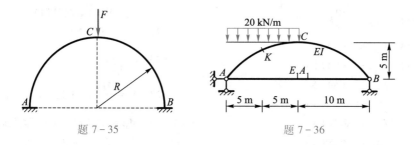

题 7−35   题 7−36

7−37 试求图示等截面圆弧两铰拱的推力 F_H,并求当 $\alpha = \dfrac{\pi}{2}$ 时的 F_H 值。计算时忽略剪力和轴力对位移的影响。(提示:为计算方便,可在拱的右部加一对称荷载 F,这样所得的推力将是一个荷载作用时推力的 2 倍。计算宜采用极坐标,转换式为 $x = R(\sin \alpha - \sin \varphi), y = R(\cos \varphi - \cos \alpha)$, $\text{d}s = R\text{d}\varphi$。)

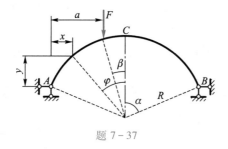

题 7−37

答　案

7−1　4, 3, 6, 5, 1, 10

7−2　$M_A = \dfrac{3}{16}Fl$(上边受拉)

7−3　$M_B = \dfrac{3}{32}Fl$(上边受拉)

7−4　$F_B = 6.17 \text{ kN}$,

$M_A = 25.47$ kN · m（上边受拉）

7-5 $M_{CB} = \dfrac{ql^2}{14}$（上边受拉）

7-6 $M_{AB} = \dfrac{1}{36}ql^2$（左侧受拉），$M_{AB} = \dfrac{1}{9}ql^2$

（右侧受拉），$M_{CD} = \dfrac{5}{36}ql^2$（右侧受拉）

7-7 $M_{AC} = 97.5$ kN · m（左侧受拉）

7-8 $M_{AB} = \dfrac{1}{16}Fl$（左侧受拉），$M_{CB} = \dfrac{1}{2}Fl$

（上侧受拉）

7-9 $F_{NAB} = 0.104F$

7-10 $F_{AC} = 1.5F_P$，$F_{CF} = -0.5F_P$，$F_{AE} = F_P$，

$F_{CE} = \dfrac{\sqrt{2}}{2}F_P$，$F_{AF} = \sqrt{2}F_P$

7-11 $F_{NCD} = 125.2$ kN

7-12 $F_{NCD} = -\dfrac{10}{13}F$（压力）

7-13 $F_{NCD} = -1.29$ kN

7-14 $F_{NDE} = -17.39$ kN，

$F_{NFG} = -8.69$ kN

7-15 $M_{AC} = 9.27$ kN · m（右侧受拉），

$F_{SAC} = -8.74$ kN，

$F_{NAC} = -30.89$ kN

7-16 将荷载分组。正对称时若选取 M_P 图为零的基本结构，则不必计算即可证明各杆弯矩皆为零（当忽略轴向变形影响时），而只有横梁受轴向压力 10 kN。反对称时跨中剪力为 -5.93 kN，此时的 M 图即为最后弯矩图

7-17 $M_{DA} = \dfrac{1}{2}ql^2$（左侧受拉），$M_{ED} = \dfrac{7}{16}ql^2$

（上侧受拉），$M_{EF} = \dfrac{9}{16}ql^2$（下侧受拉）

7-18 $M_{AB} = \dfrac{ql^2}{36}$（外侧受拉），

$M_{BA} = \dfrac{ql^2}{9}$（外侧受拉）

7-19 上下中点弯矩 $\dfrac{qR^2}{4}$（内侧受拉）

7-20 重复应用荷载分组及取半个结构，

最后可简化为静定问题

7-21 左下角点弯矩 $\dfrac{3}{28}Fl$（内侧受拉）

7-22 $M_B = 175.2$ kN · m（上边受拉），

$M_C = 58.9$ kN · m（上边受拉），

$F_B = 161.6$ kN（↑），

$\Delta_{Ky} = \dfrac{747}{EI}$（↓），

$\varphi_C = \dfrac{157}{EI}$（逆时针方向）

7-23 $EI\Delta_{Dy} = 94.5$ kN · m³（↑），

$EI\Delta\varphi_D = 63.0$ kN · m²（上方角度增大）

7-25 （a）、（b）不满足平衡条件，（c）、（d）不满足位移条件

7-26 $M_{CB} = \dfrac{480\alpha EI}{l}$（上边受拉），

$\varphi_A = 60\alpha$（顺时针向）

7-27 $\sigma_{max} = 31.5$ MPa

7-28 $l - \dfrac{11}{12}\Delta$

7-29 $M_A = \dfrac{3EI}{l^2}\Delta$（上边受拉）

7-30 $M_{AC} = 102.6$ kN · m（左侧受拉），

$\Delta_{Dy} = 36.3$ mm（↓），

$\Delta_{Fx} = 41.2$ mm（→）

7-31 降低 23.2 mm

7-32 $M_{AB} = \dfrac{1}{4}ql^2$（下侧受拉），$M_{CB} = \dfrac{1}{4}ql^2$

（右侧受拉）

7-33 $M_{AB} = 160$ kN · m（右侧受拉），

$\Delta_{BH} = 3.56$ cm

7-34 左、右弹性支座反力分别为 $\dfrac{39}{64}ql$

（↑）、$\dfrac{15}{64}ql$（↓），柱弯矩为 $\dfrac{10}{64}ql^2$

（右侧受拉）

7-35 推力 $X_2 = 0.4591F$，

$M_A = M_B = 0.1106FR$

7-36 $F_{NAB} = 99.8$ kN

7-37 当 $\alpha = \dfrac{\pi}{2}$，$F_H = \dfrac{F\cos^2\beta}{\pi}$

第八章　位移法

§8-1　概述

8-1　本章
学习要点

　　力法和位移法是分析超静定结构的两种基本方法。力法在 19 世纪末就已应用于各种超静定结构的分析,随后由于钢筋混凝土结构的问世,出现了大量的高次超静定刚架,如果仍用力法计算将十分麻烦。于是,1914 年德国人本·迪克森在力法的基础上提出了位移法的基本思想。

　　结构在一定的外因作用下,其内力与位移之间恒具有一定的关系,确定的内力只与确定的位移相对应。从这点出发,在分析超静定结构时,先设法求出内力,然后计算相应的位移,这便是力法;但也可以反过来,先确定某些位移,再据此推求内力,这便是位移法。力法是以多余未知力作为基本未知量,位移法则是以某些结点位移作为基本未知量,这就是二者的基本区别之一。

　　为了说明位移法的基本概念,分析图 8-1a 所示刚架的位移。它在荷载 F 作用下将发生虚线所示的变形,在刚结点 1 处两杆的杆端均发生相同的转角 Z_1。此外,若略去轴向变形,则可认为两杆长度不变,因而结点 1 没有线位移。如何据此来确定各杆内力呢?对于 12 杆,可以把它看作是一根两端固定的梁,除了受到荷载 F 作用外,固定支座 1 还发生了转角 Z_1(图 8-1b),而这两种情况下的内力都可以由力法算出(见例 7-1 和例 7-9)。同理,13 杆则可以看作是一端固定另一端铰支的梁,而在固定端 1 处发生了转角 Z_1(图 8-1c),其内力同样可用力法算出。可见,在计算这刚架时,如果以结点 1 的角位移 Z_1 为基本未知量,设法首先求出 Z_1,则各杆的内力随之均可确定。这就是位移法的基本思路。

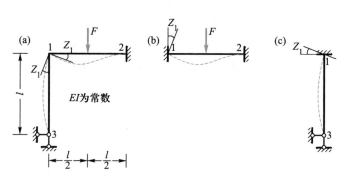

图 8-1

　　由以上讨论可知,在位移法中需要解决以下的问题:

(1)用力法算出单跨超静定梁在杆端发生各种位移时以及荷载等因素作用下的

内力。

（2）确定以结构上的哪些位移作为基本未知量。

（3）如何求出这些位移。

下面依次讨论以上这些问题。

§8-2 等截面直杆的转角位移方程

如上所述,用位移法计算超静定刚架时,每根杆件均可看作是单跨超静定梁。在计算过程中,要用到这种梁在杆端发生转动或移动时,以及荷载等外因作用下的杆端弯矩和剪力。为了以后应用方便,本节先导出其杆端弯矩的计算公式。

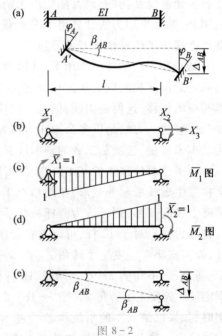

图 8-2

图 8-2a 所示一两端固定的等截面梁,两端支座发生了位移。A 端转角为 φ_A,B 端转角为 φ_B,A、B 两端在垂直于杆轴方向上的相对线位移（亦简称侧移）为 Δ_{AB}（这里,AB 杆沿杆轴方向的线位移以及在垂直杆轴方向的平移均不引起弯矩,故不予考虑）。用力法求解这一问题时,可取简支梁为基本结构,多余未知力为杆端弯矩 X_1、X_2 和轴力 X_3,如图 8-2b 所示。目前 X_3 对梁的弯矩没有影响,可不考虑,故仅需求解 X_1 和 X_2。

关于正负号的规定,在位移法中,为了适应位移法基本方程的需要,杆端弯矩是以绕杆端顺时针方向为正;φ_A、φ_B 均以顺时针方向为正;Δ_{AB} 则以使整个杆件顺时针方向转动为正。图中所示的杆端弯矩及位移均为正值。

根据沿 X_1 和 X_2 方向的位移条件,可建立力法典型方程如下:

$$\delta_{11}X_1 + \delta_{12}X_2 + \Delta_{1\Delta} = \varphi_A$$
$$\delta_{21}X_1 + \delta_{22}X_2 + \Delta_{2\Delta} = \varphi_B$$

式中的系数和自由项均可按以前的方法求得。作出 $\overline{M}_1$、$\overline{M}_2$ 图（图 8-2c、d）后,由图乘法可算出:

$$\delta_{11} = \frac{l}{3EI}, \quad \delta_{22} = \frac{l}{3EI}$$

$$\delta_{12} = \delta_{21} = -\frac{l}{6EI}$$

至于自由项 $\Delta_{1\Delta}$ 和 $\Delta_{2\Delta}$ 是表示由于支座位移引起的基本结构两端的转角,由图8-2e可以看出,支座转动将不使基本结构产生任何转角;而支座相对侧移所引起的两端转角为

$$\Delta_{1\Delta} = \Delta_{2\Delta} = \beta_{AB} = \frac{\Delta_{AB}}{l}$$

式中，β_{AB} 称为**弦转角**，亦以顺时针方向为正。

将以上系数和自由项代入典型方程，可解得

$$X_1 = \frac{4EI}{l}\varphi_A + \frac{2EI}{l}\varphi_B - \frac{6EI}{l^2}\Delta_{AB}$$

$$X_2 = \frac{4EI}{l}\varphi_B + \frac{2EI}{l}\varphi_A - \frac{6EI}{l^2}\Delta_{AB}$$

为了方便，令

$$i = \frac{EI}{l}$$

称为杆件的线刚度。此外，用 M_{AB} 代替 X_1，用 M_{BA} 代替 X_2，上式便可写成

$$\left.\begin{aligned} M_{AB} &= 4i\varphi_A + 2i\varphi_B - \frac{6i}{l}\Delta_{AB} \\ M_{BA} &= 4i\varphi_B + 2i\varphi_A - \frac{6i}{l}\Delta_{AB} \end{aligned}\right\} \tag{8-1}$$

若两端固定梁除了上述支座位移作用外，还受到了荷载及温度变化等外因的作用，则最后弯矩为上述杆端位移引起的弯矩叠加上荷载及温度变化等外因引起的弯矩，即

$$\left.\begin{aligned} M_{AB} &= 4i\varphi_A + 2i\varphi_B - \frac{6i}{l}\Delta_{AB} + M_{AB}^{\mathrm{F}} \\ M_{BA} &= 4i\varphi_B + 2i\varphi_A - \frac{6i}{l}\Delta_{AB} + M_{BA}^{\mathrm{F}} \end{aligned}\right\} \tag{8-2}$$

式中 M_{AB}^{F}、M_{BA}^{F} 为此两端固定梁在荷载及温度变化等外因作用下的杆端弯矩，称为固端弯矩，它们也不难由力法求出。

式（8-2）是两端固定等截面梁的杆端弯矩的一般计算公式，通常称为转角位移方程。

对于一端固定另一端铰支的等截面梁，其转角位移方程可由式（8-2）导出。设 B 端为铰支，则因

$$M_{BA} = 4i\varphi_B + 2i\varphi_A - \frac{6i}{l}\Delta_{AB} + M_{BA}^{\mathrm{F}} = 0$$

得

$$\varphi_B = -\frac{1}{2}\left(\varphi_A - \frac{3}{l}\Delta_{AB} + \frac{1}{2i}M_{BA}^{\mathrm{F}}\right)$$

可见，φ_B 可表示为 φ_A、Δ_{AB} 等的函数，它不是独立的。把它代入式（8-2）的第一式，就有

$$M_{AB} = 3i\varphi_A - \frac{3i}{l}\Delta_{AB} + M_{AB}^{\mathrm{F}}{}' \tag{8-3}$$

式中

$$M_{AB}^{F\prime}=M_{AB}^{F}-\frac{1}{2}M_{BA}^{F}$$

即为这种梁的固端弯矩。

杆端弯矩求出后，杆端剪力便不难由平衡条件求出，兹不赘述。剪力正负号的规定与以前相同。

对于一端固定另一端滑动支座的等截面梁，可以由其滑动支座端的剪力为零推导出 Δ_{AB} 可表示为 φ_A、φ_B 的函数，从而得到转角位移方程：

$$\left.\begin{aligned}M_{AB}&=i\varphi_A-i\varphi_B+M_{AB}^{F}\\M_{BA}&=-i\varphi_A+i\varphi_B+M_{BA}^{F}\end{aligned}\right\}\qquad(8-4)$$

为了应用方便，把等截面单跨超静定梁在各种不同情况下的杆端弯矩和剪力列于表 8-1 中。

8-2 表8-1中重要的弯矩图

表 8-1 等截面直杆的杆端弯矩和剪力

编号	梁的简图	弯矩		剪力	
		M_{AB}	M_{BA}	F_{SAB}	F_{SBA}
1	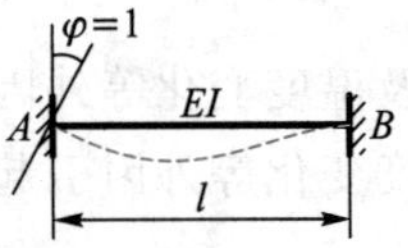	$4i$ $\left(i=\frac{EI}{l}\text{,下同}\right)$	$2i$	$-\frac{6i}{l}$	$-\frac{6i}{l}$
2	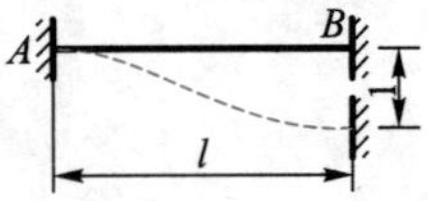	$-\frac{6i}{l}$	$-\frac{6i}{l}$	$\frac{12i}{l^2}$	$\frac{12i}{l^2}$
3	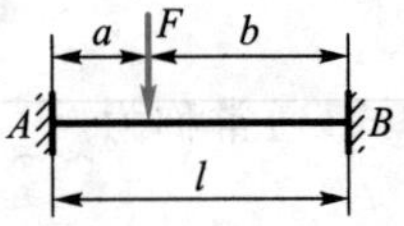	$-\frac{Fab^2}{l^2}$	$\frac{Fa^2b}{l^2}$	$\frac{Fb^2(l+2a)}{l^3}$	$-\frac{Fa^2(l+2b)}{l^3}$
		当 $a=b=l/2$ 时，$-\frac{Fl}{8}$	$\frac{Fl}{8}$	$\frac{F}{2}$	$-\frac{F}{2}$
4	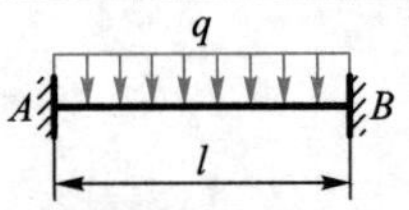	$-\frac{ql^2}{12}$	$\frac{ql^2}{12}$	$\frac{ql}{2}$	$-\frac{ql}{2}$
5	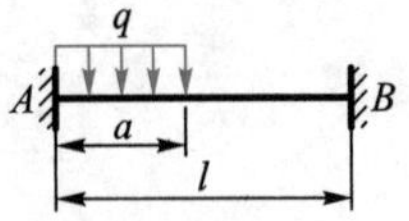	$-\frac{qa^2}{12l^2}\times(6l^2-8la+3a^2)$	$\frac{qa^3}{12l^2}\times(4l-3a)$	$\frac{qa}{2l^3}\times(2l^3-2la^2+a^3)$	$-\frac{qa^3}{2l^3}\times(2l-a)$
6	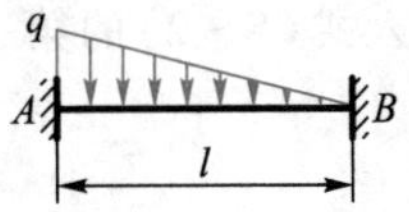	$-\frac{ql^2}{20}$	$\frac{ql^2}{30}$	$\frac{7ql}{20}$	$-\frac{3ql}{20}$

编号	梁的简图	弯矩		剪力	
		M_{AB}	M_{BA}	F_{SAB}	F_{SBA}
7		$M\dfrac{b(3a-l)}{l^2}$	$M\dfrac{a(3b-l)}{l^2}$	$-M\dfrac{6ab}{l^3}$	$-M\dfrac{6ab}{l^3}$
8	$\Delta t=t_2-t_1$	$-\dfrac{EI\alpha\Delta t}{h}$	$\dfrac{EI\alpha\Delta t}{h}$	0	0
9	$\varphi=1$	$3i$	0	$-\dfrac{3i}{l}$	$-\dfrac{3i}{l}$
10		$-\dfrac{3i}{l}$	0	$\dfrac{3i}{l^2}$	$\dfrac{3i}{l^2}$
11		$-\dfrac{Fab(l+b)}{2l^2}$	0	$\dfrac{Fb(3l^2-b^2)}{2l^3}$	$-\dfrac{Fa^2(2l+b)}{2l^3}$
		当 $a=b=l/2$ 时, $-\dfrac{3Fl}{16}$	0	$\dfrac{11F}{16}$	$-\dfrac{5F}{16}$
12		$-\dfrac{ql^2}{8}$	0	$\dfrac{5ql}{8}$	$-\dfrac{3ql}{8}$
13		$-\dfrac{qa^2}{24}\left(4-\dfrac{3a}{l}+\dfrac{3a^2}{5l^2}\right)$	0	$\dfrac{qa}{8}\left(4-\dfrac{a^2}{l^2}+\dfrac{a^3}{5l^3}\right)$	$-\dfrac{qa^3}{8l^2}\left(1-\dfrac{a}{5l}\right)$
		当 $a=l$ 时, $-\dfrac{ql^2}{15}$	0	$\dfrac{4ql}{10}$	$-\dfrac{ql}{10}$
14		$-\dfrac{7ql^2}{120}$	0	$\dfrac{9ql}{40}$	$-\dfrac{11ql}{40}$
15		$M\dfrac{l^2-3b^2}{2l^2}$	0	$-M\dfrac{3(l^2-b^2)}{2l^3}$	$-M\dfrac{3(l^2-b^2)}{2l^3}$
		当 $a=l$ 时, $\dfrac{M}{2}$	$M_B^{\mathrm{L}}=M$	$-M\dfrac{3}{2l}$	$-M\dfrac{3}{2l}$
16	$\Delta t=t_2-t_1$	$-\dfrac{3EI\alpha\Delta t}{2h}$	0	$\dfrac{3EI\alpha\Delta t}{2hl}$	$\dfrac{3EI\alpha\Delta t}{2hl}$

编号	梁的简图	弯　矩		剪　力	
		M_{AB}	M_{BA}	F_{SAB}	F_{SBA}
17	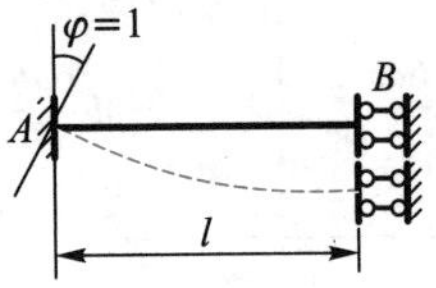	i	$-i$	0	0
18	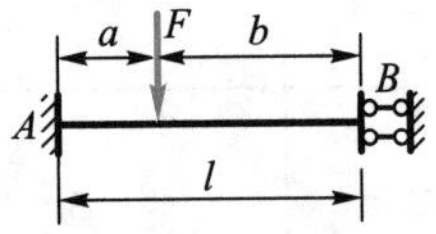	$-\dfrac{Fa}{2l}(2l-a)$	$-\dfrac{Fa^2}{2l}$	F	0
		当 $a=\dfrac{l}{2}$ 时，$-\dfrac{3Fl}{8}$	$-\dfrac{Fl}{8}$	F	0
19	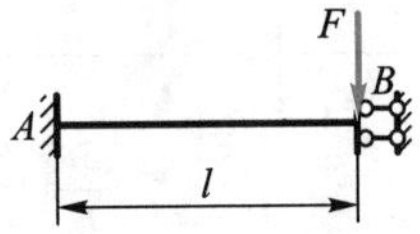	$-\dfrac{Fl}{2}$	$-\dfrac{Fl}{2}$	F	$F_{SB}^{L}=F$ $F_{SB}^{R}=0$
20	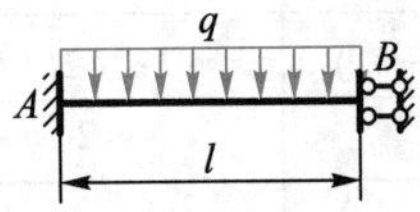	$-\dfrac{ql^2}{3}$	$-\dfrac{ql^2}{6}$	ql	0
21	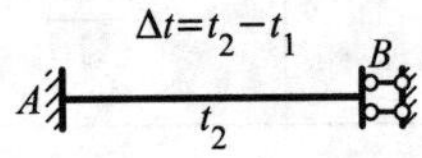	$-\dfrac{EI\alpha\Delta t}{h}$	$\dfrac{EI\alpha\Delta t}{h}$	0	0

§8-3　位移法的基本未知量和基本结构

　　由上节可知,如果结构上每根杆件两端的角位移和线位移都已求得,则全部杆件的内力均可由转角位移方程确定。因此,在位移法中,基本未知量应是各结点的角位移和线位移。在计算时,应首先确定独立的结点角位移和线位移的数目。

　　确定独立的结点角位移数目比较容易。由于在同一刚结点处,各杆端的转角都是相等的,因此每一个刚结点只有一个独立的角位移未知量。在固定支座处,其转角等于零或是已知的支座位移值。至于铰结点或铰支处各杆端的转角,由上节可知,它们不是独立的,确定杆件内力时可以不需要它们的数值,故可不作为基本未知量。这样,确定结构独立的结点角位移数目时,只要数刚结点的数目即可。例如图 8-3a 所示刚架,其独立的结点角位移数目为 2。

　　确定独立的结点线位移数目时,在一般情况下每个结点均可能有水平和竖向两个线位移。但是通常对于受弯杆件略去其轴向变形,并设弯曲变形也是微小的,于是可以认为受弯直杆两端之间的距离在变形后仍保持不变,这样每一受弯直杆就相当于一个约束,从而减少了独立的结点线位移数目。例如在图8-3a的刚架中,4、5、6三个固定端都是不动的点,三根柱子的长度又保持不变,因而结点 1、2、3 均无竖向位

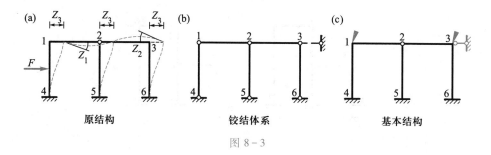

图 8-3

移。又由于两根横梁亦保持长度不变,故三个结点均有相同的水平位移。因此,只有一个独立的结点线位移。

独立的结点线位移数目还可以用下述方法来确定:由于每一结点可能有两个线位移,而每一受弯直杆提供一个两端距离不变的约束条件,这就与第二章机动分析中分析平面铰结体系的几何构造性质的法则相似(平面铰结体系的每一结点有两个自由度,而每根链杆为一个联系)。因此,确定独立的结点线位移数目时,可以假设把原结构的所有刚结点和固定支座均改为铰结,从而得到一个相应的铰结体系。若此铰结体系为几何不变,则可推知原结构所有结点均无线位移。若相应的铰结体系是几何可变或瞬变的,那么,看最少需要添加几根支座链杆才能保证其几何不变,则所需添加的最少支座链杆数目就是原结构独立的结点线位移数目。例如图 8-3a 所示刚架,其相应铰结体系如图 8-3b 所示,它是几何可变的,必须在某结点处增添一根非竖向的支座链杆(如虚线所示)才能成为几何不变的,故知原结构独立的结点线位移数目为 1。

显然,在上述确定位移法的基本未知量即独立的结点角位移和线位移时,由于考虑了支座和结点及杆件的联结情况,因而就满足了结构的几何条件即支承约束条件和变形连续条件。

用位移法计算超静定结构时,每一根杆件都可以看成是一根单跨超静定梁,因此位移法的基本结构就是把每一根杆件都暂时变为两端固定的或一端固定一端铰支的单跨超静定梁。为此,可以在每个刚结点上假想地加上一个附加刚臂,以阻止刚结点的转动(但不能阻止结点的移动),同时加上附加支座链杆以阻止结点的线位移。例如图 8-3a 所示刚架,在两刚结点 1、3 处分别加上刚臂,并在结点 3 处加上一根水平支座链杆,则原结构的每根杆件就都成为两端固定或一端固定一端铰支的梁。原结构的基本结构如图 8-3c 所示,它是单跨超静定梁的组合体。

又如图 8-4a 所示刚架,其结点角位移数目为 4(注意其中结点 2 也是刚结点,即杆件 62 与 32 在该处刚结),结点线位移数目为 2,一共有 6 个基本未知量。加上 4 个刚臂和两根支座链杆后,可得到基本结构如图 8-4b 所示。

需要注意的是,上述确定独立的结点线位移数目的方法,是以受弯直杆变形后两端距离不变的假设为依据的。对于需要考虑轴向变形的链杆或对于受弯曲杆,则其两端距离不能看作不变。因此,图 8-5a、b 所示结构,其独立的结点线位移数目应为 2 而不是 1。

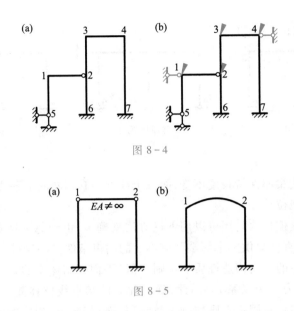

图 8-4

图 8-5

§8-4   位移法的典型方程及计算步骤

本节先以图 8-6a 所示连续梁(EI 为常数)为例,来说明如何用位移法计算超静定结构的内力。

此连续梁只有一个独立结点角位移 Z_1,结构中各杆均无侧移产生,这种结构称为无侧移结构。在结点 B 加一附加刚臂,便得基本结构。由于附加刚臂约束了结点 B 的角位移,故荷载作用在基本结构上时,其位移和内力将与原结构不相同。显然,若令附加刚臂发生与原结构相同的角位移 Z_1(图 8-6b),则二者的位移就完全一致了。基本结构在荷载和基本未知量即独立结点位移共同作用下的体系称为基本体系。

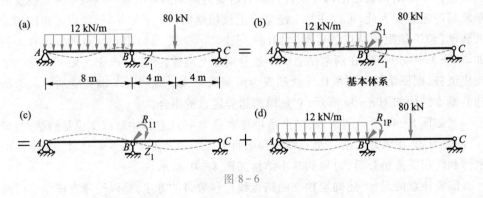

图 8-6

从受力方面看,基本结构中由于加入了附加刚臂,刚臂上便会产生附加反力矩(简称反力矩)。但原结构中并没有附加刚臂,当然也就不存在在该反力矩。现在基本结构的位移既然与原结构完全一致,其受力也应完全相同。因此,基本结构在结点位移 Z_1 和荷载共同作用下,刚臂上的反力矩 R_1 必定为零(图 8-6b)。设由 Z_1 和荷载

所引起的刚臂上的反力矩分别为 R_{11} 和 R_{1P}，根据叠加原理，上述条件可写为

$$R_1 = R_{11} + R_{1P} = 0$$

式中 R_{ij}[①] 的两个下标含义与前相似，即第一个表示该反力所属附加联系，第二个表示引起该反力的原因。设 r_{11} 表示由单位位移 $\overline{Z}_1 = 1$ 所引起的附加刚臂上的反力矩。则上式可写为

$$r_{11}Z_1 + R_{1P} = 0 \qquad (8-5)$$

这就是求解基本未知量 Z_1 的位移法基本方程。

要确定 Z_1，应先求出 r_{11} 和 R_{1P}。因基本体系中各杆均可视为单跨超静定梁，故可利用表 8-1 中第 9、11、12 栏计算简图的杆端弯矩，分别绘出基本结构在 $\overline{Z}_1 = 1$ 作用下的弯矩图（称为 $\overline{M}_1$ 图）和荷载作用下的弯矩图（称为 M_P 图），如图 8-7a、b 所示。由 $\overline{M}_1$ 图，取结点 B 为隔离体，用力矩平衡条件 $\sum M_B = 0$，可得

$$r_{11} = 3i + 3i = 6i$$

式中 $i = \dfrac{EI}{8 \text{ m}}$ 为杆件的线刚度。

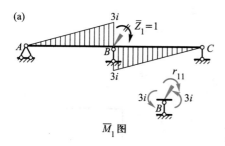

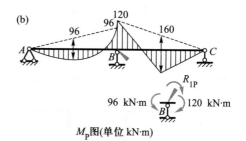

图 8-7

同理，由 M_P 图，可得

$$R_{1P} = 96 \text{ kN} \cdot \text{m} - 120 \text{ kN} \cdot \text{m} = -24 \text{ kN} \cdot \text{m}$$

将上述结果代入位移法基本方程（8-5），可求出

$$Z_1 = -\frac{R_{1P}}{r_{11}} = \frac{4 \text{ kN} \cdot \text{m}}{i}$$

结果为正，表示 Z_1 的方向与所设相同。结构的最后弯矩图可由叠加法 $M = Z_1 \overline{M}_1 + M_P$ 绘制。例如 BC 杆 B 端的弯矩为 $M_{BC} = \dfrac{4 \text{ kN} \cdot \text{m}}{i} \times 3 \ i -$ 120 kN·m = −108 kN·m（负号表示该弯矩的方向为绕杆端逆时针转动，即上侧受拉）。M 图如图 8-8 所示。

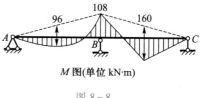

M 图(单位 kN·m)

图 8-8

以上以一个简单例子讨论了位移法的基本原理，为了加深对位移法的理解，下

---

① R_{ij} 表示广义的附加约束力。同理，以下 r_{ij} 也类同。

面再以一个有侧移刚架的例子,进一步说明位移法的典型方程和解题步骤。

图 8-9 所示刚架,13 杆和 24 杆有侧移产生,这种结构称为有侧移结构。此刚架有一个独立结点角位移 Z_1 和一个独立结点线位移 Z_2,共两个基本未知量。在结点 1 处加一刚臂,结点 2 处(也可在结点 1 处)加一水平支承链杆,得到基本结构。令其附加刚臂发生与原结构相同的转角 Z_1,同时令附加链杆发生与原结构相同的线位移 Z_2,便得基本体系。按类似于前面例子的思路分析可知,基本体系的变形和内力与原结构完全相同,所以基本结构在结点位移 Z_1、Z_2 和荷载 F 共同作用下,刚臂上的附加反力矩 R_1 和链杆上的附加反力 R_2 都应等于零。设由 Z_1、Z_2 和 F 所引起的刚臂上的反力矩分别为 R_{11}、R_{12} 和 R_{1P},所引起链杆上的附加反力分别为 R_{21}、R_{22} 和 R_{2P}(图 8-9c,d 和 e),则根据叠加原理,可得

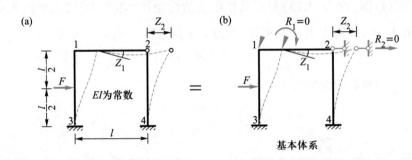

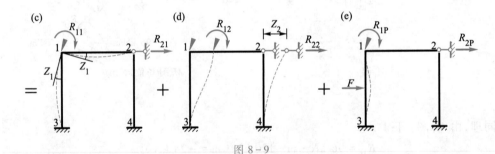

图 8-9

$$R_1 = R_{11} + R_{12} + R_{1P} = 0$$
$$R_2 = R_{21} + R_{22} + R_{2P} = 0$$

再设以 r_{11}、r_{12} 分别表示由单位位移 $\overline{Z}_1 = 1$ 和 $\overline{Z}_2 = 1$ 所引起的刚臂上的反力矩,以 r_{21}、r_{22} 分别表示由单位位移 $\overline{Z}_1 = 1$ 和 $\overline{Z}_2 = 1$ 所引起的链杆上的反力,则上式可写为

$$\left. \begin{array}{l} r_{11}Z_1 + r_{12}Z_2 + R_{1P} = 0 \\ r_{21}Z_1 + r_{22}Z_2 + R_{2P} = 0 \end{array} \right\} \tag{8-6}$$

该方程称为位移法典型方程,它的物理意义是:基本结构在荷载等外因和各结点位移的共同作用下,每一个附加联系上的附加反力矩和附加反力都应等于零。因此,它实质上是反映原结构的静力平衡条件。

对于具有 n 个独立结点位移的结构,相应地在基本结构中需加入 n 个附加联系,根据每个附加联系的附加反力矩或附加反力均应为零的平衡条件,同样可建立 n 个方程如下:

$$
\left.
\begin{aligned}
r_{11}Z_1 + \cdots + r_{1i}Z_i + \cdots + r_{1n}Z_n + R_{1P} = 0 \\
\cdots\cdots\cdots\cdots \\
r_{i1}Z_1 + \cdots + r_{ii}Z_i + \cdots + r_{in}Z_n + R_{iP} = 0 \\
\cdots\cdots\cdots\cdots \\
r_{n1}Z_1 + \cdots + r_{ni}Z_i + \cdots + r_{nn}Z_n + R_{nP} = 0
\end{aligned}
\right\}
\tag{8-7}
$$

在上述典型方程中，主斜线上的系数 r_{ii} 称为主系数或主反力；其他系数 r_{ij} 称为副系数或副反力；R_{iP} 称为自由项。系数和自由项的符号规定是：以与该附加联系所设位移方向一致者为正。主反力 r_{ii} 的方向总是与所设位移 Z_i 的方向一致，故恒为正，且不会为零；副系数和自由项则可能为正、负或零。此外，根据反力互等定理可知，主斜线两边处于对称位置的两个副系数 r_{ij} 与 r_{ji} 是相等的，即 $r_{ij} = r_{ji}$。

由于在位移法典型方程中，每个系数都是单位位移所引起的附加联系的反力（或反力矩），显然，结构的刚度愈大，这些反力（或反力矩）的数值也愈大，故这些系数又称为结构的刚度系数，位移法典型方程又称为结构的刚度方程，位移法也称为刚度法。

为了求出典型方程中的系数和自由项，可借助于表 8-1，绘出基本结构在 $\bar{Z}_1 = 1$、$\bar{Z}_2 = 1$ 以及荷载作用下的弯矩图 $\bar{M}_1$、$\bar{M}_2$ 和 M_P 图，如图 8-10a、b 和 c 所示。然后，由平衡条件求出各系数和自由项。

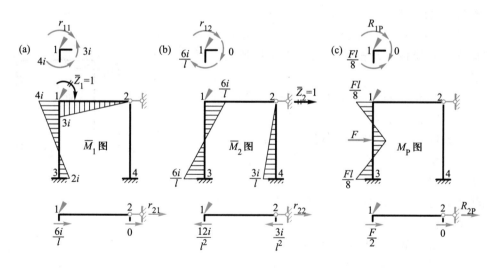

图 8-10

系数和自由项可分为两类：一类是附加刚臂上的反力矩 r_{11}、r_{12} 和 R_{1P}；另一类是附加链杆上的反力 r_{21}、r_{22} 和 R_{2P}。对于刚臂上的反力矩，可分别在图 8-10a、b 和 c 中取结点 1 为隔离体，由力矩平衡方程 $\sum M_1 = 0$ 求得为

$$
r_{11} = 7i, \quad r_{12} = -\frac{6i}{l}, \quad R_{1P} = \frac{Fl}{8}
$$

对于附加链杆上的反力，可以分别在图 8-10a、b 和 c 中用截面割断两柱顶端，取柱顶端以上横梁部分为隔离体，并由表 8-1 查出竖柱 13、24 的杆端剪力，由投影方程

$\sum F_x = 0$ 求得为

$$r_{21} = -\frac{6i}{l}, \quad r_{22} = \frac{15i}{l^2}, \quad R_{2P} = -\frac{F}{2}$$

将系数和自由项代入典型方程(8-6)有

$$7iZ_1 - \frac{6i}{l}Z_2 + \frac{Fl}{8} = 0$$

$$-\frac{6i}{l}Z_1 + \frac{15i}{l^2}Z_2 - \frac{F}{2} = 0$$

解以上两式可得

$$Z_1 = \frac{9}{552}\frac{Fl}{i}, \quad Z_2 = \frac{22}{552}\frac{Fl^2}{i}$$

所得均为正值,说明实际结点位移方向与 Z_1、Z_2 所设方向相同。

结构的最后弯矩图可由叠加法绘制:

$$M = \overline{M}_1 Z_1 + \overline{M}_2 Z_2 + M_P$$

例如杆端弯矩 M_{31} 之值为

$$M_{31} = 2i \times \frac{9}{552}\frac{Fl}{i} - \frac{6i}{l} \times \frac{22}{552}\frac{Fl^2}{i} - \frac{Fl}{8} = -\frac{183}{552}Fl \text{（左侧受拉）}$$

其他各杆端弯矩可同样算得,M 图如图 8-11 所示。求出 M 图后,F_S 图、F_N 图即可由平衡条件绘出,无须赘述。

对于最后内力图应进行校核,包括平衡条件的校核和位移条件的校核。校核的方法与力法中所述一样,不再重复。

由上所述,可将位移法的计算步骤归纳如下:

（1）确定原结构的基本未知量即独立的结点角位移和线位移数目,加入附加联系而得到基本结构。

（2）令各附加联系发生与原结构相同的结点位移,根据基本结构在荷载等外因和各结点位移共同作用下,各附加联系上的反力矩或反力均应等于零的条件,建立位移法的典型方程。

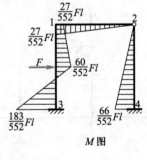

图 8-11

（3）绘出基本结构在各单位结点位移作用下的弯矩图和荷载作用下（或支座位移、温度变化等其他外因作用下）的弯矩图,由平衡条件求出各系数和自由项。

（4）解算典型方程,求出作为基本未知量所代表的各结点位移。

（5）按叠加法绘制最后弯矩图。

可以看出,位移法和力法在计算步骤上是极为相似的,但二者的原理却有所不同,读者可自行一一对比,分析二者的区别及联系,以加深理解。

例 8-1 试用位移法求图 8-12a 所示阶梯形变截面梁的弯矩图。E 为常数。

解: 此结构的基本未知量为结点 B 的角位移 Z_1 和竖向线位移 Z_2,基本体系如图 8-12b 所示。

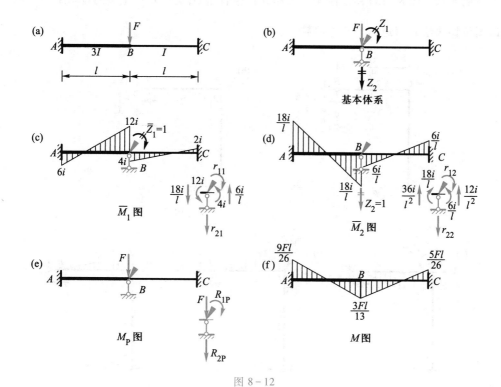

图 8-12

　　根据基本结构在荷载和 Z_1、Z_2 共同作用下，附加刚臂上反力矩和附加链杆上反力等于零的条件，建立位移法典型方程如下：

$$\left.\begin{array}{l} r_{11}Z_1 + r_{12}Z_2 + R_{1P} = 0 \\ r_{21}Z_1 + r_{22}Z_2 + R_{2P} = 0 \end{array}\right\}$$

设 $\dfrac{EI}{l} = i$，则 $i_{AB} = 3i$，$i_{BC} = i$。绘出 $\overline{M}_1$、$\overline{M}_2$ 和 M_P 图（8-12c、d 和 e），然后取结点 B 处的隔离体，利用力矩和竖向投影平衡条件可求出系数和自由项：

$$r_{11} = 16i, \quad r_{12} = r_{21} = -\frac{12i}{l}, \quad r_{22} = \frac{48i}{l^2}$$

$$R_{1P} = 0, \quad R_{2P} = -F$$

代入典型方程

$$\left.\begin{array}{l} 16iZ_1 - \dfrac{12i}{l}Z_2 = 0 \\[2mm] -\dfrac{12i}{l}Z_1 + \dfrac{48i}{l^2}Z_2 - F = 0 \end{array}\right\}$$

解得

$$Z_1 = \frac{Fl}{52i}, \quad Z_2 = \frac{Fl^2}{39i}$$

由叠加原理 $M = Z_1\overline{M}_1 + Z_2\overline{M}_2 + M_P$ 可得最后弯矩图，如图 8-12f 所示。

例 8−2　图 8−13a 所示刚架的支座 A 产生转角 φ,支座 B 产生竖向位移$\Delta = \dfrac{3}{4}l\varphi$。

试用位移法绘其弯矩图。E 为常数。

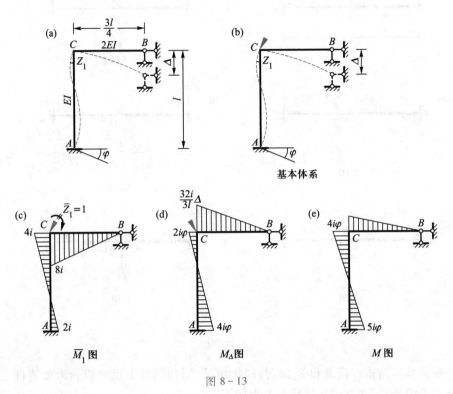

图 8−13

解:此刚架的基本未知量只有结点 C 的角位移 Z_1,在结点 C 加一附加刚臂即得基本结构,相应的位移法典型方程为

$$r_{11}Z_1 + R_{1\Delta} = 0$$

设 $\dfrac{EI}{l} = i$,则 $i_{AC} = i$,$i_{BC} = \dfrac{8i}{3}$。绘出 $\overline{M}_1$、M_Δ 图(图 8−13c、d)后可求得

$$r_{11} = 8i + 4i = 12i$$

$$R_{1\Delta} = 2i\varphi - \frac{32i}{3l}\Delta = -6i\varphi$$

于是,可解出基本未知量

$$Z_1 = -\frac{R_{1\Delta}}{r_{11}} = \frac{\varphi}{2}$$

刚架的最后弯矩图可由 $M = Z_1\overline{M}_1 + M_\Delta$ 绘出,如图 8−13e 所示。

例 8−3　试用位移法求图 8−14a 所示刚架的弯矩图。E 为常数。

解:该结构 BDE 杆段为静定部分,其弯矩可用平衡条件直接求出,故取位移法基本结构时,该部分不需添加附加联系。基本体系如图 8−14b 所示。相应的位移法典型方程为

$$r_{11}Z_1 + R_{1P} = 0$$

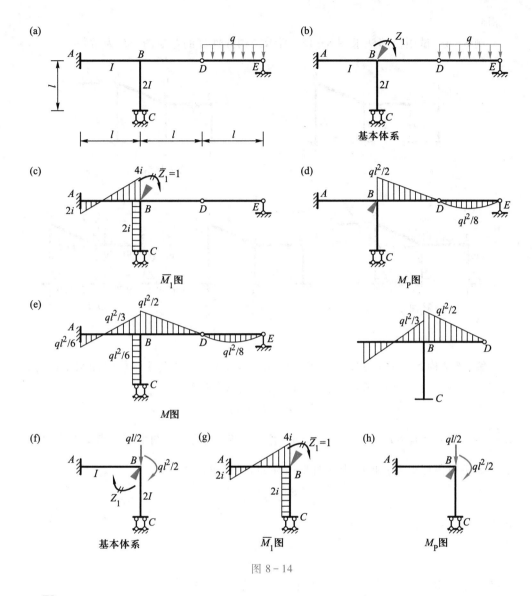

图 8-14

设 $\dfrac{EI}{l} = i$，则 $i_{AB} = i, i_{BC} = 2i$。绘出 $\overline{M}_1$ 和 M_P 图（图 8-14c、d）后可求得

$$r_{11} = 6i, \quad R_{1P} = -\dfrac{ql^2}{2}$$

代入典型方程，可得

$$Z_1 = \dfrac{ql^2}{12i}$$

由叠加原理 $M = Z_1\overline{M}_1 + M_P$ 可得最后弯矩图，如图 8-14e 所示。

此外，也可将该结构的静定部分 BDE 杆段去掉，并将该静定部分对结构的作用以一个集中力和一个集中力矩代替。取此不含静定部分的超静定结构计算，其基本体系如图 8-14f 所示。相应的 $\overline{M}_1$ 和 M_P 图如图 8-14g、h 所示。显然，其计算结果与前相同。

例 8-4 试用位移法求图 8-15a 所示结构弹性杆的弯矩图。E 为常数。

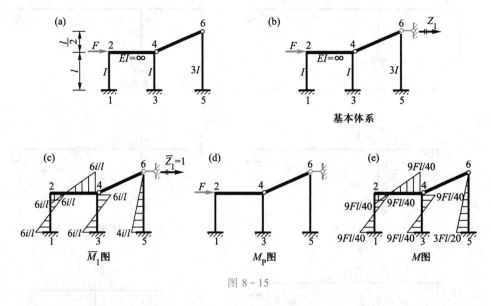

图 8-15

解:该结构的基本未知量为结点 6 的水平线位移,在结点 6 添加附加水平链杆,其基本体系如图 8-15b 所示。相应的位移法典型方程为

$$r_{11}Z_1 + R_{1P} = 0$$

设 $\dfrac{EI}{l} = i$,则 $i_{12} = i_{34} = i, i_{56} = 2i$。绘出 $\overline{M}_1$(刚性杆 24 上的弯矩图由刚结点 2、刚结点 4 的力矩平衡条件得到)和 M_P 图(图 8-15c、d)后可求得

$$r_{11} = \frac{80i}{3l^2}, R_{1P} = -F$$

代入典型方程,可得

$$Z_1 = \frac{3Fl^2}{80i}$$

由叠加原理 $M = Z_1\overline{M}_1 + M_P$ 可得弹性杆最后弯矩图,如图 8-15e 所示。

§8-5 直接由平衡条件建立位移法基本方程

按前述方法,用位移法计算超静定刚架时,需加入附加刚臂和链杆以取得基本结构,又由附加刚臂和链杆上的总反力或反力矩等于零(这相当于又取消刚臂和链杆)的条件建立位移法的基本方程(即典型方程),而基本方程的实质就是反映原结构的平衡条件。因此,我们也可以不通过基本结构,而直接由原结构的平衡条件来建立位移法的基本方程。现仍以图 8-9a 的刚架为例(已重绘为图8-16a)来说明这一方法。

此刚架用位移法求解时有两个基本未知量:刚结点 1 的转角 Z_1 和结点 1、2 的水平位移 Z_2。根据结点 1 的力矩平衡条件 $\sum M_1 = 0$(图 8-16b)及截取两柱顶端以上横梁部分为隔离体的投影平衡条件 $\sum F_x = 0$(图 8-16c),可写出如下两个方程:

$$\sum M_1 = M_{13} + M_{12} = 0 \qquad (a)$$

$$\sum F_x = F_{S13} + F_{S24} = 0 \qquad (b)$$

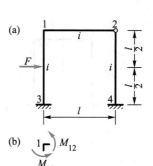

图 8-16

利用转角位移方程(8-2)、(8-3)及表8-1,并假设 Z_1 为顺时针方向, Z_2 向右,可得

$$M_{13} = 4iZ_1 - \frac{6i}{l}Z_2 + \frac{Fl}{8}$$

$$M_{12} = 3iZ_1$$

又由表8-1,可得

$$F_{S13} = -\frac{6i}{l}Z_1 + \frac{12i}{l^2}Z_2 - \frac{F}{2}$$

$$F_{S24} = \frac{3i}{l^2}Z_2$$

将以上四式代入式(a)及(b)得

$$\left.\begin{array}{l} 7iZ_1 - \dfrac{6i}{l}Z_2 + \dfrac{Fl}{8} = 0 \\[2mm] -\dfrac{6i}{l}Z_1 + \dfrac{15i}{l^2}Z_2 - \dfrac{F}{2} = 0 \end{array}\right\}$$

这与§8-4所建立的典型方程完全一样。可见,两种方法本质相同,只是在处理手法上稍有差别。

一般情况下,当结构有 n 个基本未知量时,对应于每一个结点转角都有一个相应的刚结点力矩平衡方程,对应于每一个独立的结点线位移都有一个相应的截面平衡方程。因此,可建立 n 个方程,求解出 n 个结点位移。然后各杆杆端的最后弯矩即可由转角位移方程算得。

§8-6 对称性的利用

在第七章用力法计算超静定结构时,已经讨论过对称性的利用。当时,得到一个重要的结论:对称结构在正对称荷载作用下,其内力和位移都是正对称的;在反对称荷载作用下,其内力和位移都是反对称的。在位移法中,同样可利用这一结论简化计算。当对称结构承受一般非对称荷载作用时,可将荷载分解为正、反对称的两组,分别加于结构上求解,然后再将结果叠加。

例如图8-17a所示的对称刚架,在正对称荷载作用下只有正对称的基本未知量,即两结点的一对正对称的转角 Z_1(图8-17b);同理,在反对称荷载作用下,将只有反对称的基本未知量 Z_2 和 Z_3(图8-17c)。在正、反对称的情况下,均可只取结构的一半来进行计算(图8-17d、e)。

用位移法分析图8-17d所示半刚架时,将遇到一端固定另一端滑动的梁的内力如何确定的问题。显然,这不难用力法求解;但也可以将原两端固定的梁在正对称情况下的内力图作出,然后截取其一半即可。例如要作图8-18a所示等截面梁 A 端发生单位转角的弯矩图时,可将图8-18b所示刚度相同但长为其2倍的两端

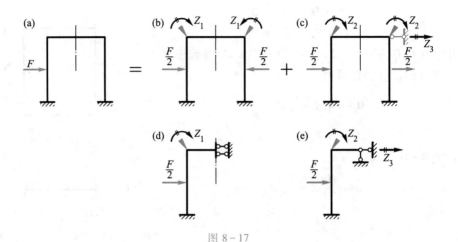

图 8 – 17

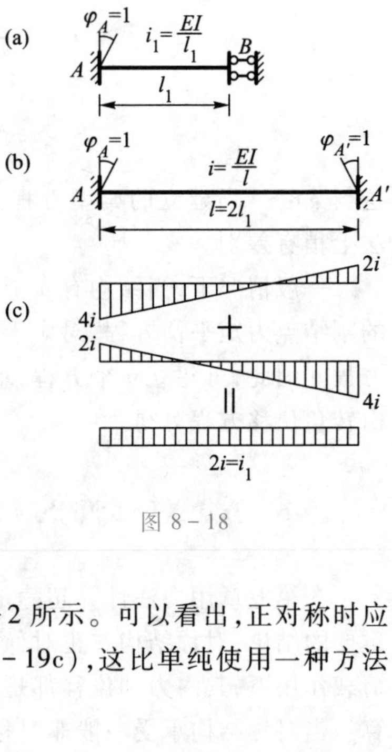

固定梁,在两端发生正对称的单位转角时的弯矩图作出,这可以用叠加法得到如图 8 – 18c 所示。然后,取其左半即为所求一端固定另一端滑动的梁的弯矩图。此时,唯需注意,此梁由于比原两端固定梁短了一半,故其相应的线刚度增大了 1 倍,即 $i_1 = 2i$。至于在荷载作用下这种梁的内力,也可仿此求出,不需细述。其有关数据已列入表 8 – 1 的第 17 至 21 栏中,可直接查用。

此外,分析图 8 – 17 的结构可知,在正对称荷载时用位移法求解只有一个基本未知量;但在反对称荷载时若用位移法求解将有两个基本未知量,而用力法求解则只有一个基本未知量。因此,反对称时显然改用力法求解更简便。

又如图 8 – 19a 所示对称刚架,在正、反对称荷载下,用不同的方法计算时,基本未知量数目如表 8 – 2 所示。可以看出,正对称时应采用位移法(图 8 – 19b),反对称时应采用力法(图 8 – 19c),这比单纯使用一种方法简便。

图 8 – 18

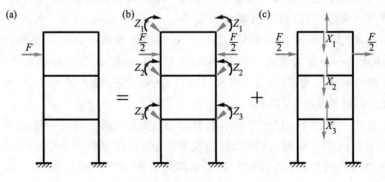

图 8 – 19

表 8-2 基本未知量数目比较

荷 载	基本未知量数目	
	位 移 法	力 法
正 对 称	3	6
反 对 称	6	3

例 8-5 试计算图 8-20a 所示弹性支承连续梁,梁的 EI 为常数,弹性支座刚度系数 $k = \dfrac{EI}{10 \text{ m}^3}$。

解:这是一个对称结构,承受正对称荷载,取一半结构如图 8-20b 所示,C 处为滑动支座。用位移法求解时,基本未知量为结点 B 的转角 Z_1 和竖向位移 Z_2,基本体系如图 8-20c 所示,典型方程为

$$\left. \begin{array}{l} r_{11}Z_1 + r_{12}Z_2 + R_{1P} = 0 \\ r_{21}Z_1 + r_{22}Z_2 + R_{2P} = 0 \end{array} \right\}$$

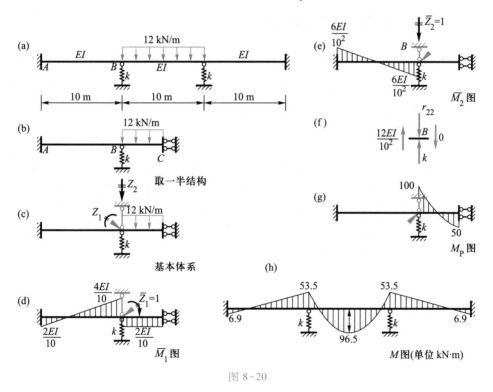

图 8-20

绘出基本结构的 $\overline{M}_1$、$\overline{M}_2$、M_P 图(图 8-20d、e 和 g),可求得

$$r_{11} = \frac{6EI}{10 \text{ m}}$$

$$r_{12} = r_{21} = -\frac{6EI}{100 \text{ m}^2}$$

$$r_{22} = \frac{12EI}{(10 \text{ m})^3} + k = \frac{12EI}{1\,000 \text{ m}^3} + \frac{EI}{10 \text{ m}^3} = \frac{112EI}{1\,000 \text{ m}^3}$$

$$R_{1P} = -100 \text{ kN} \cdot \text{m}$$

$$R_{2P} = -60 \text{ kN}$$

以上各系数、自由项读者可自行校核,其中 r_{22} 的计算如图 8-20f 所示。代入典型方程有

$$\left. \begin{array}{l} \dfrac{6EI}{10 \text{ m}}Z_1 - \dfrac{6EI}{100 \text{ m}^2}Z_2 - 100 \text{ kN} \cdot \text{m} = 0 \\[3mm] -\dfrac{6EI}{100 \text{ m}^2}Z_1 + \dfrac{112EI}{1\,000 \text{ m}^3}Z_2 - 60 \text{ kN} = 0 \end{array} \right\}$$

可解得

$$Z_1 = \frac{232.7 \text{ kN} \cdot \text{m}^2}{EI}, \qquad Z_2 = \frac{660.4 \text{ kN} \cdot \text{m}^3}{EI}$$

由叠加法 $M = \overline{M}_1 Z_1 + \overline{M}_2 Z_2 + M_P$ 可绘出最后弯矩图如图 8-20h 所示。然后,不难绘出剪力图及求出支座反力,现从略,读者可自行完成。

§8-7 有侧移的斜柱刚架

在位移法中,对于有结点线位移(简称侧移)且具有斜柱的刚架,其计算原理与步骤均与前述无异,只是在绘制基本结构发生结点单位线位移时的弯矩图较为困难。因为此时各杆两端将发生各不相同的相对线位移,需将它们逐一确定,才能作出各杆的弯矩图。此外,在计算系数和自由项时,对于附加链杆上的反力计算亦略为复杂些。

为了确定当结点发生线位移时各杆两端的相对线位移,可采用下面介绍的作结点位移图的方法。图 8-21a 所示为一具有斜柱的刚架发生结点线位移的情形。其中 A 点是不动的,若假设受弯直杆两端距离不变,则 B 点只能绕 A 点作圆弧运动,当位移很小时,可认为是在垂直于 AB 的方向上运动,设其位移为 BB'。C 点的位移可分解为两步:第一步,BC 杆平移至 $B'C''$,此时 C 点的位移 $CC'' = BB'$;第二步,C'' 绕 B'转动,位移很小时即认为是在垂直于 $B'C''$ 的方向上运动,于是可作 $C''C'$ 垂直于 $B'C''$。此外,D 点也是不动的,因而 C 点的位移应垂直于 CD 杆。于是,可作 CC' 垂直于 DC。这样,CC' 与 $C''C'$ 的交点 C' 就确定了 C 点位移后的位置。

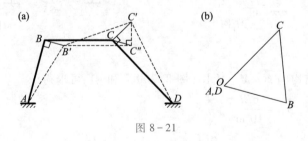

图 8-21

上述作图过程可加以简化:只需直接作出三角形 $CC''C'$ 即可,并可将其放大。为此,可在图 8-21b 中任选一点 O 作为不动的点,称为极点,它代表所有各结点位移前的位置。A、D 两点是已知不动的,故在此图中它们均与 O 点重合。然后,作 OB 垂直

于杆 AB；再过 B 点作杆 BC 的垂线；又过 O 点作杆 CD 的垂线，便得出交点 C。在此图中，向量 OB、OC 即分别代表 B、C 点的位移，而 AB、BC、CD 则分别代表 AB 杆、BC 杆、CD 杆两端的相对线位移。图 8-21b 称为 <u>结点位移图</u>。在三根杆的相对线位移中，只有一个是独立的。给出了其中任一个，其余二者便可借助于结点位移图确定。

例 8-6 试用位移法计算图 8-22a 所示刚架。

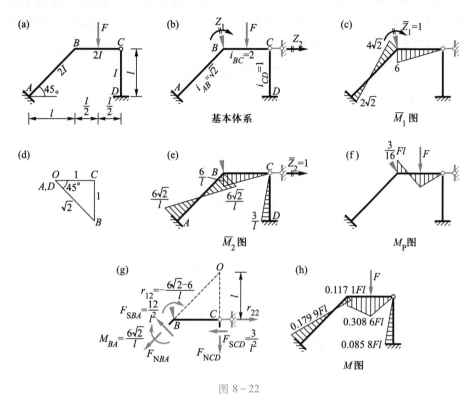

图 8-22

解： 取图 8-22b 所示基本体系，典型方程为

$$r_{11}Z_1 + r_{12}Z_2 + R_{1P} = 0$$
$$r_{21}Z_1 + r_{22}Z_2 + R_{2P} = 0$$

为了方便，可令 CD 杆的线刚度 $i_{CD} = \dfrac{EI}{l} = 1$，其余二杆的线刚度则可相应折算如图 8-22b 中所注。

分别绘出 $\overline{M}_1$、$\overline{M}_2$ 和 M_P 图如图 8-22c、e 和 f 所示。其中，$\overline{M}_1$ 和 M_P 图的作法与前相同，无须赘述，现只就 $\overline{M}_2$ 图的作法加以说明。当 $\overline{Z}_2 = 1$ 时，可按上述方法作出结点位移图如图 8-22d 所示。现已知 $\Delta_{CD} = \overline{Z}_2 = 1$，故由该图可知：

$$\Delta_{AB} = \sqrt{2}, \quad \Delta_{BC} = -1$$

据此即可按表 8-1 绘出各杆的弯矩图如图 8-22e 所示。

由以上各单位弯矩图和荷载弯矩图便可求得各系数和自由项如下：

$$r_{11} = 6 + 4\sqrt{2}, \quad r_{12} = -\frac{6\sqrt{2}-6}{l}, \quad R_{1P} = -\frac{3}{16}Fl$$

$$r_{21} = -\frac{6\sqrt{2}-6}{l}, \quad r_{22} = \frac{9+12\sqrt{2}}{l^2}, \quad R_{2P} = -\frac{11}{16}F$$

其中属于刚臂上的反力矩的系数和自由项的计算,无须赘述。对于附加链杆上的反力的系数和自由项的计算,现以 r_{22} 为例加以说明。如前一样,于 $\overline{M}_2$ 图中截取各柱顶端以上横梁部分为隔离体,如图 8-22g 所示。由于刚架具有斜柱,若用投影平衡方程求 r_{22},则将涉及两柱的轴力,因而较麻烦。现改用力矩平衡方程来求,取两柱轴线交点 O 为力矩中心,由 $\sum M_O = 0$ 有

$$\frac{6\sqrt{2}}{l} - \frac{6\sqrt{2}-6}{l} + \frac{12}{l^2}\sqrt{2}\,l + \frac{3}{l^2}l - r_{22}l = 0$$

得

$$r_{22} = \frac{9+12\sqrt{2}}{l^2}$$

将以上各系数和自由项代入典型方程,有

$$(6+4\sqrt{2})Z_1 - \frac{6\sqrt{2}-6}{l}Z_2 - \frac{3}{16}Fl = 0$$

$$-\frac{6\sqrt{2}-6}{l}Z_1 + \frac{9+12\sqrt{2}}{l^2} - \frac{11}{16}F = 0$$

解得

$$Z_1 = 0.022\,18Fl, \quad Z_2 = 0.028\,59Fl^2$$

最后,按 $M = \overline{M}_1 Z_1 + \overline{M}_2 Z_2 + M_P$,可绘出最后弯矩图如图 8-22h 所示。

*§8-8　温度变化时的计算

在位移法中,温度变化时的计算与荷载作用或支座位移时的计算原理是相同的,区别仅在于典型方程中的自由项不同。此时,自由项是基本结构由于温度变化而产生的附加联系中的反力矩或反力,在作出了基本结构在温度变化影响下的弯矩图后,同样可由平衡条件求出这些反力矩或反力。这里要注意的是,在温度变化时不能忽略杆件的轴向变形,因此前述受弯直杆两端距离不变的假设这里不再适用。下面举例具体说明温度变化时的计算。

例 8-7　试绘图 8-23a 所示刚架温度变化时的弯矩图。各杆的 EI 为常数,截面为矩形,其高度 $h = l/10$,材料的线膨胀系数为 α。

解:此刚架有一个独立的结点角位移 Z_1。考虑轴向变形时,结点 1、2 均分别有水平和竖向线位移。但各杆由于温度变化产生的伸长(或缩短)可事先算出,因此两结点的竖向位移即为已知;在求出了一个结点的水平位移之后,另一结点的水平位移也就随之确定。因此,独立的结点线位移只有一个,今以结点 2 的水平位移 Z_2 作为基本未知量。于是,此刚架只有两个基本未知量,如图 8-23b 所示,典型方程为

$$r_{11}Z_1 + r_{12}Z_2 + R_{1t} = 0$$

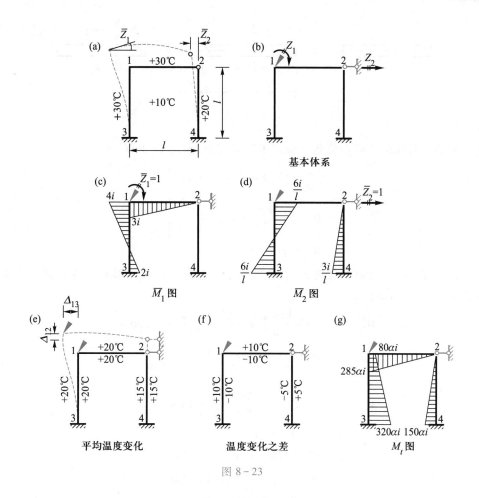

图 8-23

$$r_{21}Z_1 + r_{22}Z_2 + R_{2t} = 0$$

式中的各系数与外因无关,绘出 $\overline{M}_1$、$\overline{M}_2$ 图(图 8-23c、d)后可求得

$$r_{11} = 7i, \quad r_{12} = r_{21} = -\frac{6i}{l}, \quad r_{22} = \frac{15i}{l^2}$$

为了求自由项 R_{1t} 和 R_{2t},应算出基本结构在温度变化时各杆的固端弯矩并绘出 M_t 图。为了便于计算,我们可将杆件两侧的温度变化 t_1 和 t_2 对杆轴线分为正、反对称的两部分(图 8-24):平均温度变化 $t = \dfrac{t_1 + t_2}{2}$ 和温度变化之差 $\pm \dfrac{\Delta t}{2} = \pm \dfrac{t_2 - t_1}{2}$,如图 8-23e、f 所示。下面分别来计算这两部分温度变化在基本结构中所引起的各杆固端弯矩。

(1)平均温度变化。此时,各杆将伸长(或缩短),其值为 $\alpha t l$,由此将使基本结构的各杆两端发生相对线位移。根据图 8-23e 所示几何关系,可求得各杆两端相对线位移为

$$\Delta_{13} = -20\alpha l$$

$$\Delta_{12} = 20\alpha l - 15\alpha l = 5\alpha l$$

$$\Delta_{24} = 0$$

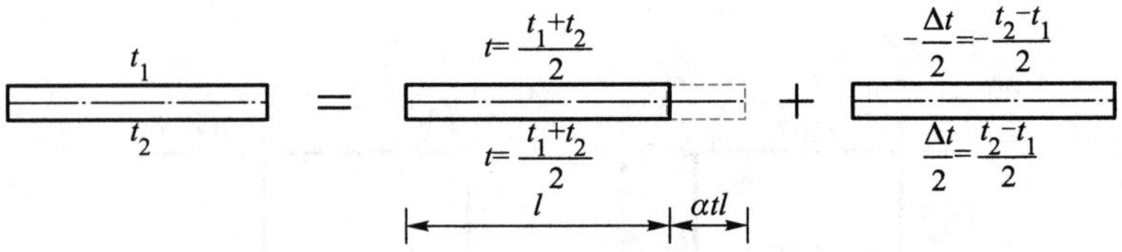

图 8－24

这些杆端相对线位移将会使各杆端产生固端弯矩，由表 8－1 有

$$
\left.\begin{aligned}
M_{31}^{\mathrm{F}} &= M_{13}^{\mathrm{F}} = -\frac{6i}{l}\Delta_{13} = 120\alpha i \\[2mm]
M_{12}^{\mathrm{F}} &= -\frac{3i}{l}\Delta_{12} = -15\alpha i \\[2mm]
M_{42}^{\mathrm{F}} &= 0
\end{aligned}\right\}
\tag{a}
$$

（2）温度变化之差。此时，各杆并不伸长（或缩短），由此引起的各杆固端弯矩可直接由表 8－1 算出：

$$
\left.\begin{aligned}
M_{31}^{\mathrm{F}} &= -M_{13}^{\mathrm{F}} = -\frac{EI\alpha\Delta t}{h} = -\frac{EI\alpha\times(-20)}{l/10} = 200\alpha i \\[2mm]
M_{12}^{\mathrm{F}} &= -\frac{3EI\alpha\Delta t}{2h} = -\frac{3EI\alpha\times(-20)}{2l/10} = 300\alpha i \\[2mm]
M_{42}^{\mathrm{F}} &= -\frac{3EI\alpha\Delta t}{2h} = -\frac{3EI\alpha\times10}{2l/10} = -150\alpha i
\end{aligned}\right\}
\tag{b}
$$

总的固端弯矩为式（a）与式（b）的叠加：

$$M_{31}^{\mathrm{F}} = 120\alpha i + 200\alpha i = 320\alpha i$$

$$M_{13}^{\mathrm{F}} = 120\alpha i - 200\alpha i = -80\alpha i$$

$$M_{12}^{\mathrm{F}} = -15\alpha i + 300\alpha i = 285\alpha i$$

$$M_{42}^{\mathrm{F}} = -150\alpha i$$

据此即可绘出 M_t 图如图 8－23g 所示。取结点 1 为隔离体，由 $\sum M_1 = 0$ 可求得

$$R_{1t} = 285\alpha i - 80\alpha i = 205\alpha i$$

确定 13、24 两柱的剪力后，取柱顶端以上横梁部分为隔离体，由 $\sum X = 0$ 可算出

$$R_{2t} = -\frac{240\alpha i}{l} + \frac{150\alpha i}{l} = -\frac{90\alpha i}{l}$$

将系数和自由项代入典型方程，有

$$7iZ_1 - \frac{6i}{l}Z_2 + 205\alpha i = 0$$

$$-\frac{6i}{l}Z_1 + \frac{15i}{l^2}Z_2 - \frac{90\alpha i}{l} = 0$$

解得

$$Z_1 = -\frac{845}{23}\alpha \quad （逆时针方向）$$

$$Z_2 = -\frac{200}{23}\alpha l \quad （向左）$$

刚架的最后弯矩图为

$$M = \overline{M}_1 Z_1 + \overline{M}_2 Z_2 + M_t$$

如图 8-25 所示。

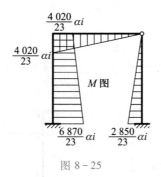

图 8-25

复习思考题

1. 位移法的基本思路是什么？为什么说位移法是建立在力法的基础之上的？

2. 位移法的基本未知量与超静定次数有关吗？

3. 位移法的典型方程是平衡条件，那么在位移法中是否只用平衡条件就可以确定基本未知量，从而确定超静定结构的内力？在位移法中满足了结构的位移条件（包括支承条件和变形连续条件）没有？在力法中又是怎样满足结构的位移条件和平衡条件的？

4. 在什么条件下独立的结点线位移数目等于使相应铰结体系成为几何不变所需添加的最少链杆数？

5. 力法与位移法在原理与步骤上有何异同？试将二者从基本未知量、基本结构、基本体系、典型方程的意义、每一系数和自由项的含义和求法等方面作一全面比较。

6. 在什么情况下求内力时可采用刚度的相对值？求结点位移时能否采用刚度的相对值？

7. 试证明：对于无侧移（即无结点线位移）刚架，当只承受结点集中荷载时，弯矩为零。

8. 结构对称但荷载不对称时，可否取一半结构计算？

习　题

8-1　试确定位移法基本未知量数目，并绘出基本结构。

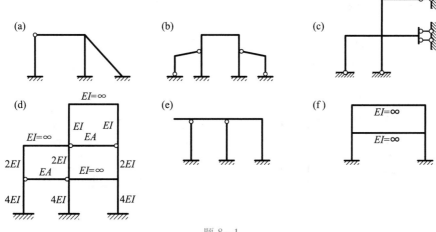

8-2~8-5 试用位移法计算刚架,绘制弯矩图。*E* 为常数。

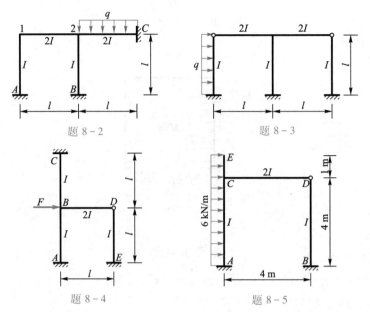

题 8-2   题 8-3

题 8-4   题 8-5

8-6 试用位移法计算连续梁,绘制弯矩图。

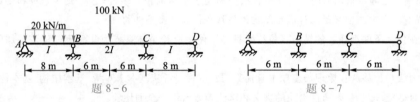

题 8-6   题 8-7

8-7 图示等截面连续梁支座 *B* 下沉 20 mm,支座 *C* 下沉 12 mm,$E = 210$ GPa,$I = 2 \times 10^{-4}$ m⁴。试作其弯矩图。

8-8~ *8-12 试用位移法计算图示结构,绘制弯矩图。*E* 为常数。

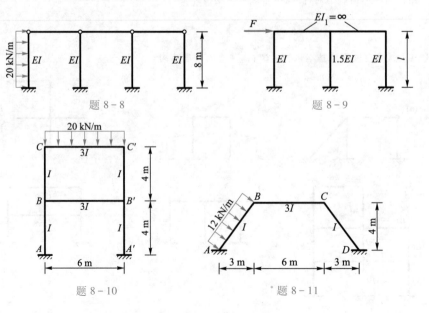

题 8-8   题 8-9

题 8-10   * 题 8-11

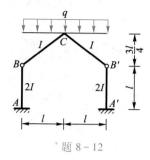

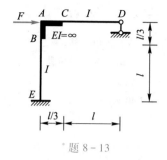

°题 8 - 12   °题 8 - 13

*8-13 建立图示结构位移法方程。

*8-14 刚架温度变化如图所示,试作其弯矩图。各杆均为矩形截面,高度 $h = 0.4$ m, $EI = 2 \times 10^4$ kN·m^2, $\alpha = 1 \times 10^{-5}$ ℃$^{-1}$。

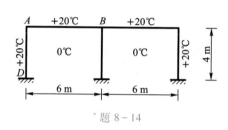

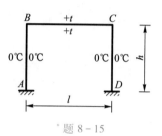

°题 8 - 14   °题 8 - 15

*8-15 刚架的 EI 为常数,横梁温度均匀升高 t,两柱温度不变。试绘其弯矩图。

答　案

8-1 （a）$1 + 0 = 1$,

（b）$6 + 3 = 9$,

（c）$3 + 0 = 3$,

（d）$2 + 5 = 7$,

（e）$2 + 1 = 3$（静定部分可不设）,

（f）$0 + 2 = 2$（横梁及其两端刚结点均不能转动）

8-2 $Z_1 = -\dfrac{ql^2}{672i}$, $Z_2 = \dfrac{3ql^2}{672i}$,

$M_{12} = \dfrac{2}{336}ql^2$

8-3 $Z_1 = \dfrac{1}{112}\dfrac{ql^2}{i}$, $Z_2 = \dfrac{1}{42}\dfrac{ql^3}{i}$,

左柱下端弯矩 $-\dfrac{11}{56}ql^2$

8-4 $M_{AB} = -\dfrac{2}{9}Fl$

8-5 $M_{AC} = -38.05$ kN·m,

$M_{CA} = -15.79$ kN·m,

$M_{CD} = 18.79$ kN·m,

$M_{BD} = -18.16$ kN·m

8-6 见题 7-22 答案

8-7 $M_{BC} = 50.4$ kN·m

$M_{CB} = 5.6$ kN·m

8-8 左柱下端弯矩为 -280 kN·m

8-9 边柱两端弯矩 $-\dfrac{Fl}{7}$, 中柱两端弯矩

$-\dfrac{3Fl}{14}$, 横梁弯矩可由结点平衡推得

8-10 $M_{CB} = 28.7$ kN·m

*8-11 可将荷载分组,正对称用位移法, 反对称用力法,最后叠加

$M_{AB} = -53.82$ kN·m,

$M_{BA} = -11.28$ kN·m,

$M_{CD} = -25.17$ kN·m,

$M_{DC} = -23.26$ kN·m

*8-12 $M_{AB} = 0.487\ 0ql^2$,

$M_{CB} = -0.134\ 7ql^2$

*8-13 $\dfrac{44EI}{3l}Z_1 - \dfrac{10EI}{l^2}Z_2 = 0$,

$$-\frac{10EI}{l^2}Z_1 + \frac{12EI}{l^3}Z_2 = F,$$

Z_1——A 结点转角位移，

Z_2———A 结点水平线位移

*8-14　$Z_1 = -9.5\alpha$,

$M_{AB} = 7.40$ kN · m,

$M_{BA} = -11.97$ kN · m,

$M_{DA} = 13.55$ kN · m

*8-15　$M_{BC} = -\dfrac{3\alpha t l E I}{h(2l+h)}$,

$M_{AB} = \dfrac{3\alpha t l(l+h)EI}{h^2(2l+h)}$

第九章　渐近法

9-1　本章
学习要点

§9-1　概述

计算超静定刚架,不论采用力法或位移法,都要组成和解算典型方程,当未知量较多时,解算联立方程的工作是非常繁重的。为了寻求计算超静定刚架更简捷的途径,自 20 世纪 30 年代以来,又陆续出现了各种渐近法,例如力矩分配法、无剪力分配法、迭代法等。这些方法都是位移法的变体,共同特点是避免了组成和解算典型方程,而以逐次渐近的方法来计算杆端弯矩,其结果的精度随计算轮次的增加而提高,最后收敛于精确解。这些方法的物理概念生动形象,每轮计算又是按同一步骤重复进行,因而易于掌握,适合手算,并可不经过计算结点位移而直接求得杆端弯矩。因此,在结构设计中被广泛采用。随着计算机的普及和矩阵位移法程序的推广,这类手算方法的应用虽有所减少,但在未知量较少的场合下仍不失为一种简便易行的方法。

§9-2　力矩分配法的基本原理

力矩分配法对连续梁和无结点线位移刚架的计算特别方便。

在力矩分配法中要用到转动刚度和传递系数的概念,它们的定义如下:当杆件 AB(图 9-1)的 A 端转动单位角时,A 端(又称近端)的弯矩 M_{AB} 称为该杆端的转动刚度,用 S_{AB} 来表示,它标志着该杆端抵抗转动能力的大小,其值不仅与杆件的线刚度 $i = \dfrac{EI}{l}$ 有关,而且与杆件另一端(又称远端)的支承情况有关。当 A 端转动时,B 端也产生一定的弯矩,这好比是近端的弯矩按一定的比例传到了远端一样,故将 B 端弯矩与 A 端弯矩之比称为由 A 端向 B 端的传递系数,用 C_{AB} 来表示,即 $C_{AB} = \dfrac{M_{BA}}{M_{AB}}$ 或 $M_{BA} = C_{AB}M_{AB}$。等截面直杆的转动刚度和传递系数见表 9-1。当 B 端为自由或为一根轴向支承链杆时,显然 A 端转动时杆件将毫无抵抗,故其转动刚度为零。

表 9-1　等截面直杆的转动刚度和传递系数

远端支承情况	转动刚度 S	传递系数 C
固　　定	$4i$	0.5
铰　　支	$3i$	0

续表

远端支承情况	转动刚度 S	传递系数 C
滑　　动	i	-1
自由或轴向支杆	0	

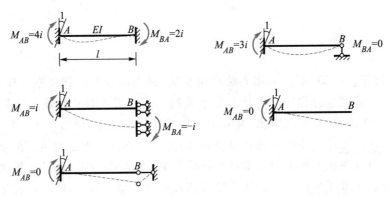

图 9－1

力矩分配法是位移法演变而来的一种结构计算方法,故其结点角位移、杆端力的符号规定均与位移法相同。

现在以图 9－2a 所示刚架为例来说明力矩分配法的基本原理。此刚架用位移法计算时,只有一个基本未知量即结点转角 Z_1,其典型方程为

$$r_{11}Z_1 + R_{1P} = 0$$

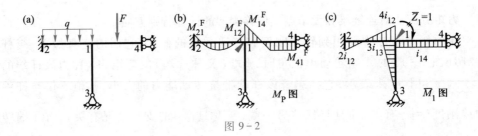

图 9－2

绘出 M_P、$\overline{M}_1$ 图(图 9－2b、c),可求得自由项为

$$R_{1P} = M_{12}^F + M_{13}^F + M_{14}^F = \sum M_{1j}^F \tag{9-1}$$

R_{1P} 是结点固定时附加刚臂上的反力矩,可称为刚臂反力矩,它等于汇交于结点 1 的各杆端固端弯矩的代数和 $\sum M_{1j}^F$,亦即各固端弯矩所不能平衡的差额,故又称为结点上的不平衡力矩。

$$r_{11} = 4i_{12} + 3i_{13} + i_{14} = S_{12} + S_{13} + S_{14} = \sum S_{1j} \tag{9-2}$$

式中 $\sum S_{1j}$ 代表汇交于结点 1 的各杆端转动刚度的总和。

解典型方程得

$$Z_1 = -\frac{R_{1P}}{r_{11}} = \frac{-\sum M_{1j}^F}{\sum S_{1j}}$$

然后,即可按叠加法 $M = M_P + \overline{M}_1 Z_1$ 计算各杆端的最后弯矩。各杆汇交于结点 1 的一端为近端,另一端为远端。各近端弯矩为

$$
\left.\begin{aligned}
M_{12} &= M_{12}^F + \frac{S_{12}}{\sum S_{1j}}(-\sum M_{1j}^F) = M_{12}^F + \mu_{12}(-\sum M_{1j}^F) \\
M_{13} &= M_{13}^F + \frac{S_{13}}{\sum S_{1j}}(-\sum M_{1j}^F) = M_{13}^F + \mu_{13}(-\sum M_{1j}^F) \\
M_{14} &= M_{14}^F + \frac{S_{14}}{\sum S_{1j}}(-\sum M_{1j}^F) = M_{14}^F + \mu_{14}(-\sum M_{1j}^F)
\end{aligned}\right\} \qquad (9-3)
$$

以上各式右边第一项为荷载产生的弯矩,即固端弯矩。第二项为结点转动 Z_1 角所产生的弯矩,这相当于把不平衡力矩反号后按转动刚度大小的比例分给各近端,因此称为 <u>分配弯矩</u>,而 μ_{12}、μ_{13}、μ_{14} 等称为 <u>分配系数</u>,其计算公式为

$$
\mu_{1j} = \frac{S_{1j}}{\sum S_{1j}} \qquad (9-4)
$$

显然,同一结点各杆端的分配系数之和应等于 1,即 $\sum \mu_{1j} = 1$。

各远端弯矩为

$$
\left.\begin{aligned}
M_{21} &= M_{21}^F + \frac{C_{12}S_{12}}{\sum S_{1j}}(-\sum M_{1j}^F) = M_{21}^F + C_{12}[\mu_{12}(-\sum M_{1j}^F)] \\
M_{31} &= M_{31}^F + C_{13}[\mu_{13}(-\sum M_{1j}^F)] \\
M_{41} &= M_{41}^F + C_{14}[\mu_{14}(-\sum M_{1j}^F)]
\end{aligned}\right\} \qquad (9-5)
$$

各式右边第一项仍是固端弯矩。第二项是由结点转动 Z_1 角所产生的弯矩,它好比是将各近端的分配弯矩以传递系数的比例传到各远端一样,故称为 <u>传递弯矩</u>。

得出上述规律之后,便可不必绘 M_P、$\overline{M}_1$ 图,也不必列出和求解典型方程,而直接按以上结论计算各杆端弯矩。其过程可形象地归纳为两步:

(1) <u>固定结点</u>。加入刚臂,各杆端有固端弯矩,而结点上有不平衡力矩,它暂时由刚臂承担。

(2) <u>放松结点</u>。取消刚臂,让结点转动。这相当于在结点上又加入一个反号的不平衡力矩,于是不平衡力矩被消除而结点获得平衡。此反号的不平衡力矩将按转动刚度大小的比例分配给各近端,于是各近端得到分配弯矩,同时各自向其远端进行传递,各远端得到传递弯矩。

最后,各近端弯矩等于固端弯矩加分配弯矩,各远端弯矩等于固端弯矩加传递弯矩。

例 9-1 试作图 9-3a 所示刚架的弯矩图。

解:(1) 计算各杆端分配系数。为了方便计算,可令 $i_{AB} = i_{AC} = \dfrac{EI}{4} = 1$,则 $i_{AD} = 2$。由式(9-1)得

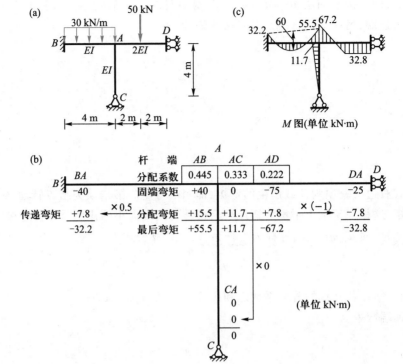

图 9-3

$$\mu_{AB} = \frac{4 \times 1}{4 \times 1 + 3 \times 1 + 2} = \frac{4}{4 + 3 + 2} = \frac{4}{9} = 0.445$$

$$\mu_{AC} = \frac{3}{9} = 0.333$$

9-2　力矩分配法与位移法的比较

$$\mu_{AD} = \frac{2}{9} = 0.222$$

（2）计算固端弯矩。据表 8-1 有

$$M_{BA}^F = -\frac{30 \text{ kN/m} \times (4 \text{ m})^2}{12} = -40 \text{ kN} \cdot \text{m}$$

$$M_{AB}^F = +\frac{30 \text{ kN/m} \times (4 \text{ m})^2}{12} = +40 \text{ kN} \cdot \text{m}$$

$$M_{AD}^F = -\frac{3 \times 50 \text{ kN} \times 4 \text{ m}}{8} = -75 \text{ kN} \cdot \text{m}$$

$$M_{DA}^F = -\frac{50 \text{ kN} \times 4 \text{ m}}{8} = -25 \text{ kN} \cdot \text{m}$$

　　（3）进行力矩的分配和传递。结点 A 的不平衡力矩为 $\sum M_{Aj}^F = (40 - 75) \text{ kN} \cdot \text{m} = -35 \text{ kN} \cdot \text{m}$，将其反号并乘以分配系数即得到各近端的分配弯矩，再乘以传递系数即得到各远端的传递弯矩。在力矩分配法中，为了使计算过程的表达更加紧凑、直观、避免罗列大量算式，整个计算可直接在图上书写（或列表计算），如图 9-3b 所示。

　　（4）计算杆端最后弯矩。将固端弯矩和分配弯矩、传递弯矩叠加，便得到各杆端的最后弯矩。据此即可绘出刚架的弯矩图,如图 9-3c 所示。

§9-3 用力矩分配法计算连续梁和无侧移刚架

上面以只有一个结点转角的结构说明了力矩分配法的基本原理。对于具有多个结点转角但无结点线位移(简称无侧移)的结构,只需依次对各结点使用上节所述方法便可求解。作法是:先将所有结点固定,计算各杆固端弯矩;然后将各结点轮流地放松,即每次只放松一个结点,其他结点仍暂时固定,这样把各结点的不平衡力矩轮流地进行分配、传递,直到传递弯矩小到可略去时为止,以这样的逐次渐近方法来计算杆端弯矩。下面结合具体例子来说明。

图 9-4 所示连续梁,有两个结点转角而无结点线位移。现将两个刚结点 1、2 都固定起来,可算得各杆的固端弯矩为

$$M_{01}^{F} = -\frac{25 \ kN/m \times (12 \ m)^2}{12} = -300 \ kN \cdot m$$

$$M_{10}^{F} = +\frac{25 \ kN/m \times (12 \ m)^2}{12} = +300 \ kN \cdot m$$

$$M_{12}^{F} = -\frac{400 \ kN \times 12 \ m}{8} = -600 \ kN \cdot m$$

$$M_{21}^{F} = +\frac{400 \ kN \times 12 \ m}{8} = +600 \ kN \cdot m$$

$$M_{23}^{F} = -\frac{25 \ kN/m \times (12 \ m)^2}{8} = -450 \ kN \cdot m$$

$$M_{32}^{F} = 0$$

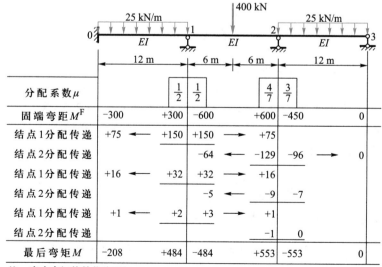

分配系数 μ			$\frac{1}{2}$	$\frac{1}{2}$		$\frac{4}{7}$	$\frac{3}{7}$	
固端弯距 M^F	-300		+300	-600		+600	-450	0
结点1分配传递	+75 ←		+150	+150 →		+75		
结点2分配传递				-64 ←		-129	-96 →	0
结点1分配传递	+16 ←		+32	+32 →		+16		
结点2分配传递				-5 ←		-9	-7	
结点1分配传递	+1 ←		+2	+3 →		+1		
结点2分配传递						-1	0	
最后弯矩 M	-208		+484	-484		+553	-553	0

注:表中弯矩的单位为kN·m。

图 9-4

将上述各值填入图 9-4 的固端弯矩 M^F 一栏中。此时结点 1、2 上各有不平衡力矩

$$\sum M^F_{1j} = +300 \text{ kN} \cdot \text{m} - 600 \text{ kN} \cdot \text{m} = -300 \text{ kN} \cdot \text{m}$$

$$\sum M^F_{2j} = +600 \text{ kN} \cdot \text{m} - 450 \text{ kN} \cdot \text{m} = +150 \text{ kN} \cdot \text{m}$$

为了消除这两个不平衡力矩,在位移法中是令结点 1、2 同时产生与原结构相同的转角,也就是同时放松两个结点,让它们一次转动到实际的平衡位置。如前所述,这需要建立联立方程并解算它们。在力矩分配法中则不是这样,而是逐次地将各结点轮流放松来达到同样的目的。

　　首先,放松结点 1,此时结点 2 仍固定,故与上节放松单个结点的情况完全相同,因而可按前述力矩分配和传递的方法来消除结点 1 的不平衡力矩。为此,需先求出结点 1 处各杆端的分配系数,由于各跨 EI、l 均相同,故线刚度均为 i,由式(9-4)有

$$\mu_{10} = \frac{4i}{4i + 4i} = \frac{1}{2}, \quad \mu_{12} = \frac{4i}{4i + 4i} = \frac{1}{2}$$

将其填入图 9-4 分配系数 μ 一栏中。把结点 1 的不平衡力矩 -300 kN·m 反号并进行分配,可得分配弯矩为

$$M_{10} = \frac{1}{2} \times [-(-300 \text{ kN} \cdot \text{m})] = +150 \text{ kN} \cdot \text{m}$$

$$M_{12} = \frac{1}{2} \times [-(-300 \text{ kN} \cdot \text{m})] = +150 \text{ kN} \cdot \text{m}$$

把它们填入图中。这样,结点 1 便暂时获得了平衡,在分配弯矩下面画一条横线来表示平衡。此时,结点 1 也就随之转动了一个角度(但还没有转到最后位置)。同时,分配弯矩应向各自的远端进行传递,传递弯矩为

$$M_{01} = \frac{1}{2} \times (+150 \text{ kN} \cdot \text{m}) = +75 \text{ kN} \cdot \text{m}$$

$$M_{21} = \frac{1}{2} \times (+150 \text{ kN} \cdot \text{m}) = +75 \text{ kN} \cdot \text{m}$$

在图中用箭头把它们分别送到各远端。

　　其次,看结点 2,它原有不平衡力矩 +150 kN·m,又加上结点 1 传来的传递弯矩 +75 kN·m,故共有不平衡力矩 +150 kN·m + 75 kN·m = +225 kN·m。现在把结点 1 在刚才转动后的位置上重新设置刚臂加以固定,然后放松结点 2,于是又与上节放松单个结点的情况相同。结点 2 各杆端的分配系数为

$$\mu_{21} = \frac{4i}{4i + 3i} = \frac{4}{7}, \quad \mu_{23} = \frac{3i}{4i + 3i} = \frac{3}{7}$$

将不平衡力矩 +225 kN·m 反号并进行分配:

$$M_{21} = \frac{4}{7} \times (-225 \text{ kN} \cdot \text{m}) = -129 \text{ kN} \cdot \text{m}$$

$$M_{23} = \frac{3}{7} \times (-225 \text{ kN} \cdot \text{m}) = -96 \text{ kN} \cdot \text{m}$$

同时向各远端进行传递:

$$M_{12} = \frac{1}{2} \times (-129 \text{ kN} \cdot \text{m}) = -64 \text{ kN} \cdot \text{m}$$

$$M_{32} = 0 \times (-96 \text{ kN} \cdot \text{m}) = 0$$

于是结点 2 亦暂告平衡,同时也转动了一个角度(也未转到最后位置),然后将它也在转动后的位置上重新固定起来。

再次,看结点 1,它又有了新的不平衡力矩 -64 kN·m,于是又将结点 1 放松,按同样方法进行分配和传递等。如此反复地将各结点轮流地固定、放松,不断地进行力矩的分配和传递,则不平衡力矩的数值将愈来愈小(因为分配系数和传递系数均小于 1),直到传递弯矩的数值小到按计算精度的要求可以略去时,便可停止计算。这时,各结点经过逐次转动,也就逐渐逼近了其最后的平衡位置。

最后,将各杆端的固端弯矩和屡次所得到的分配弯矩和传递弯矩总加起来,便得到各杆端的最后弯矩。

例 9-2 试用力矩分配法计算图 9-5a 所示连续梁,并绘制弯矩图。

解:(1)右边悬臂部分 EF 的内力是静定的,若将其切去,而以相应的弯矩和剪力作为外力施加于结点 E 处,则结点 E 便化为铰支端来处理,如图 9-5b 所示。

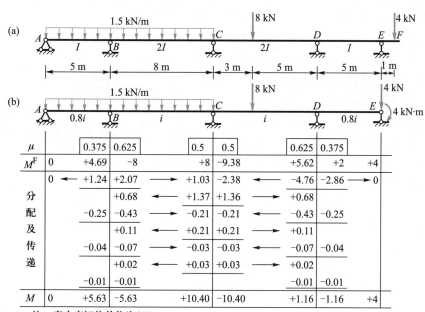

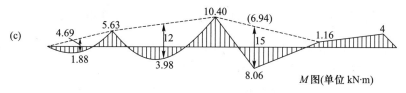

图 9-5

(2)计算分配系数。若设 BC、CD 两杆的线刚度为 $\dfrac{2EI}{8 \text{ m}} = i$,则 AB、DE 两杆的线

刚度折算为 $\dfrac{EI}{5\ \mathrm{m}}=0.8i$，如图 9-5b 所示。对于结点 D，分配系数为

$$\mu_{DC}=\frac{4i}{4i+3\times0.8i}=\frac{4}{4+2.4}=0.625$$

$$\mu_{DE}=\frac{2.4}{4+2.4}=0.375$$

其余各结点的分配系数可同样算出，如图 9-5b 所示。

（3）计算固端弯矩。DE 杆相当于一端固定一端铰支的梁，在铰支端处承受一集中力及一力偶的荷载。其中集中力 4 kN 将为支座 E 直接承受而不使梁产生弯矩，故可不考虑；而力偶 4 kN·m 所产生的固端弯矩由表 8-1 可算得

$$M_{DE}^{\mathrm{F}}=\frac{1}{2}\times4\ \mathrm{kN\cdot m}=+2\ \mathrm{kN\cdot m}$$

$$M_{ED}^{\mathrm{F}}=+4\ \mathrm{kN\cdot m}$$

此外，上述 DE 杆的固端弯矩也可以利用力矩分配法的概念来求得。如图 9-6 所示，先不必去掉悬臂，而是将结点 E 也暂时固定，于是可写出各固端弯矩如图所示。然后，放松结点 E，由于 EF 为一悬臂，其 E 端的转动刚度为零，故知其分配系数 $\mu_{EF}=0$，而有 $\mu_{ED}=1$。于是，结点 E 的不平衡力矩反号后将全部分配给 DE 梁的 E 端，并传一半至 D 端。计算如图所示，结果与前面相同。而结点 E 此次放松后便不再重新固定，在以后的计算中则作为铰支端处理。

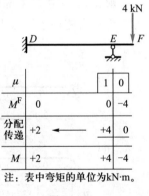

μ			1	0
M^{F}	0		0	-4
分配传递	+2	←	+4	0
M	+2		+4	-4

注：表中弯矩的单位为kN·m。

图 9-6

其余各固端弯矩均可按表 8-1 求得，无须赘述。

（4）轮流放松各结点进行力矩分配和传递。为了使计算时收敛较快，分配宜从不平衡力矩数值较大的结点开始，本例先放松结点 D。此外，由于放松结点 D 时，结点 C 是固定的，故又可同时放松结点 B。由此可知，凡不相邻的各结点每次均可同时放松，这样便可加快收敛的速度。整个计算详见图 9-5b。

（5）计算杆端最后弯矩，并绘 M 图（图 9-5c）。

例 9-3 试用力矩分配法计算图 9-7a 所示刚架。

解：这是一个对称结构，承受正对称荷载，可取一半结构如图 9-7b 所示，有两个结点转角而无结点线位移（无侧移）。为了方便可设 $\dfrac{EI}{8\ \mathrm{m}}=1$，算得各杆线刚度如图上小圆圈中所注。其余一切计算均见图 9-7c，无须详述。计算完毕后，可校核各结点处的杆端弯矩是否满足平衡条件。对于结点 B 有

$$\sum M_{Bj}=+54.4\ \mathrm{kN\cdot m}+4.7\ \mathrm{kN\cdot m}-59.1\ \mathrm{kN\cdot m}=0$$

结点 C 有

$$\sum M_{Cj}=+27.5\ \mathrm{kN\cdot m}-12.2\ \mathrm{kN\cdot m}-15.3\ \mathrm{kN\cdot m}=0$$

故计算无误。最后 M 图如图 9-7d 所示。

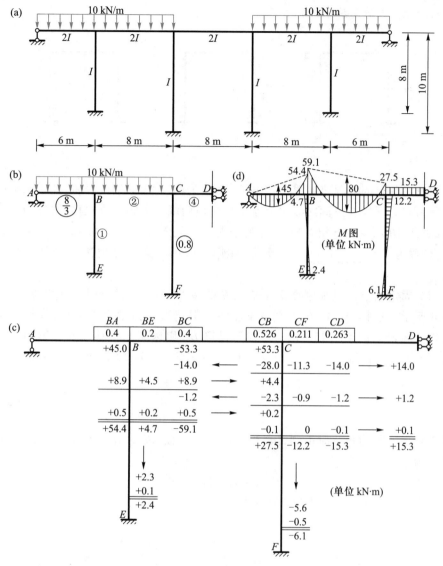

图 9-7

§9-4 无剪力分配法

无剪力分配法是计算符合某些特定条件的有侧移刚架的一种方法。本节以单跨对称刚架在反对称荷载作用下的半刚架为例来说明这种方法。

单跨对称刚架是工程中所常见的，例如刚架式桥墩（图9-8）、渡槽或管道的支架及单跨厂房等。对于图9-9a所示单跨对称刚架，可将其荷载分为正、反对称两组。正对称时（图9-9b）结点只有转角，没有侧移，故可用前述一般力矩分配法计算，不需再讲。反对称时（图9-9c）则结点除转角外，还有侧移，此时可采

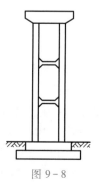

图 9-8

9-3 无剪
力分配法

用下面的无剪力分配法来计算。

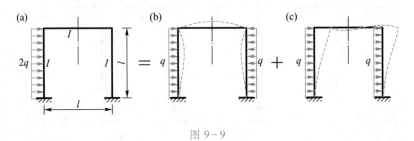

图 9 - 9

取反对称时的半刚架如图 9 - 10a 所示，C 处为一竖向链杆支座。此半刚架的变形和受力有如下特点：横梁 BC 虽有水平位移但两端并无相对线位移，这称为<u>无侧移杆件</u>；竖柱 AB 两端虽有相对侧移，但由于支座 C 处无水平反力，故 AB 柱的剪力是静定的，这称为<u>剪力静定杆件</u>。计算此半刚架时，仍与力矩分配法一样分为两步骤考虑：

（1）固定结点。只加刚臂阻止结点 B 的转动，而<u>不加链杆</u>阻止其线位移，如图 9 - 10b 所示。这样，柱 AB 的上端虽不能转动但仍可自由地水平滑行，故相当于下端固定上端滑动的梁（图9 - 10c）。对于横梁 BC 则因其水平移动并不影响本身内力，仍相当于一端固定另一端铰支的梁。由表 8 - 1 第 20 栏可查得柱的固端弯矩为

$$M_{AB}^{F} = -\frac{ql^2}{3}, \quad M_{BA}^{F} = -\frac{ql^2}{6} \tag{9-6}$$

结点 B 的不平衡力矩暂时由刚臂承受。注意此时柱 AB 的剪力仍然是静定的，其两端剪力为

$$F_{SBA} = 0, \quad F_{SAB} = ql \tag{9-7}$$

即全部水平荷载由柱的下端剪力所平衡。

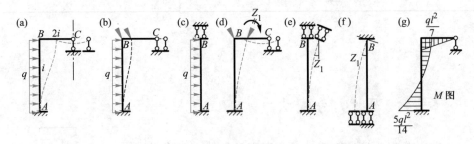

图 9 - 10

（2）放松结点。为了消除刚臂上的不平衡力矩，现在来放松结点，进行力矩的分配和传递。此时，结点 B 不仅转动 Z_1 角，同时也发生水平位移，如图9 - 10d 所示。由于柱 AB 为下端固定上端滑动，当上端转动时柱的剪力为零，因而处于纯弯曲受力状态（图 9 - 10e），这实际上与上端固定下端滑动而上端转动同样角度时的受力和变形状态（图 9 - 10f）完全相同，故可推知其转动刚度应为 i，而传递系数为 - 1。于是，结点 B 的分配系数为

$$\mu_{BA} = \frac{i}{i+3\times2i} = \frac{1}{7}, \quad \mu_{BC} = \frac{3\times2i}{i+3\times2i} = \frac{6}{7} \tag{9-8}$$

其余计算如图 9-11 所示,无须详述。M 图如图 9-10g 所示。

由上可见,在固定结点时柱 AB 的剪力是静定的;在放松结点时,柱 B 端得到的分配弯矩将乘以 -1 的传递系数传到 A 端,因此弯矩沿 AB 杆全长均为常数而剪力为零。这样,在力矩的分配和传递过程中,柱中原有剪力将保持不变而不增加新的剪力,故这种方法称为无剪力力矩分配法,简称无剪力分配法。

以上方法可以推广到多层的情况。如图 9-12a 所示刚架,各横梁均为无侧移杆,各竖柱则均为剪力静定杆。固定结点时仍只加刚臂阻止各结点的转动,而并不阻止其线位移,如图 9-12b 所示。此时,各层柱子两端均无转角,但有侧移。考察其中任一层柱子例如 BC 两端的相对侧移时,可将其下端看作是不动的,上端是滑动的,但由平衡条件可知,其上端的剪力值为 $F_{SCB}=2ql$(图9-12c)。由此可推知,不论刚架有多少层,每一层的柱子均可视为上端滑动

图 9-11

下端固定的梁,而除了柱身承受本层荷载外,柱顶处还承受剪力,其值等于柱顶以上各层所有水平荷载的代数和。这样,便可根据表 8-1 算出各层竖柱的固端弯矩。然后,将各结点轮流地放松,进行力矩的分配、传递。图 9-12d 所示为放松某一结点 C 时的情形,这相当于将该结点上的不平衡力矩反号作为力偶荷载施加于该结点上。此时结点 C 不仅转动某一角度 θ_C,同时 BC、CD 两柱还将产生相对侧移,但由平衡条件知两柱剪力均为零,处于纯弯曲受力状态(与图 9-10f 相同),因而计算时各柱的劲度系数应取各自的线刚度 i,而传递系数为 -1(指等截面杆)。值得指出,此时只有汇交于结点 C 的各杆才产生变形而受力;B 以下各层无任何位移故不受力;D 以上各层则随着 D 点一起发生水平位移,但其各杆两端并无相对侧移,故仍不受力。因此,放松结点 C 时,力矩的分配、传递将只在 CB、CF、CD 三杆范围内进行。放松其他结点时情况亦相似。对于力矩分配、传递的具体计算步骤则与一般力矩分配法相同,无需赘述。

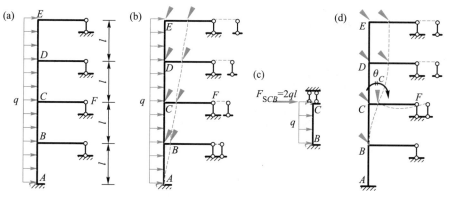

图 9-12

用无剪力分配法计算有侧移刚架,由于采取了只控制结点转动而任其侧移的特殊措施,使得其计算过程和普通力矩分配法一样简便。但须注意,无剪力分配法只适用于一些特殊的有侧移刚架,这就是:刚架的一部分杆件是无侧移杆,其余杆件都是剪力静定杆。例如立柱只有一根而各横梁外端的支杆均与立柱平行(图9−13)就属于这种情况。

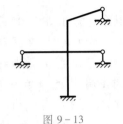

图 9 − 13

例 9−4   试用无剪力分配法计算图 9−14a 所示刚架。

解: 计算分配系数时注意各柱端的劲度系数应等于其柱的线刚度。按表8−1计算固端弯矩时,对于柱 AC 有

$$M_{AC}^{F} = -\frac{10 \text{ kN} \times 4 \text{ m}}{8} = -5 \text{ kN} \cdot \text{m}$$

$$M_{CA}^{F} = -\frac{3 \times 10 \text{ kN} \times 4 \text{ m}}{8} = -15 \text{ kN} \cdot \text{m}$$

对于 CE 柱,除受本层荷载外还受有柱顶剪力 10 kN,故有

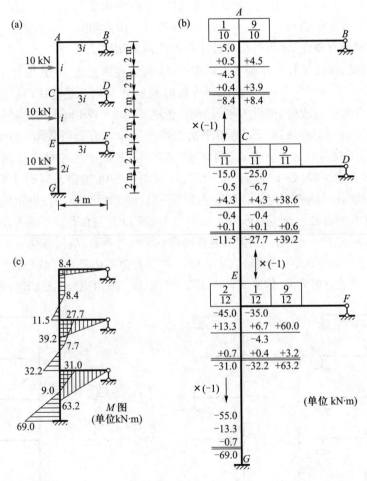

图 9 − 14

$$M_{CE}^{F} = -\frac{10\ kN \times 4\ m}{8} - \frac{10\ kN \times 4\ m}{2} = -25\ kN \cdot m$$

$$M_{EC}^{F} = -\frac{3 \times 10\ kN \times 4\ m}{8} - \frac{10\ kN \times 4\ m}{2} = -35\ kN \cdot m$$

对于 EG 柱,则除本层荷载外尚有柱顶剪力 20 kN,故有

$$M_{EG}^{F} = -\frac{10\ kN \times 4\ m}{8} - \frac{20\ kN \times 4\ m}{2} = -45\ kN \cdot m$$

$$M_{GE}^{F} = -\frac{3 \times 10\ kN \times 4\ m}{8} - \frac{20\ kN \times 4\ m}{2} = -55\ kN \cdot m$$

其余计算如图 9-14b 所示,M 图如图 9-14c 所示。

例 9-5 试作图 9-15a 所示空腹梁(又称空腹桁架)的弯矩图,并求结点 F 的竖向位移。

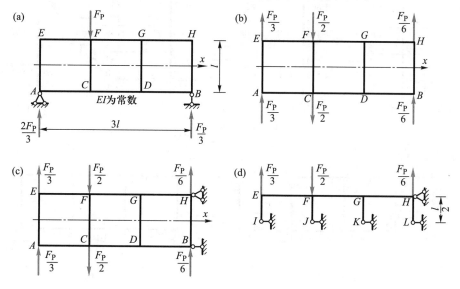

图 9-15

解: 此结构本身对称于水平轴 x,但支座并不对称于 x 轴。为此,可设想将支座去掉而以反力代替其作用,并将荷载和反力均对 x 轴分解为正、反对称的两组。这样,若略去轴向变形影响,则正对称时各杆弯矩皆为零(只有 EA、FC、HB 三杆受轴力);反对称情况(图 9-15b)则可用无剪力分配求解,对此说明如下:

图 9-15b 所示结构虽无支座,但本身几何不变且外力为平衡力系,故在外力作用下可以维持平衡,因而有确定的内力和变形。但是,其位移却不确定,因为还可以有任意刚体位移。确定刚体位移需要有足够的支承条件,但不论给定什么样的刚体位移,只要保证结构所受外力不变,则内力解答都相同。为此,可假设 H 点不动,B 点无水平位移,如图 9-15c 所示。此时,由平衡条件可知所加三根支承链杆的反力均为零,可见结构的受力情况仍与图 9-15b 相同。对图 9-15c 所示情况取一半结构如图 9-15d 所示,由于假设 H 点无水平位移,因而此时所有竖杆均为无侧移杆,所有横梁又都是剪力静定杆,故可用无剪力分配法

求解。具体计算及 M 图如图 9-16a、b 所示,不再详述。

图 9-15a、c 两种情况虽然弯曲内力和变形相同,但支承方式不同,因而刚体位移不同,由此可见,其位移的解答是不同的。在求结构的实际位移时不应再用后者,而应按前者来计算。求 F 点的竖向位移时,可取图 9-16c 所示静定的基本体系来作出虚拟状态的弯矩图 $\overline{M}_F$,然后由图乘法可求得

$$\Delta_{Fy} = \frac{1}{EI} \frac{F_{\mathrm{p}}l}{10\,000} \times \left[-\frac{1\,523l}{2} \times \frac{1}{3} \frac{2l}{3} + \frac{1\,811l}{2} \times \frac{2}{3} \frac{2l}{3} + \frac{1\,155l}{2} \times \frac{5}{6} \frac{2l}{3} - \right.$$

$$\left. \frac{511l}{2} \times \frac{4}{6} \frac{2l}{3} + \frac{770l}{2} \times \frac{2}{6} \frac{2l}{3} - \frac{896l}{2} \times \frac{1}{6} \frac{2l}{3} \right] = 0.047\,6 \frac{F_{\mathrm{P}}l^3}{EI} \ (\downarrow)$$

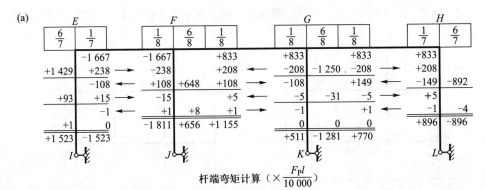

杆端弯矩计算($\times \dfrac{F_{\mathrm{p}}l}{10\,000}$)

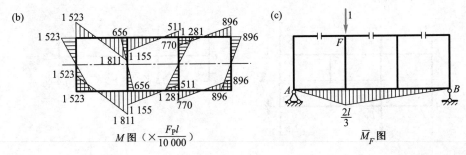

M 图($\times \dfrac{F_{\mathrm{p}}l}{10\,000}$) 　　　　　$\overline{M}_F$ 图

图 9-16

§9-5　剪力分配法

本节介绍的剪力分配法是适用于所有横梁为刚性杆、竖柱为弹性杆的框架结构计算的一种较简便方法。

下面以图 9-17a 所示排架为例,来讨论如何用剪力分配法计算超静定结构。

该结构的横梁为刚性二力杆,故只有一个独立结点线位移 Z_1(即柱顶 1、3、5 的水平线位移),为求此位移,将各柱顶截开,得隔离体如图 9-17b 所示,其平衡条件 $\sum F_x = 0$ 为

$$F = F_{S12} + F_{S34} + F_{S56}$$

式中的各柱顶剪力与柱顶水平线位移 Z_1 的关系,可通过表 8-1 得到

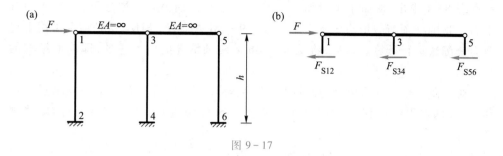

图 9 - 17

$$F_{S12} = \frac{3i_{12}}{h^2} Z_1, \quad F_{S34} = \frac{3i_{34}}{h^2} Z_1, \quad F_{S56} = \frac{3i_{56}}{h^2} Z_1$$

令

$$D_1 = \frac{3i_{12}}{h^2}, \quad D_2 = \frac{3i_{34}}{h^2}, \quad D_3 = \frac{3i_{56}}{h^2} \tag{9-9}$$

称为杆件的侧移刚度,即杆件发生单位侧移时,所产生的杆端剪力。

将上述剪力代入平衡条件,可求出线位移

$$Z_1 = \frac{F}{D_1 + D_2 + D_3} = \frac{F}{\sum D_i}$$

从而可得各柱顶剪力为

$$F_{S12} = \frac{D_1}{\sum D_i} F = \nu_1 F, \quad F_{S34} = \frac{D_2}{\sum D_i} F = \nu_2 F, \quad F_{S56} = \frac{D_3}{\sum D_i} F = \nu_3 F$$

式中

$$\nu_1 = \frac{D_1}{\sum D_i}, \quad \nu_2 = \frac{D_2}{\sum D_i}, \quad \nu_3 = \frac{D_3}{\sum D_i} \tag{9-10}$$

称为剪力分配系数,可见 $\nu_1 + \nu_2 + \nu_3 = 1$。由柱顶剪力即可求出结构的弯矩。对于排架结构,各柱固定端的弯矩等于柱顶剪力与其高度之积,即

$$M_{21} = -F_{S12}h, \quad M_{43} = -F_{S43}h, \quad M_{65} = -F_{S65}h \tag{9-11}$$

式中负号表示弯矩绕杆端逆时针转动。

这种利用剪力分配系数求柱顶剪力的方法称为剪力分配法。

若荷载不是作用于柱顶,而是作用在竖柱上,如图 9-18a 所示,这时可按与力矩分配法类似的思路进行分析。首先,将结构分解为只有结点线位移和只有荷载 q 的单独作用,如图 9-18b、c 所示。显然,图 9-18b 中各柱端内力(称为固端力)

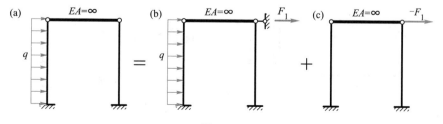

图 9 - 18

可查表 8-1 求出,从而求出附加链杆上的反力 F_1。而由叠加原理可知,图 9-18c 中右柱顶的柱顶荷载值应为 F_1,方向与图 9-18b 中的 F_1 相反,这种情况可用上述剪力分配法进行计算。最后,将图 9-18b、c 两种情况的内力叠加,即得原结构的最后内力。

对于图 9-19 所示横梁为刚性杆($EI = \infty$)的刚架,因只有一个独立结点线位移(柱顶的水平线位移),故同样可采用剪力分配法进行计算。其各柱的侧移刚度为

$$D_1 = \frac{12EI_1}{h_1^3}, \quad D_2 = \frac{12EI_2}{h_2^3}, \quad D_3 = \frac{12EI_3}{h_3^3} \tag{9-12}$$

各柱的剪力分配系数和最后内力的计算方法与上述排架的相同,但各柱的杆端弯矩等于柱顶剪力与其高度之积的一半。若结构为图 9-20 所示多层多跨刚架,由水平投影平衡条件可知,任一层的总剪力等于该层及以上各层所有水平荷载的代数和,它也按剪力分配系数分配到该层的各个柱顶,由此即可确定各竖柱的弯矩。

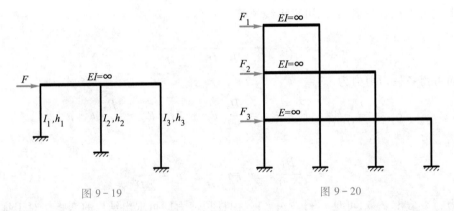

图 9-19   图 9-20

例 9-6   试用剪力分配法求图 9-21a 所示刚架竖柱的弯矩图。竖柱的弹性模量 E 为常数。

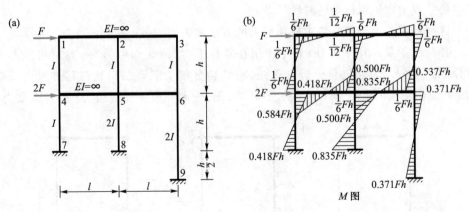

图 9-21

解:为了方便起见,设$\frac{12EI}{h^3}=1$,查表8-1,可得上层各竖柱的侧移刚度为$D_1=D_2=D_3=1$,下层各竖柱(从左至右)的侧移刚度为$D_4=1$,$D_5=\frac{12E\times2I}{h^3}=2$,$D_6=\frac{12E\times2I}{(3h/2)^3}=\frac{16}{27}$,则上、下层各竖柱顶的剪力分配系数分别为

$$\nu_1=\nu_2=\nu_3=\frac{1}{1+1+1}=\frac{1}{3}$$

$$\nu_4=\frac{1}{1+2+\frac{16}{27}}=0.2784,\quad \nu_5=\frac{2}{1+2+\frac{16}{27}}=0.5567$$

$$\nu_6=\frac{\frac{16}{27}}{1+2+\frac{16}{27}}=0.1649$$

上、下层的总剪力分别为F、$3F$,则各柱顶的剪力分别为

$$F_{S14}=\nu_1F=\frac{F}{3},\quad F_{S25}=F_{S36}=\frac{F}{3}$$

$$F_{S47}=\nu_4\times3F=0.835F,\quad F_{S58}=1.670F,\quad F_{S69}=0.495F$$

各柱端的弯矩分别为

$$M_{14}=M_{41}=-\frac{F_{S14}h}{2}=-\frac{Fh}{6}$$

$$M_{25}=M_{52}=-\frac{Fh}{12}$$

$$M_{36}=M_{63}=-\frac{Fh}{6}$$

$$M_{47}=M_{74}=-\frac{F_{S47}h}{2}=-0.418Fh$$

$$M_{58}=M_{85}=-\frac{F_{S58}h}{2}=-0.835Fh$$

$$M_{69}=M_{96}=-F_{S96}\times\frac{3h}{4}=-0.371Fh$$

求出了各竖柱的弯矩后,还可按如下方法确定刚性横梁的弯矩:若结点只联结一根刚性横梁,则可由结点的力矩平衡条件确定横梁在该结点端的杆端弯矩;若结点联结了两根刚性横梁,则可近似认为两根刚性横梁的转动刚度相同,从而分配到相同的杆端弯矩。最后弯矩图如图9-21b。

以上剪力分配法对于绘制多层多跨刚架在风力、地震力(通常简化为结点水平力荷载)作用下的弯矩图是非常方便的,但其基本假设是横梁刚度为无穷大,各刚结点均无转角,因而各柱的反弯点在其高度的一半处。但实际结构的横梁刚度并非无

穷大,故各柱的反弯点的高度与上述结果有所不同。经验表明,当梁与柱的线刚度比大于 5 时,上述结果仍足够精确。随着梁柱线刚度比的减小,结点转动的影响将逐渐增加,柱的反弯点位置将有所变动,大体变化规律是:底层柱的反弯点位置逐渐升高;顶部少数层柱的反弯点位置逐渐降低(尤以最顶层较为显著);其余中间各层则变化不大,柱的反弯点仍在中点附近。了解这一规律,对于确定多层刚架弯矩图的形状以及校核计算机的输出有无重大错误,都是很有用处的。

复习思考题

1. 什么是转动刚度?什么是分配系数?为什么一刚结点处各杆端的分配系数之和等于 1?

2. 单跨超静定梁的转动刚度和传递系数与杆件的线刚度有何关系?

3. 图 9-22 所示三个单跨梁,仅 B 端约束不同。它们的转动刚度 S_{AB} 和传递系数 C_{AB} 是否相同,为什么?

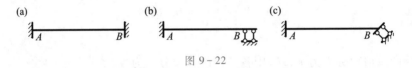

图 9-22

4. 什么是不平衡力矩?如何计算不平衡力矩?为什么要将它反号才能进行分配?

5. 什么叫传递弯矩和传递系数?

6. 说明力矩分配法每一步骤的物理意义。

7. 为什么力矩分配法的计算过程是收敛的?

8. 力矩分配法计算,何时可以同时放松多个结点?

9. 力矩分配法只适合于无结点线位移的结构,当这类结构发生已知支座移动时结点是有线位移的,为什么还可以用力矩分配法计算?

10. 无剪力分配法的基本结构是什么形式?无剪力分配法的适用条件是什么?为什么称无剪力分配法?

11. 剪力分配法的适用条件是什么?为什么称为剪力分配法?

习 题

9-1~9-2 试用力矩分配法计算图示刚架,并绘制 M 图。

9-3 试用力矩分配法计算题 7-22 所示连续梁。

9-4 图示连续梁 EI 为常数,试用力矩分配法计算其杆端弯矩,并绘制 M 图。

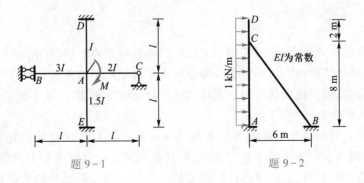

题 9-1 题 9-2

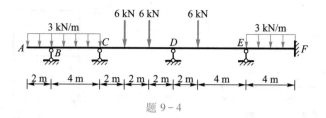

题 9 - 4

9 - 5 开挖基坑时用以支撑坑壁的板桩立柱及其计算简图如图所示。试作其弯矩图。

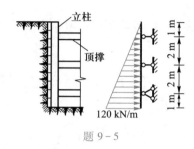

题 9 - 5

9 - 6 ~ 9 - 7 试用力矩分配法计算图示刚架,并绘 *M* 图。*E* 为常数。

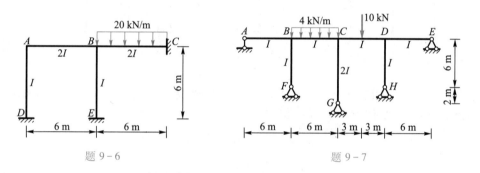

题 9 - 6　　　　　　　　　　　　　　　　题 9 - 7

9 - 8 图示刚架支座 *D* 下沉了 $\Delta_D = 0.08$ m,支座 *E* 下沉了 $\Delta_E = 0.05$ m,并发生了顺时针方向的转角 $\varphi_E = 0.01$ rad。试计算由此引起的各杆端弯矩。已知各杆的 $EI = 6 \times 10^4$ kN·m²。

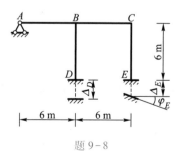

题 9 - 8

9 - 9 图示等截面连续梁 $EI = 36\,000$ kN·m²,若欲使梁中最大正、负弯矩的绝对值相等,应将 *B*、*C* 两支座同时升降若干?

9 - 10 试用无剪力分配法计算图示刚架,并绘 *M* 图。

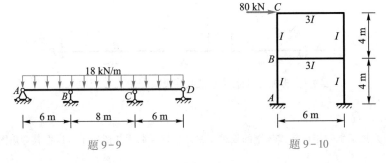

题 9-9   题 9-10

9-11　图示各结构哪些可以用无剪力分配法计算？对于图 f 若可用无剪力分配法计算,则转动刚度 S_{AB} 应等于多少?

(a)　　　　　　(b)　　　　　　(c)

(d)　　　　　　(e)　　　　　　(f)

题 9-11

9-12～9-14　试计算图示空腹梁弯矩,并绘 M 图,EI 为常数。(提示:除利用对水平轴的对称性外,还可利用对竖直轴的对称性以进一步简化计算。)

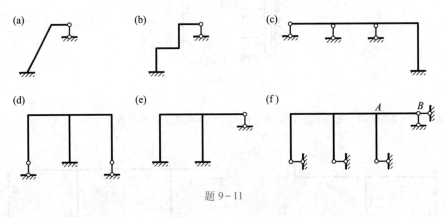

题 9-12

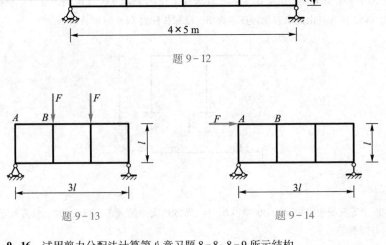

题 9-13   题 9-14

9-15～9-16　试用剪力分配法计算第八章习题 8-8～8-9 所示结构。

9-17　试用最简捷的方法(定性分析)绘出图示各结构的弯矩图。除注明者外,各杆的 EI、l 均相同。

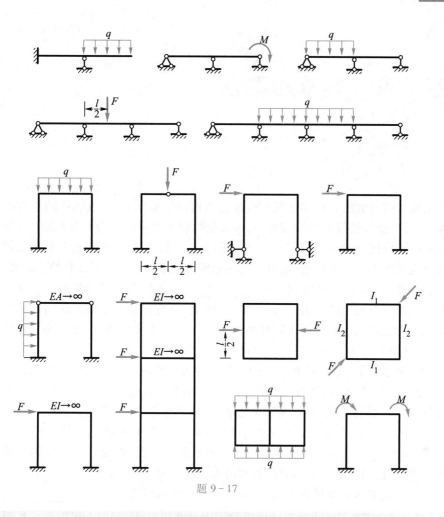

题 9 - 17

答　案

9-1　$M_{AB} = \dfrac{3}{19}M$

9-2　$M_{CA} = 3.48$ kN·m

9-4　$M_{CD} = -6.27$ kN·m,

　　　$M_{DC} = 7.14$ kN·m

9-5　立柱在中间顶撑处的弯矩为

　　　15.0 kN·m(左侧受拉)

9-6　$M_{CB} = 72.9$ kN·m

9-7　$M_{CB} = 12.73$ kN·m

9-8　$M_{BA} = -336$ kN·m,

　　　$M_{BD} = 85$ kN·m

9-9　19 mm(↓)

9-10　$M_{AB} = -91.9$ kN·m

9-11　图 c、图 d、图 f;在图 f 中,$S_{AB} = 0$

9-12　$M_{AB} = -19.03$ kN·m,

　　　　$M_{BA} = -18.47$ kN·m

9-13　$M_{AB} = -0.242Fl$,

　　　　$M_{BA} = -0.258Fl$

9-14　$M_{AB} = 0.093\,8Fl$,

　　　　$M_{BA} = 0.072\,8Fl$

9-15~9-16　见习题 8-8~8-9答案

第十章　矩阵位移法

10-1　本章学习要点

10-2　模型示例

§10-1　概述

前面介绍的力法和位移法都是传统的结构力学基本方法,其相应的计算手段是手算,因而只能解决计算简图较粗略、未知量数目不太多的结构分析问题。计算机的出现和广泛应用,使结构力学发生了巨大的变化。计算机能够高速度、精确地解决手算难以完成的大型复杂问题,同时传统的分析方法不适应这种新计算技术的要求,于是适合计算机要求的分析方法——结构矩阵分析,便得到了迅速的发展。这一方法的基本原理与上述传统方法并无实质上的区别,只是在处理手段上采用了矩阵这一数学工具。这是因为矩阵的运算规律最适合计算机要求的特点,便于编制计算机程序。杆系结构的矩阵分析,主要内容包括以下两部分:

(1) 把结构先分解为有限个较小的单元,即进行所谓离散化。对于杆系结构,一般以一根杆件或杆件的一段作为一个单元。结构离散化的目的是在较小的范围内分析单元的内力与位移之间的关系,建立所谓单元刚度矩阵或单元柔度矩阵,这称为单元分析。

(2) 把各单元又集合成原来的结构,这就要求各单元满足原结构的几何条件(包括支承条件、结点处的变形连续条件)和平衡条件,从而建立整个结构的刚度方程或柔度方程,以求解原结构的位移和内力。这称为整体分析。

根据所选基本未知量的不同,结构矩阵分析法同样有矩阵位移法(刚度法)和矩阵力法(柔度法)两种。矩阵位移法因易于编制通用程序,故应用更广。本章只介绍矩阵位移法。

矩阵位移法可以认为是有限单元法的雏形。二者基本概念相同,计算过程也大致相同,即把一个结构离散为有限个单元的组合,这些单元通过结点相互联结,以结点位移为基本未知量,建立方程进行求解。二者区别在于,杆系结构矩阵位移法中,单元杆端力与杆端位移之间的关系是根据等截面直杆转角-位移方程精确推导得到;而有限单元法则是通过假设单元位移函数,根据虚功原理或极小势能原理建立结点力和结点位移的关系,是一种近似的数值计算方法。因此,学习本章时,既要看到矩阵位移法与传统位移法在基本原理上的相同处,又要看到在具体作法和步骤上的不同点,还要建立有限单元法的基本思想。有些作法从手算的观点看是"笨"的,难于理解的,而从电算的角度看则是方便的。注意到这些将有助于对本章内容的理解,也有助于后续有限单元法的学习。

§10-2　单元刚度矩阵

单元分析的任务,在于建立杆端力与杆端位移之间的关系,这就是第八章中讨论过的转角位移方程,现在用矩阵形式来表达。同时,为了更精确和一般化,将考虑轴向变形影响。

图 10-1 所示一等截面直杆,设其在整个结构中的编号为 e,它联结着两个结点 i、j。现以 i 为原点,以从 i 向 j 的方向为 $\bar{x}$ 轴的正向,并以 $\bar{x}$ 轴的正向逆时针转 $90°$ 为 $\bar{y}$ 轴的正向。这样的坐标系称为单元的 局部坐标系。i、j 分别称为单元的 始端 和 末端。

对于平面杆件,在一般情况下两端各有三个杆端力分量,即 i 端的轴力 $\bar{F}_{Ni}^e$、剪力 $\bar{F}_{Si}^e$ 和弯矩 $\bar{M}_i^e$ 及 j 端的 $\bar{F}_{Nj}^e$、$\bar{F}_{Sj}^e$ 和 $\bar{M}_j^e$(这些符号上面冠以一横线,是表示它们是局部坐标系中的量值,上标 e 表示它们是属于单元 e 的,下同);与此相应有六个杆端位移分量,即 $\bar{u}_i^e$、$\bar{v}_i^e$、$\bar{\varphi}_i^e$ 和 $\bar{u}_j^e$、$\bar{v}_j^e$、$\bar{\varphi}_j^e$。这样的单元称为 一般单元 或 自由单元。杆端力和杆端位移的正负号规

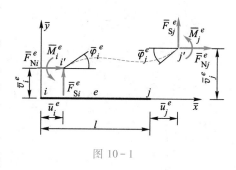

图 10-1

定是:杆端轴力 $\bar{F}_N^e$ 以同 $\bar{x}$ 轴正向指向为正,杆端剪力 $\bar{F}_S^e$ 以同 $\bar{y}$ 轴正向指向为正,杆端弯矩 $\bar{M}^e$ 以逆时方向为正;杆端位移的正负号规定与杆端力相同。

现设六个杆端位移分量已给出,同时杆上无荷载作用,要确定相应的六个杆端力分量。根据胡克定律和表 8-1(注意现在的正负号规定与该表有所不同),不难确定仅当某一杆端位移分量等于 1(其余各杆端位移分量皆等于零)时的各杆端力分量,这就相当于两端固定的梁仅发生某一单位支座位移时的情况一样,分别如图 10-2a~f 所示。然后,根据叠加原理可写出:

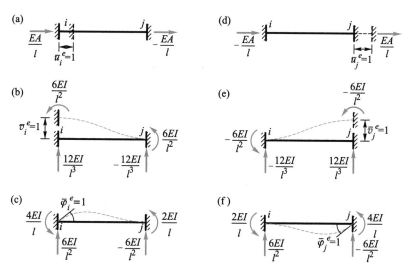

图 10-2

$$\overline{F}_{Ni}^{e} = \frac{EA}{l}\overline{u}_{i}^{e} - \frac{EA}{l}\overline{u}_{j}^{e}$$

$$\overline{F}_{Si}^{e} = \frac{12EI}{l^{3}}\overline{v}_{i}^{e} + \frac{6EI}{l^{2}}\overline{\varphi}_{i}^{e} - \frac{12EI}{l^{3}}\overline{v}_{j}^{e} + \frac{6EI}{l^{2}}\overline{\varphi}_{j}^{e}$$

$$\overline{M}_{i}^{e} = \frac{6EI}{l^{2}}\overline{v}_{i}^{e} + \frac{4EI}{l}\overline{\varphi}_{i}^{e} - \frac{6EI}{l^{2}}\overline{v}_{j}^{e} + \frac{2EI}{l}\overline{\varphi}_{j}^{e}$$

$$\overline{F}_{Nj}^{e} = -\frac{EA}{l}\overline{u}_{i}^{e} + \frac{EA}{l}\overline{u}_{j}^{e}$$

$$\overline{F}_{Sj}^{e} = -\frac{12EI}{l^{3}}\overline{v}_{i}^{e} - \frac{6EI}{l^{2}}\overline{\varphi}_{i}^{e} + \frac{12EI}{l^{3}}\overline{v}_{j}^{e} - \frac{6EI}{l^{2}}\overline{\varphi}_{j}^{e}$$

$$\overline{M}_{j}^{e} = \frac{6EI}{l^{2}}\overline{v}_{i}^{e} + \frac{2EI}{l}\overline{\varphi}_{i}^{e} - \frac{6EI}{l^{2}}\overline{v}_{j}^{e} + \frac{4EI}{l}\overline{\varphi}_{j}^{e}$$

写成矩阵形式则有

$$
\begin{Bmatrix} \overline{F}_{Ni}^{e} \\ \overline{F}_{Si}^{e} \\ \overline{M}_{i}^{e} \\ \overline{F}_{Nj}^{e} \\ \overline{F}_{Sj}^{e} \\ \overline{M}_{j}^{e} \end{Bmatrix} =
\begin{bmatrix}
\frac{EA}{l} & 0 & 0 & -\frac{EA}{l} & 0 & 0 \\
0 & \frac{12EI}{l^{3}} & \frac{6EI}{l^{2}} & 0 & -\frac{12EI}{l^{3}} & \frac{6EI}{l^{2}} \\
0 & \frac{6EI}{l^{2}} & \frac{4EI}{l} & 0 & -\frac{6EI}{l^{2}} & \frac{2EI}{l} \\
-\frac{EA}{l} & 0 & 0 & \frac{EA}{l} & 0 & 0 \\
0 & -\frac{12EI}{l^{3}} & -\frac{6EI}{l^{2}} & 0 & \frac{12EI}{l^{3}} & -\frac{6EI}{l^{2}} \\
0 & \frac{6EI}{l^{2}} & \frac{2EI}{l} & 0 & -\frac{6EI}{l^{2}} & \frac{4EI}{l}
\end{bmatrix}
\begin{Bmatrix} \overline{u}_{i}^{e} \\ \overline{v}_{i}^{e} \\ \overline{\varphi}_{i}^{e} \\ \overline{u}_{j}^{e} \\ \overline{v}_{j}^{e} \\ \overline{\varphi}_{j}^{e} \end{Bmatrix}
$$

$$(10-1)$$

这称为单元的刚度方程,它可简写为

$$\overline{F}^{e} = \overline{k}^{e}\overline{\delta}^{e} \tag{10-2}$$

式中

$$
\overline{F}^{e} = \begin{Bmatrix} \overline{F}_{Ni}^{e} \\ \overline{F}_{Si}^{e} \\ \overline{M}_{i}^{e} \\ \hdashline \overline{F}_{Nj}^{e} \\ \overline{F}_{Sj}^{e} \\ \overline{M}_{j}^{e} \end{Bmatrix}, \quad
\overline{\delta}^{e} = \begin{Bmatrix} \overline{u}_{i}^{e} \\ \overline{v}_{i}^{e} \\ \overline{\varphi}_{i}^{e} \\ \hdashline \overline{u}_{j}^{e} \\ \overline{v}_{j}^{e} \\ \overline{\varphi}_{j}^{e} \end{Bmatrix}
\qquad (10-3),(10-4)
$$

10-3　空间
杆单元示例

分别称为单元的杆端力列向量和杆端位移列向量,而

$$
\bar{k}^e =
\begin{array}{c}
\begin{array}{cccccc}
\bar{u}_i^e & \bar{v}_i^e & \bar{\varphi}_i^e & \bar{u}_j^e & \bar{v}_j^e & \bar{\varphi}_j^e
\end{array} \\
\left(
\begin{array}{cccccc}
\dfrac{EA}{l} & 0 & 0 & -\dfrac{EA}{l} & 0 & 0 \\[2mm]
0 & \dfrac{12EI}{l^3} & \dfrac{6EI}{l^2} & 0 & -\dfrac{12EI}{l^3} & \dfrac{6EI}{l^2} \\[2mm]
0 & \dfrac{6EI}{l^2} & \dfrac{4EI}{l} & 0 & -\dfrac{6EI}{l^2} & \dfrac{2EI}{l} \\[2mm]
-\dfrac{EA}{l} & 0 & 0 & \dfrac{EA}{l} & 0 & 0 \\[2mm]
0 & -\dfrac{12EI}{l^3} & -\dfrac{6EI}{l^2} & 0 & \dfrac{12EI}{l^3} & -\dfrac{6EI}{l^2} \\[2mm]
0 & \dfrac{6EI}{l^2} & \dfrac{2EI}{l} & 0 & -\dfrac{6EI}{l^2} & \dfrac{4EI}{l}
\end{array}
\right)
\begin{array}{c}
\bar{F}_{Ni}^e \\[2mm]
\bar{F}_{Si}^e \\[2mm]
\bar{M}_i^e \\[2mm]
\bar{F}_{Nj}^e \\[2mm]
\bar{F}_{Sj}^e \\[2mm]
\bar{M}_j^e
\end{array}
\end{array}
\tag{10-5}
$$

称为单元刚度矩阵(简称单刚)。它的行数等于杆端力列向量的分量数,而列数等于杆端位移列向量的分量数,由于杆端力和相应的杆端位移的数目总是相等的,所以 $\bar{k}^e$ 是方阵。这里须注意,杆端力列向量和杆端位移列向量的各个分量,必须是按式(10-3)和式(10-4)那样,从 i 到 j 按顺序一一对应排列。否则,随着排列顺序的改变,刚度矩阵 $\bar{k}^e$ 中各元素的排列亦将随之改变。为了避免混淆,可在 $\bar{k}^e$ 的上方注明杆端位移分量,而在右方注明与之一一对应的杆端力分量。显然,单元刚度矩阵中每一元素的物理意义就是当其所在列对应的杆端位移分量等于1(其余杆端位移分量均为零)时,所引起的其所在行对应的杆端力分量的数值。

不难看出,单元刚度矩阵具有如下重要性质:

(1) 对称性。单元刚度矩阵 $\bar{k}^e$ 是一个对称矩阵,即位于主对角线两边对称位置的两个元素是相等的,这由反力互等定理亦可得出此结论。

(2) 奇异性。单元刚度矩阵 $\bar{k}^e$ 是奇异矩阵。若将其第 1 行(或列)元素与第 4 行(列)元素相加,则所得的一行(列)元素全等于零;或将第 2 行(列)与第 5 行(列)相加也得零。这表明矩阵 $\bar{k}^e$ 相应的行列式等于零,故 $\bar{k}^e$ 是奇异的,其逆阵不存在。因此,若给定了杆端位移 $\bar{\delta}^e$,可以由式(10-2)确定杆端力 $\bar{F}^e$;但给定了杆端力 $\bar{F}^e$,却不能由式(10-2)反求杆端位移 $\bar{\delta}^e$。从物理概念上来说,由于所讨论的是一个自由单元,两端没有任何支承约束,因此杆件除了由杆端力引起的轴向变形和弯曲变形外,还可以有任意的刚体位移,故由给定的 $\bar{F}^e$ 还不能求得 $\bar{\delta}^e$ 的唯一解,除非增加足够的约束条件。

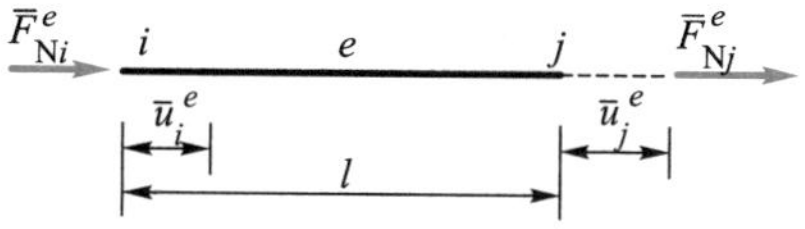

对于平面桁架中的杆件,其两端仅有轴力作用(图10-3),剪力和弯矩均为零,由式(10-1)可知,其单元刚度方程为

图 10-3

$$
\begin{pmatrix} \bar{F}_{Ni}^e \\[2mm] \bar{F}_{Nj}^e \end{pmatrix} =
\begin{pmatrix} \dfrac{EA}{l} & -\dfrac{EA}{l} \\[2mm] -\dfrac{EA}{l} & \dfrac{EA}{l} \end{pmatrix}
\begin{pmatrix} \bar{u}_i^e \\[2mm] \bar{u}_j^e \end{pmatrix}
\tag{10-6}
$$

相应的单元刚度矩阵为

$$
\bar{k}^e = \begin{pmatrix} \dfrac{EA}{l} & -\dfrac{EA}{l} \\[2mm] -\dfrac{EA}{l} & \dfrac{EA}{l} \end{pmatrix} \begin{matrix} \overline{F}^e_{Ni} \\[3mm] \overline{F}^e_{Nj} \end{matrix}
$$
（10-7）

（以上矩阵列标记为 $\bar{u}^e_i$、$\bar{u}^e_j$）

显然,它可以从式(10-5)的刚度矩阵中删去与杆端剪力和弯矩对应的行及与杆端横向位移和转角对应的列而得到。此外,为了以后便于进行坐标转换,可以添上零元素的行和列,把它写成4×4阶的矩阵:

$$
\bar{k}^e = \left(\begin{array}{cc:cc} \dfrac{EA}{l} & 0 & -\dfrac{EA}{l} & 0 \\[2mm] 0 & 0 & 0 & 0 \\ \hdashline -\dfrac{EA}{l} & 0 & \dfrac{EA}{l} & 0 \\[2mm] 0 & 0 & 0 & 0 \end{array} \right) \begin{matrix} \overline{F}^e_{Ni} \\[2mm] \overline{F}^e_{Si} \\[2mm] \overline{F}^e_{Nj} \\[2mm] \overline{F}^e_{Sj} \end{matrix}
$$
（10-8）

（以上矩阵列标记为 $\bar{u}^e_i$、$\bar{v}^e_i$、$\bar{u}^e_j$、$\bar{v}^e_j$）

对于其他特殊的杆件单元,同样可由式(10-1)经过修改得到相应的单元刚度矩阵。

§10-3　单元刚度矩阵的坐标转换

上一节的单元刚度矩阵,是建立在杆件的局部坐标系上的。对于整个结构,各单元的局部坐标系可能各不相同,而在研究结构的几何条件和平衡条件时,必须选定一个统一的坐标系,称为整体坐标系或结构坐标系。因此,在进行结构的整体分析之前,应先讨论如何把按局部坐标系建立的单元刚度矩阵 $\bar{k}^e$ 转换到整体坐标系上来,以建立整体坐标系中的单元刚度矩阵 k^e。

图10-4所示杆件 ij,在局部坐标系 $\bar{x}i\bar{y}$ 中,仍按式(10-3)、(10-4)那样,以 $\overline{F}^e$、$\overline{\boldsymbol{\delta}}^e$ 分别表示杆端力列向量和杆端位移列向量。在整体坐标系 xOy 中,则另以 F^e 和 $\boldsymbol{\delta}^e$ 来表示杆端力列向量和杆端位移列向量,即

$$
F^e = \begin{pmatrix} F^e_{xi} \\ F^e_{yi} \\ M^e_i \\ \hline F^e_{xj} \\ F^e_{yj} \\ M^e_j \end{pmatrix}, \quad \boldsymbol{\delta}^e = \begin{pmatrix} u^e_i \\ v^e_i \\ \varphi^e_i \\ \hline u^e_j \\ v^e_j \\ \varphi^e_j \end{pmatrix}
$$
（10-9）,（10-10）

式中力和线位移以与结构坐标系指向一致者为正,力偶和角位移以逆时针方向为正。

先讨论两种坐标系中杆端力之间的转换关系。

在两种坐标系中,弯矩都作用在同一平面上,是垂直于坐标平面的力偶矢量,故不受平面内坐标变换的影响,即

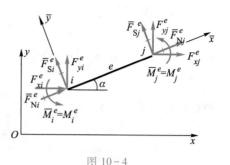

图 10−4

$$\left.\begin{array}{l} \overline{M}_i^e = M_i^e \\ \overline{M}_j^e = M_j^e \end{array}\right\} \qquad (\text{a})$$

轴力 $\overline{F}_N^e$ 和剪力 $\overline{F}_S^e$ 则将随坐标转换而重新组合为沿整体坐标系方向(通常是水平和竖直方向)的分力 F_x^e 和 F_y^e。设两种坐标系之间的夹角为 α,它是从 x 轴沿逆时针方向转至 $\overline{x}$ 轴来度量的,由投影关系可得

$$\left.\begin{array}{l} \overline{F}_{Ni}^e = F_{xi}^e \cos\alpha + F_{yi}^e \sin\alpha \\ \overline{F}_{Si}^e = -F_{xi}^e \sin\alpha + F_{yi}^e \cos\alpha \\ \overline{F}_{Nj}^e = F_{xj}^e \cos\alpha + F_{yj}^e \sin\alpha \\ \overline{F}_{Sj}^e = -F_{xj}^e \sin\alpha + F_{yj}^e \cos\alpha \end{array}\right\} \qquad (\text{b})$$

将(a)、(b)两式写成矩阵形式,则有

$$\begin{Bmatrix} \overline{F}_{Ni}^e \\ \overline{F}_{Si}^e \\ \overline{M}_i^e \\ \overline{F}_{Nj}^e \\ \overline{F}_{Sj}^e \\ \overline{M}_j^e \end{Bmatrix} = \begin{bmatrix} \cos\alpha & \sin\alpha & 0 & 0 & 0 & 0 \\ -\sin\alpha & \cos\alpha & 0 & 0 & 0 & 0 \\ 0 & 0 & 1 & 0 & 0 & 0 \\ 0 & 0 & 0 & \cos\alpha & \sin\alpha & 0 \\ 0 & 0 & 0 & -\sin\alpha & \cos\alpha & 0 \\ 0 & 0 & 0 & 0 & 0 & 1 \end{bmatrix} \begin{Bmatrix} F_{xi}^e \\ F_{yi}^e \\ M_i^e \\ F_{xj}^e \\ F_{yj}^e \\ M_j^e \end{Bmatrix} \qquad (10-11)$$

或简写为

$$\overline{F}^e = TF^e \qquad (10-12)$$

式中

$$T = \begin{pmatrix} \cos\alpha & \sin\alpha & 0 & & & \\ -\sin\alpha & \cos\alpha & 0 & & \mathbf{0} & \\ 0 & 0 & 1 & & & \\ & & & \cos\alpha & \sin\alpha & 0 \\ & \mathbf{0} & & -\sin\alpha & \cos\alpha & 0 \\ & & & 0 & 0 & 1 \end{pmatrix} \qquad (10-13)$$

称为坐标转换矩阵,它是一个正交矩阵,因而有

$$T^{-1} = T^{T} \qquad (10-14)$$

显然,杆端力之间的这种转换关系,同样适用于杆端位移之间的转换,即

$$\overline{\delta}^e = T\delta^e \qquad (10-15)$$

由式(10-2)有

$$\overline{F}^e = \overline{k}^e \overline{\delta}^e$$

将式(10-12)和式(10-15)代入上式,则有

$$T F^e = \overline{k}^e T \delta^e$$

两边同时左乘 T^{-1} 得

$$F^e = T^{-1} \overline{k}^e T \delta^e$$

注意到式(10-14),则有

$$F^e = T^T \overline{k}^e T \delta^e \tag{10-16}$$

或写为

$$F^e = k^e \delta^e \tag{10-17}$$

式中

$$k^e = T^T \overline{k}^e T \tag{10-18}$$

这里,k^e 就是整体坐标系中的单元刚度矩阵,式(10-18)即为单元刚度矩阵由局部坐标系向整体坐标系转换的公式。

由于以后在整体分析中,是对结构的每个结点分别建立平衡方程,因此为了以后讨论方便,可将式(10-17)按单元的始末端结点 i、j 进行分块,而写成如下形式:

$$\begin{pmatrix} F_i^e \\ \hline F_j^e \end{pmatrix} = \begin{pmatrix} k_{ii}^e & k_{ij}^e \\ \hline k_{ji}^e & k_{jj}^e \end{pmatrix} \begin{pmatrix} \delta_i^e \\ \hline \delta_j^e \end{pmatrix} \tag{10-19}$$

式中

$$F_i^e = \begin{pmatrix} F_{xi}^e \\ F_{yi}^e \\ M_i^e \end{pmatrix}, \quad F_j^e = \begin{pmatrix} F_{xj}^e \\ F_{yj}^e \\ M_j^e \end{pmatrix}, \quad \delta_i^e = \begin{pmatrix} u_i^e \\ v_i^e \\ \varphi_i^e \end{pmatrix}, \quad \delta_j^e = \begin{pmatrix} u_j^e \\ v_j^e \\ \varphi_j^e \end{pmatrix} \tag{10-20}$$

分别为始端 i 和末端 j 的杆端力和杆端位移列向量。k_{ii}^e、k_{ij}^e、k_{ji}^e、k_{jj}^e 为单元刚度矩阵 k^e 的四个子块,即

$$k^e = \begin{pmatrix} \overset{i}{k_{ii}^e} & \overset{j}{k_{ij}^e} \\ k_{ji}^e & k_{jj}^e \end{pmatrix} \begin{matrix} i \\ j \end{matrix} \tag{10-21}$$

每个子块都是 3×3 阶方阵。由式(10-19)又可知

$$\left. \begin{matrix} F_i^e = k_{ii}^e \delta_i^e + k_{ij}^e \delta_j^e \\ F_j^e = k_{ji}^e \delta_i^e + k_{jj}^e \delta_j^e \end{matrix} \right\} \tag{10-22}$$

将式(10-5)和式(10-13)代入式(10-18),并进行矩阵乘法运算,可得整体坐标系中的单元刚度矩阵的计算公式如下:

$$k^e = \begin{pmatrix} k_{ii}^e & k_{ij}^e \\ \hline k_{ji}^e & k_{jj}^e \end{pmatrix} =$$

$$
\begin{pmatrix}
\left(\dfrac{EA}{l}c^2+\dfrac{12EI}{l^3}s^2\right) & \left(\dfrac{EA}{l}-\dfrac{12EI}{l^3}\right)cs & -\dfrac{6EI}{l^2}s & \left(-\dfrac{EA}{l}c^2-\dfrac{12EI}{l^3}s^2\right) & \left(-\dfrac{EA}{l}+\dfrac{12EI}{l^3}\right)cs & -\dfrac{6EI}{l^2}s \\[2ex]
\left(\dfrac{EA}{l}-\dfrac{12EI}{l^3}\right)cs & \left(\dfrac{EA}{l}s^2+\dfrac{12EI}{l^3}c^2\right) & \dfrac{6EI}{l^2}c & \left(-\dfrac{EA}{l}+\dfrac{12EI}{l^3}\right)cs & \left(-\dfrac{EA}{l}s^2-\dfrac{12EI}{l^3}c^2\right) & \dfrac{6EI}{l^2}c \\[2ex]
-\dfrac{6EI}{l^2}s & \dfrac{6EI}{l^2}c & \dfrac{4EI}{l} & \dfrac{6EI}{l^2}s & -\dfrac{6EI}{l^2}c & \dfrac{2EI}{l} \\[2ex]
\left(-\dfrac{EA}{l}c^2-\dfrac{12EI}{l^3}s^2\right) & \left(-\dfrac{EA}{l}+\dfrac{12EI}{l^3}\right)cs & \dfrac{6EI}{l^2}s & \left(\dfrac{EA}{l}c^2+\dfrac{12EI}{l^3}s^2\right) & \left(\dfrac{EA}{l}-\dfrac{12EI}{l^3}\right)cs & \dfrac{6EI}{l^2}s \\[2ex]
\left(-\dfrac{EA}{l}+\dfrac{12EI}{l^3}\right)cs & \left(-\dfrac{EA}{l}s^2-\dfrac{12EI}{l^3}c^2\right) & -\dfrac{6EI}{l^2}c & \left(\dfrac{EA}{l}-\dfrac{12EI}{l^3}\right)cs & \left(\dfrac{EA}{l}s^2+\dfrac{12EI}{l^3}c^2\right) & -\dfrac{6EI}{l^2}c \\[2ex]
-\dfrac{6EI}{l^2}s & \dfrac{6EI}{l^2}c & \dfrac{2EI}{l} & \dfrac{6EI}{l^2}s & -\dfrac{6EI}{l^2}c & \dfrac{4EI}{l}
\end{pmatrix}
$$

$$（其中\ c=\cos\alpha,s=\sin\alpha）\tag{10-23}$$

不难看出,上述整体坐标系中的单元刚度矩阵 $\boldsymbol{k}^e$ 仍然是对称矩阵(仍然符合反力互等定理)和奇异矩阵(仍为自由单元,未考虑杆端约束条件)。

对于平面桁架杆件,两端只承受轴力(图10-5),在整体坐标系中的杆端力和相应的杆端位移列向量分别为

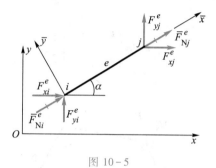

图 10-5

$$
\boldsymbol{F}^e=\begin{pmatrix}\boldsymbol{F}_i^e\\ \hdashline \boldsymbol{F}_j^e\end{pmatrix}=\begin{pmatrix}F_{xi}^e\\ F_{yi}^e\\ \hdashline F_{xj}^e\\ F_{yj}^e\end{pmatrix},\quad
\boldsymbol{\delta}^e=\begin{pmatrix}\boldsymbol{\delta}_i^e\\ \hdashline \boldsymbol{\delta}_j^e\end{pmatrix}=\begin{pmatrix}u_i^e\\ v_i^e\\ \hdashline u_j^e\\ v_j^e\end{pmatrix}
\tag{10-24}
$$

杆件在局部坐标系中的单元刚度矩阵 $\overline{\boldsymbol{k}}^e$ 如式(10-8)所示,而坐标转换矩阵 $\boldsymbol{T}$ 为

$$
\boldsymbol{T}=\begin{pmatrix}
\cos\alpha & \sin\alpha & \vdots & & \\
-\sin\alpha & \cos\alpha & \vdots & \multicolumn{2}{c}{\boldsymbol{0}}\\
\hdashline
& & \vdots & \cos\alpha & \sin\alpha\\
\multicolumn{2}{c}{\boldsymbol{0}} & \vdots & -\sin\alpha & \cos\alpha
\end{pmatrix}
\tag{10-25}
$$

将式(10-8)和式(10-25)代入式(10-18),并进行矩阵运算,可得平面桁架杆件的单元刚度矩阵为

$$
\boldsymbol{k}^e=\begin{pmatrix}\boldsymbol{k}_{ii}^e & \vdots & \boldsymbol{k}_{ij}^e\\ \hdashline \boldsymbol{k}_{ji}^e & \vdots & \boldsymbol{k}_{jj}^e\end{pmatrix}=\frac{EA}{l}\begin{pmatrix}
\cos^2\alpha & \cos\alpha\sin\alpha & \vdots & -\cos^2\alpha & -\cos\alpha\sin\alpha\\
\cos\alpha\sin\alpha & \sin^2\alpha & \vdots & -\cos\alpha\sin\alpha & -\sin^2\alpha\\
\hdashline
-\cos^2\alpha & -\cos\alpha\sin\alpha & \vdots & \cos^2\alpha & \cos\alpha\sin\alpha\\
-\cos\alpha\sin\alpha & -\sin^2\alpha & \vdots & \cos\alpha\sin\alpha & \sin^2\alpha
\end{pmatrix}
$$

$$\tag{10-26}$$

有了单元分析的基础,就可以进一步讨论结构的整体分析。

§10-4 结构的原始刚度矩阵

矩阵位移法是以结点位移为基本未知量的。整体分析的任务,就是在单元分析的基础上,考虑各结点的几何条件和平衡条件,以建立求解基本未知量的位移法典型方程,即结构的刚度方程。下面以图10-6a所示刚架为例来说明。

由于在整体分析中将涉及许多单元及联结它们的结点,为了避免混淆,必须对各单元和结点进行编号,现用①,②,…表示单元号,用1,2,…表示结点号,这里支座也视为结点。同时,选取整体坐标系和各单元的局部坐标系如图10-6b所示。这样,各单元的始、末两端 i、j 的结点号码将如表10-1所示,从而按式(10-21)表示的各单元刚度矩阵的四个子块应该为

$$\boldsymbol{k}^{①} = \begin{pmatrix} \boldsymbol{k}^{①}_{11} & \boldsymbol{k}^{①}_{12} \\ \boldsymbol{k}^{①}_{21} & \boldsymbol{k}^{①}_{22} \end{pmatrix} \begin{matrix} 1 \\ 2 \end{matrix}, \quad \boldsymbol{k}^{②} = \begin{pmatrix} \boldsymbol{k}^{②}_{22} & \boldsymbol{k}^{②}_{23} \\ \boldsymbol{k}^{②}_{32} & \boldsymbol{k}^{②}_{33} \end{pmatrix} \begin{matrix} 2 \\ 3 \end{matrix}, \quad \boldsymbol{k}^{③} = \begin{pmatrix} \boldsymbol{k}^{③}_{33} & \boldsymbol{k}^{③}_{34} \\ \boldsymbol{k}^{③}_{43} & \boldsymbol{k}^{③}_{44} \end{pmatrix} \begin{matrix} 3 \\ 4 \end{matrix} \qquad (\text{a})$$

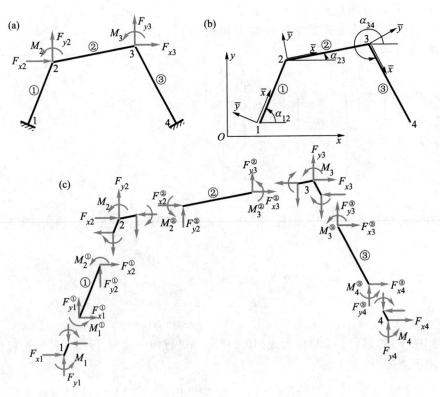

图 10-6

表 10-1 各单元始末端的结点号码

单　元	始末端结点号	
	i	j
①	1	2
②	2	3
③	3	4

在平面刚架中,每个刚结点可能有两个线位移和一个角位移。此刚架有四个刚结点,共有 12 个结点位移分量,我们按一定顺序将它们排成一列阵,称为结构的结点位移列向量,即

$$\boldsymbol{\Delta} = \begin{pmatrix} \boldsymbol{\Delta}_1 \\ \boldsymbol{\Delta}_2 \\ \boldsymbol{\Delta}_3 \\ \boldsymbol{\Delta}_4 \end{pmatrix}$$

式中

$$\boldsymbol{\Delta}_1 = \begin{pmatrix} u_1 \\ v_1 \\ \varphi_1 \end{pmatrix}, \quad \boldsymbol{\Delta}_2 = \begin{pmatrix} u_2 \\ v_2 \\ \varphi_2 \end{pmatrix}, \quad \boldsymbol{\Delta}_3 = \begin{pmatrix} u_3 \\ v_3 \\ \varphi_3 \end{pmatrix}, \quad \boldsymbol{\Delta}_4 = \begin{pmatrix} u_4 \\ v_4 \\ \varphi_4 \end{pmatrix}$$

这里,$\boldsymbol{\Delta}_i$代表结点 i 的位移列向量,u_i、v_i 和 φ_i 分别为结点 i 沿结构坐标系 x、y 轴的线位移和角位移,它们分别以沿 x、y 轴的正向和逆时针方向为正。

设刚架上只有结点荷载作用(关于非结点荷载的处理见 §10-6),与结点位移列向量相对应的结点外力(包括荷载和反力)列向量为

$$\boldsymbol{F} = \begin{pmatrix} \boldsymbol{F}_1 \\ \boldsymbol{F}_2 \\ \boldsymbol{F}_3 \\ \boldsymbol{F}_4 \end{pmatrix}$$

式中

$$\boldsymbol{F}_1 = \begin{pmatrix} F_{x1} \\ F_{y1} \\ M_1 \end{pmatrix}, \quad \boldsymbol{F}_2 = \begin{pmatrix} F_{x2} \\ F_{y2} \\ M_2 \end{pmatrix}, \quad \boldsymbol{F}_3 = \begin{pmatrix} F_{x3} \\ F_{y3} \\ M_3 \end{pmatrix}, \quad \boldsymbol{F}_4 = \begin{pmatrix} F_{x4} \\ F_{y4} \\ M_4 \end{pmatrix}$$

这里,$\boldsymbol{F}_i$代表结点 i 的外力列向量,F_{xi}、F_{yi} 和 M_i 分别为作用于结点 i 的沿 x、y 方向的外力和外力偶,它们的正负号规定与相应的结点位移相同。在结点 2、3 处,结点外力 $\boldsymbol{F}_2$、$\boldsymbol{F}_3$ 就是结点荷载,它们通常是给定的。在支座 1、4 处,当无给定结点荷载作用时,结点外力 $\boldsymbol{F}_1$、$\boldsymbol{F}_4$ 就是支座反力(图 10-6 所示为这种情况);当支座处还有给定结点荷载作用时,则 $\boldsymbol{F}_1$、$\boldsymbol{F}_4$ 应为结点荷载与支座反力的代数和。

现在考虑结构的平衡条件和变形连续条件。各单元和各结点的隔离体如图10 - 6c 所示,图中各单元上的杆端力都是沿整体坐标系的正向作用的。显然,在前面的单元分析中,已经保证了各单元本身的平衡和变形连续,因此现在只需考察各单元联结处即结点处的平衡和变形连续条件。以结点 2 为例,由平衡条件 $\sum F_x = 0$、$\sum F_y = 0$ 和 $\sum M = 0$ 可得

$$\left. \begin{aligned} F_{x2} &= F_{x2}^{①} + F_{x2}^{②} \\ F_{y2} &= F_{y2}^{①} + F_{y2}^{②} \\ M_2 &= M_2^{①} + M_2^{②} \end{aligned} \right\}$$

写成矩阵形式有

$$\begin{pmatrix} F_{x2} \\ F_{y2} \\ M_2 \end{pmatrix} = \begin{pmatrix} F_{x2}^{①} \\ F_{y2}^{①} \\ M_2^{①} \end{pmatrix} + \begin{pmatrix} F_{x2}^{②} \\ F_{y2}^{②} \\ M_2^{②} \end{pmatrix}$$

上式左边即为结点 2 的荷载列向量 $\boldsymbol{F}_2$,右边二列阵则分别为单元①和单元②在 2 端的杆端力列向量 $\boldsymbol{F}_2^{①}$ 和 $\boldsymbol{F}_2^{②}$,故上式可简写为

$$\boldsymbol{F}_2 = \boldsymbol{F}_2^{①} + \boldsymbol{F}_2^{②} \tag{b}$$

根据式(10 - 22),上述杆端力列向量可用杆端位移列向量来表示:

$$\left. \begin{aligned} \boldsymbol{F}_2^{①} &= \boldsymbol{k}_{21}^{①} \boldsymbol{\delta}_1^{①} + \boldsymbol{k}_{22}^{①} \boldsymbol{\delta}_2^{①} \\ \boldsymbol{F}_2^{②} &= \boldsymbol{k}_{22}^{②} \boldsymbol{\delta}_2^{②} + \boldsymbol{k}_{23}^{②} \boldsymbol{\delta}_3^{②} \end{aligned} \right\} \tag{c}$$

再根据结点处的变形连续条件,应该有

$$\left. \begin{aligned} \boldsymbol{\delta}_2^{①} &= \boldsymbol{\delta}_2^{②} = \boldsymbol{\Delta}_2 \\ \boldsymbol{\delta}_1^{①} &= \boldsymbol{\Delta}_1 \\ \boldsymbol{\delta}_3^{②} &= \boldsymbol{\Delta}_3 \end{aligned} \right\} \tag{d}$$

将式(c)和(d)代入式(b),则得到以结点位移表示的结点 2 的平衡方程:

$$\boldsymbol{F}_2 = \boldsymbol{k}_{21}^{①} \boldsymbol{\Delta}_1 + (\boldsymbol{k}_{22}^{①} + \boldsymbol{k}_{22}^{②}) \boldsymbol{\Delta}_2 + \boldsymbol{k}_{23}^{②} \boldsymbol{\Delta}_3 \tag{e}$$

同理,对于结点 1、3、4 都可以列出类似的方程。把四个结点的方程汇集在一起,就有

$$\left. \begin{aligned} \boldsymbol{F}_1 &= \boldsymbol{k}_{11}^{①} \boldsymbol{\Delta}_1 + \boldsymbol{k}_{12}^{①} \boldsymbol{\Delta}_2 \\ \boldsymbol{F}_2 &= \boldsymbol{k}_{21}^{①} \boldsymbol{\Delta}_1 + (\boldsymbol{k}_{22}^{①} + \boldsymbol{k}_{22}^{②}) \boldsymbol{\Delta}_2 + \boldsymbol{k}_{23}^{②} \boldsymbol{\Delta}_3 \\ \boldsymbol{F}_3 &= \boldsymbol{k}_{32}^{②} \boldsymbol{\Delta}_2 + (\boldsymbol{k}_{33}^{②} + \boldsymbol{k}_{33}^{③}) \boldsymbol{\Delta}_3 + \boldsymbol{k}_{34}^{③} \boldsymbol{\Delta}_4 \\ \boldsymbol{F}_4 &= \boldsymbol{k}_{43}^{③} \boldsymbol{\Delta}_3 + \boldsymbol{k}_{44}^{③} \boldsymbol{\Delta}_4 \end{aligned} \right\} \tag{10 - 27}$$

写成矩阵形式则为

$$
\begin{pmatrix}
\boldsymbol{F}_1 = \begin{pmatrix} F_{x1} \\ F_{y1} \\ M_1 \end{pmatrix} \\
\boldsymbol{F}_2 = \begin{pmatrix} F_{x2} \\ F_{y2} \\ M_2 \end{pmatrix} \\
\boldsymbol{F}_3 = \begin{pmatrix} F_{x3} \\ F_{y3} \\ M_3 \end{pmatrix} \\
\boldsymbol{F}_4 = \begin{pmatrix} F_{x4} \\ F_{y4} \\ M_4 \end{pmatrix}
\end{pmatrix}
=
\begin{pmatrix}
\boldsymbol{k}_{11}^{①} & \boldsymbol{k}_{12}^{①} & \boldsymbol{0} & \boldsymbol{0} \\
\boldsymbol{k}_{21}^{①} & \boldsymbol{k}_{22}^{①}+\boldsymbol{k}_{22}^{②} & \boldsymbol{k}_{23}^{②} & \boldsymbol{0} \\
\boldsymbol{0} & \boldsymbol{k}_{32}^{②} & \boldsymbol{k}_{33}^{②}+\boldsymbol{k}_{33}^{③} & \boldsymbol{k}_{34}^{③} \\
\boldsymbol{0} & \boldsymbol{0} & \boldsymbol{k}_{43}^{③} & \boldsymbol{k}_{44}^{③}
\end{pmatrix}
\begin{pmatrix}
\boldsymbol{\Delta}_1 = \begin{pmatrix} u_1 \\ v_1 \\ \varphi_1 \end{pmatrix} \\
\boldsymbol{\Delta}_2 = \begin{pmatrix} u_2 \\ v_2 \\ \varphi_2 \end{pmatrix} \\
\boldsymbol{\Delta}_3 = \begin{pmatrix} u_3 \\ v_3 \\ \varphi_3 \end{pmatrix} \\
\boldsymbol{\Delta}_4 = \begin{pmatrix} u_4 \\ v_4 \\ \varphi_4 \end{pmatrix}
\end{pmatrix}
\tag{10−28}
$$

这就是用结点位移表示的所有结点的平衡方程,它表明了结点外力与结点位移之间的关系,通常称为结构的原始刚度方程。所谓"原始"是表示尚未进行支承条件处理。上式可简写为

$$
\boldsymbol{F} = \boldsymbol{K}\boldsymbol{\Delta} \tag{10−29}
$$

式中

$$
\boldsymbol{K} =
\begin{pmatrix}
\boldsymbol{K}_{11} & \boldsymbol{K}_{12} & \boldsymbol{K}_{13} & \boldsymbol{K}_{14} \\
\boldsymbol{K}_{21} & \boldsymbol{K}_{22} & \boldsymbol{K}_{23} & \boldsymbol{K}_{24} \\
\boldsymbol{K}_{31} & \boldsymbol{K}_{32} & \boldsymbol{K}_{33} & \boldsymbol{K}_{34} \\
\boldsymbol{K}_{41} & \boldsymbol{K}_{42} & \boldsymbol{K}_{43} & \boldsymbol{K}_{44}
\end{pmatrix}
=
\begin{pmatrix}
\boldsymbol{k}_{11}^{①} & \boldsymbol{k}_{12}^{①} & \boldsymbol{0} & \boldsymbol{0} \\
\boldsymbol{k}_{21}^{①} & \boldsymbol{k}_{22}^{①}+\boldsymbol{k}_{22}^{②} & \boldsymbol{k}_{23}^{②} & \boldsymbol{0} \\
\boldsymbol{0} & \boldsymbol{k}_{32}^{②} & \boldsymbol{k}_{33}^{②}+\boldsymbol{k}_{33}^{③} & \boldsymbol{k}_{34}^{③} \\
\boldsymbol{0} & \boldsymbol{0} & \boldsymbol{k}_{43}^{③} & \boldsymbol{k}_{44}^{③}
\end{pmatrix}
\tag{10−30}
$$

称为结构的原始刚度矩阵,也称结构的总刚度矩阵(简称总刚)。它的每个子块都是 3×3 阶方阵,故 $\boldsymbol{K}$ 为 12×12 阶方阵,其中每一元素的物理意义就是当其所在列对应的结点位移分量等于1(其余结点位移分量均为零)时,其所在行对应的结点外力分量所应有的数值。

结构的原始刚度矩阵 $\boldsymbol{K}$ 具有如下性质:

(1)对称性。这从反力互等定理不难理解。

(2)奇异性。这是由于在建立方程(10−28)时,还没有考虑结构的支承约束条件,结构还可以有任意刚体位移,故其结点位移的解答不是唯一的。这就表明结构原始刚度矩阵是奇异的,其逆阵不存在。因此,只有在引入了支承条件,对结构的原始刚度方程进行修改之后,才能求解未知的结点位移,这将在下一节讨论。

现在来分析结构原始刚度矩阵的组成规律。

对照前面式(a)和式(10−30),不难看出,只需把每个单元刚度矩阵的四个子块按其两个下标号码逐一送到结构原始刚度矩阵中相应的行和列的位置上去,就可得到结构原始刚度矩阵。简单地说就是:各单刚子块"对号入座"就形成总刚。以单元②的四个子块为例,其入座位置如图 10−7 所示。一般来说,某单刚子块 $\boldsymbol{k}_{ij}^{e}$ 就应被送到总刚(以子块形式表示的)中第 i 行 j 列的位置上去。这种利用坐标转换后的单刚子块对号

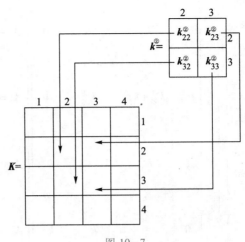

图 10-7

入座而直接形成总刚的方法,又称为<u>直接刚度法</u>。

在对号入座时,具有相同下标的各单刚子块,即在总刚中被送到同一位置上的各单刚子块就要叠加;而在没有单刚子块入座的位置上则为零子块。在总刚中,要叠加的子块和零子块的分布也有一定的规律。

为了讨论方便,将主对角线上的子块称为<u>主子块</u>,其余子块称为<u>副子块</u>;同交于一个结点的各杆件称为该结点的<u>相关单元</u>;而两个结点之间有杆件直接相联者称为<u>相关结点</u>。于是,可见:

(1)总刚中的主子块 K_{ii} 是由结点 i 的各相关单元的主子块叠加求得,即 $K_{ii} = \sum k_{ii}^e$。

(2)总刚中的副子块 K_{im},当 i、m 为相关结点时即为联结它们的单元的相应副子块,即 $K_{im} = k_{im}^e$;当 i、m 为非相关结点时即为零子块。

例 10-1 试求图 10-8 所示刚架的原始总刚度矩阵。各杆材料及截面均相同,$E = 200$ GPa,$I = 32 \times 10^{-5}$ m^4,$A = 1 \times 10^{-2}$ m^2。

解:(1)将各单元、结点编号,并选取整体坐标系和各单元的局部坐标系如图所示,各单元始末端的结点编号为表 10-2 所列。

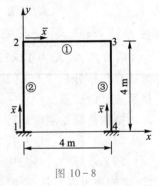

图 10-8

表 10-2 各单元始末端结点号

单　元	始末端结点号	
	i	j
①	2	3
②	1	2
③	4	3

（2）各单元在整体坐标系中的单元刚度矩阵按式（10−23）计算。先将所需有关数据计算如下：

$$\frac{EA}{l} = \frac{(200 \times 10^6 \text{ kN/m}^2) \times (1 \times 10^{-2} \text{ m}^2)}{4 \text{ m}} = 500 \times 10^3 \text{ kN/m}$$

$$\frac{12EI}{l^3} = \frac{12 \times (200 \times 10^6 \text{ kN/m}^2) \times (32 \times 10^{-5} \text{ m}^4)}{(4 \text{ m})^3} = 12 \times 10^3 \text{ kN/m}$$

$$\frac{6EI}{l^2} = 24 \times 10^3 \text{ kN}$$

$$\frac{4EI}{l} = 64 \times 10^3 \text{ kN} \cdot \text{m}$$

$$\frac{2EI}{l} = 32 \times 10^3 \text{ kN} \cdot \text{m}$$

对于单元①，$\alpha = 0°$，$\cos \alpha = 1$，$\sin \alpha = 0$，可算得

$$\boldsymbol{k}^{①} = \begin{pmatrix} \boldsymbol{k}^{①}_{22} & \boldsymbol{k}^{①}_{23} \\ \hline \boldsymbol{k}^{①}_{32} & \boldsymbol{k}^{①}_{33} \end{pmatrix}$$

$$= 10^3 \times \begin{pmatrix} 500 \text{ kN/m} & 0 & 0 & -500 \text{ kN/m} & 0 & 0 \\ 0 & 12 \text{ kN/m} & 24 \text{ kN} & 0 & -12 \text{ kN/m} & 24 \text{ kN} \\ 0 & 24 \text{ kN} & 64 \text{ kN} \cdot \text{m} & 0 & -24 \text{ kN} & 32 \text{ kN} \cdot \text{m} \\ \hline -500 \text{ kN/m} & 0 & 0 & 500 \text{ kN/m} & 0 & 0 \\ 0 & -12 \text{ kN/m} & -24 \text{ kN} & 0 & 12 \text{ kN/m} & -24 \text{ kN} \\ 0 & 24 \text{ kN} & 32 \text{ kN} \cdot \text{m} & 0 & -24 \text{ kN} & 64 \text{ kN} \cdot \text{m} \end{pmatrix}$$

对于单元②和③，$\alpha = 90°$，$\cos \alpha = 0$，$\sin \alpha = 1$，可算得

$$\boldsymbol{k}^{②} = \begin{pmatrix} \boldsymbol{k}^{②}_{11} & \boldsymbol{k}^{②}_{12} \\ \hline \boldsymbol{k}^{②}_{21} & \boldsymbol{k}^{②}_{22} \end{pmatrix} = \boldsymbol{k}^{③} = \begin{pmatrix} \boldsymbol{k}^{③}_{44} & \boldsymbol{k}^{③}_{43} \\ \hline \boldsymbol{k}^{③}_{34} & \boldsymbol{k}^{③}_{33} \end{pmatrix}$$

$$= 10^3 \times \begin{pmatrix} 12 \text{ kN/m} & 0 & -24 \text{ kN} & -12 \text{ kN/m} & 0 & -24 \text{ kN} \\ 0 & 500 \text{ kN/m} & 0 & 0 & -500 \text{ kN/m} & 0 \\ -24 \text{ kN} & 0 & 64 \text{ kN} \cdot \text{m} & 24 \text{ kN} & 0 & 32 \text{ kN} \cdot \text{m} \\ \hline -12 \text{ kN/m} & 0 & 24 \text{ kN} & 12 \text{ kN/m} & 0 & 24 \text{ kN} \\ 0 & -500 \text{ kN/m} & 0 & 0 & 500 \text{ kN/m} & 0 \\ -24 \text{ kN} & 0 & 32 \text{ kN} \cdot \text{m} & 24 \text{ kN} & 0 & 64 \text{ kN} \cdot \text{m} \end{pmatrix}$$

（3）将以上各单刚子块对号入座即得总刚：

$$
\boldsymbol{K} =
\begin{array}{c|cccc}
 & 1 & 2 & 3 & 4 \\
\hline
1 & k_{11}^{②} & k_{12}^{②} & 0 & 0 \\
2 & k_{21}^{②} & k_{22}^{①}+k_{22}^{②} & k_{23}^{①} & 0 \\
3 & 0 & k_{32}^{①} & k_{33}^{①}+k_{33}^{③} & k_{34}^{③} \\
4 & 0 & 0 & k_{43}^{③} & k_{44}^{③}
\end{array}
$$

$$
= 10^{3} \times
\begin{pmatrix}
12\ \text{kN/m} & 0 & -24\ \text{kN} & -12\ \text{kN/m} & 0 & -24\ \text{kN} & 0 & 0 \\
0 & 500\ \text{kN/m} & 0 & 0 & -500\ \text{kN/m} & 0 & 0 & 0 \\
-24\ \text{kN} & 0 & 64\ \text{kN·m} & 24\ \text{kN} & 0 & 32\ \text{kN·m} & 0 & 0 \\
-12\ \text{kN/m} & 0 & 24\ \text{kN} & 512\ \text{kN/m} & 0 & 24\ \text{kN} & -500\ \text{kN/m} & 0 \\
0 & -500\ \text{kN/m} & 0 & 0 & 512\ \text{kN/m} & 24\ \text{kN} & 0 & 24\ \text{kN} \\
-24\ \text{kN} & 0 & 32\ \text{kN·m} & 24\ \text{kN} & 24\ \text{kN} & 128\ \text{kN·m} & 0 & 32\ \text{kN·m} \\
0 & 0 & 0 & -500\ \text{kN/m} & 0 & 0 & 512\ \text{kN/m} & -24\ \text{kN} \\
0 & 0 & 0 & 0 & -12\ \text{kN/m} & 32\ \text{kN·m} & -24\ \text{kN} & 64\ \text{kN·m}
\end{pmatrix}
$$

§10-5 支承条件的引入

上节已经建立了图 10-6 所示刚架的原始刚度方程即式(10-28)：

$$
\begin{matrix}未知\\已知\\已知\\未知\end{matrix}
\begin{pmatrix} \boldsymbol{F}_1 \\ \hline \boldsymbol{F}_2 \\ \hline \boldsymbol{F}_3 \\ \hline \boldsymbol{F}_4 \end{pmatrix}
=
\begin{pmatrix}
\boldsymbol{k}_{11}^{①} & \boldsymbol{k}_{12}^{①} & \boldsymbol{0} & \boldsymbol{0} \\
\boldsymbol{k}_{21}^{①} & \boldsymbol{k}_{22}^{①}+\boldsymbol{k}_{22}^{②} & \boldsymbol{k}_{23}^{②} & \boldsymbol{0} \\
\boldsymbol{0} & \boldsymbol{k}_{32}^{②} & \boldsymbol{k}_{33}^{②}+\boldsymbol{k}_{33}^{③} & \boldsymbol{k}_{34}^{③} \\
\boldsymbol{0} & \boldsymbol{0} & \boldsymbol{k}_{43}^{③} & \boldsymbol{k}_{44}^{③}
\end{pmatrix}
\begin{pmatrix} \boldsymbol{\Delta}_1 \\ \hline \boldsymbol{\Delta}_2 \\ \hline \boldsymbol{\Delta}_3 \\ \hline \boldsymbol{\Delta}_4 \end{pmatrix}
\begin{matrix}已知\\未知\\未知\\已知\end{matrix}
$$

并已指出由于尚未考虑支承条件，结构还可以有任意的刚体位移，因而原始刚度矩阵是奇异的，其逆阵不存在，故尚不能由上式求解结点位移。

在上式中，$\boldsymbol{F}_2$、$\boldsymbol{F}_3$ 是已知的结点荷载，与之相应的 $\boldsymbol{\Delta}_2$、$\boldsymbol{\Delta}_3$ 是待求的未知结点位移；$\boldsymbol{F}_1$、$\boldsymbol{F}_4$ 是未知的支座反力，与之相应的 $\boldsymbol{\Delta}_1$、$\boldsymbol{\Delta}_4$ 则是已知的结点位移。由于结点 1、4 均为固定端，故支承约束条件为

$$
\begin{pmatrix} \boldsymbol{\Delta}_1 \\ \hline \boldsymbol{\Delta}_4 \end{pmatrix} = \begin{pmatrix} \boldsymbol{0} \\ \boldsymbol{0} \end{pmatrix} \tag{10-31}
$$

代入式(10-28)，由矩阵的乘法运算可得

$$
\begin{pmatrix} \boldsymbol{F}_2 \\ \hline \boldsymbol{F}_3 \end{pmatrix} = \begin{pmatrix} \boldsymbol{k}_{22}^{①}+\boldsymbol{k}_{22}^{②} & \boldsymbol{k}_{23}^{②} \\ \hline \boldsymbol{k}_{32}^{②} & \boldsymbol{k}_{33}^{②}+\boldsymbol{k}_{33}^{③} \end{pmatrix} \begin{pmatrix} \boldsymbol{\Delta}_2 \\ \hline \boldsymbol{\Delta}_3 \end{pmatrix} \tag{10-32}
$$

和

$$
\begin{pmatrix} \boldsymbol{F}_1 \\ \hline \boldsymbol{F}_4 \end{pmatrix} = \begin{pmatrix} \boldsymbol{k}_{12}^{①} & \boldsymbol{0} \\ \boldsymbol{0} & \boldsymbol{k}_{43}^{③} \end{pmatrix} \begin{pmatrix} \boldsymbol{\Delta}_2 \\ \hline \boldsymbol{\Delta}_3 \end{pmatrix} \tag{10-33}
$$

式(10-32)就是引入支承条件后的结构刚度方程，亦即位移法的典型方程，它也常简写为式(10-29)的形式，即

$$
\boldsymbol{F} = \boldsymbol{K}^* \boldsymbol{\Delta} \tag{10-34}
$$

但此时的 $\boldsymbol{F}$ 只包括已知结点荷载，$\boldsymbol{\Delta}$ 只包括未知结点位移，此时的矩阵 $\boldsymbol{K}^*$ 即为从结构的原始刚度矩阵中删去与已知为零的结点位移对应的行和列而得到，称为结构的刚度矩阵，或称缩减的总刚。

当原结构内部为几何不变体系时，引入支承条件后即消除了任意刚体位移，因而结构刚度矩阵为非奇异矩阵[反之，若此时结构刚度矩阵仍奇异，则表明原结构是几何可变(常变)的或瞬变的]，于是可由式(10-34)解出未知的结点位移 $\boldsymbol{\Delta}$。

结点位移一旦求出，便可由单元刚度方程计算各单元的内力。将式(10-17)中的杆端位移 $\boldsymbol{\delta}^e$ 改用单元两端的结点位移 $\boldsymbol{\Delta}^e$ 表示，则整体坐标系中的杆端力计算式为

$$
\boldsymbol{F}^e = \boldsymbol{k}^e \boldsymbol{\Delta}^e \tag{10-35}
$$

再由式(10-12)可求得局部坐标系中的杆端力

$$
\overline{\boldsymbol{F}}^e = \boldsymbol{T}\boldsymbol{F}^e = \boldsymbol{T}\boldsymbol{k}^e \boldsymbol{\Delta}^e \tag{10-36}
$$

或者由式(10-15)求得局部坐标系中的杆端结点位移

$$\overline{\boldsymbol{\Delta}}^e = \boldsymbol{T}\boldsymbol{\Delta}^e \tag{10-37}$$

再由式(10-2)求得局部坐标系中的杆端力

$$\overline{\boldsymbol{F}}^e = \overline{\boldsymbol{k}}^e \overline{\boldsymbol{\Delta}}^e = \overline{\boldsymbol{k}}^e \boldsymbol{T}\boldsymbol{\Delta}^e \tag{10-38}$$

对于式(10-33),在求出未知的结点位移后,可以利用它来计算支座反力。但是,在全部杆件的内力都求出后,一般无必要再求反力,即使欲求反力,可由结点平衡亦极易求得;而按式(10-33)来计算反力对电算来说并不方便,故通常不由该式求反力。

§10-6   非结点荷载的处理

目前,我们所讨论的只是荷载作用在结点上的情况。在实际问题中,不可避免地会遇到非结点荷载,对于这种情况,可以分两步按叠加法来处理。如图10-9a所示刚架,第一步,与位移法一样,加上附加链杆和刚臂阻止所有结点的线位移和角位移,此时各单元有固端杆端力(以下简称固端力),附加链杆和刚臂上有附加反力和反力偶。由结点平衡可知,这些附加反力和反力偶的数值等于汇交于该结点的各固端力的代数和(图10-9b)。第二步,取消附加链杆和刚臂,亦即将上述附加反力和反力偶反号后作为荷载加于结点上(图10-9c),这些荷载称为原非结点荷载的等效结点荷载(这里所谓"等效",是指图10-9c与图10-9a两种情况的结点位移是相等的,因为图10-9b情况的结点位移为零),在等效结点荷载下求得的就是结点的实际位移。最后,将以上两步内力叠加,即为原结构在非结点荷载作用下的内力解答。下面给出有关计算公式。设某单元 e 在非结点荷载作用下,在其局部坐标系中的固端力为

$$\overline{\boldsymbol{F}}^{Fe} = \left(\begin{array}{c} \overline{\boldsymbol{F}}_i^{Fe} \\ \text{------} \\ \overline{\boldsymbol{F}}_j^{Fe} \end{array} \right) = \left(\begin{array}{c} \overline{F}_{Ni}^{Fe} \\ \overline{F}_{Si}^{Fe} \\ \overline{M}_i^{Fe} \\ \text{------} \\ \overline{F}_{Nj}^{Fe} \\ \overline{F}_{Sj}^{Fe} \\ \overline{M}_j^{Fe} \end{array} \right) \tag{10-39}$$

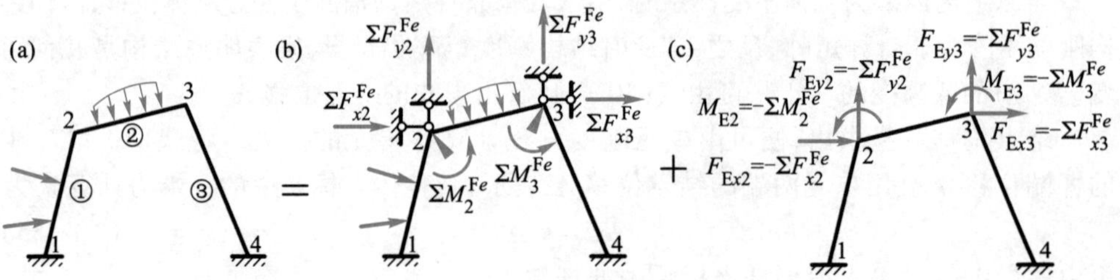

图 10-9

这里,上标"F"是表示固端情况。这些固端力很容易由现成的公式或表格(见表10−3)查得。由式(10−12)和式(10−14)可知,在整体坐标系中的固端力应为

$$
\boldsymbol{F}^{Fe} = \boldsymbol{T}^{\mathrm{T}}\overline{\boldsymbol{F}}^{Fe} = \begin{pmatrix} \boldsymbol{F}_i^{Fe} \\ \text{------} \\ \boldsymbol{F}_j^{Fe} \end{pmatrix} = \begin{pmatrix} F_{xi}^{Fe} \\ F_{yi}^{Fe} \\ M_i^{Fe} \\ \text{------} \\ F_{xj}^{Fe} \\ F_{yj}^{Fe} \\ M_j^{Fe} \end{pmatrix} \tag{10-40}
$$

10−4 直接计算等效结点荷载

将它们反号并按对号入座送到结点荷载列阵中去,则成为等效结点荷载。各单元上的非结点荷载均作如上处理之后,任一结点 i 上的等效结点荷载 $\boldsymbol{F}_{Ei}$(这里下标"E"表示等效)将是

$$
\boldsymbol{F}_{Ei} = \begin{pmatrix} F_{Exi} \\ F_{Eyi} \\ M_{Ei} \end{pmatrix} = \begin{pmatrix} -\sum F_{xi}^{Fe} \\ -\sum F_{yi}^{Fe} \\ -\sum M_i^{Fe} \end{pmatrix} = -\sum \boldsymbol{F}_i^{Fe} \tag{10-41}
$$

如果除了上述非结点荷载的等效结点荷载 $\boldsymbol{F}_{Ei}$ 外,还有原来直接作用在结点 i 上的荷载 $\boldsymbol{F}_{Di}$(下标"D"表示直接),则 i 点总的结点荷载为

$$
\boldsymbol{F}_i = \boldsymbol{F}_{Di} + \boldsymbol{F}_{Ei} \tag{10-42}
$$

$\boldsymbol{F}_i$ 称为结点 i 的 <u>综合结点荷载</u>。整个结构的综合结点荷载列阵为

$$
\boldsymbol{F} = \boldsymbol{F}_D + \boldsymbol{F}_E \tag{10-43}
$$

式中 $\boldsymbol{F}_D$ 是直接结点荷载列阵,$\boldsymbol{F}_E$ 是等效结点荷载列阵。

表 10−3　等直杆单元的固端力

序号	荷　　载	固端力	始　端　i	末　端　j
1		$\overline{F}_N^F$	$-\dfrac{F_1 b}{l}$	$-\dfrac{F_1 a}{l}$
		$\overline{F}_S^F$	$-\dfrac{F_2 b^2(l+2a)}{l^3}$	$-\dfrac{F_2 a^2(l+2b)}{l^3}$
		$\overline{M}^F$	$-\dfrac{F_2 ab^2}{l^2}$	$\dfrac{F_2 a^2 b}{l^2}$
2		$\overline{F}_N^F$	$-\dfrac{pa(l+b)}{2l}$	$-\dfrac{pa^2}{2l}$
		$\overline{F}_S^F$	$-\dfrac{qa(2l^3-2la^2+a^3)}{2l^3}$	$-\dfrac{qa^3(2l-a)}{2l^3}$
		$\overline{M}^F$	$-\dfrac{qa^2(6l^2-8la+3a^2)}{12l^2}$	$\dfrac{qa^3(4l-3a)}{12l^2}$

序号	荷 载	固端力	始 端 i	末 端 j
3		$\overline{F}_N^F$	0	0
		$\overline{F}_S^F$	$\dfrac{6Mab}{l^3}$	$-\dfrac{6Mab}{l^3}$
		$\overline{M}^F$	$\dfrac{Mb(3a-l)}{l^2}$	$\dfrac{Ma(3b-l)}{l^2}$
4		$\overline{F}_N^F$	$\dfrac{EA\alpha(t_1+t_2)}{2}$	$-\dfrac{EA\alpha(t_1+t_2)}{2}$
		$\overline{F}_S^F$	0	0
		$\overline{M}^F$	$\dfrac{EI\alpha(t_2-t_1)}{h}$	$-\dfrac{EI\alpha(t_2-t_1)}{h}$

各单元的最后杆端力将是固端力与综合结点荷载作用下产生的杆端力之和，即

$$F^e = F^{Fe} + k^e \Delta^e \qquad (10-44)$$

及

$$\overline{F}^e = \overline{F}^{Fe} + Tk^e \Delta^e \qquad (10-45)$$

或

$$\overline{F}^e = \overline{F}^{Fe} + \overline{k}^e T \Delta^e \qquad (10-46)$$

结构在温度变化或支座位移影响下的计算，同样可按上述方法处理。只要确定了各杆在温度变化或支座位移下的固端力，即可由式（10-40）及式（10-41）计算相应的等效结点荷载。

§10-7 矩阵位移法的计算步骤及示例

通过上面的讨论，可将矩阵位移法的计算步骤归纳如下：

（1）对结点和单元进行编号，选定整体坐标系和局部坐标系；

（2）计算各杆的单元刚度矩阵；

（3）形成结构原始刚度矩阵；

（4）计算固端力、等效结点荷载及综合结点荷载；

（5）引入支承条件，修改结构原始刚度方程；

（6）解算结构刚度方程，求出结点位移；

（7）计算各单元杆端力。

例 10-2 试求图 10-10 所示刚架的内力。已知各杆材料及截面相同，具体数据见例 10-1。

解：（1）将单元、结点编号，确定坐标系，如图

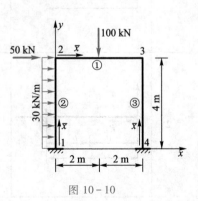

图 10-10

所示。

（2）求出各单元在整体坐标系中的单元刚度矩阵，见例 10-1。

（3）将各单刚子块对号入座，形成结构原始刚度矩阵，见例 10-1。

（4）计算非结点荷载作用下的各单元固端力、等效结点荷载及综合结点荷载。

根据表 10-3 可知，各单元在其局部坐标系中的固端力为

$$
\overline{\boldsymbol{F}}^{F①} = \begin{pmatrix} \overline{\boldsymbol{F}}_2^{F①} \\ \hline \overline{\boldsymbol{F}}_3^{F①} \end{pmatrix} = \begin{pmatrix} \overline{F}_{N2}^{F①} \\ \overline{F}_{S2}^{F①} \\ \overline{M}_2^{F①} \\ \hline \overline{F}_{N3}^{F①} \\ \overline{F}_{S3}^{F①} \\ \overline{M}_3^{F①} \end{pmatrix} = \begin{pmatrix} 0 \\ 50 \text{ kN} \\ 50 \text{ kN} \cdot \text{m} \\ \hline 0 \\ 50 \text{ kN} \\ -50 \text{ kN} \cdot \text{m} \end{pmatrix}
$$

$$
\overline{\boldsymbol{F}}^{F②} = \begin{pmatrix} \overline{\boldsymbol{F}}_1^{F②} \\ \hline \overline{\boldsymbol{F}}_2^{F②} \end{pmatrix} = \begin{pmatrix} \overline{F}_{N1}^{F②} \\ \overline{F}_{S1}^{F②} \\ \overline{M}_1^{F②} \\ \hline \overline{F}_{N2}^{F②} \\ \overline{F}_{S2}^{F②} \\ \overline{M}_2^{F②} \end{pmatrix} = \begin{pmatrix} 0 \\ 60 \text{ kN} \\ 40 \text{ kN} \cdot \text{m} \\ \hline 0 \\ 60 \text{ kN} \\ -40 \text{ kN} \cdot \text{m} \end{pmatrix}
$$

$$\overline{\boldsymbol{F}}^{F③} = \boldsymbol{0}$$

由式（10-40），并将单元①的 $\alpha = 0°$，单元②、③的 $\alpha = 90°$ 代入计算，可得各单元在整体坐标系中的固端力为

$$
\left[\boldsymbol{F}^{F①}\right] = \begin{pmatrix} \boldsymbol{F}_2^{F①} \\ \hline \boldsymbol{F}_3^{F①} \end{pmatrix} = \left(\begin{array}{ccc|ccc} 1 & 0 & 0 & & & \\ 0 & 1 & 0 & & \boldsymbol{0} & \\ 0 & 0 & 1 & & & \\ \hline & & & 1 & 0 & 0 \\ & \boldsymbol{0} & & 0 & 1 & 0 \\ & & & 0 & 0 & 1 \end{array}\right) \begin{pmatrix} 0 \\ 50 \text{ kN} \\ 50 \text{ kN} \cdot \text{m} \\ \hline 0 \\ 50 \text{ kN} \\ -50 \text{ kN} \cdot \text{m} \end{pmatrix} = \begin{pmatrix} 0 \\ 50 \text{ kN} \\ 50 \text{ kN} \cdot \text{m} \\ \hline 0 \\ 50 \text{ kN} \\ -50 \text{ kN} \cdot \text{m} \end{pmatrix}
$$

$$
\left[\boldsymbol{F}^{F②}\right] = \begin{pmatrix} \boldsymbol{F}_1^{F②} \\ \hline \boldsymbol{F}_2^{F②} \end{pmatrix} = \left(\begin{array}{ccc|ccc} 0 & -1 & 0 & & & \\ 1 & 0 & 0 & & \boldsymbol{0} & \\ 0 & 0 & 1 & & & \\ \hline & & & 0 & -1 & 0 \\ & \boldsymbol{0} & & 1 & 0 & 0 \\ & & & 0 & 0 & 1 \end{array}\right) \begin{pmatrix} 0 \\ 60 \text{ kN} \\ 40 \text{ kN} \cdot \text{m} \\ \hline 0 \\ 60 \text{ kN} \\ -40 \text{ kN} \cdot \text{m} \end{pmatrix} = \begin{pmatrix} -60 \text{ kN} \\ 0 \\ 40 \text{ kN} \cdot \text{m} \\ \hline -60 \text{ kN} \\ 0 \\ -40 \text{ kN} \cdot \text{m} \end{pmatrix}
$$

$$\boldsymbol{F}^{F③} = \boldsymbol{0}$$

由式(10-41)可求出结点 2、3 上的等效结点荷载为

$$\boldsymbol{F}_{\mathrm{E}2} = -(\boldsymbol{F}_2^{\mathrm{F}①} + \boldsymbol{F}_2^{\mathrm{F}②}) = -\begin{pmatrix} 0 \\ 50\ \mathrm{kN} \\ 50\ \mathrm{kN\cdot m} \end{pmatrix} - \begin{pmatrix} -60\ \mathrm{kN} \\ 0 \\ -40\ \mathrm{kN\cdot m} \end{pmatrix} = \begin{pmatrix} 60\ \mathrm{kN} \\ -50\ \mathrm{kN} \\ -10\ \mathrm{kN\cdot m} \end{pmatrix}$$

$$\boldsymbol{F}_{\mathrm{E}3} = -(\boldsymbol{F}_3^{\mathrm{F}①} + \boldsymbol{F}_3^{\mathrm{F}③}) = -\begin{pmatrix} 0 \\ 50\ \mathrm{kN} \\ -50\ \mathrm{kN\cdot m} \end{pmatrix} - \begin{pmatrix} 0 \\ 0 \\ 0 \end{pmatrix} = \begin{pmatrix} 0 \\ -50\ \mathrm{kN} \\ 50\ \mathrm{kN\cdot m} \end{pmatrix}$$

再由式(10-42)求得综合结点荷载为

$$\boldsymbol{F}_2 = \begin{pmatrix} 50\ \mathrm{kN} \\ 0 \\ 0 \end{pmatrix} + \begin{pmatrix} 60\ \mathrm{kN} \\ -50\ \mathrm{kN} \\ -10\ \mathrm{kN\cdot m} \end{pmatrix} = \begin{pmatrix} 110\ \mathrm{kN} \\ -50\ \mathrm{kN} \\ -10\ \mathrm{kN\cdot m} \end{pmatrix}$$

$$\boldsymbol{F}_3 = \begin{pmatrix} 0 \\ 0 \\ 0 \end{pmatrix} + \begin{pmatrix} 0 \\ -50\ \mathrm{kN} \\ 50\ \mathrm{kN\cdot m} \end{pmatrix} = \begin{pmatrix} 0 \\ -50\ \mathrm{kN} \\ 50\ \mathrm{kN\cdot m} \end{pmatrix}$$

于是结构的结点外力列向量为

$$\boldsymbol{F} = \begin{pmatrix} \boldsymbol{F}_1 \\ \hline \boldsymbol{F}_2 \\ \hline \boldsymbol{F}_3 \\ \hline \boldsymbol{F}_4 \end{pmatrix} = \begin{pmatrix} F_{x1} \\ F_{y1} \\ M_1 \\ \hline F_{x2} \\ F_{y2} \\ M_2 \\ \hline F_{x3} \\ F_{y3} \\ M_3 \\ \hline F_{x4} \\ F_{y4} \\ M_4 \end{pmatrix} = \begin{pmatrix} F_{x1} \\ F_{y1} \\ M_1 \\ \hline 110\ \mathrm{kN} \\ -50\ \mathrm{kN} \\ -10\ \mathrm{kN\cdot m} \\ \hline 0 \\ -50\ \mathrm{kN} \\ 50\ \mathrm{kN\cdot m} \\ \hline F_{x4} \\ F_{y4} \\ M_4 \end{pmatrix}$$

　　这里要说明的是,对支座结点 1、4,同样可按式(10-41)和式(10-42)算出其等效结点荷载和综合结点荷载。但是,注意上式中的 $\boldsymbol{F}_1$、$\boldsymbol{F}_4$ 应是综合结点荷载与支座反力的代数和,而其中支座反力仍为未知量;又由于在引入支承条件时,$\boldsymbol{F}_1$、$\boldsymbol{F}_4$ 将被删去或被修改(见§10-8),故在此可不必计算支座结点 1、4 的等效结点荷载及综合结点荷载。

　　(5) 引入支承条件,修改原始刚度方程。结构的原始刚度方程为

$$
\begin{Bmatrix}
F_{x1} \\ F_{y1} \\ M_1 \\ \hline
110\ \text{kN} \\ -50\ \text{kN} \\ -10\ \text{kN·m} \\ \hline
0 \\ -50\ \text{kN} \\ 50\ \text{kN·m} \\ \hline
F_{x4} \\ F_{y4} \\ M_4
\end{Bmatrix}
= 10^3 \times
$$

	u_1	v_1	φ_1	u_2	v_2	φ_2	u_3	v_3	φ_3	u_4	v_4	φ_4
	12 kN/m	0	−24 kN	−12 kN/m	0	−24 kN	0	0	0	0	0	0
	0	500 kN/m	0	0	−500 kN/m	0	0	0	0	0	0	0
	−24 kN	0	64 kN·m	24 kN	0	32 kN·m	0	0	0	0	0	0
	−12 kN/m	0	24 kN	512 kN/m	0	24 kN	−500 kN/m	0	0	0	0	0
	0	−500 kN/m	0	0	512 kN/m	24 kN	0	−12 kN/m	−24 kN	0	0	0
	−24 kN	0	32 kN·m	24 kN	24 kN	128 kN·m	0	24 kN	32 kN·m	0	0	0
	0	0	0	−500 kN/m	0	0	512 kN/m	0	24 kN	−12 kN/m	0	−24 kN
	0	0	0	0	−12 kN/m	24 kN	0	512 kN/m	−24 kN	0	−500 kN/m	0
	0	0	0	0	−24 kN	32 kN·m	24 kN	−24 kN	128 kN·m	24 kN	0	32 kN·m
	0	0	0	0	0	0	−12 kN/m	0	24 kN	12 kN/m	0	24 kN
	0	0	0	0	0	0	0	−500 kN/m	0	0	500 kN/m	0
	0	0	0	0	0	0	−24 kN	0	32 kN·m	24 kN	0	64 kN·m

结点 1 和 4 为固定端,故已知

$$\boldsymbol{\Delta}_1 = \begin{pmatrix} u_1 \\ v_1 \\ \varphi_1 \end{pmatrix} = \begin{pmatrix} 0 \\ 0 \\ 0 \end{pmatrix}, \quad \boldsymbol{\Delta}_4 = \begin{pmatrix} u_4 \\ v_4 \\ \varphi_4 \end{pmatrix} = \begin{pmatrix} 0 \\ 0 \\ 0 \end{pmatrix}$$

在原始刚度矩阵中删去与上述零位移对应的行和列,同时在结点位移列向量和结点外力列向量中删去相应的行,便得到修改后的结构的刚度方程为

$$
\begin{pmatrix} 110\ \text{kN} \\ -50\ \text{kN} \\ -10\ \text{kN·m} \\ \hdashline 0 \\ -50\ \text{kN} \\ 50\ \text{kN·m} \end{pmatrix} = 10^3 \times
$$

$$
\begin{pmatrix}
512\ \text{kN/m} & 0 & 24\ \text{kN} & -500\ \text{kN/m} & 0 & 0 \\
0 & 512\ \text{kN/m} & 24\ \text{kN} & 0 & -12\ \text{kN/m} & 24\ \text{kN} \\
24\ \text{kN} & 24\ \text{kN} & 128\ \text{kN·m} & 0 & -24\ \text{kN} & 32\ \text{kN·m} \\
\hdashline
-500\ \text{kN/m} & 0 & 0 & 512\ \text{kN/m} & 0 & 24\ \text{kN} \\
0 & -12\ \text{kN/m} & -24\ \text{kN} & 0 & 512\ \text{kN/m} & -24\ \text{kN} \\
0 & 24\ \text{kN} & 32\ \text{kN·m} & 24\ \text{kN} & -24\ \text{kN} & 128\ \text{kN·m}
\end{pmatrix}
\begin{pmatrix} u_2 \\ v_2 \\ \varphi_2 \\ u_3 \\ v_3 \\ \varphi_3 \end{pmatrix}
$$

(6) 解方程,求得未知结点位移为

$$
\begin{pmatrix} u_2 \\ v_2 \\ \varphi_2 \\ \hdashline u_3 \\ v_3 \\ \varphi_3 \end{pmatrix} = 10^{-6} \times
\begin{pmatrix} 6\ 318\ \text{m} \\ -23.38\ \text{m} \\ -1\ 164\ \text{rad} \\ \hdashline 6\ 194\ \text{m} \\ -176.6\ \text{m} \\ -508.4\ \text{rad} \end{pmatrix}
$$

(7) 计算各单元杆端力。按式(10-45)计算。

单元①：

$$\bar{F}^{①} = \bar{F}^{F①} + Tk^{①}\Delta^{①} = \bar{F}^{F①} + Tk^{①}\begin{Bmatrix}\Delta_2 \\ \hline \Delta_3\end{Bmatrix}$$

$$= \begin{Bmatrix}0 \\ 50\ \text{kN} \\ 50\ \text{kN·m} \\ \hline 0 \\ 50\ \text{kN} \\ -50\ \text{kN·m}\end{Bmatrix} + T\times10^{3}\times\begin{bmatrix}500\ \text{kN/m} & 0 & 0 & -500\ \text{kN/m} & 0 & 0 \\ 0 & 12\ \text{kN/m} & 24\ \text{kN} & 0 & -12\ \text{kN/m} & 24\ \text{kN} \\ 0 & 24\ \text{kN} & 64\ \text{kN·m} & 0 & -24\ \text{kN} & 32\ \text{kN·m} \\ -500\ \text{kN/m} & 0 & 0 & 500\ \text{kN/m} & 0 & 0 \\ 0 & -12\ \text{kN/m} & -24\ \text{kN} & 0 & 12\ \text{kN/m} & -24\ \text{kN} \\ 0 & 24\ \text{kN} & 32\ \text{kN·m} & 0 & -24\ \text{kN} & 64\ \text{kN·m}\end{bmatrix}10^{-6}\times\begin{Bmatrix}6\ 318\ \text{m} \\ -23.38\ \text{m} \\ -1\ 164\ \text{rad} \\ 6\ 194\ \text{m} \\ -176.6\ \text{m} \\ -508.4\ \text{rad}\end{Bmatrix}$$

$$= \begin{Bmatrix}0 \\ 50\ \text{kN} \\ 50\ \text{kN·m} \\ \hline 0 \\ 50\ \text{kN} \\ -50\ \text{kN·m}\end{Bmatrix} + \begin{bmatrix}1 & 0 & 0 & & \mathbf{0} & \\ 0 & 1 & 0 & & & \\ 0 & 0 & 1 & & & \\ & \mathbf{0} & & 1 & 0 & 0 \\ & & & 0 & 1 & 0 \\ & & & 0 & 0 & 1\end{bmatrix}\begin{Bmatrix}62.0\ \text{kN} \\ -38.3\ \text{kN} \\ -87.1\ \text{kN·m} \\ -62.0\ \text{kN} \\ 38.3\ \text{kN} \\ -66.1\ \text{kN·m}\end{Bmatrix} = \begin{Bmatrix}62.0\ \text{kN} \\ 11.7\ \text{kN} \\ -37.1\ \text{kN·m} \\ -62.0\ \text{kN} \\ 88.3\ \text{kN} \\ -116.1\ \text{kN·m}\end{Bmatrix}$$

单元②：

$$\bar{F}^{②} = \bar{F}^{F②} + Tk^{②}\Delta^{②} = \bar{F}^{F②} + Tk^{②}\begin{Bmatrix}\Delta_1 \\ \hline \Delta_2\end{Bmatrix}$$

$$= \begin{Bmatrix}0 \\ 60\ \text{kN} \\ 40\ \text{kN·m} \\ \hline 0 \\ 60\ \text{kN} \\ -40\ \text{kN·m}\end{Bmatrix} + T\times10^{3}\times\begin{bmatrix}12\ \text{kN/m} & 0 & -24\ \text{kN} & -12\ \text{kN/m} & 0 & -24\ \text{kN} \\ 0 & 500\ \text{kN/m} & 0 & 0 & -500\ \text{kN/m} & 0 \\ -24\ \text{kN} & 0 & 64\ \text{kN·m} & 24\ \text{kN} & 0 & 32\ \text{kN·m} \\ -12\ \text{kN/m} & 0 & 24\ \text{kN} & 12\ \text{kN/m} & 0 & 24\ \text{kN} \\ 0 & -500\ \text{kN/m} & 0 & 0 & 500\ \text{kN/m} & 0 \\ -24\ \text{kN} & 0 & 32\ \text{kN·m} & 24\ \text{kN} & 0 & 64\ \text{kN·m}\end{bmatrix}10^{-6}\times\begin{Bmatrix}0 \\ 0 \\ 0 \\ 6\ 318\ \text{m} \\ -23.38\ \text{m} \\ -1\ 164\ \text{rad}\end{Bmatrix}$$

$$
\begin{bmatrix}
0 \\
60 \text{ kN} \\
40 \text{ kN·m} \\
\hline
0 \\
60 \text{ kN} \\
-40 \text{ kN·m}
\end{bmatrix}
+
\begin{bmatrix}
0 & 1 & 0 & & & \\
-1 & 0 & 0 & & \mathbf{0} & \\
0 & 0 & 1 & & & \\
& & & 0 & 1 & 0 \\
& \mathbf{0} & & -1 & 0 & 0 \\
& & & 0 & 0 & 1
\end{bmatrix}
\begin{bmatrix}
-47.9 \text{ kN} \\
11.7 \text{ kN} \\
114.4 \text{ kN·m} \\
\hline
47.9 \text{ kN} \\
-11.7 \text{ kN} \\
77.1 \text{ kN·m}
\end{bmatrix}
=
\begin{bmatrix}
11.7 \text{ kN} \\
107.9 \text{ kN} \\
154.4 \text{ kN·m} \\
\hline
-11.7 \text{ kN} \\
12.1 \text{ kN} \\
37.1 \text{ kN·m}
\end{bmatrix}
$$

单元③：

$$
\bar{F}^③ = \bar{F}^{F③} + Tk^③ \Delta^③ = \bar{F}^{F③} + Tk^③
\begin{Bmatrix}
\Delta_4 \\
\Delta_3
\end{Bmatrix}
$$

$$
=
\begin{bmatrix}
0 \\
0 \\
0 \\
\hline
0 \\
0 \\
0
\end{bmatrix}
+ T \times 10^3 \times
\begin{bmatrix}
12 \text{ kN/m} & 0 & -24 \text{ kN} & -24 \text{ kN} & -12 \text{ kN/m} & 0 \\
0 & 500 \text{ kN/m} & 0 & 0 & 0 & -500 \text{ kN/m} \\
-24 \text{ kN} & 0 & 64 \text{ kN·m} & 24 \text{ kN} & 24 \text{ kN} & 0 \\
-12 \text{ kN/m} & 0 & 24 \text{ kN} & 12 \text{ kN/m} & 0 & 500 \text{ kN/m} \\
0 & -500 \text{ kN/m} & 0 & 0 & 0 & 500 \text{ kN/m} \\
-24 \text{ kN} & 0 & 32 \text{ kN·m} & 24 \text{ kN} & 24 \text{ kN} & 0 \\
& & & & & 64 \text{ kN·m}
\end{bmatrix}
\begin{bmatrix}
0 \\
0 \\
0 \\
\hline
6\,194 \text{ m} \\
-176.6 \text{ m} \\
-508.4 \text{ rad}
\end{bmatrix} 10^{-6} \times
$$

$$
=
\begin{bmatrix}
0 & 1 & 0 & & & \\
-1 & 0 & 0 & & \mathbf{0} & \\
0 & 0 & 1 & & & \\
& & & 0 & 1 & 0 \\
& \mathbf{0} & & -1 & 0 & 0 \\
& & & 0 & 0 & 1
\end{bmatrix}
\begin{bmatrix}
-62.1 \text{ kN} \\
88.3 \text{ kN} \\
132.4 \text{ kN·m} \\
\hline
62.1 \text{ kN} \\
-88.3 \text{ kN} \\
116.1 \text{ kN·m}
\end{bmatrix}
=
\begin{bmatrix}
88.3 \text{ kN} \\
62.1 \text{ kN} \\
132.4 \text{ kN·m} \\
\hline
-88.3 \text{ kN} \\
-62.1 \text{ kN} \\
116.1 \text{ kN·m}
\end{bmatrix}
$$

刚架的弯矩图如图 10-11a 所示。

为了考察第八章位移法的精度,用位移法计算本例。其中,基本未知量为结点 2、3 的角位移和结点 2 的水平线位移(也是结点 3 的水平线位移)。得到的弯矩图如图 10-11b 所示。可见,在位移法中,由于不考虑受弯杆的轴向变形,导致计算结果产生一定的误差。对于该例,最大误差为 19.1%。

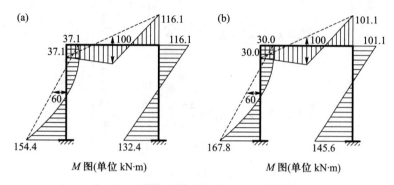

图 10-11

例 10-3 试用矩阵位移法计算图 10-12所示桁架的内力。各杆 EA 均相同。

解:对各结点和单元进行编号,并选定整体坐标系如图所示。在确定各单元始、末端结点 i、j 的号码时,约定 $i<j$,这样就确定了各单元的局部坐标系。

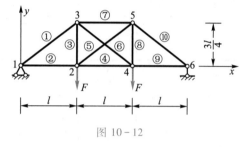

图 10-12

用矩阵位移法计算桁架的步骤与刚架完全一样。在桁架中,任一结点 i 只有两个位移分量 u_i、v_i 和两个结点外力分量 F_{xi}、F_{yi}。单元刚度矩阵按式(10-26)计算,根据表 10-4 中的数据,可求得单元②、④、⑦、⑨的刚度矩阵的各子块为

$$\boldsymbol{k}_{11}^{②} = \boldsymbol{k}_{22}^{②} = \boldsymbol{k}_{22}^{④} = \boldsymbol{k}_{44}^{④} = \boldsymbol{k}_{33}^{⑦} = \boldsymbol{k}_{55}^{⑦} = \boldsymbol{k}_{44}^{⑨} = \boldsymbol{k}_{66}^{⑨} = \frac{EA}{l}\begin{pmatrix} 1 & 0 \\ 0 & 0 \end{pmatrix}$$

$$\boldsymbol{k}_{12}^{②} = \boldsymbol{k}_{21}^{②} = \boldsymbol{k}_{24}^{④} = \boldsymbol{k}_{42}^{④} = \boldsymbol{k}_{35}^{⑦} = \boldsymbol{k}_{53}^{⑦} = \boldsymbol{k}_{46}^{⑨} = \boldsymbol{k}_{64}^{⑨} = \frac{EA}{l}\begin{pmatrix} -1 & 0 \\ 0 & 0 \end{pmatrix}$$

单元③、⑧的刚度矩阵各子块为

$$\boldsymbol{k}_{22}^{③} = \boldsymbol{k}_{33}^{③} = \boldsymbol{k}_{44}^{⑧} = \boldsymbol{k}_{55}^{⑧} = \frac{4EA}{3l}\begin{pmatrix} 0 & 0 \\ 0 & 1 \end{pmatrix}$$

$$\boldsymbol{k}_{23}^{③} = \boldsymbol{k}_{32}^{③} = \boldsymbol{k}_{45}^{⑧} = \boldsymbol{k}_{54}^{⑧} = \frac{4EA}{3l}\begin{pmatrix} 0 & 0 \\ 0 & -1 \end{pmatrix}$$

单元①、⑤的刚度矩阵的各子块为

$$\boldsymbol{k}_{11}^{①} = \boldsymbol{k}_{33}^{①} = \boldsymbol{k}_{22}^{⑤} = \boldsymbol{k}_{55}^{⑤} = \frac{4EA}{5l}\begin{pmatrix} \dfrac{16}{25} & \dfrac{12}{25} \\ \dfrac{12}{25} & \dfrac{9}{25} \end{pmatrix}$$

$$\boldsymbol{k}_{13}^{①}=\boldsymbol{k}_{31}^{①}=\boldsymbol{k}_{25}^{⑤}=\boldsymbol{k}_{52}^{⑤}=\frac{4EA}{5l}\begin{pmatrix}-\dfrac{16}{25}&-\dfrac{12}{25}\\[2mm]-\dfrac{12}{25}&-\dfrac{9}{25}\end{pmatrix}$$

单元⑥、⑩的刚度矩阵各子块为

$$\boldsymbol{k}_{33}^{⑥}=\boldsymbol{k}_{44}^{⑥}=\boldsymbol{k}_{55}^{⑩}=\boldsymbol{k}_{66}^{⑩}=\frac{4EA}{5l}\begin{pmatrix}\dfrac{16}{25}&-\dfrac{12}{25}\\[2mm]-\dfrac{12}{25}&\dfrac{9}{25}\end{pmatrix}$$

$$\boldsymbol{k}_{34}^{⑥}=\boldsymbol{k}_{43}^{⑥}=\boldsymbol{k}_{56}^{⑩}=\boldsymbol{k}_{65}^{⑩}=\frac{4EA}{5l}\begin{pmatrix}-\dfrac{16}{25}&\dfrac{12}{25}\\[2mm]\dfrac{12}{25}&-\dfrac{9}{25}\end{pmatrix}$$

表 10-4　各单元始末端结点号码及几何数据

单 元	ij	l_{ij}	$\cos\alpha$	$\sin\alpha$	$\cos^2\alpha$	$\cos\alpha\sin\alpha$	$\sin^2\alpha$
①	13	$\dfrac{5l}{4}$	$\dfrac{4}{5}$	$\dfrac{3}{5}$	$\dfrac{16}{25}$	$\dfrac{12}{25}$	$\dfrac{9}{25}$
②	12	l	1	0	1	0	0
③	23	$\dfrac{3l}{4}$	0	1	0	0	1
④	24	l	1	0	1	0	0
⑤	25	$\dfrac{5l}{4}$	$\dfrac{4}{5}$	$\dfrac{3}{5}$	$\dfrac{16}{25}$	$\dfrac{12}{25}$	$\dfrac{9}{25}$
⑥	34	$\dfrac{5l}{4}$	$\dfrac{4}{5}$	$-\dfrac{3}{5}$	$\dfrac{16}{25}$	$-\dfrac{12}{25}$	$\dfrac{9}{25}$
⑦	35	l	1	0	1	0	0
⑧	45	$\dfrac{3l}{4}$	0	1	0	0	1
⑨	46	l	1	0	1	0	0
⑩	56	$\dfrac{5l}{4}$	$\dfrac{4}{5}$	$-\dfrac{3}{5}$	$\dfrac{16}{25}$	$-\dfrac{12}{25}$	$\dfrac{9}{25}$

将各单刚子块对号入座即形成总刚,结构原始刚度方程为

$$
\begin{Bmatrix} F_{x1}\\ F_{y1}\\ F_{x2}\\ F_{y2}\\ F_{x3}\\ F_{y3}\\ F_{x4}\\ F_{y4}\\ F_{x5}\\ F_{y5}\\ F_{x6}\\ F_{y6} \end{Bmatrix}
=\frac{EA}{l}
\begin{bmatrix}
\frac{189}{125} & \frac{48}{125} & -1 & 0 & -\frac{64}{125} & -\frac{48}{125} & 0 & 0 & 0 & 0 & 0 & 0\\[4pt]
\frac{48}{125} & \frac{36}{125} & 0 & 0 & -\frac{48}{125} & -\frac{36}{125} & 0 & 0 & 0 & 0 & 0 & 0\\[4pt]
-1 & 0 & \frac{314}{125} & \frac{48}{125} & 0 & 0 & 0 & -\frac{4}{3} & -\frac{64}{125} & \frac{48}{125} & 0 & 0\\[4pt]
0 & 0 & \frac{48}{125} & \frac{608}{375} & 0 & 0 & 0 & 0 & \frac{48}{125} & -\frac{36}{125} & 0 & 0\\[4pt]
-\frac{64}{125} & -\frac{48}{125} & 0 & 0 & \frac{314}{125} & \frac{48}{125} & -\frac{64}{125} & -\frac{48}{125} & \frac{253}{125} & 0 & 0 & 0\\[4pt]
-\frac{48}{125} & -\frac{36}{125} & 0 & 0 & \frac{48}{125} & \frac{716}{375} & \frac{48}{125} & -\frac{36}{125} & 0 & -\frac{4}{3} & 0 & 0\\[4pt]
0 & 0 & 0 & 0 & -\frac{64}{125} & \frac{48}{125} & \frac{314}{125} & -\frac{48}{125} & -1 & 0 & 0 & 0\\[4pt]
0 & 0 & -\frac{4}{3} & 0 & -\frac{48}{125} & -\frac{36}{125} & -\frac{48}{125} & \frac{608}{375} & 0 & 0 & 0 & 0\\[4pt]
0 & 0 & -\frac{64}{125} & \frac{48}{125} & \frac{253}{125} & 0 & -1 & 0 & \frac{314}{125} & \frac{48}{125} & -\frac{64}{125} & -\frac{48}{125}\\[4pt]
0 & 0 & \frac{48}{125} & -\frac{36}{125} & 0 & -\frac{4}{3} & 0 & 0 & \frac{48}{125} & \frac{716}{375} & \frac{48}{125} & -\frac{36}{125}\\[4pt]
0 & 0 & 0 & 0 & 0 & 0 & 0 & 0 & -\frac{64}{125} & \frac{48}{125} & \frac{189}{125} & -\frac{48}{125}\\[4pt]
0 & 0 & 0 & 0 & 0 & 0 & 0 & 0 & -\frac{48}{125} & -\frac{36}{125} & -\frac{48}{125} & \frac{36}{125}
\end{bmatrix}
\begin{Bmatrix} u_1\\ v_1\\ u_2\\ v_2\\ u_3\\ v_3\\ u_4\\ v_4\\ u_5\\ v_5\\ u_6\\ v_6 \end{Bmatrix}
$$

支承条件为 $u_1 = v_1 = v_6 = 0$，在原始刚度方程中去掉与这些零位移对应的行和列，并将已知的结点荷载代入，则得到结构的刚度方程为

$$
\begin{pmatrix}
F_{x2} = 0 \\
F_{y2} = -F \\
F_{x3} = 0 \\
F_{y3} = 0 \\
F_{x4} = 0 \\
F_{y4} = -F \\
F_{x5} = 0 \\
F_{y5} = 0 \\
F_{x6} = 0
\end{pmatrix}
= \frac{EA}{l} \times
$$

$$
\begin{pmatrix}
\dfrac{314}{125} & \dfrac{48}{125} & 0 & 0 & -1 & 0 & -\dfrac{64}{125} & -\dfrac{48}{125} & 0 \\[2ex]
\dfrac{48}{125} & \dfrac{608}{375} & 0 & -\dfrac{4}{3} & 0 & 0 & -\dfrac{48}{125} & -\dfrac{36}{125} & 0 \\[2ex]
0 & 0 & \dfrac{253}{125} & 0 & -\dfrac{64}{125} & \dfrac{48}{125} & -1 & 0 & 0 \\[2ex]
0 & -\dfrac{4}{3} & 0 & \dfrac{716}{375} & \dfrac{48}{125} & -\dfrac{36}{125} & 0 & 0 & 0 \\[2ex]
-1 & 0 & -\dfrac{64}{125} & \dfrac{48}{125} & \dfrac{314}{125} & -\dfrac{48}{125} & 0 & 0 & -1 \\[2ex]
0 & 0 & \dfrac{48}{125} & -\dfrac{36}{125} & -\dfrac{48}{125} & \dfrac{608}{375} & 0 & -\dfrac{4}{3} & 0 \\[2ex]
-\dfrac{64}{125} & -\dfrac{48}{125} & -1 & 0 & 0 & 0 & \dfrac{253}{125} & 0 & -\dfrac{64}{125} \\[2ex]
-\dfrac{48}{125} & -\dfrac{36}{125} & 0 & 0 & 0 & -\dfrac{4}{3} & 0 & \dfrac{716}{375} & \dfrac{48}{125} \\[2ex]
0 & 0 & 0 & 0 & -1 & 0 & -\dfrac{64}{125} & \dfrac{48}{125} & \dfrac{189}{125}
\end{pmatrix}
\begin{pmatrix}
u_2 \\ v_2 \\ u_3 \\ v_3 \\ u_4 \\ v_4 \\ u_5 \\ v_5 \\ u_6
\end{pmatrix}
$$

解方程得

$$
\begin{pmatrix} u_2 \\ v_2 \\ u_3 \\ v_3 \\ u_4 \\ v_4 \\ u_5 \\ v_5 \\ u_6 \end{pmatrix} = \frac{Fl}{EA} \begin{pmatrix} 1.333 \\ -7.684 \\ 2.667 \\ -7.028 \\ 2.500 \\ -7.684 \\ 1.167 \\ -7.028 \\ 3.833 \end{pmatrix}
$$

然后即可按式(10-35)及式(10-36)计算各杆内力。例如对单元⑨,有

$$
\boldsymbol{F}^{⑨} = \begin{pmatrix} F_{x4}^{⑨} \\ F_{y4}^{⑨} \\ \hline F_{x6}^{⑨} \\ F_{y6}^{⑨} \end{pmatrix} = \begin{pmatrix} \boldsymbol{k}_{44}^{⑨} & \vdots & \boldsymbol{k}_{46}^{⑨} \\ \hline \boldsymbol{k}_{64}^{⑨} & \vdots & \boldsymbol{k}_{66}^{⑨} \end{pmatrix} \begin{pmatrix} u_4 \\ v_4 \\ \hline u_6 \\ v_6 \end{pmatrix} = \begin{pmatrix} 1 & 0 & \vdots & -1 & 0 \\ 0 & 0 & \vdots & 0 & 0 \\ \hline -1 & 0 & \vdots & 1 & 0 \\ 0 & 0 & \vdots & 0 & 0 \end{pmatrix} \begin{pmatrix} 2.500 \\ -7.684 \\ \hline 3.833 \\ 0 \end{pmatrix} F
$$

$$
= \begin{pmatrix} -1.333F \\ 0 \\ \hline 1.333F \\ 0 \end{pmatrix}
$$

$$
\overline{\boldsymbol{F}}^{⑨} = \begin{pmatrix} \overline{F}_{N4}^{⑨} \\ \overline{F}_{S4}^{⑨} \\ \hline \overline{F}_{N6}^{⑨} \\ \overline{F}_{S6}^{⑨} \end{pmatrix} = \boldsymbol{T}\boldsymbol{F}^{⑨} = \begin{pmatrix} 1 & 0 & \vdots & & \\ 0 & 1 & \vdots & \boldsymbol{0} & \\ \hline & \vdots & 1 & 0 \\ \boldsymbol{0} & \vdots & 0 & 1 \end{pmatrix} \begin{pmatrix} -1.333F \\ 0 \\ \hline 1.333F \\ 0 \end{pmatrix} = \begin{pmatrix} -1.333F \\ 0 \\ \hline 1.333F \\ 0 \end{pmatrix}
$$

又如单元⑩:

$$
\boldsymbol{F}^{⑩} = \begin{pmatrix} F_{x5}^{⑩} \\ F_{y5}^{⑩} \\ \hline F_{x6}^{⑩} \\ F_{y6}^{⑩} \end{pmatrix} = \begin{pmatrix} \boldsymbol{k}_{55}^{⑩} & \vdots & \boldsymbol{k}_{56}^{⑩} \\ \hline \boldsymbol{k}_{65}^{⑩} & \vdots & \boldsymbol{k}_{66}^{⑩} \end{pmatrix} \begin{pmatrix} u_5 \\ v_5 \\ \hline u_6 \\ v_6 \end{pmatrix} = \begin{pmatrix} \dfrac{16}{25} & -\dfrac{12}{25} & \vdots & -\dfrac{16}{25} & \dfrac{12}{25} \\ -\dfrac{12}{25} & \dfrac{9}{25} & \vdots & \dfrac{12}{25} & -\dfrac{9}{25} \\ \hline -\dfrac{16}{25} & \dfrac{12}{25} & \vdots & \dfrac{16}{25} & -\dfrac{12}{25} \\ \dfrac{12}{25} & -\dfrac{9}{25} & \vdots & -\dfrac{12}{25} & \dfrac{9}{25} \end{pmatrix} \begin{pmatrix} 1.167 \\ -7.028 \\ \hline 3.833 \\ 0 \end{pmatrix} \frac{4F}{5}
$$

$$
= \begin{pmatrix} 1.333F \\ -1.000F \\ \hline -1.333F \\ 1.000F \end{pmatrix}
$$

$$\overline{\boldsymbol{F}}^{\text{⑩}} = \begin{pmatrix} \overline{F}_{N5}^{\text{⑩}} \\ \overline{F}_{S5}^{\text{⑩}} \\ \hdashline \overline{F}_{N6}^{\text{⑩}} \\ \overline{F}_{S6}^{\text{⑩}} \end{pmatrix} = \boldsymbol{T}\boldsymbol{F}^{\text{⑩}} = \left(\begin{array}{cc:cc} \dfrac{4}{5} & -\dfrac{3}{5} & & \\ \dfrac{3}{5} & \dfrac{4}{5} & \multicolumn{2}{c}{\mathbf{0}} \\ \hdashline & & \dfrac{4}{5} & -\dfrac{3}{5} \\ \multicolumn{2}{c:}{\mathbf{0}} & \dfrac{3}{5} & \dfrac{4}{5} \end{array} \right) \begin{pmatrix} 1.333F \\ -1.000F \\ \hdashline -1.333F \\ 1.000F \end{pmatrix}$$

$$= \begin{pmatrix} 1.667F \\ 0 \\ \hdashline -1.667F \\ 0 \end{pmatrix}$$

§10–8　几点补充说明

以上着重从原理上介绍了矩阵位移法,实际计算是用计算机进行的,而不是用手算,因此还必须就实际计算中的问题作些补充说明。

1. 结点位移分量的编号,单元定位向量

前面曾说,将单刚子块对号入座即形成总刚,其实这只是为了讨论和书写的简便。实际上每个单刚子块都是 3×3 阶矩阵有 9 个元素(平面桁架单元为2×2阶矩阵有 4 个元素),因此子块对号入座,实际上必须落实到每个元素对号入座。单刚子块的两个下标号码是由单元两端的结点编号确定的,而每个元素的两个下标号码则应由单元两端的结点位移分量的编号确定。因此,不仅要对结点进行编号,而且还须对结点位移的每个分量进行编号。例如对图 10–13 所示刚架,可对单元、结点和结点位移分量编号如图所示,它们的对应关系如表 10–5 所列。

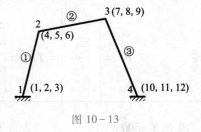

图 10–13

表 10–5　各单元始末端结点及结点位移分量编号

单　　元	始末端结点号		结点位移分量编号(单元定位向量)					
	i	j	u_i	v_i	φ_i	u_j	v_j	φ_j
①	1	2	1	2	3	4	5	6
②	2	3	4	5	6	7	8	9
③	3	4	7	8	9	10	11	12

应当指出,结点位移分量的编号,同时也就是结点外力分量的编号,因为二者是一一对应的。

有了结点位移分量的编号,单刚中的每个元素便可按其两个下标号码送到总刚中相应的行列位置上去。图 10–14 表示单元②的单刚元素 $k_{86}^{\text{②}}$ 的入座位置。一个平面刚架的一般单元有6个杆端结点位移分量编号,依靠这6个号码,其单刚的36个元素才能确定在总刚中的位置,因此这6个号码称为单元定位向量。如图10-13所示,单元②的定位向量便是$(4\ 5\ 6\ 7\ 8\ 9)^{\mathrm{T}}$。

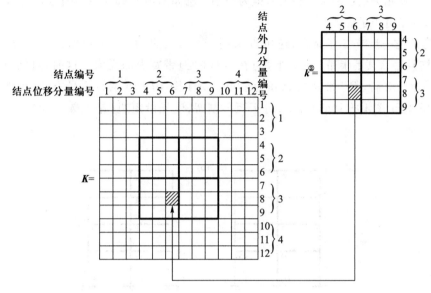
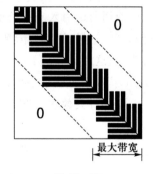

图 10-14

当刚架的所有结点都是刚结点时,每个结点的位移分量数均为3,此时通常将结点i的3个位移分量u_i、v_i和φ_i依次编号为$3i-2,3i-1$和$3i$。这样,结点编号与其位移分量编号之间便有了简单的对应关系,使得程序编制十分方便。但当刚架上还有铰结点时,情况就要复杂些,这在后面再讨论。

2. 总刚的带宽与存储方式

由前可知,结构的总刚度矩阵中有不少零元素,对于结点数目很多的大型结构,这一现象尤为明显。这种具有大量零元素的矩阵称为稀疏矩阵。同时,总刚中的非零元素通常集中在主对角线附近的斜带形区域内,称为带状矩阵(图10-15)。在带状矩阵中,每行(列)从主对

图 10-15

角线元素起至该行(列)最外一个非零元素止所包含的元素个数,称为该行(列)的带宽。由总刚的形成规律可以得知

某行(列)带宽 = 该行(列)结点位移分量号 - 最小相关结点位移分量号 + 1

$$(10-47)$$

所有各行(列)带宽中的最大值称为矩阵的最大带宽。由上可推知

最大带宽 = 相关结点位移分量号的最大差值 + 1 $(10-48)$

当平面刚架所有结点均为刚结点,且结点编号与位移分量编号之间具有前述简单对应关系时,又有

最大带宽 =(相关结点编号的最大差值 + 1)×3 $(10-49)$

在电算中,可以将总刚的全部元素都存储起来,这称为满阵存储。但为了节省存储单元,对于对称带状矩阵,可以只存储其下半带(或上半带)在最大带宽范围内的元素,这称为等带宽存储。显然,最大带宽愈大,存储量也愈大。因此,对结点编号时,应该力求使相关结点编号的最大差值为最小。例如图10-16a、b两种编号方式,显然后者的最大带宽小于前者。

为了进一步节省存储量,还可以采用变带宽存储,即对于对称带状矩阵,每行(列)均只存储其下半带(或上半带)在该行(列)带宽内的元素。这时,对结点编号应该力求使各行(列)带宽之总和为最小。对于图10-16两种编号方式,仍然是图10-16b优于图10-16a。可见,对于矩形刚架,应先沿短边(结点数目少的边)方向顺次编号。

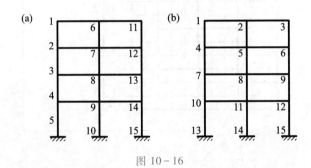

图 10-16

3. 关于支承条件的引入

前面所讲引入支承条件修改原始刚度方程的方法,是删去与已知零位移相应的行和列。这样,矩阵的阶数虽然降低(对手算是简便些),但总刚原来的行列编号亦将改变,这对电算是不方便的。因此,实用中常采用"乘大数法""置大数法"或"划零置一法"来引入支承条件,下面介绍后两种方法。

(1)置大数法。设结构的原始刚度方程(按元素表示的)为

$$\begin{pmatrix} F_1 \\ F_2 \\ \vdots \\ F_j \\ \vdots \\ F_n \end{pmatrix} = \begin{pmatrix} K_{11} & K_{12} & \cdots & K_{1j} & \cdots & K_{1n} \\ K_{21} & K_{22} & \cdots & K_{2j} & \cdots & K_{2n} \\ \vdots & \vdots & & \vdots & & \vdots \\ K_{j1} & K_{j2} & \cdots & K_{jj} & \cdots & K_{jn} \\ \vdots & \vdots & & \vdots & & \vdots \\ K_{n1} & K_{n2} & \cdots & K_{nj} & \cdots K_{nn} \end{pmatrix} \begin{pmatrix} \delta_1 \\ \delta_2 \\ \vdots \\ \delta_j \\ \vdots \\ \delta_n \end{pmatrix} \qquad (10-50)$$

设某一结点位移分量 δ_j 等于已知值 C_j(包括 C_j 等于零),则将总刚中的主元素 K_{jj} 换为一个充分大的数 N(例如 10^{20} 或更大,以不使计算机产生溢出为原则),同时将外力列向量中的对应分量 F_j 换为 NC_j。这样式(10-50)的第 j 个方程成为

$$NC_j = K_{j1}\delta_1 + K_{j2}\delta_2 + \cdots + N\delta_j + \cdots + K_{jn}\delta_n$$

相比于 NC_j 和 $N\delta_j$,上式其余项都充分地小,略去后可得到 $\delta_j = C_j$。这样,就引入了给定的支承条件,同时保持了原方程组各矩阵的阶数和编号不变。

（2）划零置一法。设 $\delta_j = C_j$（包括 $C_j = 0$），则将总刚中的主元素 K_{jj} 换为 1，j 行和 j 列的其他元素均改为零；同时将外力列向量中的 F_j 改为 C_j，其余分量 F_i 改为 $F_i - K_{ij}C_j$（这实际上就是把已知位移分量 C_j 乘 j 列各副元素，然后将其移项至方程左边外力列向量相应的行中去）。这样，修改后的方程组成为

$$
\begin{pmatrix} F_1 - K_{1j}C_j \\ F_2 - K_{2j}C_j \\ \vdots \\ C_j \\ \vdots \\ F_n - K_{nj}C_j \end{pmatrix} = \begin{pmatrix} K_{11} & K_{12} & \cdots & 0 & \cdots & K_{1n} \\ K_{21} & K_{22} & \cdots & 0 & \cdots & K_{2n} \\ \vdots & \vdots & & \vdots & & \vdots \\ 0 & 0 & \cdots & 1 & \cdots & 0 \\ \vdots & \vdots & & \vdots & & \vdots \\ K_{n1} & K_{n2} & \cdots & 0 & \cdots & K_{nn} \end{pmatrix} \begin{pmatrix} \delta_1 \\ \delta_2 \\ \vdots \\ \delta_j \\ \vdots \\ \delta_n \end{pmatrix}
$$

其中第 j 个方程为

$$
C_j = 0 \cdot \delta_1 + 0 \cdot \delta_2 + \cdots + 1 \cdot \delta_j + \cdots + 0 \cdot \delta_n
$$

即为给定的支承条件 $\delta_j = C_j$，而其余方程并未改变，只是作了移项调整，这是为了保持总刚的对称性。显然，此法不如置大数法简便，但这是一个精确方法。

4. 铰结点的处理

当刚架中有铰结点时，处理方法之一是像传统位移法那样，不把铰结端的转角作为基本未知量，当然这就要引用具有铰结端的单元刚度矩阵（见习题10-1）。另一种处理方法是将各铰结端的转角均作为基本未知量求解，这样虽然增加了未知量的数目，但所有杆件都采用前述一般单元的刚度矩阵，因而单元类型统一，程序简单，通用性强。当采取后一种处理方法时，由于在铰结点处，各杆端的转角各不相等，故铰结点处的转角未知量便不止一个，因此在对结点位移分量进行编号时，须注意增设铰结点处的角位移编号。

例如图 10-17a 所示刚架，铰结点 2 处有两个转角未知量。现对各单元的结点位移分量编号如图 10-17a 及表 10-6a 所示，注意其中单元①的 2 端转角编号为 6，而单元②的 2 端转角编号为 7。此时，结点位移分量编号与结点编号 i 之间已不再具有前面讲的 $3i-2$、$3i-1$、$3i$ 的简单对应关系。如欲仍保持这种关系，则可采取图 10-17b 及表 10-6b 所示的另一种编号方式，即将增加的转角未知量（这里为单元②的 2 端转角）最后编号。这样，可能使得总刚中某些行（列）的带宽变得很大，因而宜采用变带宽存储。

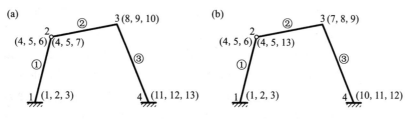

图 10-17

表 10-6a

单 元	结 点 号		结点位移分量号（单元定位向量）					
	i	j	u_i	v_i	φ_i	u_j	v_j	φ_j
①	1	2	1	2	3	4	5	6
②	2	3	4	5	7	8	9	10
③	3	4	8	9	10	11	12	13

表 10-6b

单 元	结 点 号		结点位移分量号（单元定位向量）					
	i	j	u_i	v_i	φ_i	u_j	v_j	φ_j
①	1	2	1	2	3	4	5	6
②	2	3	4	5	13	7	8	9
③	3	4	7	8	9	10	11	12

刚架中的铰结点还可以用设立"主从关系"的方法来处理。这就是在铰结点处增设结点的数量，把每个铰结端都作为一个结点，而令它们的线位移相等，角位移则各自独立。例如在上例中，铰结点处有分属于单元①和②的两个结点 2 和 3（图 10-18），它们各有三个位移分量 u_2、v_2、φ_2 和 u_3、v_3、φ_3，同时令

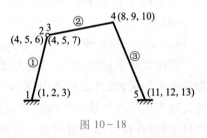

图 10-18

$$u_3 = u_2, \quad v_3 = v_2$$

这里 u_2、v_2 称为"主位移"，u_3、v_3 则称为"从位移"。将此主从关系作为数据输入计算机，处理时将使从位移的未知量编号等于对应主位移的编号，于是各独立未知量的编号如图 10-18 括号中所示，它们仍与图 10-17a 相同。

除铰结点外，主从关系还可以用来处理单元间和结点间的其他各种约束条件，兹不赘述。

应该指出，不论用什么方法处理铰结点，相应的计算机程序都比无铰结点时复杂。

5. 先处理支承条件及忽略轴向变形影响

前面介绍的矩阵位移法，是把包括支座在内的全部结点位移分量都先看作是未知量而依次编号，每一单刚的所有元素都对号入座以形成总刚，然后再处理支承条件，这种方法称为<u>后处理法</u>。后处理法的优点是程序简单，适应性广（非杆系结构的有限元法亦广泛采用此法），但这样形成的总刚阶数较高，占用存储量大。如果先考虑支承条件，则可将已知的结点位移分量编号均用 0 表示，如图 10-19 所示（括号内依次为结点水平、竖向位移和角位移的编号）。单刚中凡与 0 对应的行和列的元素均不送入总刚，这样便可直接形成缩减的总刚。这种方法就称为<u>先处理法</u>，其具体计算过程可参阅其他教材，在此从略。

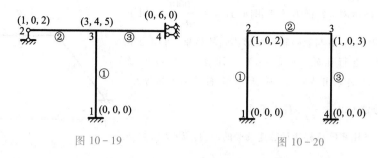

图 10-19　　　　　　　　图 10-20

此外,用矩阵位移法计算刚架时,亦可忽略轴向变形影响。由于不计轴向变形,各结点线位移不再全部独立,因而只对其独立的结点线位移予以编号,凡结点线位移分量相等者编号亦相同(如图 10-20)。但当有斜杆等情况时,这样处理并不方便。忽略轴向变形另一方便的办法是采用前面讲的一般方法(即每个结点位移分量均作独立未知量求解),但将杆件的截面面积 A 输为很大的数(例如比实际面积大 $10^3 \sim 10^6$ 倍),即可得到满意的结果。

复习思考题

1. 矩阵位移法的基本思路是什么?

2. 试述矩阵位移法与传统位移法的异同。

3. 矩阵位移法中,杆端力、杆端位移和结点力、结点位移的正负号是如何规定的?

4. 为何用矩阵位移法分析时,要建立两种坐标系?

5. 什么叫单元刚度矩阵?其每一元素的物理意义是什么?

6. 结构的总刚度方程的物理意义是什么?总刚度矩阵的形成有何规律?其每一元素的物理意义是什么?

7. 能否用结构的原始刚度方程求解结点位移?

8. 矩阵位移法计算中,引入支承条件的目的是什么?

9. 什么叫等效结点荷载?如何求得?"等效"是指什么效果相等?

10. 能否用矩阵位移法(以及传统位移法)计算静定结构?它与计算超静定结构有何不同?

习　　题

10-1　图 10-1 的单元若 j 端为铰结(即 $\overline{M}_j^e = 0$),试写出其单元刚度矩阵。

10-2　试对图示刚架的结点和单元进行编号,并以子块形式写出结构的原始刚度矩阵。

10-3　试以子块形式写出图示刚架原始总刚中的下列子块: $K_{55}, K_{58}, K_{53}, K_{12}$。

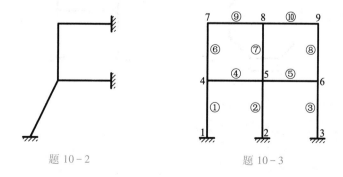

题 10-2　　　　　　　　题 10-3

10-4 图示刚架各杆 E、I、A 相同,且 $A = \dfrac{1\,000I}{l^2}$,试用矩阵位移法求其内力,并与忽略轴向变形影响的结果(可用力矩分配法计算)进行比较。(提示:为了计算方便,可暂设 $E = I = l = q = 1$,待求出结点线位移、角位移、杆端轴力和剪力、弯矩后,再分别乘以 $\dfrac{ql^4}{EI}$、$\dfrac{ql^3}{EI}$、ql、ql^2 即可。)

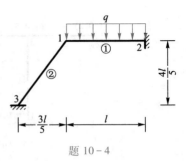

题 10-4

10-5 试用矩阵位移法计算连续梁的内力。EI 为常数。

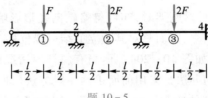

题 10-5

10-6 试用矩阵位移法求图示桁架各杆内力。单元①、②的截面积为 A,单元③的截面积为 $2A$,各杆 E 相同。

10-7 图示桁架各杆 EA 相同,试用矩阵位移法计算其内力。

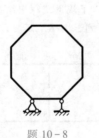

题 10-6

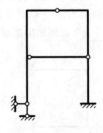

题 10-7

10-8 欲使总刚的最大带宽最小,则对图示刚架的结点应如何编号?

10-9 对图示刚架的结点和单元编号,所有铰结端转角均作基本未知量。试对所有结点位移分量编号,并列出各单元的定位向量。

题 10-8   题 10-9

答　案

10-1

$$
\bar{k}^{e} = \begin{matrix} \bar{u}_i^e & \bar{v}_i^e & \bar{\varphi}_i^e & \bar{u}_j^e & \bar{v}_j^e \end{matrix}
$$

$$
\bar{k}^{e} = \begin{pmatrix} \dfrac{EA}{l} & 0 & 0 & -\dfrac{EA}{l} & 0 \\[2mm] 0 & \dfrac{3EI}{l^3} & \dfrac{3EI}{l^2} & 0 & -\dfrac{3EI}{l^3} \\[2mm] 0 & \dfrac{3EI}{l^2} & \dfrac{3EI}{l} & 0 & -\dfrac{3EI}{l^2} \\[2mm] -\dfrac{EA}{l} & 0 & 0 & \dfrac{EA}{l} & 0 \\[2mm] 0 & -\dfrac{3EI}{l^3} & -\dfrac{3EI}{l^2} & 0 & \dfrac{3EI}{l^3} \end{pmatrix} \begin{matrix} \bar{F}_{Ni}^e \\[2mm] \bar{F}_{Si}^e \\[2mm] \bar{M}_i^e \\[2mm] \bar{F}_{Nj}^e \\[2mm] \bar{F}_{Sj}^e \end{matrix}
$$

也可以将其写成 6×6 阶的矩阵,其中对应于 $\bar{M}_j^e$ 的第 6 行和对应于 $\bar{\varphi}_j^e$ 的第 6 列均为零元素

10-3 $\quad K_{55} = k_{55}^{②} + k_{55}^{④} + k_{55}^{⑤} + k_{55}^{⑦}$,

$$K_{58} = k_{58}^{⑦}, K_{53} = 0, K_{12} = 0$$

10-4

$$
\begin{pmatrix} u_1 \\ v_1 \\ \varphi_1 \end{pmatrix} = \begin{pmatrix} 0.383\,4l \\ -1.001\,0l \\ -10.346 \end{pmatrix} \times 10^{-3} \dfrac{ql^3}{EI},
$$

$$
\begin{pmatrix} \bar{F}_{N1}^{①} \\ \bar{F}_{S1}^{①} \\ \bar{M}_1^{①} \end{pmatrix} = \begin{pmatrix} 383.4 \\ 425.9 \\ 35.9l \end{pmatrix} \times 10^{-3} ql
$$

忽略轴向变形影响时,$M_1^{①} = 41.7 \times 10^{-3} ql^2$,可见对于本题忽略轴向变形影响误差甚大

10-5

$$
\begin{pmatrix} \varphi_1 \\ \varphi_2 \\ \varphi_3 \end{pmatrix} = \dfrac{Fl^2}{416EI} \begin{pmatrix} -11 \\ -4 \\ 1 \end{pmatrix},
$$

$$
\begin{bmatrix} M_2^{②} \\ M_3^{②} \end{bmatrix} = \dfrac{Fl}{208} \begin{bmatrix} 45 \\ -54 \end{bmatrix}
$$

10-6 各杆轴力(以拉力为正)为

$$
\begin{pmatrix} F_N^{①} \\ F_N^{②} \\ F_N^{③} \end{pmatrix} = \begin{pmatrix} 0.629 \\ 0.644 \\ -0.770 \end{pmatrix} F
$$

10-7 各杆轴力(以拉力为正)为

$$
\begin{pmatrix} F_N^{①} \\ F_N^{②} \\ F_N^{③} \\ F_N^{④} \\ F_N^{⑤} \\ F_N^{⑥} \end{pmatrix} = \begin{pmatrix} -0.442 \\ 0.558 \\ 0 \\ -0.442 \\ -0.789 \\ 0.625 \end{pmatrix} F
$$

第十一章 影响线及其应用

§11-1 概述

前面几章讨论结构的内力计算时,荷载的位置是固定不动的。但一般工程结构除了承受固定荷载作用外,还要受到移动荷载的作用。例如桥梁要承受列车、汽车等荷载,厂房中的吊车梁要承受吊车荷载等。显然,在移动荷载作用下,结构的反力和内力将随着荷载位置的移动而变化。因此,在结构设计中,必须求出移动荷载作用下反力和内力的最大值。为了解决这个问题,就需要研究荷载移动时反力和内力变化规律。然而不同的反力和不同截面的内力变化规律是各不相同的,即使同一截面,不同的内力(例如弯矩和剪力)变化规律也不相同。例如图 11-1 所示简支梁,当汽车由左向右移动时,反力 F_A 将逐渐减小,而反力 F_B 却逐渐增大。因此,一次只宜研究一个反力或某一个截面的某一项内力的变化规律。显然,要求出某一反力或某一内力的最大值,就必须先确定产生这一最大值的荷载位置,这一荷载位置称为最不利荷载位置。

工程实际中的移动荷载通常是由很多间距不变的竖向荷载所组成,而其类型是多种多样的,不可能逐一加以研究。为此,可先只研究一种最简单的荷载,即一个竖向单位集中荷载 $F=1$ 沿结构移动时,对某一指定量值(例如某一反力或某一截面的某一内力或某一位移等)所产生的影响,然后根据叠加原理就可进一步研究各种移动荷载对该量值的影响。

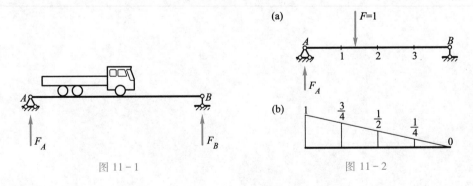

图 11-1　　　　　　　　　　　图 11-2

例如图 11-2 所示简支梁,当荷载 $F=1$ 分别移动到 A、1、2、3、B 各等分点时,反力 F_A 的数值分别为 1、$\dfrac{3}{4}$、$\dfrac{1}{2}$、$\dfrac{1}{4}$、0。如果以横坐标表示荷载 $F=1$ 的位置,以纵坐标表示反力 F_A 的数值,则可将以上各数值在水平的基线上用竖标绘出,用曲线将竖标各顶点连起来,这样所得的图形(图 11-2b)就表示了 $F=1$ 在梁上移动时反力 F_A 的变化规律。这一图形就称为反力 F_A 影响线。由此,可引出影响线的定义如下:当一个指向不变的单位集中荷载(通常是竖直向下的)沿结构移动时,表示某一指定量值变化规律的图形,称为该量值的影响线。

某量值的影响线一经绘出,就可利用它来确定最不利荷载位置,从而求出该量值的最大值。下面先讨论影响线的绘制方法,然后再讨论影响线的应用。

§11-2 用静力法作单跨静定梁的影响线

绘制影响线的基本方法有两种,即静力法和机动法。

用静力法绘制影响线,就是将荷载 $F=1$ 放在任意位置,并选定一坐标系,以横坐标 x 表示荷载作用点的位置,然后根据平衡条件求出所求量值与荷载位置 x 之间的函数关系式,这种关系式称为影响线方程,再根据方程作出影响线图形。

1. 简支梁的影响线

(1)反力影响线。设要绘制图 11-3a 所示简支梁反力 F_A 影响线。为此,可取 A 为原点,x 轴向右为正,以坐标 x 表示荷载 $F=1$ 的位置。当 $F=1$ 在梁上任意位置即 $0 \leqslant x \leqslant l$ 时,取全梁为隔离体,由平衡条件 $\sum M_B = 0$,并设反力方向以向上为正,则有

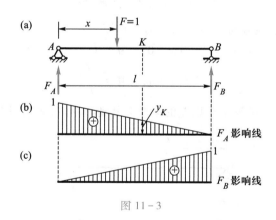

图 11-3

$$F_A l - F(l-x) = 0$$

得

$$F_A = F \frac{l-x}{l} = \frac{l-x}{l} \quad (0 \leqslant x \leqslant l)$$

这就是 F_A 影响线方程。由于它是 x 的一次函数,故知 F_A 影响线是一段直线。只需定出两点:

$$当 \, x = 0, \quad F_A = 1$$
$$当 \, x = l, \quad F_A = 0$$

便可绘出 F_A 影响线如图 11-3b 所示。在绘影响线时,通常规定正值的竖标绘在基线的上方。

根据影响线的定义,F_A 影响线中的任一竖标即代表当荷载 $F=1$ 作用于该处时反力 F_A 的大小,例如图中的 y_K 即代表 $F=1$ 作用在 K 点时反力 F_A 的大小。

为了绘制反力 F_B 影响线,由 $\sum M_A = 0$ 有

$$F_B l - Fx = 0$$

由此得 F_B 影响线方程为

$$F_B = \frac{x}{l} \quad (0 \leqslant x \leqslant l)$$

它也是 x 的一次函数,故 F_B 影响线也是一段直线,只需定出两点:

$$当\ x = 0, \quad F_B = 0$$
$$当\ x = l, \quad F_B = 1$$

便可绘出 F_B 影响线,如图 11-3c 所示。

在作影响线时,为了研究方便,假定荷载 $F = 1$ 是不带任何单位的,即为量纲一的量[①]。由此可知,反力影响线的竖标也是量纲一的量。以后利用影响线研究实际荷载的影响时,再乘以实际荷载相应的单位。

（2）弯矩影响线。设要绘制某指定截面 C（图 11-4a）的弯矩影响线。仍取 A 为原点,以 x 表示荷载 $F = 1$ 的位置。当 $F = 1$ 在截面 C 以左的梁段 AC 上移动时,为了计算简便,可取截面 C 以右部分为隔离体,并以使梁下边纤维受拉的弯矩为正,则有

$$M_C = F_B b = \frac{x}{l} b \quad (0 \leqslant x \leqslant a)$$

由此可知,M_C 影响线在截面 C 以左部分为一直线。

$$当\ x = 0, \quad M_C = 0$$
$$当\ x = a, \quad M_C = \frac{ab}{l}$$

于是,可绘出当 $F = 1$ 在截面 C 以左的梁段上移动时 M_C 影响线（图 11-4b）。

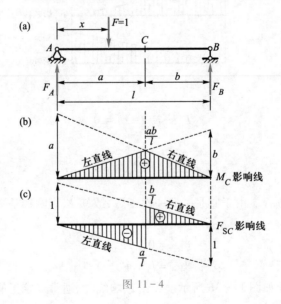

图 11-4

---

① 参见本书 §6-4 页下注。

当 $F = 1$ 在截面 C 以右的梁段 CB 上移动时,上面求得的影响线方程则不再适用。此时,可取截面 C 以左部分为隔离体求得

$$M_C = F_A a = \frac{l-x}{l} a \quad (a \leqslant x \leqslant l)$$

可见,M_C 影响线在截面 C 以右的部分也为一直线。此时,

$$当 \ x = a, \quad M_C = \frac{ab}{l}$$

$$当 \ x = l, \quad M_C = 0$$

于是,可绘出当 $F = 1$ 在截面 C 以右的梁段上移动时 M_C 影响线(图 11-4b)。这里,弯矩影响线的竖标为长度的量纲。

可见,M_C 影响线由上述两段直线组成,呈一三角形,两直线的交点即三角形的顶点恰位于截面 C 处,其竖标为 $\frac{ab}{l}$。通常又称截面 C 以左的直线为<u>左直线</u>,截面 C 以右的直线为<u>右直线</u>。

由上述弯矩 M_C 影响线方程还可看出,其左直线可由反力 F_B 影响线乘以常数 b 并取其 AC 段而得到,右直线则可由反力 F_A 影响线乘以常数 a 并取其 CB 段而得到。这种利用已知量值的影响线来作其他量值的影响线的方法是很方便的,以后还会经常用到。

(3)剪力影响线。设要绘制截面 C 的剪力影响线,当 $F = 1$ 在 AC 段移动时($0 \leqslant x < a$),取截面 C 以右部分为隔离体,并以绕隔离体顺时针方向转的剪力为正,则有

$$F_{SC} = -F_B$$

上式表明,将 F_B 影响线反号并取其 AC 段,即得 F_{SC} 影响线的左直线(图11-4c)。

同理,当 $F = 1$ 在 CB 段移动时($a < x \leqslant l$),取截面 C 以左部分为隔离体,可得

$$F_{SC} = F_A$$

因此,可直接利用 F_A 影响线并取其 CB 段,即得 F_{SC} 影响线的右直线(图11-4c)。剪力影响线的竖标为量纲一的量。由上可知,F_{SC} 影响线由两段相互平行的直线组成,其竖标在 C 点处有一突变,也就是当 $F = 1$ 由 C 点的左侧移到其右侧时,截面 C 的剪力值将发生突变,突变值即等于1。而当 $F = 1$ 恰作用于 C 点时,F_{SC} 值是不确定的。

2. 伸臂梁的影响线

(1)反力影响线。如图 11-5a 所示伸臂梁,仍取 A 为原点,x 以向右为正。由平衡条件可求得两支座反力为

$$\left.\begin{aligned} F_A &= \frac{l-x}{l} \\ F_B &= \frac{x}{l} \end{aligned}\right\} \quad (-l_1 \leqslant x \leqslant l + l_2)$$

11-2 双伸臂梁支座反力和跨内截面内力影响线

注意到,当 $F = 1$ 位于 A 点以左时 x 为负值,故以上两方程在梁的全长范围内都是适用的。由于上面两式与简支梁的反力影响线方程完全相同,因此只需将简支梁的反力影响线向两个伸臂部分延长,即得伸臂梁的反力影响线,如图11-5b、c所示。

(2)跨内部分截面内力影响线。为求两支座间的任一指定截面 C 的弯矩和剪

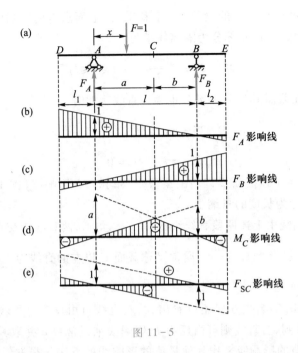

图 11 - 5

11 - 3 双伸
臂梁伸臂段
截面内力和
支座截面剪
力影响线

力影响线,可将它们表示为反力 F_A 和 F_B 的函数如下;当 $F = 1$ 在 DC 段移动时,取截面 C 以右部分为隔离体,有

$$M_C = F_B b$$
$$F_{SC} = -F_B$$

当 $F = 1$ 在 CE 段移动时,取截面 C 以左部分为隔离体,有

$$M_C = F_A a$$
$$F_{SC} = F_A$$

据此可绘出 M_C 和 F_{SC} 影响线如图 11 - 5d、e 所示。可以看出,只需将简支梁相应截面的弯矩和剪力影响线的左、右直线分别向左、右两伸臂部分延长,即可得伸臂梁的 M_C 和 F_{SC} 影响线。

(3)伸臂部分截面内力影响线。在求伸臂部分上任一指定截面 K(图11 - 6a)的弯矩和剪力影响线时,为了计算方便,改取 K 为原点,并规定 x 以向左为正。当 $F = 1$ 在 DK 段移动时,取截面 K 以左部分为隔离体有

$$M_K = -x$$
$$F_{SK} = -1$$

当 $F = 1$ 在 KE 段移动时,仍取截面 K 以左部分为隔离体,显见

$$M_K = 0$$
$$F_{SK} = 0$$

实际上这一结果根据荷载作用于基本部分时附属部分不受力的概念也容易得出。由上可绘出 M_K 和 F_{SK} 影响线分别如图 11 - 6b、c 所示。

对于支座处截面的剪力影响线,需分别就支座左、右两侧的截面进行讨论,因为这两侧的截面是分别属于伸臂部分和跨内部分的。例如支座 A 左侧截面的剪力 F_{SA}^L

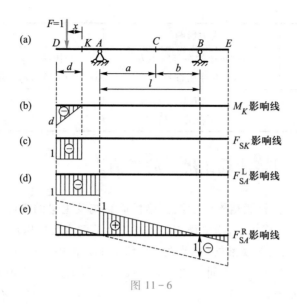

图 11-6

影响线,可由 F_{SK} 影响线使截面 K 趋于截面 A 左而得到,如图11-6d所示;而支座 A 右侧截面的剪力 F_{SA}^R 的影响线,则应由 F_{SC} 影响线(图11-5e)使截面 C 趋于截面 A 右而得到,如图 11-6e 所示。

　　以上就简支梁和伸臂梁为例,说明了用静力法绘制影响线的具体作法。可以看出,求某一反力或内力影响线,所用的方法与在固定荷载作用下求该反力或内力是完全相同的,即都是取隔离体由平衡条件来求该反力或内力。不同之处仅在于作影响线时,作用的荷载是一个移动的单位荷载,因而所求得的该反力或内力是荷载位置 x 的函数,即影响线方程。尤其是当荷载作用在结构的不同部分上所求量值的影响线方程不相同时,应将它们分段写出,并在作图时注意各方程的适用范围。

　　最后需指出,对于静定结构,其反力和内力影响线方程都是 x 的一次函数,故静定结构的反力和内力影响线都是由直线所组成。而静定结构的位移,以及超静定结构的各种量值的影响线则一般为曲线。

　　3. 内力影响线与内力图比较

　　内力影响线与内力图是两个完全不同的概念。内力影响线反映了结构上某截面内力随单位移动荷载的变化规律,内力图则反映实际固定荷载作用下结构各截面内力分布情况。两者的主要区别见表 11-1。

表 11-1　内力影响线与内力图比较

	内力影响线	内力图
荷载	单位集中荷载 $F=1$	实际荷载
荷载位置	变化的	固定的
横坐标意义	表示移动荷载 $F=1$ 的位置	表示竖标所在截面的位置
竖标意义	表示指定量值	表示竖标所在截面量值
图形范围	$F=1$ 移动的杆段	整个结构

续表

	内力影响线	内力图
作图一般规定	正号量值绘在基线上方， 并注明符号	M 图绘在受拉侧，不标符号； F_S、F_N 图与内力影响线规定相同
内力的量纲	M：L F_S、F_N：量纲为 1	M：L^2MT^{-2} F_S、F_N：LMT^{-2}

§11-3　间接荷载作用下的影响线

图 11-7a 所示为桥梁结构中的纵横梁桥面系统及主梁的简图。计算主梁时通常可假定纵梁简支在横梁上，横梁简支在主梁上。荷载直接作用在纵梁上，再通过横梁传到主梁，主梁只在各横梁处（结点处）受到集中力作用。对主梁来说，这种荷载称为间接荷载或结点荷载。下面以主梁上截面 C 的弯矩为例，来说明间接荷载作用下影响线的绘制方法。

首先，考虑荷载 $F = 1$ 移动到各结点处时的情况。显然此时与荷载直接作用在主梁上的情况完全相同。因此，可先作出直接荷载作用下主梁 M_C 影响线（图11-7b），而在此影响线中，对于间接荷载来说，在各结点处的竖标都是正确的。

其次，考虑荷载 $F = 1$ 在任意两相邻结点 D、E 之间的纵梁上移动时的情况。此时，主梁将在 D、E 处分别受到结点荷载 $\dfrac{d-x}{d}$ 及 $\dfrac{x}{d}$ 的作用（图 11-7c）。设直接荷载作用下 M_C 影响线在 D、E 处的竖标分别为 y_D 和 y_E，则根据影响线的定义和叠加原理可知，在上述两结点荷载作用下 M_C 值应为

$$y = \frac{d-x}{d}y_D + \frac{x}{d}y_E$$

上式为 x 的一次式，说明在 DE 段内 M_C 随 x 成直线变化，且由

$$当\ x = 0,\quad y = y_D$$
$$当\ x = d,\quad y = y_E$$

可知，此直线就是连接竖标 y_D 和 y_E 的直线（图 11-7b）。

11-4　间接荷载作用下的影响线

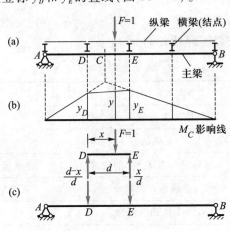

图 11-7

上面的结论,实际上适用于间接荷载作用下任何量值的影响线。由此,可将绘制间接荷载作用下影响线的一般方法归纳如下:

(1)作出直接荷载作用下所求量值的影响线;

(2)取各结点处的竖标,并将其顶点在每一纵梁范围内连以直线。

图11-8所示为间接荷载作用下影响线的另一例,读者可自行校核。

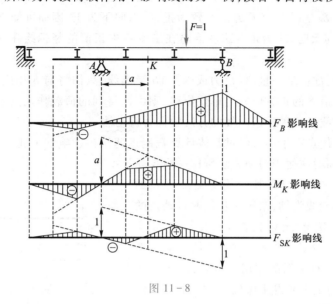

图 11-8

§11-4　用机动法作单跨静定梁的影响线

机动法作影响线的依据是理论力学中讲过的虚位移原理,即刚体体系在力系作用下处于平衡的必要和充分的条件是:在任何微小的虚位移中,力系所作的虚功总和为零。下面先以图11-9a所示简支梁的反力 F_A 影响线为例,来说明机动法作影响线的原理和步骤。

为了求反力 F_A,首先去掉与它相应的联系即 A 处的支座链杆,同时代替以正向的反力 F_A(图11-9b)。此时,原结构变成具有一个自由度的几何可变体系。然后,给此体系以微小虚位移,即使刚片 AB 绕 B 点作微小转动,并以 δ_A 和 δ_P 分别表示力 F_A 和 F 的作用点沿力作用方向上的虚位移。由于体系在力 F_A、F 和 F_B 的共同作用下处于平衡,故它们所作的虚功总和应为零,虚功方程为

$$F_A \delta_A + F \delta_P = 0$$

因 $F = 1$,故得

$$F_A = -\frac{\delta_P}{\delta_A}$$

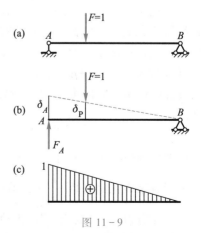

图 11-9

式中 δ_A 为力 F_A 的作用点沿其方向的位移,在给定虚位移情况下它是一个常数;δ_P 则为荷载 $F=1$ 的作用点沿其方向的位移,由于 $F=1$ 是移动的,因而 δ_P 就是荷载所沿着移动的各点的竖向虚位移图。可见,F_A 影响线与位移图 δ_P 是成正比的,将位移图 δ_P 的竖标除以常数 δ_A 并反号,就得到 F_A 影响线。为了方便起见,可令 $\delta_A=1$,则上式成为 $F_A=-\delta_P$,也就是此时的虚位移图 δ_P 便代表 F_A 影响线(图 11-9c),只是符号相反。但注意到 δ_P 是以与力 F 方向一致为正,即以向下为正,因而可知:当 δ_P 向下时,F_A 为负;当 δ_P 向上时,F_A 为正。这就恰与在影响线中正值的竖标绘在基线的上方相一致。

由上可知,欲作某一量值(反力或内力)S 影响线,只需将与 S 相应的联系去掉,并使所得体系沿 S 的正方向发生单位位移,则由此得到的荷载作用点的竖向位移图即代表 S 影响线。这种作影响线的方法便称为机动法。

机动法的优点在于不必经过具体计算就能迅速绘出影响线的轮廓,这对设计工作很有帮助,同时亦便于对静力法所作影响线进行校核。

11-5 机动法做影响线

下面再以图 11-10a 所示简支梁截面 C 的弯矩和剪力影响线为例,来进一步说明机动法的应用。作弯矩 M_C 影响线时,首先去掉与 M_C 相应的联系,即将截面 C 处改为铰结,并加一对反向力偶 M_C 代替原有联系的作用。然后,使 AC、BC 两刚片沿 M_C 的正方向发生虚位移(图 11-10b),并写出虚功方程:

$$M_C(\alpha+\beta)+F\delta_P=0$$

得

$$M_C=-\frac{\delta_P}{\alpha+\beta}$$

式中 $\alpha+\beta$ 是 AC 与 BC 两刚片的相对转角。若令 $\alpha+\beta=1$,则所得竖向虚位移图即为 M_C 影响线(图 11-10c)。

这里要说明的是,所谓令 $\alpha+\beta=1$,并不是说在给体系以虚位移时要使相对转角 $\alpha+\beta$ 等于 1 rad。虚位移 $\alpha+\beta$ 应是微小值,从而在图 11-10b 中可认为 $AA_1=a(\alpha+\beta)$,然后需将此虚位移图的竖标除以 $\alpha+\beta$,以求得 M_C 影响线,这样便有 $\frac{AA_1}{\alpha+\beta}=\frac{a(\alpha+\beta)}{\alpha+\beta}=a\times1=a$。可见,在图 11-10c

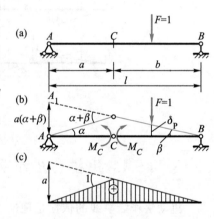

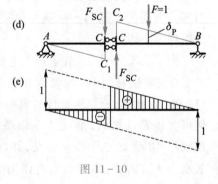

图 11-10

中所谓令 $\alpha+\beta=1$,实际上只是相当于把图 11-10b 的微小虚位移图的竖标除以 $\alpha+\beta$,或者说乘以比例系数 $\frac{1}{\alpha+\beta}$(在前面图 11-9c 中令 $\delta_A=1$ 也是同样的道理)。

若作剪力 F_{SC} 影响线,则应去掉与 F_{SC} 相应的联系,即将截面 C 处改为用两根水平链杆相联(这样,此处便不能抵抗剪力但仍能承受弯矩和轴力),同时加上一对正

向剪力 F_{SC} 代替原有联系的作用(图 11 – 10d)。然后,使此体系沿 F_{SC} 正向发生虚位移,由虚位移原理有

$$F_{SC}(CC_1 + CC_2) + F\delta_P = 0$$

得

$$F_{SC} = -\frac{\delta_P}{CC_1 + CC_2}$$

这里,$CC_1 + CC_2$ 是截面 C 左右两侧的相对竖向位移。若令 $CC_1 + CC_2 = 1$,则所得虚位移图即为 F_{SC} 影响线(图 11 – 10e)。注意到 AC 与 CB 两刚片间是用两根平行链杆相连,它们之间只能作相对的平行移动,故在其虚位移图中 AC_1 和 C_2B 应为两平行直线,亦即 F_{SC} 影响线的左右两直线是互相平行的。

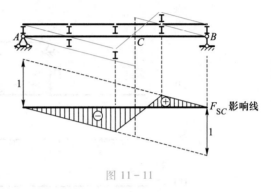

图 11 – 11

最后,注意到虚位移图 δ_P 是指荷载 $F = 1$ 作用点的位移图,因此用机动法作间接荷载下的影响线时,δ_P 应是纵梁的位移图,而不是主梁的位移图,因为荷载是在纵梁上移动的。例如图 11 – 11 所示为间接荷载下主梁 F_{SC} 影响线。

§11-5 多跨静定梁的影响线

对于多跨静定梁,只需分清它的基本部分和附属部分及这些部分之间的传力关系,再利用单跨静定梁的已知影响线,则多跨静定梁的影响线即可顺利地绘出。

例如图 11 – 12a 所示多跨静定梁,图 11 – 12b 为其层叠图。现在来作弯矩 M_K 的影响线。当 $F_P = 1$ 在 CE 段移动时,附属部分 EF 是不受力的而可将其撤去;基本部分 AC 则相当于 CE 梁的支座,故此时 M_K 影响线与 CE 段单独作为一伸臂梁时相同。当 $F_P = 1$ 在基本部分 AC 段移动时,作为 AC 的附属部分的 CE 是不受力的,故 M_K 影响线在 AC 段的竖标均为零。最后,考虑 $F_P = 1$ 在附属部分 EF 段移动时的情况,此时 CE 梁相当于在铰 E 处受到力 F_{Ey} 的作用(图11 – 12c)。因 $F_{Ey} = \dfrac{l-x}{l}$,即 F_{Ey} 为 x 的一次函数,故此时 CE 梁上的各种量值亦为 x 的一次函数。由此可知,M_K 影响线在 EF 段必为一直线,只需定出两点即可将其绘出。当 $F_P = 1$ 作用于铰 E 处时 M_K 值已由 CE 段的影响线得出;而 $F_P = 1$ 作用于支座 F 处时有 $M_K = 0$。于是,可绘出 M_K 的整个影响线如图 11 – 12d 所示。

由上可知,多跨静定梁任一反力或内力影响线的一般作法如下:

(1)当 $F_P = 1$ 在量值本身所在的梁段上移动时,量值影响线与相应单跨静定梁的相同。

(2)当 $F_P = 1$ 在对于量值所在部分来说是基本部分的梁段上移动时,量值影响线的竖标为零。

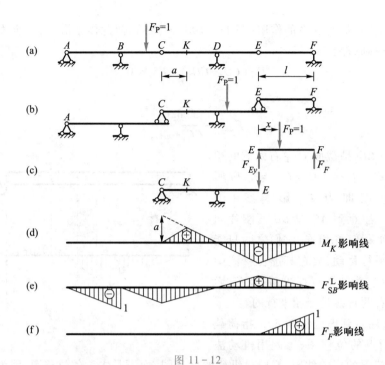

11-6 多跨
静定梁的影
响线

图 11-12

（3）当 $F_P = 1$ 在对于量值所在部分来说是附属部分的梁段上移动时，量值影响线为直线。根据在铰处的竖标为已知和在支座处竖标为零等条件，即可将其绘出。

按照上述方法，不难作出 F_{SB}^L 和 F_F 影响线如图 11-12e、f 所示，读者可自行校核。

此外，用机动法来绘制多跨静定梁的影响线是很方便的。首先去掉与所求反力或内力 S 相应的联系，然后使所得体系沿 S 的正向发生单位位移，此时根据每一刚片的位移图应为一段直线，以及在每一竖向支座处竖向位移应为零，便可迅速绘出各部分的位移图。例如图 11-13 所示各量值的影响线，读者可自行校核。

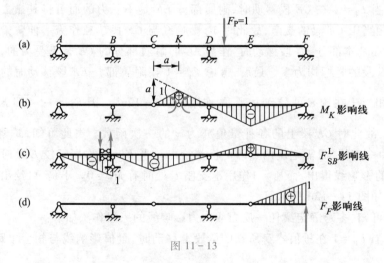

图 11-13

至于在间接荷载作用下多跨静定梁的影响线，同样可先作出直接荷载作用下的影响线，然后取各结点处的竖标，并在每一纵梁范围内以直线相连而求得，兹不赘述。

例11-1　试用机动法作图11-14所示静定多跨梁的 M_K、F_{SK}、M_C、F_{SE}和F_{yD}的影响线。

解：以 M_K 影响线为例。在 K 截面撤去与 M_K 相应的联系，将截面 K 处改为铰结，并加一对反向力偶 M_K 代替原有联系的作用。然后，使体系沿力偶 M_K 的正方向发生位移 δ_Z，根据

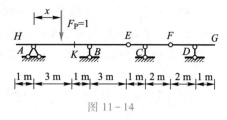

图 11-14

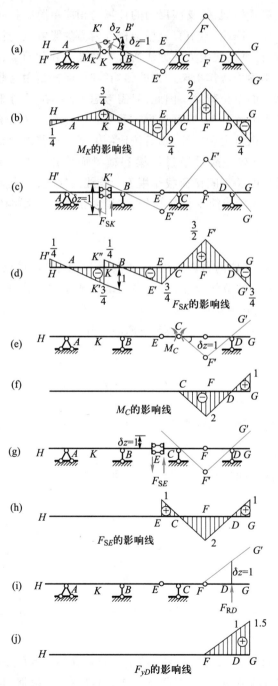

图 11-15

每一刚片位移图为直线和支座处竖向位移为零,可定出 M_K 的影响线轮廓,如图 11-15a 所示。令 $\delta_Z = 1$,则可定出影响线各竖距的数值,得到 M_K 的影响线如图 11-15b 所示。类似的,可以作出 F_{SK}、M_C、F_{SE} 和 F_{yD} 的影响线,如图 11-15c~j 所示。

§11-6　桁架的影响线

对于单跨静定梁式桁架,其支座反力的计算与相应单跨梁相同,故二者的支座反力影响线也完全一样。因此,本节只就桁架杆件内力的影响线进行讨论。

如第五章所述,计算桁架内力的方法通常有结点法和截面法,而截面法又可分为力矩法和投影法。用静力法作桁架内力的影响线时,同样是用这些方法,只不过所作用的荷载是一个移动的单位荷载。因此,只需考虑 $F = 1$ 在不同部分移动时,分别写出所求杆件内力的影响线方程,即可根据方程作出影响线。对于斜杆,为计算方便,可先绘出其水平或竖向分力影响线,然后按比例关系求得其内力影响线。

由于在桁架中,荷载一般是通过纵梁和横梁而作用于桁架结点上的(参见图 5-2),故前面所讨论的关于间接荷载作用下影响线的性质,对桁架都是适用的。

下面以图 11-16a 所示简支桁架为例,来说明桁架内力影响线的绘制方法。设荷载 $F = 1$ 沿下弦移动。

1. 力矩法

例如求下弦杆 1-2 的内力影响线,可作截面 Ⅰ-Ⅰ,并以结点 5 为矩心用力矩法来求。当 $F = 1$ 在被截的节间以左,也就是在结点 A、1 之间移动时,取截面 Ⅰ-Ⅰ 以右部分为隔离体,由 $\sum M_5 = 0$ 有

$$F_B \times 5d - F_{N12}h = 0$$

得

$$F_{N12} = \frac{5d}{h}F_B$$

由此可知,将反力 F_B 影响线竖标乘以 $\dfrac{5d}{h}$ 并取其对应于结点 A、1 之间的一段,即得到 F_{N12} 在这部分的影响线,称为左直线。

当 $F = 1$ 在被截节间以右即结点 2、B 之间移动时,取截面 Ⅰ-Ⅰ 以左部分为隔离体,由 $\sum M_5 = 0$ 有

$$F_A \times 3d - F_{N12}h = 0$$

得

$$F_{N12} = \frac{3d}{h}F_A$$

由此可知,将反力 F_A 影响线竖标乘以 $\dfrac{3d}{h}$ 并取其对应于结点 2、B 之间的一段,即得到 F_{N12} 影响线的右直线。

从几何关系不难得知,此左、右两直线的交点恰在矩心 5 的下面。

当 $F = 1$ 在被截的节间内,即在结点 1、2 之间移动时,根据间接荷载作用下影响

线的性质可知,F_{N12}影响线在此段应为一直线,即将结点 1、2 处的竖标用直线相连。于是,可绘出 F_{N12} 影响线如图 11-16c 所示。

实际上,上述 F_{N12} 影响线的左、右直线两方程也可以合并写为一个式子,即

$$F_{N12} = \frac{M_5^0}{h}$$

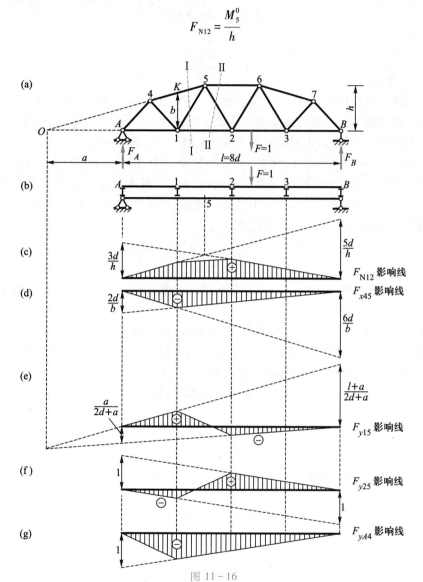

图 11-16

式中 M_5^0 是相应简支梁(图 11-16b)上对应于矩心 5 处的截面的弯矩影响线,将其竖标除以力臂 h 即得到 F_{N12} 影响线。

又如求上弦杆 4-5 的内力影响线,仍取截面 I-I,以结点 1 为矩心,并为了计算方便,将该杆内力在 K 点处分解为水平和竖向分力。当 $F=1$ 在结点 A、1 之间移动时,取截面 I-I 以右部分为隔离体,由 $\sum M_1 = 0$ 有

$$F_B \times 6d + F_{x45}b = 0$$

得

$$F_{x45} = -\frac{6d}{b}F_B$$

当 $F = 1$ 在结点 2、B 之间移动时，取截面 I-I 以左为隔离体，由 $\sum M_1 = 0$ 有

$$F_A \times 2d + F_{x45}b = 0$$

得

$$F_{x45} = -\frac{2d}{b}F_A$$

根据上面两式可分别作出左、右直线。然后，将结点 1、2 处的竖标连以直线，在目前情况下这段直线恰好与右直线重合。由此可绘出 $4-5$ 杆的水平分力 F_{x45} 影响线，如图 $11-16d$ 所示，再根据比例关系便可得到其内力 F_{N45} 影响线。

从几何关系可以证明，此时左、右直线的交点仍在矩心下面。实际上，对于单跨梁式桁架，用力矩法作杆件内力影响线时，左、右直线的交点恒在矩心之下。利用这一特点，只需作出左、右直线中的任一直线，便可绘出其全部影响线。

同样，上述 F_{x45} 影响线方程亦可表示为

$$F_{x45} = -\frac{M_1^0}{b}$$

即可由相应简支梁上矩心 1 处的弯矩影响线除以力臂 b，并反号得到 F_{x45} 影响线。

又如求斜杆 $1-5$ 的内力（或其分力）影响线，仍作截面 I-I，而取 $1-2$ 和 $4-5$ 两杆延长线的交点 O 为矩心，并将 $1-5$ 杆的内力在结点 1 处分解为水平和竖向分力。当 $F = 1$ 在 A、1 之间时，取截面 I-I 以右部分由 $\sum M_O = 0$ 有

$$F_B(l+a) - F_{y15}(2d+a) = 0$$

得

$$F_{y15} = \frac{l+a}{2d+a}F_B$$

据此可作出左直线。当 $F = 1$ 在 2、B 之间时，取截面 I-I 以左部分为隔离体，而 $\sum M_O = 0$ 有

$$F_A a + F_{y15}(2d+a) = 0$$

得

$$F_{y15} = -\frac{a}{2d+a}F_A$$

据此可作出右直线。左、右直线交点同样位于矩心 O 之下。然后，在结点 1、2 之间连以直线，即得竖向分力 F_{y15} 影响线，如图 $11-16e$ 所示。

2. 投影法

例如求斜杆 $2-5$ 的内力（或其分力）影响线，可作截面 II-II，用投影法来求。当 $F = 1$ 在 A、1 之间时，取截面 II-II 以右部分为隔离体，由 $\sum F_y = 0$ 有

$$F_{y25} = -F_B$$

当 $F = 1$ 在 2、B 之间时，取截面 II-II 以左部分为隔离体，由 $\sum F_y = 0$ 有

$$F_{y25} = F_A$$

根据以上两式可作出左、右直线,并在结点 1、2 间连以直线,即得竖向分力 F_{y25} 影响线,如图 11-16f 所示。

以上 F_{y25} 影响线的左、右两直线方程也可合并为一式:

$$F_{y25} = F_{S12}^0$$

这里,F_{S12}^0 是相应简支梁节间 1-2 中的任一截面的剪力影响线。

3. 结点法

例如端斜杆 A-4 的内力(或其分力)影响线,可取结点 A 为隔离体来求。由于荷载 $F=1$ 沿下弦移动,故结点 A 在承重弦上,因而其平衡方程应分别按 $F=1$ 在该结点和不在该结点两种情况来建立。当 $F=1$ 不在结点 A(即在结点 1、B 之间移动)时,由结点 A 的 $\sum F_y = 0$ 有

$$F_{yA4} = -F_A$$

当 $F=1$ 作用于结点 A 时,由结点 A 的 $\sum F_y = 0$ 有

$$F_{yA4} = -F_A + 1 = -1 + 1 = 0$$

据此,并按影响线在各节间内应为直线,即可绘出竖向分力 F_{yA4} 影响线,如图 11-16g 所示。

在绘制桁架内力影响线时,应注意荷载 $F=1$ 是沿上弦移动(上承)还是沿下弦移动(下承),因为在两种情况下所作出的影响线有时是不相同的。图 11-17 中分别给出了 a 杆和 b 杆在两种情况下的内力影响线,读者可自行验证。

11-7 荷载上承和下承时桁架竖杆内力影响线

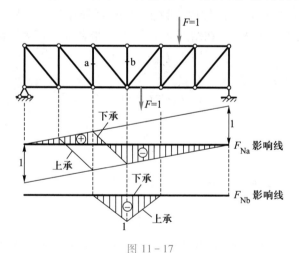

图 11-17

在比较复杂的情况下,绘制桁架某些杆件的内力影响线时,需将结点法和截面法联合应用,且需把其他杆件的内力影响线先行求出,然后根据它们之间的静力学关系,用叠加法来作出所求杆件的内力影响线。下面通过例题来说明。

例 11-2 试求图 11-18a 所示桁架竖杆 a 的内力影响线,荷载沿下弦移动。

解:由结点 3′ 的平衡条件可知,欲求 a 杆内力,应先求得 b 杆及 c 杆的内力。b 杆内力可由结点 K 的平衡条件及截面 I-I 的投影方程联合求得(参见例 5-1);同理,c 杆内力也可按此法求得。现在作影响线,仍按这一途径进行。

(1)作 b 杆内力影响线。由结点 K 的平衡条件可知 $F_{xb} = -F_{xd}$,因而有 $F_{Nb} =$

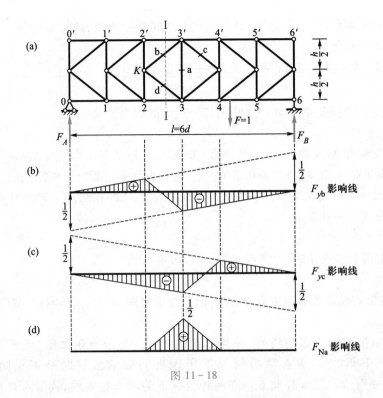

图 11 - 18

$-F_{Nd}$ 及 $F_{yb} = -F_{yd}$，即 b、d 二杆的内力数值相等、符号相反。然后，作截面 I-I，由 $\sum F_y = 0$ 求 b 杆内力。当 $F = 1$ 在结点 0、2 之间时，取截面右部为隔离体，得

$$F_B - F_{yb} + F_{yd} = 0$$

即

$$F_B - 2F_{yb} = 0$$

故

$$F_{yb} = \frac{1}{2}F_B$$

当 $F = 1$ 在结点 3、6 之间时，取截面左部为隔离体，得

$$F_{yb} = -\frac{1}{2}F_A$$

根据以上两式可作出左、右直线，并在被截的节间部分以直线相连，即得 F_{yb} 影响线，如图 11 - 18b 所示。

F_{yb} 影响线也可以按另一方法求得，即 b、d 两杆共同承受节间 2-3 的剪力，而两杆内力又等值反号，故知每杆承受一半。又因 b 杆内力若为正（拉力）时，其竖向分力与正向剪力方向相反，故有

$$F_{yb} = -\frac{1}{2}F_{S23}^0$$

（2）作 c 杆内力影响线。按上述后一种方法可写出：

$$F_{yc} = +\frac{1}{2}F_{S34}^0$$

据此可作出 F_{yc} 影响线,如图 11-18c 所示。显然,F_{yc} 影响线也可从已知的 F_{yb} 影响线根据对称关系直接得到。

（3）作 a 杆内力影响线。由结点 3′ 的平衡,有

$$F_{Na} = -(F_{yb} + F_{yc})$$

由于结点 3′ 不在承重弦（下弦）上,故此方程对于 $F = 1$ 在结点 0、6 之间移动时都是适用的,于是将 F_{yb}、F_{yc} 两影响线叠加并反号,即得到 F_{Na} 影响线如图 11-18d 所示。

§11-7 利用影响线求量值

前面讨论了影响线的绘制方法。绘制影响线的目的是为了利用它来确定实际移动荷载对于某一量值的最不利位置,从而求出该量值的最大值。在研究这一问题之前,先来讨论当若干个集中荷载或分布荷载作用于某已知位置时,如何利用影响线来求量值。

首先,讨论集中荷载的情况。设某量值 S 影响线已绘出如图 11-19 所示。现有若干竖向集中荷载 $F_1, F_2, \cdots, F_n$ 作用于已知位置,其对应于影响线上的竖标分别为 $y_1, y_2, \cdots, y_n$,要求由于这些集中荷载作用所产生的量值 S 的大小。我们知道,影响线上的竖标 y_1 代表荷载 $F = 1$ 作用于该处时量值 S 的大小,若荷载不是 1 而是 F_1,则 S 应为 $F_1 y_1$。因此,当有若干集中荷载作用时,根据叠加原理可知,所产生的 S 值为

$$S = F_1 y_1 + F_2 y_2 + \cdots + F_n y_n = \sum F_i y_i \qquad (11-1)$$

值得指出,当若干个荷载作用在影响线某一段直线的范围内时（图11-20）,为了简化计算,可用它们的合力来代替,而不会改变所求量值的数值。为了证明此结论,可将影响线上此段直线延长使之与基线交于 O 点,则有

$$S = F_1 y_1 + F_2 y_2 + \cdots + F_n y_n$$
$$= (F_1 x_1 + F_2 x_2 + \cdots + F_n x_n) \tan \alpha = \tan \alpha \sum F_i x_i$$

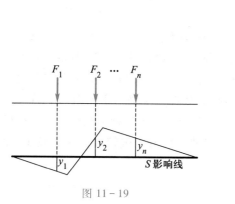

图 11-19

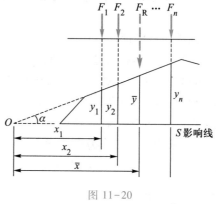

图 11-20

因 $\sum F_i x_i$ 为各力对 O 点力矩之和,根据合力矩定理,它应等于合力 F_R 对 O 点之矩,即

$$\sum F_i x_i = F_R \bar{x}$$

故有

$$S = F_R \bar{x} \tan \alpha = F_R \bar{y} \qquad (11-2)$$

式中 $\bar{y}$ 为合力 F_R 所对应的影响线竖标。结论证毕。

其次,讨论分布荷载的情况。若将分布荷载沿其长度分成许多无穷小的微段。则每一微段 dx 上的荷载 $q_x dx$ 都可作为一集中荷载(图 11–21),故在 ab 区段内的分布荷载所产生的量值 S 为:

$$S = \int_a^b q_x y \, dx \tag{11-3}$$

若 q_x 为均布荷载 q(图 11–22),则上式成为

$$S = q \int_a^b y \, dx = qA_\omega \tag{11-4}$$

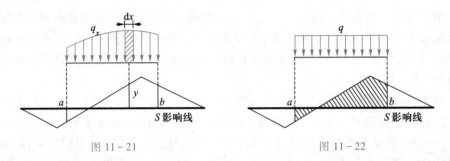

图 11–21　　　　　　　　　　图 11–22

式中 A_ω 表示影响线在均布荷载范围 ab 内的面积。若在该范围内影响线有正有负,则 A_ω 应为正负面积的代数和。

§11–8　铁路和公路的标准荷载制

铁路上行驶的列车及公路上行驶的汽车等载运情况复杂,设计结构时不可能对每种情况都进行计算,而是以一种统一的标准荷载来进行设计。这种标准荷载是经过统计分析制定出来的,它既概括了当前各类车辆的情况,又适当考虑了将来的发展。

我国铁路桥涵设计使用的标准荷载,称为中华人民共和国铁路标准活载,简称"中—活载"。它包括普通活载和特种活载两种,其图式如图 11–23 所示。在普通活载中,前面五个集中荷载代表一台机车的五个轴重,中部一段均布荷载代表与之连挂的另一台机车的平均重量,后面任意长的均布荷载代表车辆的平均重量。特种活载代表某些机车、车辆的较大轴重。设计时,应看普通活载与特种活载哪一个产生较大的内力,就采用哪一个作为设计标准。不过,特种活载虽轴重较大但轴数较少,故其仅对短跨度梁(约 7 m 以下)控制设计。

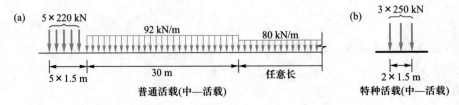

图 11–23

使用中—活载时,可由图式中任意截取,但不得变更轴距。列车可由左端或右端进入桥梁,视何种方式产生更大的内力为准。需要指出,图 11-23 所示为一个车道(一线)上的荷载,如果桥梁是单线的且有两片主梁,则每片主梁承受图示荷载的一半。

我国高速铁路设计活载采用 ZK 活载(ZK—live load),为列车竖向静活载。ZK活载是中华人民共和国高速铁路列车标准活载的简称,包括 ZK 标准活载和 ZK 特种活载,其图式如图 11-24 所示。采用 ZK 活载设计时,对于单线或双线的桥梁结构,各线均应计入 ZK 活载作用。多于两线的桥梁结构应按以下最不利情况考虑:(1) 按两条线路在最不利位置承受 ZK 活载,其余线路不承受列车活载;(2) 所有线路在最不利位置承受 75% 的 ZK 活载。设计加载时,活载图式可任意截取。对于多符号影响线,可在同符号影响线各区段进行加载,异符号影响线区段长度不大于 15 m 时可不加活载;异符号影响线区段长度大于 15 m 时,可按空车静活载 10 kN/m 加载。用空车检算桥梁各部分构件时,竖向活载应按 10 kN/m 计算。横向计算时取特种活载。

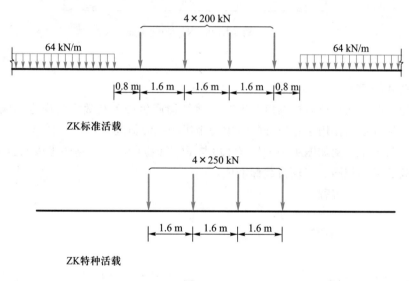

图 11-24

我国公路桥涵设计使用的汽车荷载分为公路—Ⅰ级和公路—Ⅱ级两个等级。汽车荷载由车道荷载和车辆荷载组成。车道荷载由均布荷载和集中荷载组成。桥梁结构的整体计算采用车道荷载;桥梁结构的局部加载、涵洞、桥台和挡土墙土压力等的计算采用车辆荷载。车道荷载和车辆荷载作用不得叠加。

车道荷载的计算图示如图 11-25a 所示。

公路—Ⅰ级车道荷载的均布荷载标准值为 $q_K = 10.5$ kN/m;集中荷载标准值 F_K 按以下规定选取:桥涵计算跨径小于或等于 5 m 时,$F_K = 180$ kN;桥涵计算跨径等于或大于 50 m 时,$F_K = 360$ kN;桥涵计算跨径大于 5 m、小于 50 m 时,F_K 值采用直线内插求得。当计算剪力效应时,上述集中荷载标准值应乘以 1.2 的系数。

公路—Ⅱ级车道荷载的均布荷载标准值 q_K 和集中荷载标准值 F_K,为公路—Ⅰ

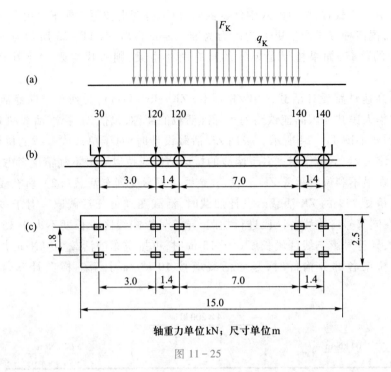

图 11 - 25

级车道荷载的 75%。

车道荷载的均布荷载标准值应满布于使结构产生最不利效应的同号影响线上；集中荷载标准值只作用于相应影响线中一个影响线峰值处。

车辆荷载布置图如图 11-25b（立面）与 c（平面）所示。公路—Ⅰ级和公路—Ⅱ级汽车荷载采用相同的车辆荷载标准值。

其余详见有关规程。

§11-9 最不利荷载位置

前已指出，在移动荷载作用下结构上的各种量值均将随荷载的位置而变化，而设计时必须求出各种量值的最大值（包括最大正值和最大负值，最大负值也称最小值），以作为设计的依据。为此，必须先确定使某一量值发生最大（或最小）值的荷载位置，即最不利荷载位置。只要所求量值的最不利荷载位置一经确定，则其最大（最小）值便可按 §11-7 所述方法算出。本节将讨论如何利用影响线来确定最不利荷载位置。

当荷载的情况比较简单时，最不利荷载位置凭直观即可确定。例如只有一个集中荷载 F 时，显见将 F 置于 S 影响线的最大竖标处即产生 S_{max} 值；而将 F 置于最小竖标处即产生 S_{min} 值（图 11-26）。

对于可以任意断续布置的均布荷载（也称可动均布荷载，如人群、货物等），由式（11-4）即 $S = qA_\omega$ 易知，将荷载布满对应于影响线所有正面积的部分，则产生 S_{max} 值；反之，将荷载布满对应于影响线所有负面积的部分，则产生 S_{min} 值（图 11-27）。

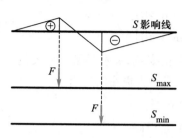

图 11-26

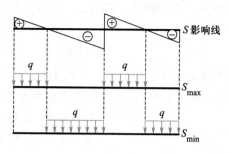

图 11-27

对于行列荷载,即一系列间距不变的移动集中荷载(也包括均布荷载),如汽车车队、中一活载等,最不利荷载位置就难于凭直观确定。但是,根据最不利荷载位置的定义可知,当荷载移动到该位置时,所求量值 S 为最大,因而荷载由该位置不论向左或向右移动到邻近位置时,S 值均将减小。因此,可以从讨论荷载移动时 S 的增量来解决这个问题。

设某量值 S 影响线如图 11-28a 所示为一折线形,各段直线的倾角为 $\alpha_1, \alpha_2, \cdots,$ α_n。取坐标轴 x 向右为正,y 向上为正,倾角 α 以逆时针方向为正。现有一组集中荷载处在图 11-28b 所示位置,所产生的量值以 S_1 表示。若每一段直线范围内各荷载的合力分别为 $F_{R1}, F_{R2}, \cdots, F_{Rn}$,则有

$$S_1 = F_{R1}y_1 + F_{R2}y_2 + \cdots + F_{Rn}y_n$$

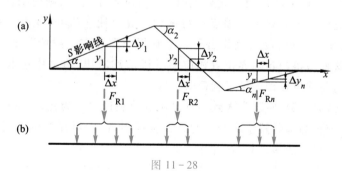

图 11-28

当整个荷载组向右移动一微小距离 Δx 时,相应的量值 S_2 为

$$S_2 = F_{R1}(y_1 + \Delta y_1) + F_{R2}(y_2 + \Delta y_2) + \cdots + F_{Rn}(y_n + \Delta y_n)$$

故 S 的增量为

$$\begin{aligned}\Delta S = S_2 - S_1 &= F_{R1}\Delta y_1 + F_{R2}\Delta y_2 + \cdots + F_{Rn}\Delta y_n \\ &= F_{R1}\Delta x\tan\alpha_1 + F_{R2}\Delta x\tan\alpha_2 + \cdots + F_{Rn}\Delta x\tan\alpha_n \\ &= \Delta x\sum_{i=1}^{n} F_{Ri}\tan\alpha_i\end{aligned}$$

或写为变化率的形式:

$$\frac{\Delta S}{\Delta x} = \sum_{i=1}^{n} F_{Ri}\tan\alpha_i$$

使 S 成为极大的条件是:荷载自该位置无论向左或向右移动微小距离,S 均将减

小,即 $\Delta S < 0$。由于荷载左移时 $\Delta x < 0$,而右移时 $\Delta x > 0$,故 S 为极大时应有

$$\left.\begin{array}{l} \text{荷载左移,} \quad \sum F_{Ri}\tan \alpha_i > 0 \\ \text{荷载右移,} \quad \sum F_{Ri}\tan \alpha_i < 0 \end{array}\right\} \qquad (11-5)$$

也就是当荷载向左、右移动时,$\sum F_{Ri}\tan \alpha_i$ 必须由正变负,S 才可能为极大值。当然,若 $\sum F_{Ri}\tan \alpha_i$ 由负变正,则 S 在该位置为极小值,即 S 为极小时应有

$$\left.\begin{array}{l} \text{荷载左移,} \sum F_{Ri}\tan \alpha_i < 0 \\ \text{荷载右移,} \sum F_{Ri}\tan \alpha_i > 0 \end{array}\right\} \qquad (11-5')$$

总之,荷载向左、右移动微小距离时,$\sum F_{Ri}\tan \alpha_i$ 必须变号,S 才有可能是极值。

在什么情况下 $\sum F_{Ri}\tan \alpha_i$ 才可能变号呢? 式中 $\tan \alpha_i$ 是影响线各段直线的斜率,它们是常数,并不随荷载的位置而改变。因此欲使荷载向左、右移动微小距离时 $\sum F_{Ri}\tan \alpha_i$ 变号,就必须是各段上的合力 F_{Ri} 的数值发生改变,显然这只有当某一个集中荷载恰好作用在影响线的某一个顶点(转折点)处时,才有可能。当然,不一定每个集中荷载位于顶点时都能使 $\sum F_{Ri}\tan \alpha_i$ 变号。我们把能使 $\sum F_{Ri}\tan \alpha_i$ 变号的集中荷载称为临界荷载,此时的荷载位置称为临界位置,而把式(11-5)或式(11-5')称为临界位置判别式。

确定临界位置一般须通过试算,即先将行列荷载中的某一集中荷载置于影响线的某一顶点,然后令荷载分别向左、右移动,计算相应的 $\sum F_{Ri}\tan \alpha_i$ 值,看其是否变号。计算中,当荷载左移时,此集中荷载应作为该顶点左边直线段上的荷载,右移时则应作为右边直线段上的荷载。如果此时 $\sum F_{Ri}\tan \alpha_i$ 不变号,则说明此荷载位置不是临界位置,应换一个荷载置于顶点再行试算。直至使 $\sum F_{Ri}\tan \alpha_i$ 变号(包括由正、负变为零或由零变为正、负),就找出了一个临界位置。在一般情况下,临界位置可能不止一个,这就需将与各临界位置相应的 S 极值均求出,再从中选取最大(最小)值,而其相应的荷载位置即为最不利荷载位置。

为了减少试算次数,宜事先大致估计最不利荷载位置。为此,应将行列荷载中数值较大且较为密集的部分置于影响线的最大竖标附近,同时注意位于同符号影响线范围内的荷载应尽可能多,因为这样才可能产生较大的 S 值。

例 11-3 试求图 11-29a 所示简支梁在中—活载作用下截面 K 的最大弯矩。

解:先作出 M_K 影响线如图 11-29b 所示,各段直线的坡度为

$$\tan \alpha_1 = \frac{5}{8}, \quad \tan \alpha_2 = \frac{1}{8}, \quad \tan \alpha_3 = -\frac{3}{8}$$

然后根据判别式(11-5),通过试算来确定临界位置。

(1)首先考虑列车由右向左开行时的情况

将轮 4 置于 D 点试算(图 11-29c)。注意均布荷载可用其合力代替,则

右移: $\sum F_{Ri}\tan \alpha_i = \dfrac{5}{8} \times 220 \text{ kN} + \dfrac{1}{8} \times 440 \text{ kN} - \dfrac{3}{8} \times (440 \text{ kN} + 92 \text{ kN/m} \times 5 \text{ m}) < 0$

左移: $\sum F_{Ri}\tan \alpha_i = \dfrac{5}{8} \times 220 \text{ kN} + \dfrac{1}{8} \times 660 \text{ kN} - \dfrac{3}{8} \times (220 \text{ kN} + 92 \text{ kN/m} \times 5 \text{ m}) < 0$

$\sum F_{Ri}\tan \alpha_i$ 未变号,说明轮 4 在 D 点处不是临界位置。同时,由左移时 $\dfrac{\Delta S}{\Delta x} =$

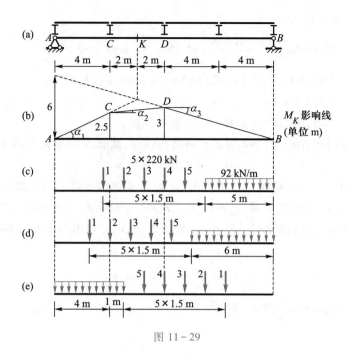

图 11-29

$\sum F_{Ri} \tan \alpha_i < 0$ 可知，$\Delta x < 0$，$\Delta S > 0$，表明量值 S（即 M_K 值）在增大，故应将荷载继续左移。

现将轮 2 置于 C 点（图 11-29d），则有

右移：$\sum F_{Ri} \tan \alpha_i = \dfrac{5}{8} \times 220 \text{ kN} + \dfrac{1}{8} \times 660 \text{ kN} - \dfrac{3}{8} \times (220 \text{ kN} + 92 \text{ kN/m} \times 6 \text{ m}) < 0$

左移：$\sum F_{Ri} \tan \alpha_i = \dfrac{5}{8} \times 440 \text{ kN} + \dfrac{1}{8} \times 440 \text{ kN} - \dfrac{3}{8} \times (220 \text{ kN} + 92 \text{ kN/m} \times 6 \text{ m}) > 0$

$\sum F_{Ri} \tan \alpha_i$ 变号，故轮 2 在 C 点为一临界位置。在算出各荷载对应的影响线竖标后（注意同一段直线上的荷载可用其合力代替）可求得此位置相应的 M_K 值为：

$M_K = qA_\omega + \sum F_i y_i$

$= 220 \text{ kN} \times 1.562 5 \text{ m} + 660 \text{ kN} \times 2.687 5 \text{ m} + 220 \text{ kN} \times 2.812 5 \text{ m} +$

$92 \text{ kN/m} \times 6 \text{ m} \times 1.125 \text{ m} = 3 357 \text{ kN} \cdot \text{m}$

经继续试算得知，列车向左开行只有上述一个临界位置。

（2）再考虑列车调头向右开行的情况

将轮 4 置于 D 点（图 11-29e）试算，有

左移：$\sum F_{Ri} \tan \alpha_i = \dfrac{5}{8} \times 92 \text{ kN/m} \times 4 \text{ m} + \dfrac{1}{8} \times (92 \text{ kN/m} \times 1 \text{ m} + 440 \text{ kN}) -$

$\dfrac{3}{8} \times 660 \text{ kN} > 0$

右移：$\sum F_{Ri} \tan \alpha_i = \dfrac{5}{8} \times 92 \text{ kN/m} \times 4 \text{ m} + \dfrac{1}{8} \times (92 \text{ kN/m} \times 1 \text{ m} + 220 \text{ kN}) -$

$\dfrac{3}{8} \times 880 \text{ kN} < 0$

$\sum F_{Ri} \tan \alpha_i$ 变号，故此为一临界位置，相应的 M_K 值为：

$$M_K = qA_\omega + \sum F_i y_i$$

$$= 92 \text{ kN/m} \times \frac{4 \text{ m} \times 2.5 \text{ m}}{2} + 92 \text{ kN/m} \times 1 \text{ m} \times 2.562\ 5 \text{ m} +$$

$$220 \text{ kN} \times 2.812\ 5 \text{ m} + 220 \text{ kN} \times 3 \text{ m} + 660 \text{ kN} \times 1.875 \text{ m}$$

$$= 3\ 212 \text{ kN} \cdot \text{m}$$

继续试算表明,向右开行也只有一个临界位置。

（3）比较可知,图 11-29d 为最不利荷载位置,截面 K 的最大弯矩值为

$$M_{K\max} = 3\ 357 \text{ kN} \cdot \text{m}$$

对常用的三角形影响线（图 11-30）,临界位置判别式可进一步简化。设临界荷载 F_{cr} 处于三角形影响线的顶点,并以 F_{Ra}、F_{Rb} 分别表示 F_{cr} 以左和以右荷载的合力,则根据荷载向左、向右移动时 $\sum F_{Ri} \tan \alpha_i$ 应由正变负,可写出如下两个不等式:

$$(F_{Ra} + F_{cr}) \tan \alpha - F_{Rb} \tan \beta > 0$$

$$F_{Ra} \tan \alpha - (F_{cr} + F_{Rb}) \tan \beta < 0$$

将 $\tan \alpha = \dfrac{h}{a}$ 和 $\tan \beta = \dfrac{h}{b}$ 代入,得

$$\left. \begin{aligned} \frac{F_{Ra} + F_{cr}}{a} &> \frac{F_{Rb}}{b} \\ \frac{F_{Ra}}{a} &< \frac{F_{cr} + F_{Rb}}{b} \end{aligned} \right\} \tag{11-6}$$

这就是对三角形影响线判别临界位置的公式。对这两个不等式可以这样形象地理解:把临界荷载 F_{cr} 归到顶点的哪一边,哪一边的"平均荷载"就大些,即临界荷载是"举足轻重"的。

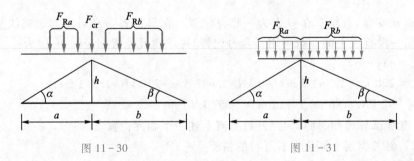

图 11-30　　　　　　　　　　　　图 11-31

对于均布荷载跨过三角形影响线顶点的情况（图 11-31）,可由 $\dfrac{\mathrm{d}S}{\mathrm{d}x} = \sum F_{Ri} \tan \alpha_i = 0$ 的条件来确定临界位置。此时有

$$\sum F_{Ri} \tan \alpha_i = F_{Ra} \frac{h}{a} - F_{Rb} \frac{h}{b} = 0$$

得

$$\frac{F_{Ra}}{a} = \frac{F_{Rb}}{b} \tag{11-7}$$

即左、右两边的平均荷载应相等。

最后必须指出,对于直角三角形影响线(以及凡是竖标有突变的影响线),判别式(11-5)、(11-5′)、(11-6)、(11-7)均不再适用。此时的最不利荷载位置,当荷载较简单时,一般可由直观判定。例如对于中—活载,显然当第一轮位于影响线顶点时(图11-32)所产生的 S 值最大,故为最不利荷载位置。当荷载较复杂时,可按前述估计最不利荷载位置的原则,布置几种荷载位置,直接算出相应的 S 值,而选取其中最大者。例如图 11-33 所示影响线,若吊车荷载 $F_1 = F_2 > F_3 = F_4$,则只需将 F_1、F_2 置于影响线突变点的正号竖标处(即突变点右侧),分别求出量值 S 的值,则其中最大 S 值对应的荷载位置就是使量值 S 为(正号)最大值的最不利荷载位置。

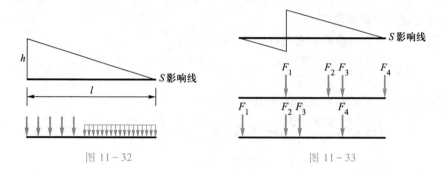

图 11-32　　　　　　　图 11-33

例 11-4　图 11-34a 所示简支吊车梁,受到两台吊车荷载作用,已知轮压 $F_1 = F_2 = 115$ kN,$F_3 = F_4 = 155$ kN。试求 C 截面的最大弯矩。

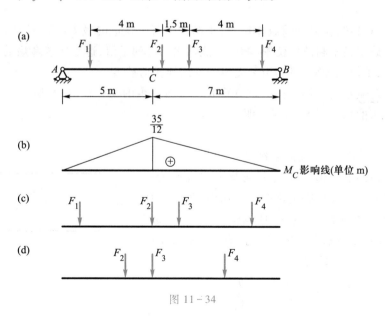

图 11-34

解:作出 M_C 的影响线如图 11-34b 所示。

直观判断 F_1、F_4 不可能是临界荷载。

将 F_2 置于 C 点(图 11-34c),按式(11-6)试算,有

$$\frac{115\ \text{kN} \times 2}{5\ \text{m}} > \frac{155\ \text{kN} \times 2}{7\ \text{m}}$$

$$\frac{115\ \text{kN}}{5\ \text{m}} < \frac{115\ \text{kN} + 155\ \text{kN} \times 2}{7\ \text{m}}$$

故知这是一个临界位置。

将 F_3 置于 C 点(图 11-34d),按式(11-6)试算,有

$$\frac{115\ \text{kN} + 155\ \text{kN}}{5\ \text{m}} > \frac{155\ \text{kN}}{7\ \text{m}}$$

$$\frac{115\ \text{kN}}{5\ \text{m}} < \frac{155\ \text{kN} \times 2}{7\ \text{m}}$$

故知这也是一个临界位置。

图 11-34c 所示临界位置对应的 M_C 值为:

$$M_C = 115\ \text{kN} \times \left(\frac{35}{12}\ \text{m} + \frac{1}{5} \times \frac{35}{12}\ \text{m} \right) + 155\ \text{kN} \times \left(\frac{5.5}{7} \times \frac{35}{12}\ \text{m} + \frac{1.5}{7} \times \frac{35}{12}\ \text{m} \right) = 855\ \text{kN} \cdot \text{m}$$

图 11-34d 所示临界位置对应的 M_C 值为:

$$M_C = 115\ \text{kN} \times \frac{3.5}{5} \times \frac{35}{12}\ \text{m} + 155\ \text{kN} \times \left(\frac{35}{12}\ \text{m} + \frac{3}{7} \times \frac{35}{12}\ \text{m} \right) = 881\ \text{kN} \cdot \text{m}$$

故 C 截面的最大弯矩为 $M_{C\max} = 881\ \text{kN} \cdot \text{m}$。

§11-10 换算荷载

由上节可知,在移动荷载作用下,求结构上某一量值的最大(最小)值,一般需先通过试算确定最不利荷载位置,然后才能求出相应的量值,这是比较麻烦的。在实际工作中,为了简化计算,可利用预先编制好的换算荷载表。

换算荷载是指这样一种均布荷载 K[①],它所产生的某一量值,与所给移动荷载产生的该量值的最大值 $S_{\max}$ 相等,即

$$KA_\omega = S_{\max}$$

式中 A_ω 是量值 S 影响线的面积。

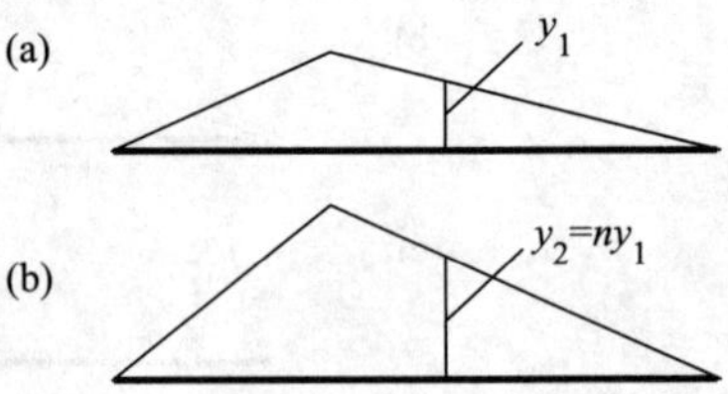

换算荷载的数值与移动荷载及影响线形状有关。但是对于竖标成固定比例的各影响线,其换算荷载相等。证明如下:设有两影响线(图 11-35a、b)的各竖标完全按同一比例变化,即 $y_2 = ny_1$,从而可知 $A_{\omega 2} = nA_{\omega 1}$,于是有

$$K_2 = \frac{\sum F y_2}{A_{\omega 2}} = \frac{n \sum F y_1}{n A_{\omega 1}} = \frac{\sum F y_1}{A_{\omega 1}} = K_1$$

长度相同、顶点位置也相同但最大竖标不同的各三角形影响线是成固定比例的,故可用同一换算荷载。

图 11-35

---

① 参见本书参考文献 7。

表 11-2 列出了我国现行铁路标准荷载即中—活载的换算荷载,它是根据三角形影响线制成的。使用时应注意:

表 11-2 中—活载的换算荷载(每线)　　　　kN/m

加载长度 l/m	影响线最大纵坐标位置				
	端部	1/8 处	1/4 处	3/8 处	1/2 处
	K_0	$K_{0.125}$	$K_{0.25}$	$K_{0.375}$	$K_{0.5}$
1	500.0	500.0	500.0	500.0	500.0
2	312.5	285.7	250.0	250.0	250.0
3	250.0	238.1	222.2	200.0	187.5
4	234.4	214.3	187.5	175.0	187.5
5	210.0	197.1	180.0	172.0	180.0
6	187.5	178.6	166.7	161.1	166.7
7	179.6	161.8	153.1	150.9	153.1
8	172.2	157.1	151.3	148.5	151.3
9	165.5	151.5	147.5	144.5	146.7
10	159.8	146.2	143.6	140.0	141.3
12	150.4	137.5	136.0	133.9	131.2
14	143.3	130.8	129.4	127.6	125.0
16	137.7	125.5	123.8	121.9	119.4
18	133.2	122.8	120.3	117.3	114.2
20	129.4	120.3	117.4	114.2	110.2
24	123.7	115.7	112.2	108.3	104.0
25	122.5	114.7	111.0	107.0	102.5
30	117.8	110.3	106.6	102.4	99.2
32	116.2	108.9	105.3	100.8	98.4
35	114.3	106.9	103.3	99.1	97.3
40	111.6	104.8	100.8	97.4	96.1
45	109.2	102.9	98.8	96.2	95.1
48	107.9	101.8	97.6	95.5	94.5
50	107.1	101.1	96.8	95.0	94.1
60	103.6	97.8	94.2	92.8	91.9
64	102.4	96.8	93.4	92.0	91.1
70	100.8	95.4	92.2	90.9	89.9

续表

加载长度 l/m	影响线最大纵坐标位置				
	端 部	1/8 处	1/4 处	3/8 处	1/2 处
	K_0	$K_{0.125}$	$K_{0.25}$	$K_{0.375}$	$K_{0.5}$
80	98.6	93.3	90.6	89.3	88.2
90	96.9	91.6	89.2	88.0	86.8
100	95.4	90.2	88.1	86.9	85.5
110	94.1	89.0	87.2	85.9	84.6
120	93.1	88.1	86.4	85.1	83.8
140	91.4	86.7	85.1	83.8	82.8
160	90.0	85.7	84.2	82.9	82.2
180	89.0	84.9	83.4	82.3	81.7
200	88.1	84.2	82.8	81.8	81.4

（1）加载长度（荷载长度）l 系指同符号影响线长度（图 11-36）。

（2）αl 是顶点至较近零点的水平距离，故 α 的数值为 $0 \sim 0.5$（图 11-36）。

（3）当 l 或 α 值在表列数值之间时，K 值可按直线内插法求得。

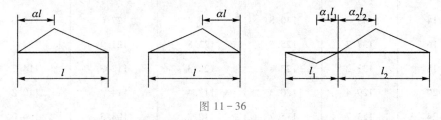

图 11-36

例 11-5 试利用换算荷载表计算中—活载作用下图 11-37a 所示简支梁截面 C 的最大（小）剪力和弯矩。

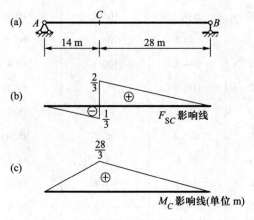

图 11-37

解: 作出 F_{SC} 及 M_C 的影响线如图 11—37b、c 所示。

（1）计算 F_{SCmin}

此时 $l = 14$ m，$\alpha = 0$，查表 11—2 得 $K = 143.3$ kN/m，故

$$F_{SCmin} = KA_\omega = 143.3 \text{ kN/m} \times \left(-\frac{14 \text{ m}}{2} \times \frac{1}{3} \right) = -334.4 \text{ kN}$$

（2）计算 F_{SCmax}

此时 $l = 28$ m，$\alpha = 0$，表 11—2 中无此 l 值，故需按直线内插法求 K 值。

当 $\alpha = 0$，$l = 25$ m 时，$K = 122.5$ kN/m

当 $\alpha = 0$，$l = 30$ m 时，$K = 117.8$ kN/m

故当 $\alpha = 0$，$l = 28$ m 时，K 值应为（图 11—38）：

$$K = 117.8 \text{ kN/m} + \frac{30 \text{ m} - 28 \text{ m}}{30 \text{ m} - 25 \text{ m}} \times (122.5 \text{ kN/m} - 117.8 \text{ kN/m})$$

$$= 119.7 \text{ kN/m}$$

从而可求得

$$F_{SCmax} = KA_\omega = 119.7 \text{ kN/m} \times \left(\frac{28 \text{ m}}{2} \times \frac{2}{3} \right)$$

$$= 1\,117.2 \text{ kN}$$

（3）计算 M_{Cmax}

此时 $l = 42$ m，$\alpha = \dfrac{14}{42} = \dfrac{1}{3} = 0.333$，均为表中未列数

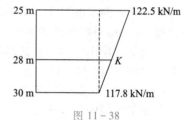

图 11—38

值，故需进行三次内插以求得 K 值。

为了清楚起见，将有关数据写入表 11—3 中，具体计算过程如下：

表 11—3　内插计算

l/m	$K_{0.25}$	$K_{0.333}$	$K_{0.375}$
40	100.8		97.4
42	(100.0)	(97.9)	(96.9)
45	98.8		96.2

当 $l = 42$ m，$\alpha = 0.25$ 时

$$K = 100.8 \text{ kN/m} - \frac{42 \text{ m} - 40 \text{ m}}{45 \text{ m} - 40 \text{ m}} \times (100.8 \text{ kN/m} - 98.8 \text{ kN/m}) = 100.0 \text{ kN/m}$$

当 $l = 42$ m，$\alpha = 0.375$ 时

$$K = 97.4 \text{ kN/m} - \frac{42 \text{ m} - 40 \text{ m}}{45 \text{ m} - 40 \text{ m}} \times (97.4 \text{ kN/m} - 96.2 \text{ kN/m}) = 96.9 \text{ kN/m}$$

再由以上两值内插求得当 $l = 42$ m，$\alpha = 0.333$ 时

$$K = 100.0 \text{ kN/m} - \frac{0.333 \text{ m} - 0.25 \text{ m}}{0.375 \text{ m} - 0.25 \text{ m}} \times (100.0 \text{ kN/m} - 96.9 \text{ kN/m}) = 97.9 \text{ kN/m}$$

于是，可求出

$$M_{Cmax} = KA_{\omega} = 97.9 \text{ kN/m} \times \left(\frac{42 \text{ m}}{2} \times \frac{28 \text{ m}}{3} \right) = 19\ 188.4 \text{ kN} \cdot \text{m}$$

§11-11　简支梁的绝对最大弯矩和内力包络图

1. 绝对最大弯矩

在移动荷载作用下,利用前述方法,不难求出简支梁上任一指定截面的最大弯矩。但是在梁的所有各截面的最大弯矩中,又有最大的,称为 <u>绝对最大弯矩</u>。

要确定简支梁的绝对最大弯矩,须解决两个问题:

（1）绝对最大弯矩发生在哪个截面。

（2）此截面发生最大弯矩值时的荷载位置。

也就是说,此时截面位置与荷载位置都是未知的。

为了解决上述问题,可以把各个截面的最大弯矩都求出来,然后加以比较。但是实际上梁上的截面有无穷多个,不可能一一计算,因而只能选取有限多个截面来进行比较,以求得问题的近似解答。当然这也是比较麻烦的。

当梁上作用的移动荷载都是集中荷载时,问题可以简化。我们知道,梁在集中荷载组作用下（图11-39）,无论荷载在任何位置,弯矩图的顶点总是在集中荷载作用点处。因此,可以断定,绝对最大弯矩必定是发生在某一集中荷载作用点处的截面上。剩下的问题只是确定它究竟发生在哪个荷载的作用点处及该点位置。为此,可采取如下办法来解决,即先任选一集中荷载,看荷载在什么位置时,该荷载作用点处截面的弯矩达到最大值。然后,按同样方法,分别求出其他各荷载作用点处截面的最大弯矩,再加以比较,即可确定绝对最大弯矩。

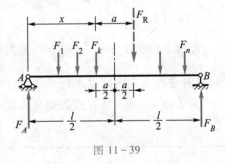

图 11-39

如图11-39所示,试取某一集中荷载 F_k,它至左支座 A 的距离为 x,而梁上荷载的合力 F_R 至 F_k 的距离为 a,则左支座反力为

$$F_A = \frac{F_R}{l}(l-x-a)$$

F_k 作用点截面的弯矩 M_x 为:

$$M_x = F_A x - M_K = \frac{F_R}{l}(l-x-a)x - M_K$$

式中 M_K 表示 F_k 以左梁上荷载对 F_k 作用点的力矩总和,它是一个与 x 无关的常数。当 M_x 为极大时,根据极值条件

$$\frac{\mathrm{d}M_x}{\mathrm{d}x} = \frac{F_R}{l}(l-2x-a) = 0$$

得

$$x = \frac{l}{2} - \frac{a}{2} \tag{11-8}$$

这表明,当 F_k 与合力 F_R 的位置对称于梁的中点时,F_k 之下截面的弯矩达到最大值,其值为

$$M_{\max} = \frac{F_R}{l}\left(\frac{l}{2} - \frac{a}{2}\right)^2 - M_K \qquad (11-9)$$

若合力 F_R 位于 F_k 的左边,则式(11-8)、(11-9)中 $\frac{a}{2}$ 前的减号应改为加号。

利用上述结论,我们可将各个荷载作用点截面的最大弯矩找出,将它们加以比较而得出绝对最大弯矩。不过,当荷载数目较多时,这仍是较麻烦的。实际计算时,宜事先估计发生绝对最大弯矩的临界荷载。因为简支梁的绝对最大弯矩总是发生在梁的中点附近,故可设想,使梁中点截面产生最大弯矩的临界荷载,也就是发生绝对最大弯矩的临界荷载。经验表明,这种设想在通常情况下都是正确的。据此,计算绝对最大弯矩可按下述步骤进行:首先,确定使梁中点截面 C 发生最大弯矩的临界荷载 F_k(此时可顺便求出梁中点截面 C 的最大弯矩 $M_{C\max}$);其次,应假设梁上荷载的个数并求其合力 F_R(大小及位置);然后,移动荷载组使 F_k 与 F_R 对称于梁的中点,此时应注意查对梁上荷载是否与求合力时相符,如不符(即有荷载离开梁上或有新的荷载作用到梁上),则应重新计算合力,再行安排直至相符;最后计算 F_k 作用点截面的弯矩,通常即为绝对最大弯矩 $M_{\max}$。

需要注意,当假设不同的梁上荷载个数均能实现上述荷载布置时,则应将不同情况 F_k 下截面的弯矩分别求出,然后选大者为绝对最大弯矩。

例 11-6 试求图 11-40a 所示简支梁在公路汽车车辆荷载作用下的绝对最大弯矩,并与跨中截面最大弯矩比较。

解:(1)求跨中截面 C 的最大弯矩

绘出 M_C 影响线(图 11-40b),显然后轴前轮位于 C 点时为最不利荷载位置(图 11-40a),即临界荷载为第一个 140 kN,M_C 最大值为:

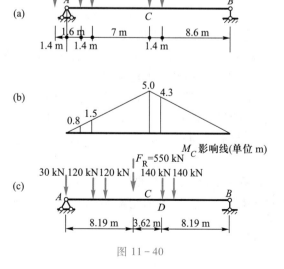

图 11-40

$$M_{C\max} = 120 \text{ kN} \times (1.5 \text{ m} + 0.8 \text{ m}) + 140 \text{ kN} \times (5 \text{ m} + 4.3 \text{ m}) = 1\ 578 \text{ kN} \cdot \text{m}$$

（2）求绝对最大弯矩

设发生绝对最大弯矩时 5 个荷载均位于梁上,其合力为

$$F_R = 2 \times 120 \text{ kN} + 2 \times 140 \text{ kN} + 30 \text{ kN} = 550 \text{ kN}$$

F_R 至临界荷载(第一个 140 kN)的距离 a 由合力矩定理(以第一个 140 kN 作用点为矩心)求得:

$$a = \frac{120 \text{ kN} \times (7 \text{ m} + 8.4 \text{ m}) + 30 \text{ kN} \times 11.4 \text{ m} - 140 \text{ kN} \times 1.4 \text{ m}}{550 \text{ kN}} = 3.63 \text{ m}$$

使第一个 140 kN 与 F_R 对称于梁的中点,荷载安排如图 11-39c 所示,此时梁上荷载与求合力时相同。由式(11-9)算得绝对最大弯矩(即截面 D 的弯矩)为

$$M_{\max} = \frac{550 \text{ kN}}{20 \text{ m}} \left(\frac{20 \text{ m}}{2} + \frac{3.63 \text{ m}}{2} \right)^2 - (120 \text{ kN} \times 7.0 \text{ m} + 120 \text{ kN} \times 8.4 \text{ m} + 30 \text{ kN} \times 11.4 \text{ m})$$

$$= 1\ 649 \text{ kN} \cdot \text{m}$$

比跨中截面最大弯矩大 4.5%。在实际工作中,有时也用跨中截面最大弯矩来近似代替绝对最大弯矩。

2. 内力包络图

在结构计算中,通常需要求出在恒载和活载共同作用下,各截面的最大、最小内力,以作为设计或检算的依据。联结各截面的最大、最小内力的图形,称为内力包络图。本节将以一实例来说明简支梁的弯矩和剪力包络图的绘制方法。

在实际工作中,对于活载引起的总内力还须考虑其冲击力的影响(即动力影响),这通常是将静活载所产生的内力值乘以动力系数 $1+\mu$ 来考虑的,其中 μ 称为冲击系数。冲击系数的确定详见有关规范。

设梁所承受的恒载为均布荷载 q,某一内力 S 影响线的正、负面积及总面积分别为 $A_{\omega+}$、$A_{\omega-}$ 及 $\sum A_{\omega}$,活载的换算均布荷载为 K,则在恒载和活载共同作用下该内力的最大、最小值的计算式可写为

$$\left. \begin{aligned} S_{\max} &= S_q + S_{K\max} = q \sum A_{\omega} + (1+\mu) K A_{\omega+} \\ S_{\min} &= S_q + S_{K\min} = q \sum A_{\omega} + (1+\mu) K A_{\omega-} \end{aligned} \right\} \tag{11-10}$$

例 11-7 一跨度为 16 m 的单线铁路钢筋混凝土简支梁桥,有两根梁,恒载为 $q = 2 \times 54.1$ kN/m,承受中—活载,根据铁路桥涵设计规范,其动力系数为 $1+\mu = 1.261$。试绘制一片梁的弯矩和剪力包络图。

解:将梁分成 8 等份,计算各等分点截面的最大、最小弯矩和剪力值。为此,先绘出各截面的弯矩、剪力影响线分别如图 11-41a、c 所示。由于对称,可只计算半跨的截面。为了清楚起见,可根据式(11-10),将全部计算列表进行,详见表 11-4 和表 11-5。

根据表 11-4 的计算结果,将各截面的最大、最小弯矩值分别用曲线相连,即得到弯矩包络图(图 11-41b)。这里,梁的绝对最大弯矩即近似地以跨中最大弯矩代替。

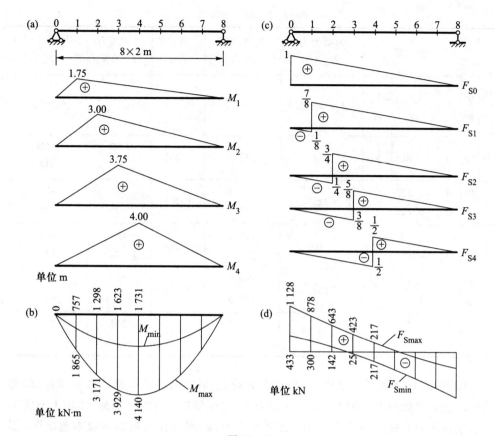

图 11-41

表 11-4 弯矩计算表

截面	影响线			恒载弯矩 $M_q/(\mathrm{kN \cdot m})$	换算荷载 $K/(\mathrm{kN \cdot m^{-1}})$	动力系数 $1+\mu$	活载弯矩 $M_K/(\mathrm{kN \cdot m})$	最大、最小弯矩 M_{max}、$M_{min}/$ $(\mathrm{kN \cdot m})$
	$l/$ m	α	$A_\omega/$ $\mathrm{m^2}$	$\dfrac{q}{2}A_\omega = 54.1A_\omega$			$(1+\mu)\dfrac{K}{2}A_\omega$	$M_{max} = M_q + M_K$ $M_{min} = M_q$
1	16	0.125	14	757	125.5	1.261	1 108	1 865 757
2	16	0.25	24	1 298	123.8	1.261	1 873	3 171 1 298
3	16	0.375	30	1 623	121.9	1.261	2 306	3 929 1 623
4	16	0.5	32	1 731	119.4	1.261	2 409	4 140 1 731

表 11-5　剪力计算表

截面	影响线				恒载剪力 F_{Sq}/kN	换算荷载 K/(kN·m^{-1})	动力系数 $1+\mu$	活载剪力 F_{SK}/kN	最大、最小剪力 F_{Smax}、F_{Smin}/kN
	l/m	α	A_ω/m	ΣA_ω/m	$\dfrac{q}{2}A_\omega=54.1\Sigma A_\omega$			$(1+\mu)\dfrac{K}{2}A_\omega$	$F_{Sq}+F_{SK}$
0	16	0	8	8	433	137.7	1.261	695 0	1 128 433
1	14 2	0 0	6.125 -0.125	6	325	143.3 312.5	1.261	553 -25	878 300
2	12 4	0 0	4.5 -0.5	4	216	150.4 234.4	1.261	427 -74	643 142
3	10 6	0 0	3.125 -1.125	2	108	159.8 187.5	1.261	315 -133	423 -25
4	8 8	0 0	2 -2	0	0	172.2 172.2	1.261	217 -217	217 -217

　　根据表 11-5 的计算结果,将各截面的最大、最小剪力值分别用曲线相连,即得到剪力包络图如图 11-41d 所示。可以看出,它很接近于直线。因此,实用上只需求出两端和跨中的最大、最小剪力值,然后连以直线,即可作为近似的剪力包络图(图 11-42)。

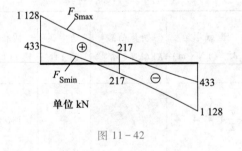

图 11-42

§11-12　超静定结构影响线作法概述

　　与静定结构一样,超静定结构在活载作用下的计算,亦应借助于影响线来解决。

　　用力法计算超静定结构,首先须求出多余未知力,然后即可根据平衡条件用叠加法求得其余反力、内力。作超静定结构的影响线一般也是这样,即先作出多余未知力的影响线,然后根据叠加法便可求得其余反力、内力的影响线。

　　作超静定结构的某一反力或内力的影响线,可以有两种方法。一种是按力法求出影响线方程,另一种是利用位移图来作影响线。为了与静定结构影响线的两种作法相对应,这里也可以将以上两种方法分别称为静力法和机动法。下面以一次超静定结构为例来分别说明这两种方法。

1. 静力法

如图 11-43a 所示超静定梁,欲求右端支座反力影响线时,以该支座为多余联系而将其去掉,并代以多余未知力 X_1[①](设向上为正),如图 11-43b 所示。由力法典型方程得

$$X_1 = -\frac{\delta_{1P}}{\delta_{11}} \tag{a}$$

绘出 $\overline{M}_1$、M_P 图(图 11-43c、d)后由图乘法可求得

$$\delta_{11} = \sum \int \frac{\overline{M}_1^2 \mathrm{d}s}{EI} = \frac{l^3}{3EI} \tag{b}$$

$$\delta_{1P} = \sum \int \frac{\overline{M}_1 M_P \mathrm{d}s}{EI} = -\frac{x^2(3l-x)}{6EI} \tag{c}$$

式中系数 δ_{11} 是常数,自由项 δ_{1P} 是在基本结构中荷载 $F=1$ 引起的 X_1 方向的位移,由于 $F=1$ 是移动的,故 δ_{1P} 是荷载位置 x 的函数,其图形便是基本结构右端沿 X_1 方向的位移影响线。代入式(a)得

$$X_1 = \frac{\delta_{1P}}{\delta_{11}} = \frac{x^2(3l-x)}{2l^3} \tag{d}$$

这就是 X_1 影响线方程,据此可绘出 X_1 影响线(图 11-43e)。

2. 机动法

在上面的式(a)中,如果利用位移互等定理

$$\delta_{1P} = \delta_{P1}$$

则

$$X_1 = -\frac{\delta_{1P}}{\delta_{11}} = -\frac{\delta_{P1}}{\delta_{11}} \tag{e}$$

式中,δ_{1P} 是基本结构在移动荷载 $F=1$ 作用下沿 X_1 方向的位移影响线;而 δ_{P1} 则是基本结构在固定荷载 $\overline{X}_1 = 1$ 作用下沿 $F=1$ 方向的位移,由于 $F=1$ 是移动的,故 δ_{P1} 就是基本结构在 $\overline{X}_1 = 1$ 作用下的竖向位移图(图 11-44c)。此位移图 δ_{P1} 除以常数 δ_{11},并反号便是 X_1 影响线(图 11-44d)。这就把求超静定结构某反力或内力影响线问题,转化为寻求基本结构在固定荷载作用下的位移图的问题。

求位移图 δ_{P1} 时,仍用图乘法,注意此时 $\overline{M}_1$ 图应是实际状态,而 M_P 图则是虚拟状态,故有

$$\delta_{P1} = \sum \int \frac{M_P \overline{M}_1 \mathrm{d}s}{EI} = -\frac{x^2(3l-x)}{6EI}$$

当然这仍是图 11-43c、d 两图相乘,故结果与前面静力法中求得的 δ_{1P}(位移影响线)

① 参见本书 §7-1 页下注。

完全相同。

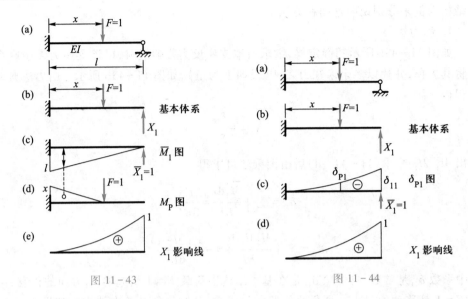

图 11-43　　　　　　　　　　　　图 11-44

在式(e)中,若假设 $\delta_{11}=1$,则有

$$X_1 = -\delta_{P1}$$

这表明此时的竖向位移图就代表 X_1 影响线,只是正负号相反。由于 δ_{P1} 向下为正,故当 δ_{P1} 向上时 X_1 为正。可见,这一方法与求静定结构影响线的机动法是类似的,即同样都是以去掉与所求未知力相应的联系后,体系沿未知力正向发生单位位移时所得的竖向位移图来表示该力影响线的。但二者也有不同之处:对于静定结构,去掉一个联系后就成为一个自由度的几何可变体系,故其位移图是由刚体位移的直线段组成;而超静定结构去掉一个多余联系后仍为几何不变体系,其位移图则是在所求多余未知力作用下的弹性曲线。由于此曲线的轮廓一般可凭直观勾绘出来,故在具体计算之前即可迅速确定其大致形状,这就给实际工作带来很大方便(参见下节),这是机动法的一大优点。

以上是一次超静定结构。对于多次超静定结构同样可采用上述机动法来作某一反力或内力影响线。例如图 11-45a 所示连续梁为 n 次超静定结构,欲求反力 X_K 影响线时,去掉相应的联系,并代替以该反力(假设向上为正),这样得到了一个 $(n-1)$ 次超静定结构(图 11-45b),现以此体系为基本体系来求解 X_K。虽然此时基本结构仍是超静定的,但按照力法一般原理,求解多余未知力的条件仍是基本结构在多余未知力与荷载共同作用下沿多余未知力方向的位移等于原结构的位移。据此可建立典型方程

$$\delta_{KK}X_K + \delta_{KP} = 0$$

根据位移互等定理 $\delta_{KP} = \delta_{PK}$,于是有

$$X_K = -\frac{\delta_{KP}}{\delta_{KK}} = -\frac{\delta_{PK}}{\delta_{KK}} \tag{11-11}$$

式中 δ_{KK} 为基本结构上由于 $\overline{X}_K = 1$ 作用引起的沿 X_K 方向的位移,它恒为正且是常数;

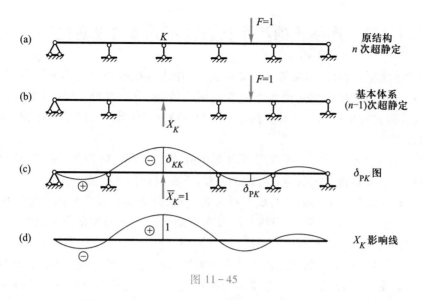

图 11-45

δ_{PK} 则为基本结构在 $\overline{X}_K = 1$ 作用下的竖向位移图（图 11-45c）。将位移图 δ_{PK} 的竖标乘以常数 $1/\delta_{KK}$，并反号便是所求的 X_K 影响线（图 11-45d）。但须注意，此时的 δ_{KK} 和 δ_{PK} 都是 $(n-1)$ 次超静定基本结构的位移，故须按求超静定结构位移的方法求出它们，具体计算较为麻烦，此处从略。然而，若只需了解影响线的大致形状，则凭直观可勾绘出位移图 δ_{PK} 的轮廓如图 11-45c 所示，这就是 X_K 影响线的形状。由前讨论已知，当 δ_{PK} 向上时，X_K 影响线竖标为正。同样，若假设 $\delta_{KK} = 1$，则有

$$X_K = -\delta_{PK}$$

即体系在 X_K 作用下沿 X_K 方向的位移若为单位值时，所得的竖向位移图即为 X_K 影响线（图 11-45d）。又例如，欲绘此连续梁（图 11-46a）M_i、M_a、F_{Sa} 影响线形状时，分别可解除与各力相应的联系，加上正向的多余未知力，然后绘出结构的位移图，这就是所求各力影响线的形状，分别如图 11-46b、c 和 d 所示。

若将图 11-45b 与图 11-45c 分别视作力状态与位移状态，则可由反力位移互等定理直接得到 $X_K = -\delta_{PK}$ 的结论，请读者自行证明。

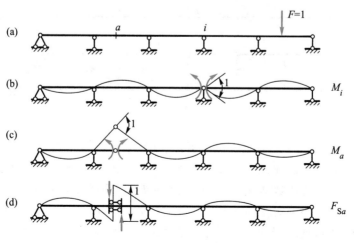

图 11-46

§11-13 连续梁的均布活载最不利位置及包络图

设计连续梁时,可选取足够多的截面,一一作出各截面的内力影响线,然后利用影响线计算在恒载和活载共同作用下各截面的最大、最小内力,最后绘出内力包络图,以此作为设计的依据。此计算过程与§11-11所述相似,工作量是比较大的,在此不再详述。

但当连续梁所承受的活载仅为可动均布荷载(如人群、货物等)时,则确定最不利荷载位置及绘制包络图的问题可大为简化,下面对此作一介绍。

在均布活载作用下某内力的最不利荷载位置,只需绘出其影响线的轮廓即可确定。因为由公式 $S = qA_\omega$ 可知,当均布活载布满影响线正号面积部分时,该内力产生最大值;反之,当均布活载布满影响线的负号面积部分时,该内力产生最小值。而各内力影响线的轮廓,根据前述用机动法作影响线的原理,一般不需具体计算即可凭直观而绘出。图11-47所示为一连续梁的各种量值影响线轮廓及其相应的最不利荷载位置。

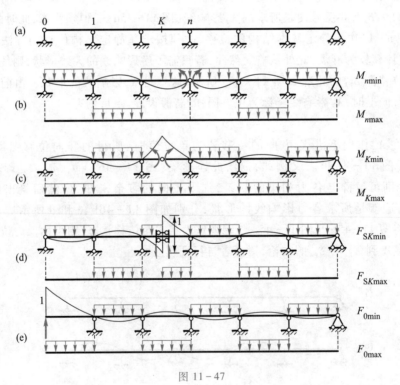

图 11-47

从图11-47所列的各种情况可以看出,连续梁各截面的内力影响线,大多是在某一跨内不变号的。因此,其相应最大、最小值的最不利荷载位置,大多是在若干跨内布满荷载。这只有少数情况例外,例如剪力 F_{SK} 影响线在其截面所在跨度内要变号,因此求最大、最小值时在该跨不应满跨加载。但为了简便起见,也可将其满跨加载。这是一种近似处理,其误差对工程实际来说一般是容许的。这样,所有各截面内力的最不利荷载位置都可以看成是在若干跨度内满布荷载。于是,各截面的最大、最小内力的计算便可简化。这时,只需把每一跨单独布满活载时的内力图逐一作出,然后对于任一截面,将这些内力图中对应的所有正值相加,便得到该截面在活载下的最大内力。同样,若将对应的所有负值相加,便得到该截面在活载下的最小内力。然后,将它们分别与恒载作用时对应的内力相加,便得到该截面总的最大、最小内力。按此方法算出各个截面的最大、最小内力后,便可据此绘出内力包络图。具体作法及步骤详见下例。

例 11-8 图 11-48a 所示三跨等截面连续梁,承受恒载 $q = 20$ kN/m,活载 $p = 40$ kN/m。试作其弯矩包络图及剪力包络图。

解:首先作出恒载作用下的弯矩图 M_q(图 11-48b)和各跨分别承受活载时的弯矩图 M_{p1}、M_{p2}、M_{p3}(图 11-48c、d 和 e)。然后,将图 11-48b 中的竖标与图 11-48c、d 和 e 中对应的正(负)值竖标相加,即得最大(小)弯矩值。例如在支座 1 处:

$$M_{1max} = -72.0 \text{ kN} \cdot \text{m} + 24.0 \text{ kN} \cdot \text{m} = -48.0 \text{ kN} \cdot \text{m}$$

$$M_{1min} = -72.0 \text{ kN} \cdot \text{m} + (-96.0 \text{ kN} \cdot \text{m}) + (-72.0 \text{ kN} \cdot \text{m}) = -240.0 \text{ kN} \cdot \text{m}$$

现将各跨分为四等份,算出各等分点的最大、最小弯矩值,并分别用曲线相连,即得弯矩包络图,如图 11-48f 所示。

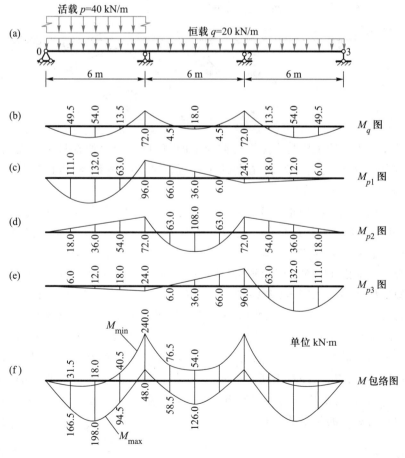

图 11-48

为了作出剪力包络图,先分别作出恒载作用下的剪力图(图 11 - 49a)和各跨分别承受活载时的剪力图(图 11 - 49b、c 和 d)。然后,将图 11 - 49a 中的竖标与图 11 - 49b、c 和 d 中对应的正(负)值竖标相加,即得最大(小)剪力值。例如在支座 1 左侧截面上:

$$F_{S1max}^{L} = -72 \text{ kN} + 4 \text{kN} = -68 \text{ kN}$$

$$F_{S1min}^{L} = -72 \text{ kN} + (-136 \text{ kN}) + (-12 \text{ kN}) = -220 \text{ kN}$$

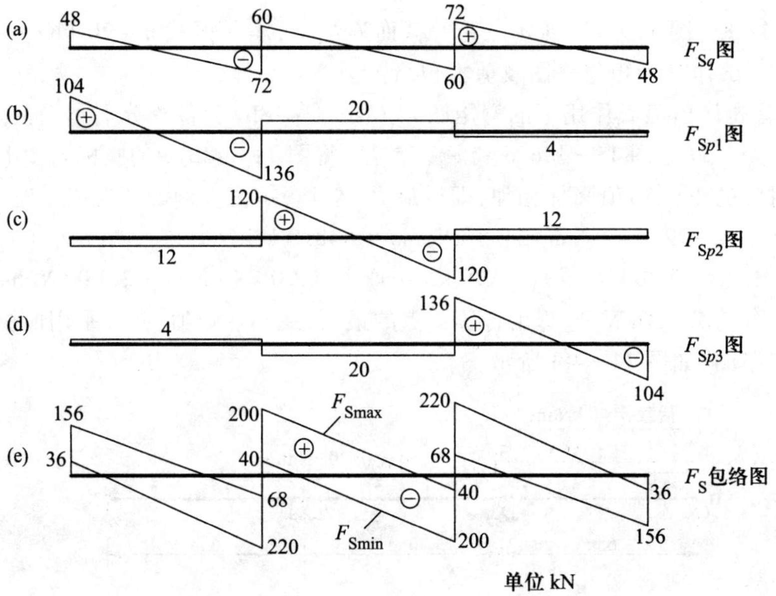

图 11 - 49

由于在设计中用到的主要是支座附近截面上的剪力值,因此通常只将各支座两侧截面上的最大、最小剪力值求出,而在每跨中则近似地用直线相连,以此作为所求剪力包络图,如图 11 - 49e 所示。

以上所述连续梁在均布活载下最不利荷载位置的判断及最大(最小)内力的计算方法,可称为逐跨加载组合法。类似这种情形还出现在多层多跨刚架的计算中。在竖向活载数值较大的多层工业厂房、图书馆书库和仓库建筑中,必须考虑活载的最不利组合。例如图 11 - 50a 所示刚架,某跨中截面 C 的弯矩 M_C 影响线形状,由机动法不难勾出如图中虚线所示(忽略结点水平位移,注意各刚结点处各杆端夹角应保持不变)。求该截面的最大正弯矩时加载情况如图11 - 50b 所示(求最大负弯矩则应在其余各跨加载)。可以近似认为,多层多跨刚架任一截面产生最大(最小)内力时,皆为在若干跨上满布荷载。因此,可先逐一求出每一跨单独满布荷载时全结构的内力,然后进行内力组合,即对于任一截面内力,将各种情况中对应的所有的正值相加即得其最大内力,将对应的所有负值相加即得其最小内力。可见,其思路与前述求连续梁在均布荷载下的包络图的相同。

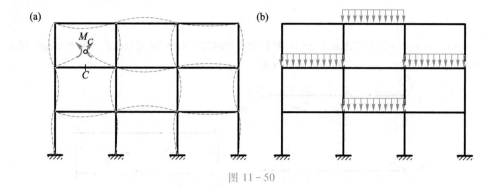

图 11-50

复习思考题

1. 什么是影响线？影响线上任一点的横坐标与纵坐标各代表什么意义？

2. 用静力法作某内力影响线与在固定荷载作用下求该内力有何异同？

3. 在什么情况下影响线方程必须分段列出？

4. 为什么静定结构内力、反力的影响线一定是由直线组成的图形？

5. 何谓间接荷载？如何作间接荷载下的影响线？

6. 机动法作影响线的原理是什么？其中 δ_P 代表什么意义？

7. 某截面的剪力影响线在该截面处是否一定有突变？突变处左右两竖标各代表什么意义？突变处两侧的线段为何必定平行？

8. 桁架影响线为何要区分上弦承载还是下弦承载？在什么情况下两种承载方式的影响线是相同的？

9. 恒载作用下的内力为何可以利用影响线来求？

10. 如何利用影响线求图 11-51 所示伸臂梁 B 支座左侧截面的剪力？

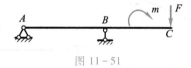

图 11-51

11. 何谓最不利荷载位置？何谓临界荷载和临界位置？

12. 为什么当影响线竖标有突变时，不能用判别式(11-5)~式(11-7)来判断临界位置？

13. 利用影响线确定行列荷载下量值 S 的最不利荷载位置时，为何用增量的比值 $\dfrac{\Delta S}{\Delta x}$ 而不用导数 $\dfrac{\mathrm{d}S}{\mathrm{d}x}$ 来求量值 S 的极值？

14. 简支梁的绝对最大弯矩与跨中截面最大弯矩是否相等？什么情况下二者会相等？

15. 何谓内力包络图？它与内力图、影响线有何区别？三者各有何用途？

16. 试述用机动法作超静定结构内力(反力)影响线的原理与步骤，它与静定结构的机动法作影响线有何异同？

17. 为什么可以采用比原结构超静定次数低的超静定结构作为力法基本结构？此时典型方程的意义是什么？系数、自由项的含义是什么？怎样求得？

习　题

11−1　图 a 为一简支梁在 C 点有竖向单位力作用时的弯矩图,图 b 为此简支梁 C 截面的弯矩影响线。试指出图中 y_1 和 y_2 各代表的具体意义。

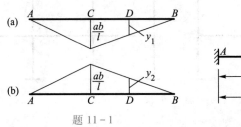

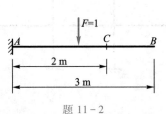

题 11−1　　　　　　　　　　　题 11−2

11−2　试作图示悬臂梁的反力 F_{AV}、F_{AH}、M_A 及内力 F_{SC}、M_C 影响线。

11−3　试作图示伸臂梁 F_B、M_C、F_{SC}、M_B、F_{SB}^{L} 和 F_{SB}^{R} 影响线。

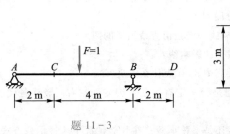

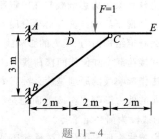

题 11−3　　　　　　　　　　　题 11−4

11−4　试作图示结构中下列量值影响线：F_{NBC}、M_D、F_{SD}、F_{ND}。$F = 1$ 在 AE 部分移动。

11−5　试作斜梁 F_{AV}、F_B、M_C、F_{SC}、F_{NC} 影响线。

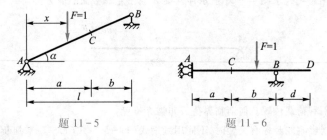

题 11−5　　　　　　　　　题 11−6

11−6　试作图示梁 F_{SC}、M_C 影响线。

11−7　试作 M_C、F_{SC} 影响线，$F = 1$ 在 DE 部分移动。

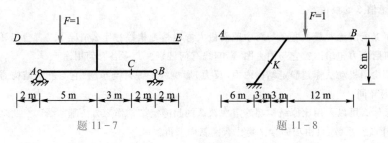

题 11−7　　　　　　　　　　　题 11−8

11−8　试作 M_K、F_{SK}、F_{NK} 影响线。$F = 1$ 在 AB 部分移动。

11-9 试作主梁 F_B、M_D、F_{SD}、F_{SC}^L、F_{SC}^R 影响线。

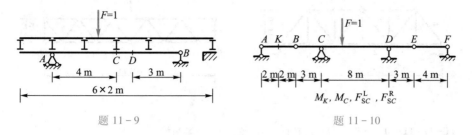

题 11-9   题 11-10

11-10~11-12 试作图示结构中指定量值影响线。

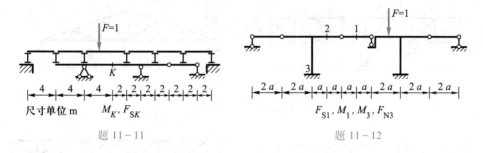

题 11-11   题 11-12

11-13~11-14 选择题 图中绘出的两量值影响线的形状是:(1) 图 b 对,图 c 错;(2) 图 b 错,图 c 对;(3) 二者皆对;(4) 二者皆错。

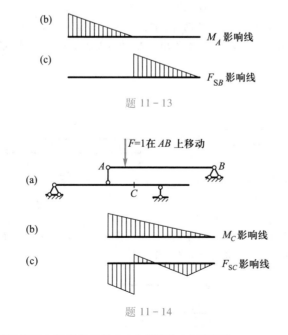

题 11-13

题 11-14

11-15 试作图示桁架中指定各杆的内力(或其分力)影响线。

11-16 试作指定杆件内力(或其分力)影响线,分别考虑荷载 $F=1$ 在上弦和在下弦移动。

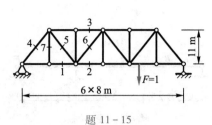

题 11 - 15

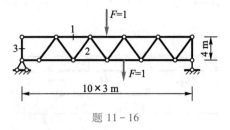

题 11 - 16

11 - 17 ~ 11 - 20 试作桁架指定杆件内力(或其分力)影响线。

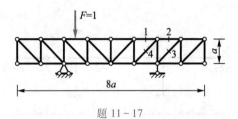

题 11 - 17

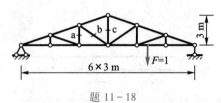

题 11 - 18

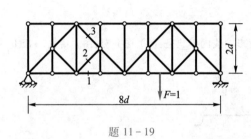

题 11 - 19

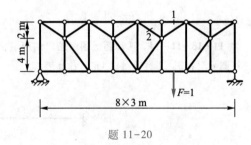

题 11 - 20

11 - 21 试求图示简支梁在所给移动荷载作用下截面 C 的最大弯矩。

11 - 22 试求图示简支梁在中—活载作用下 M_C 的最大值及 F_{SD} 的最大、最小值。要求按判别式确定最不利荷载位置。

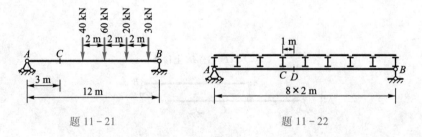

题 11 - 21　　　　　　　　　　　题 11 - 22

11 - 23 试判断最不利荷载位置并求出图示简支梁 F_A 的最大值及 F_{SC} 的最大、最小值：(a) 在中—活载作用下；(b) 在公路—Ⅱ级汽车荷载作用下。

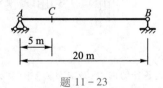

题 11 - 23

11-24 利用换算荷载表计算题 11-22。

11-25 试求图示简支梁在垂直吊车荷载作用下,C 截面的最大弯矩和最大、最小剪力。已知第一台吊车轮压为 $F_1 = F_2 = 195$ kN,第二台吊车轮压为 $F_3 = F_4 = 118$ kN。

11-26 试求图示吊车梁在两台吊车轮压作用下,支座 B 的最大反力。

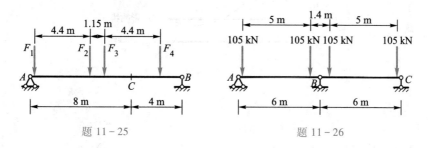

题 11-25　　　　　　　　　题 11-26

11-27 图为两孔单线铁路钢筋混凝土简支梁桥,试分别计算:(a) 一孔有车;(b) 两孔有车时中间桥墩所承受的最大活载竖向压力(暂不考虑冲击力)。

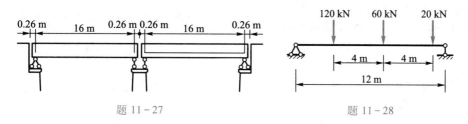

题 11-27　　　　　　　　　题 11-28

11-28~11-29 试求简支梁的绝对最大弯矩。

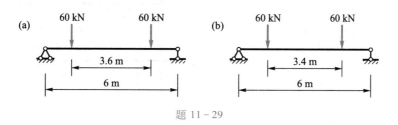

题 11-29

11-30 图示连续梁 EI 为常数。(a) 试绘制支座弯矩 M_B 影响线。要求:分跨求出影响线方程;将每跨 4 等分,求出各分点处竖标,连以曲线;(b) 绘制 M_K 影响线,求出上述各分点处竖标。
[提示:用叠加法作,由 $M = \overline{M}_1 X_1 + M_P$ 有 $M_K = \overline{M}_{K1} M_B + M_{KP}$,其中 $\overline{M}_{K1} = 1/2$,M_B 即为前面(a)已作出的多余未知力影响线,M_{KP} 为基本结构上截面 K 的弯矩影响线。建议列表计算。]

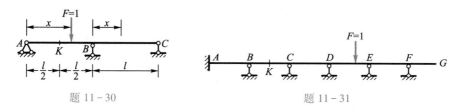

题 11-30　　　　　　　　　题 11-31

11-31 试绘出图示连续梁 F_B、M_A、M_C、M_K、F_{SK}、F_{SB}^L、F_{SB}^R 影响线形状。

11-32 试问图示两影响线的形状是否正确?

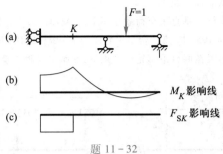

题 11 - 32

答　案

11 - 1~11 - 12　略

11 - 13　（2）

11 - 14　（1）

11 - 21　242.5 kN · m

11 - 22　$M_{C\max}$ = 3 657 kN · m,

$F_{SD\max}$ = 345 kN,

$F_{SD\min}$ = - 211 kN

11 - 23　（a）$F_{A\max}$ = 1 294 kN,

$F_{SC\max}$ = 789 kN,

$F_{SC\min}$ = - 131 kN

（b）车道荷载：$F_{A\max}$ = 258.75 kN,

$F_{SC\max}$ = 206.25 kN,

$F_{SC\min}$ = - 58.92 kN

车辆荷载：$F_{A\max}$ = 411.8 kN,

$F_{SC\max}$ = 274.3 kN,

$F_{SC\min}$ = - 60.2 kN

11 - 25　$M_{C\max}$ = 978.2 kN · m,

$F_{SC\max}$ = 65 kN,

$F_{SC\min}$ = - 229.8 kN

11 - 26　$F_{B\max}$ = 556.5 kN

11 - 27　（a）1 133 kN

（b）1 623 kN

11 - 28　426.7 kN · m

11 - 29　（a）90 kN · m;

（b）92.45 kN · m

11 - 30　F = 1 在第 1 跨, $M_B = -\dfrac{x}{4} \times \left(1 - \dfrac{x^2}{l^2}\right)$

F = 1 在第 2 跨, $M_B = -\dfrac{x}{4} \times \left(1 - \dfrac{x}{l}\right)\left(2 - \dfrac{x}{l}\right)$

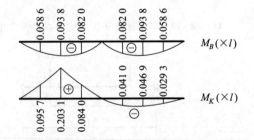

11 - 31　注意固定端 A 处转角为零,伸臂 FG 不受力,位移图为直线

11 - 32　（b）（c）皆正确

附录 I　基于 MATLAB App Designer 开发的平面刚架静力分析程序

§I-1　程序安装说明

本程序是基于 MATLAB App Designer 开发的独立桌面应用程序,即在没有安装 MATLAB 的情况下,用户也可直接运行安装包安装本程序,安装包的下载链接可发送电子邮件至 csumechanics@csu.edu.cn 获取。但程序运行需要 MATLAB 提供的 Runtime 运行环境。针对没有安装 MATLAB 或所安装 MATLAB 未提供 Runtime 运行环境的用户,本程序安装时会自动在用户的计算机环境中安装 Runtime 运行环境。

§I-2　程序的功能和算法

在各类杆系结构中,平面刚架是具有代表性的,其内力分析涉及了矩阵位移法的所有环节。因此,这里介绍平面刚架静力分析程序,源程序基于 MATLAB App Designer 开发。

本程序主要有以下功能:

(1) 适用于所有杆件都是由同一材料制成的等直杆(即对于一个杆件其 E 和 I 为常量,不同杆件之间 E 和 I 可以变化);

(2) 支座可以是固定支座,固定铰支座,沿 x 或 y 方向的链杆支座或滑动支座,可以有沿 x,y 或转动方向的已知支座位移;

(3) 结点默认为刚结点,通过添加耦合约束设置铰结点;

(4) 输出内容包括求解出的结点位移和杆端力;

(5) 程序可以保存并打开数据文件,数据文件类型为 Excel 表格;

(6) 可以使用鼠标直接进行图像的缩放,平移以及保存;

(7) 可以通过滑动条调整内力图绘制的大小;

(8) 可实时以图形形式显示结构输入信息,运行计算之后可显示内力图(即轴力图,剪力图和弯矩图)。

所用的计算方法等需要在同一目录下。

§I-3　程序的使用步骤

如图 I-1 所示,程序的操作界面包括菜单栏、定义界面和图形界面三大部分。

1. 菜单栏:包含"文件"和"计算"两个子菜单,"文件"栏的主要功能是进行数据的储存、刷新和载入;"计算"栏主要功能是进行数据的处理计算和结果文件的输出。

2. 定义界面:包含"材料""结点""单元""约束"和"荷载"五个子界面,分别具有定义材料,定义结点,定义单元,定义约束和定义荷载的功能。

3. 图形界面:包含"结构图""剪力图""弯矩图"和"轴力图"四个子界面,分别具有显示结构图,剪力图,弯矩图和轴力图的功能。

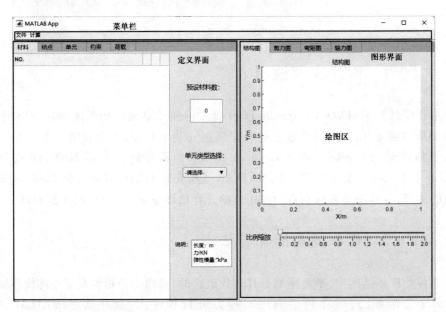

图 I - 1

下面以两个例子来具体说明程序如何使用。

例 I - 1 试用程序计算图 I - 2 所示结构。两杆均为 45a 工字钢,截面面积 $A = 102 \text{ cm}^2$,截面二次矩 $I = 32\ 240 \text{ cm}^4$。

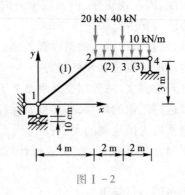

图 I - 2

解:(1) 定义材料。钢的弹性模量通常可取 210 GPa,也就是 210×10^3 MPa。

在左侧定义界面中,点击"材料"选项进入材料定义子界面,先输入预设的材料数目,再选择单元类型为"梁单元",最后在表格中双击输入 E, I, A 的值,如图 I - 3 所示。

(2) 定义结点。这里要注意杆中如果需要施加集中荷载(包括集中力和集中弯矩)处应该设置结点,因此这里共有 4 个结点。

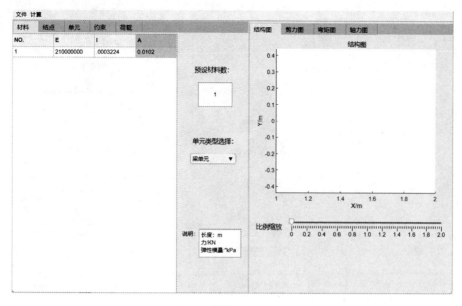

图Ⅰ-3

在左侧定义界面中,点击"结点"选项进入结点定义子界面,先输入预设的结点数目,再在表格中双击输入坐标 X,Y 的值,如图 Ⅰ-4 所示。

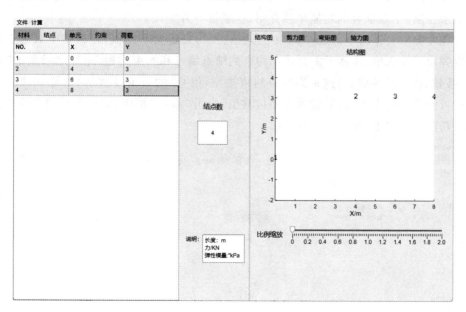

图Ⅰ-4

(3) 定义单元。连接对应的两个结点,同时要选择单元对应的材料编号,我们这里依次连接 1-2,2-3,3-4,共 3 个单元,材料的编号均为 1。

在左侧定义界面中,点击"单元"选项进入单元定义子界面,在表格中双击空白内容可弹出下拉选单,选择所需要连接的结点编号和材料编号,选好之后点击"添加单元"按钮,将自动建立单元,如图 Ⅰ-5 所示。

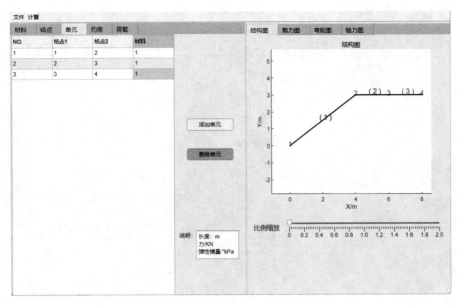

图 I - 5

（4）定义约束。这里要设置 1 号结点的 x 方向位移为 0, y 方向的位移为向下 0.1 m, 即为 -0.1 m, 设置 4 号结点的 y 方向位移为 0, 通过设置最后一列 UX, UY, φ 的值来控制（结点耦合的功能单独介绍，这里暂不需要）。

在左侧定义界面中，点击"约束"选项进入约束定义子界面，在表格中双击空白内容弹出下拉选单，选择所需要建立约束的结点编号和约束类型，选好之后点击"添加"按钮，将自动生成 n 行（n 为对应约束类型可约束的自由度数量）并添加该约束对应可约束的自由度，最后输入支座位移值，点击"添加"按钮，即可保存约束信息并建立新的结点约束，如图 I -6 所示。

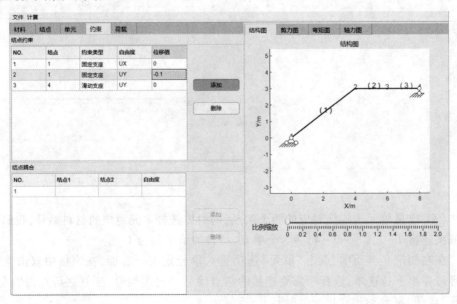

图 I -6

　　（5）定义荷载。在左侧定义界面中,点击"荷载"选项进入荷载定义子界面,在"分布力"表格中双击空白内容弹出下拉选单,选择所需要添加分布力的单元号和分布力类型,并输入分布力的左端值 q1 和右端值 q2,选好之后点击"添加"按钮,将绘制分布力图形并保存有关数据信息。之后,可以开始建立新的结点约束。集中力的定义方式相同,如图 Ⅰ-7 所示。

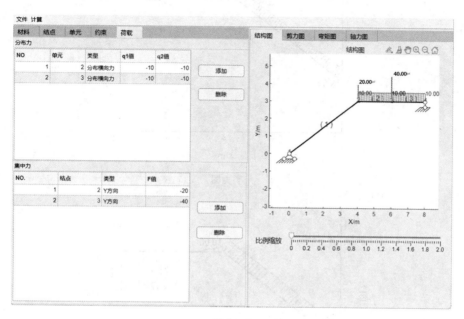

图Ⅰ-7

　　至此,所有定义的内容已经完成。

　　模型建好后,进行计算及结果分析步骤。

　　（1）计算→求解,再依次点击右侧图形界面的"剪力图""弯矩图""轴力图"打开子界面分别查看剪力图、弯矩图、轴力图,并有缩放、平移、全图显示和保存图片的功能。当图片中表示的数值大小和结构尺寸数量级差异较大时,可采用滑动条的滑块进行放缩,即可重新生成图形。下面是绘制出的轴力图,剪力图和弯矩图,如图Ⅰ-8a,Ⅰ-8b 和Ⅰ-8c 所示。

　　（2）计算→结果文件,结果文件中可以查看求解出的结点位移和杆端力,数据输入文件和结果文件都可以命名保存,方便使用和查看。具体输出结果如表Ⅰ-1 和表Ⅰ-2 所示:

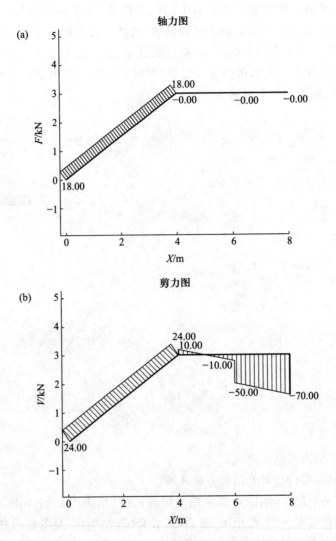

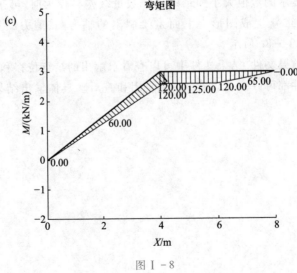

图 I - 8

表 I -1　结点位移结果表格

结点号	UX	UY	φ
1	9.715 026 28E－34	－1.000 000 00E－01	7.875 162 76E－03
2	－2.809 015 45E－02	－6.261 648 86E－02	1.230 621 56E－02
3	－2.809 015 45E－02	－3.436 074 74E－02	1.594 952 57E－02
4	－2.809 015 45E－02	－5.908 070 42E－19	1.782 041 46E－02

表 I -2　结点内力结果表格

单元号	结点号	轴力	剪力	弯矩
1	1	1.800 000 00E＋01	2.400 000 00E＋01	2.023 159 39E－13
1	2	－1.800 000 00E＋01	－2.400 000 00E＋01	1.200 000 00E＋02
2	2	8.604 783 55E－13	1.000 000 00E＋01	－1.200 000 00E＋02
2	3	－8.604 783 55E－13	1.000 000 00E＋01	1.200 000 00E＋02
3	4	8.604 783 55E－13	－5.000 000 00E＋01	－1.200 000 00E＋02
3	5	－8.604 783 55E－13	7.000 000 000E＋01	1.554 312 23E－14

例 I -2　使用程序计算带铰结点的刚架(图 I -9)。E,I,A 均为常数。

解:本题未给具体数值,可设 $M = L = E = I = 1$,$A = 1\ 000$。步骤如下。

(1)定义材料。如图 I -10 所示。

(2)定义结点。如图 I -11 所示。

这里需要定义 6 个结点,在铰结点处定义 2 个结点。

(3)定义单元。如图 I -12 所示。

(4)定义约束。这里对 1,6 号结点固定

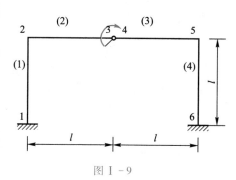

图 I -9

UX,UY,φ 的位移为 0,很重要的一点就是对 3,4 号结点进行结点耦合,控制 3,4 号结点的 UX,UY 相同,如图 I -13 所示。

(5)定义荷载。在结点 3 添加集中单位力偶,方向以顺时针为正,如图 I -14 所示。

(6)计算→求解,得出结构轴力图、剪力图和弯矩图分别如图 I -15a,图 I -15b 和图 I -15c 所示。

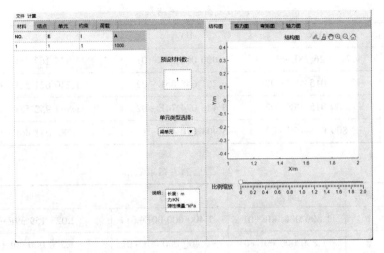

图 I - 10

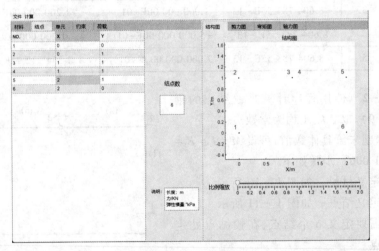

图 I - 11

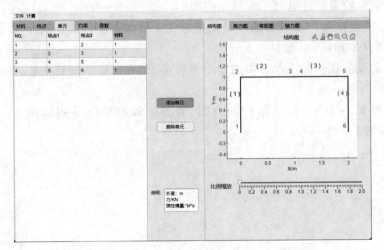

图 I - 12

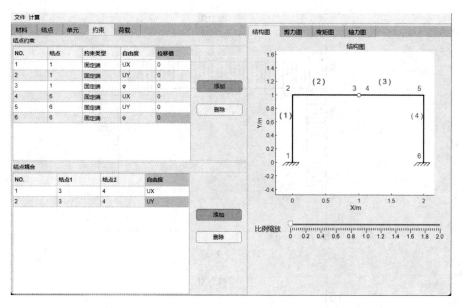

图 I-13

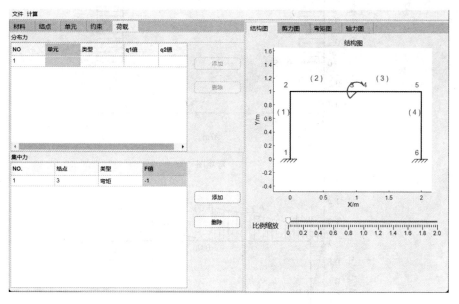

图 I-14

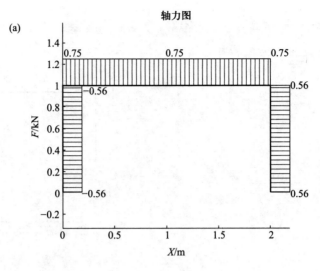

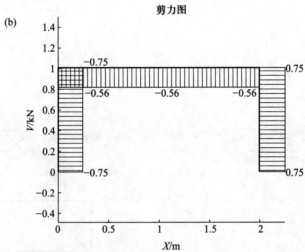

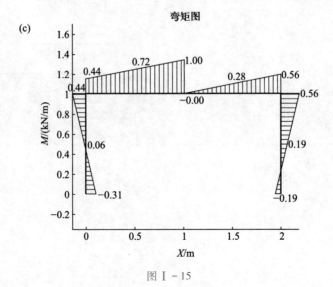

图 I - 15

（7）生成结果文件,具体输出结果如表Ⅰ-3和表Ⅰ-4所示。

表Ⅰ-3　结点位移结果表格

结点号	UX	UY	φ
1	− 6.232 313 060 8E − 20	5.620 784 41E − 22	7.745 879 27E − 20
2	− 3.029 146 39E − 05	5.620 784 41E − 07	− 6.404 319 39E − 05
3	− 3.103 922 06E − 05	− 3.761 216 35E − 04	− 7.830 039 73E − 04
4	− 3.103 922 06E − 05	− 3.761 216 35E − 04	4.692 392 97E − 04
5	− 3.178 697 73E − 05	− 5.620 784 41E − 07	1.882 000 76E − 04
6	6.232 313 060 8E − 20	− 5.620 784 41E − 22	− 4.641 957 22E − 20

表Ⅰ-4　结点内力结果表格

单元号	结点号	轴力	剪力	弯矩
1	1	− 0.562 078 441	− 0.747 756 73	− 0.309 835 171
1	2	0.562 078 441	0.747 756 73	− 0.437 921 559
2	2	0.747 756 73	− 0.562 078 441	0.437 921 559
2	3	− 0.747 756 73	0.562 078 441	− 1.000 000 00
3	4	0.747 756 73	− 0.562 078 441	− 1.110 22E − 16
3	5	− 0.747 756 73	0.562 078 441	− 0.562 078 441
4	5	0.562 078 441	0.747 756 73	0.562 078 441
4	6	− 0.562 078 441	− 0.747 756 73	0.185 678 289

§Ⅰ-4　程序变量及含义

基本变量含义如表Ⅰ-5所示。

表Ⅰ-5　基本变量的含义

名称	含义及说明
JD	结点
CL	材料
DY	单元
YS1	结点约束
YS2	结点耦合
FBL	分布力
JZL	集中力
K	刚度矩阵
Q	等效结点力向量
ZJ	结点位移向量(转角)
ZDL	整体坐标系下的等效节点里向量或是单元局部坐标系下的结点力

将上述任意变量以 X 代替,则可以组合出一系列新变量,含义如表 I - 6 所示。

表 I - 6　新变量的含义

名称	含义及说明
iX	存储 X 总个数的变量(数字)
gX	存储 X 数据内容的变量(矩阵)
X_CSH	进行成员变量初始化的矩阵

其余变量含义如下:

名称	含义及说明
izbx	坐标系参数,取 1 时代表在整体坐标系下,取 2 时代表在局部坐标系下
T	从局部坐标系到整体坐标系的坐标转换矩阵
k	单元刚度矩阵
p1	第一个结点上的分布力集度值
p2	第二个结点上的分布力集度值
FBZ	分布力种类
p	等效结点力向量

程序流程图如图 I - 16 所示。

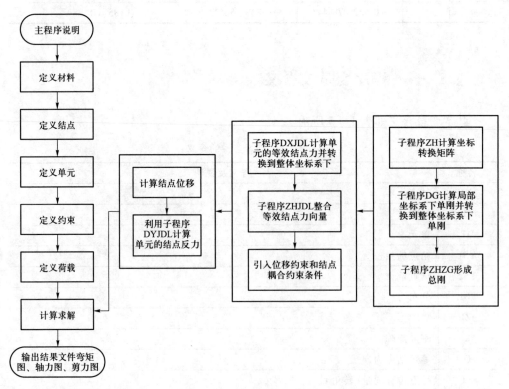

图 I - 16

§Ⅰ-5 源程序

1. 计算主体源程序
% 求解程序

```
format long eng

row  = app.iJD;% 杆结点个数
app.gK = sparse(3 * row,3 * row)[1];% 总体刚度矩阵
app.gQ = sparse(3 * row,1);% 总体结点力列向量

row = app.iDY;% 杆单元个数
for i = 1 : row
    k = DG (app,i,1);% 计算单元刚度元素
    ZHZG (app,i,k);% 单刚元素加到总刚
end

row = app.iFBL;
for i = 1 : row % 对每个单元的分布力循环
    DXJDL(app,i);% 转换为等效结点力
    ZHJDL (app,i,app.ZDL);% 整合到总体力列阵中去
end

% 求分布力作用单元的等效结点荷载,并将结点集中力整合成单元
结点力列向量
a = app.gFBL(1,:);
len =    length(a);
if len >= 4
  a4 = app.gJZL(1,4);
  if a4 ~ = " " && a4 ~ = "  "
    row = app.iJZL;% 总体结点力个数
    str_gJZL = str2double(app.gJZL(:,4)) .* - 1;[2]
    app.gJZL(:,4) = num2str(str_gJZL);
    for i = 1 : row
        str_d_JZL = app.gJZL(i,3);
        switch str_d_JZL
            case "X 方向"
                d_JZL = 1;
```

```
                         case "Y 方向"
                             d_JZL = 2;
                         case "弯矩"
                             d_JZL = 3;
                     end
                     m = (str2double(app.gJZL(i,2)) - 1) * 3 + d_JZL;
        app.gQ(m,1) = app.gQ(m,1) + str2double(app.gJZL(i,4));% 结点力加到总刚
中去
                     end
                 end
             end

             % 使用置大数法加入结点约束
             ys1_number = app.iYS1;
             for iys1 = 1:1:ys1_number
                 n = str2double(app.gYS1(iys1, 2));
                 str_d2 = app.gYS1(iys1, 4);
                 switch str_d2
                     case "UX"
                         d2 = 1;
                     case "UY"
                         d2 = 2;
                     case "φ"
                         d2 = 3;
                 end
m = (n-1) * 3 + d2;
app.gQ(m,1) = str2double(app.gYS1(iys1, 5)) * app.gK(m,m) * 1e15;
app.gK(m,m) = app.gK(m,m) * 1e15;
end
a = app.gYS2(1,:);
len = length(a);
if len >= 4
a4 = app.gYS2(1,4);
if a4 ~= "" && a4 ~= " "
ys2_number = app.iYS2;
for iys2 = 1:1:ys2_number
n1 = str2double(app.gYS2(iys2, 2));
n2 = str2double(app.gYS2(iys2, 3));
str_d3 = app.gYS2(iys2, 4);
```

```
switch str_d3
case "UX"
d3 = 1;
case "UY"
d3 = 2;
end
m1 = (n1-1) * 3 + d3;
m2 = (n2-1) * 3 + d3;
app.gQ(m2,1) = app.gQ(m2,1)+app.gQ(m1,1);
app.gQ(m1,1) = 0;
app.gK(m2,:) = app.gK(m2,:)+app.gK(m1,:);
app.gK(:,m2) = app.gK(:,m2)+app.gK(:,m1);
app.gK(m1,:) = zeros(1, size(app.gJD,1) * 3);
app.gK(:,m1) = zeros(size(app.gJD,1) * 3, 1);
app.gK(m1,m1) = 1.0;
app.gK(m1,m2) = -1;
app.gK(m2,m1) = -1;
app.gK(m2,m2) = app.gK(m2,m2) + 1;
end
end
end
```

% 计算整体坐标系下的总体位移列向量和总体内力矩阵(每行代表不同的单元,每列代表不同结点所受的轴力,剪力和弯矩值的大小)

```
app.gZJ = sparse(3 * size(app.gJD,1),1); % 杆端位移
app.gZJ = app.gK \ app.gQ;
row = app.iDY;
app.gZDL = zeros(row,6);
for i = 1:row
DYJDL(app,i);
if length(app.f) == 6 % 梁单元结点反力
app.gZDL(i,:) = transpose(app.f);
else % 杆单元结点反力
f1 = app.f(1:2,1);
f2 = app.f(3:4,1);
app.f = [f1;0;f2;0];
app.gZDL(i,:) = transpose(app.f);
end
end
```

```matlab
% 进行内力矩阵的坐标转换和整合
for i = 1:app.iDY
xi = app.gJD(app.gDY(i,2),2);
yi = app.gJD(app.gDY(i,2),3);
xj = app.gJD(app.gDY(i,3),2);
yj = app.gJD(app.gDY(i,3),3);% 输入结点坐标
L = sqrt((xj-xi)^2+(yj-yi)^2);% 杆件长度
c = (xj-xi)/L;
s = (yj-yi)/L;
t1 = app.gZDL(i,1);
app.gZDL(i,1) = app.gZDL(i,1) * c+app.gZDL(i,2) * s;
app.gZDL(i,2) = -t1 * s+app.gZDL(i,2) * c;
t4 = app.gZDL(i,4);
app.gZDL(i,4) = app.gZDL(i,4) * c+app.gZDL(i,5) * s;
app.gZDL(i,5) = -t4 * s+app.gZDL(i,5) * c;
end
% 绘制弯矩图,剪力图和轴力图
axis(app.UIAxes3,"equal");
for i = 1:app.iDY
M_plot(app,i)
hold(app.UIAxes3,'on')
end
hold (app.UIAxes3,"off")
axis(app.UIAxes2,"equal");
for i = 1:app.iDY
Fs_plot(app,i)
hold(app.UIAxes2,'on')
end
hold (app.UIAxes2,"off")
axis(app.UIAxes4,"equal");
for i = 1:app.iDY
Fn_plot(app,i)
hold(app.UIAxes4,'on')
end
hold (app.UIAxes4,"off")
```

2. 成员函数源程序

```matlab
% 单元刚度矩阵计算函数
function k = DG(app,idy,izbx)
% k = zeros(6,6);
```

```
E = app.gCL(app.gDY(idy,4),2);
I = app.gCL(app.gDY(idy,4),3);
A = app.gCL(app.gDY(idy,4),4);
xi = app.gJD(app.gDY(idy,2),2);
yi = app.gJD(app.gDY(idy,2),3);
xj = app.gJD(app.gDY(idy,3),2);
yj = app.gJD(app.gDY(idy,3),3);
L = sqrt((xj-xi)^2 + (yj-yi)^2);
if I ~ = -1
k = [E*A/L 0 0 -E*A/L 0 0
0 12*E*I/L^3 6*E*I/L^2 0 -12*E*I/L^3 6*E*I/L^2
0 6*E*I/L^2 4*E*I/L 0 -6*E*I/L^2 2*E*I/L
-E*A/L 0 0 E*A/L 0 0
0 -12*E*I/L^3 -6*E*I/L^2 0 12*E*I/L^3 -6*E*I/L^2
0 6*E*I/L^2 2*E*I/L 0 -6*E*I/L^2 4*E*I/L];
else
k = [1 0 -1 0
0 0 0 0
-1 0 1 0
0 0 0 0] * E * A / L;
end
if izbx = = 1
T = ZH(app,idy);
k = T * k * transpose(T);
end
end


% 转置矩阵的计算函数
function T = ZH(app,ijd)
xi = app.gJD(app.gDY(ijd,2),2);
yi = app.gJD(app.gDY(ijd,2),3);
xj = app.gJD(app.gDY(ijd,3),2);
yj = app.gJD(app.gDY(ijd,3),3);
L = sqrt((xj-xi)^2 + (yj-yi)^2);
c = (xj-xi) ./ L ;%cos
s = (yj-yi) ./ L ;%sin
DYType = app.gCL(app.gDY(ijd,4),3);%转动惯量I决定转换矩阵维度
if DYType ~ = -1
T = [ c -s 0 0 0 0
```

```
s c 0 0 0 0
0 0 1 0 0 0
0 0 0 c -s 0
0 0 0 s c 0
0 0 0 0 0 1];
else
T = [ c -s 0 0
s c 0 0
0 0 c -s
0 0 s c];
end
end


% 总体刚度矩阵的计算函数
function ZHZG(app,idy,k)
DYType = app.gCL(app.gDY(idy,4),3);
if DYType ~ = -1 % 梁
for i = 1:1:2
for j = 1:1:2
for p = 1:1:3
for q = 1:1:3
m = (i-1)*3+p;
n = (j-1)*3+q;
M = (app.gDY(idy,i + 1)-1) * 3 + p;
N = (app.gDY(idy,j + 1)-1) * 3 + q;
app.gK(M,N) = app.gK(M,N) + k(m,n);%单刚中元素加入总刚
end
end
end
end
else %杆的总刚
for i = 1:1:2
for j = 1:1:2
for p = 1:1:2
for q = 1:1:2
m = (i-1)*2+p;
n = (j-1)*2+q;
M = (app.gDY(idy,i+1)-1)*3+p;
N = (app.gDY(idy,j+1)-1)*3+q;
```

```
app.gK( M,N) = app.gK( M,N) + k( m,n) ;
end
end
end
end
end
end


% 计算第 i 个结点约束作用单元的等效结点力的函数
function DXJDL( app,i)
a = app.gFBL( 1 , : ) ;
len = length( a) ;
if len > = 5
a4 = app.gFBL( 1 , 4 ) ;
a5 = app.gFBL( 1 , 5 ) ;
if a5 ~ = " " && a5 ~ = " " && a4 ~ = " " && a4 ~ = " "
idy = str2double( app.gFBL( i , 2 ) ) ;
p1 = str2double( app.gFBL( i , 4 ) ) ;
p2 = str2double( app.gFBL( i , 5 ) ) ;
xi = app.gJD( app.gDY( idy , 2 ) , 2 ) ;
yi = app.gJD( app.gDY( idy , 2 ) , 3 ) ;
xj = app.gJD( app.gDY( idy , 3 ) , 2 ) ;
yj = app.gJD( app.gDY( idy , 3 ) , 3 ) ;
L = sqrt( ( xj - xi) ^ 2 + ( yj - yi) ^ 2 ) ;
app.ZDL = sparse( 6 , 1 ) ;
switch app.gFBL( i , 3 )
case "分布轴向力" %x 轴力方向,杆
                    app.ZDL( 1 ) = ( 2 * p1+p2) * L/6 ;
                    app.ZDL( 4 ) = ( p1+2 * p2) * L/6 ;
                    app.ZDL( 6 ) = 0 ;
                case  "分布横向力" %y 方向,只能是线性荷载( 梯
形) ,梁
                    app.ZDL( 2 ) = ( 7 * p1+3 * p2) * L/20 ;
                    app.ZDL( 3 ) = ( 3 * p1+2 * p2) * L^2/60 ;
                    app.ZDL( 5 ) = ( 3 * p1+7 * p2) * L/20 ;
                    app.ZDL( 6 ) = - ( 2 * p1+3 * p2) * L^2/60 ;
                case "分布弯矩" %分布弯矩
                    app.ZDL( 2 ) = - ( p1+p2) /2 ;
                    app.ZDL( 3 ) = ( p1 - p2) * L/12 ;
```

```
                    app.ZDL( 5 ) = ( p1+p2)/2 ;
                    app.ZDL( 6 ) = -( p1-p2) * L/12 ;
            end


            T = ZH( app,idy ) ; %转换矩阵
            if size( T,1) = = 4 %杆的两个端点力
              ZDL2 = app.ZDL(4:5,1) ;
              ZDL1 = app.ZDL(1:2,1) ;
              app.ZDL = [ ZDL1;ZDL2] ;%形成杆的四维列阵
            end
            app.ZDL = T * app.ZDL;% 转换为整体坐标系下的四
维列阵
            end
          end
        end


        % 整合总体结点力列向量的函数
        function ZHJDL( app,id,p)
          if app.gFBL( id,2) ~ = "" && app.gFBL( id,2) ~ = " "
            idy = str2double( app.gFBL( id,2)) ;
            for i = 1:1:2
              if app.gCL( app.gDY( idy,4),3) ~ = -1
                for j = 1:1:3
                  m = ( i-1) *3+j ;
                  M = ( app.gDY( idy,i+1) -1) * 3 + j;
                  app.gQ( M) = app.gQ( M) + p( m) ;
                  %荷载向量加到总的荷载向量矩阵中 i 为只有两个端
点,j 为一端有三个力
                end
              else
                for j = 1:1:2
                  m = ( i-1) *2+j ;
                  M = ( app.gDY( idy,i+1) -1) * 2 + j;
                  app.gQ( M) = app.gQ( M) + p( m) ;
                end
              end
            end


          end
```

```
    end
end
```

% 求得总体位移列向量后计算单元结点力的列向量的函数
```matlab
function    DYJDL( app,ijd)
    i = app.gDY( ijd,2 ) ;
    j = app.gDY( ijd,3 ) ;
    rk = zeros( 6,1 ) ;% 单元结点位移初始化
    rk( 1:3 ) = app.gZJ( (i-1) * 3+1 : (i-1) * 3+3 ) ;
    rk( 4:6 ) = app.gZJ( (j-1) * 3+1:(j-1) * 3+3 ) ;
    k = DG( app,ijd,1 ) ;% 计算杆件单刚,函数调用函数
    if app.gCL( app.gDY( ijd,4),3 ) ~ = -1 % 梁单元
        app.f = k * rk ;% 结点反力

    else %杆单元
        rk1 = rk( 1:2,1) ;
        rk2 = rk( 4:5,1) ;
        rk = [ rk1;rk2 ] ;
        app.f = k * rk ;% 结点反力
    end


    a1 = app.gFBL( 1,:) ;
    a1len =    length( a1) ;
    if a1len > = 4
        a_4 = app.gFBL( 1,4) ;
        a5 = app.gFBL( 1,5) ;
        if a5 ~ = "" && a5 ~ = " " && a_4 ~ = "" && a_4 ~ = " "
            fbl_number = app.iFBL ;
            for ifbl = 1:1:fbl_number
                if ijd = = str2double( app.gFBL( ifbl,2 ) )
                    app.DXJDL( ifbl) ;
                    app.f = app.F-app.ZDL ;
                end
            end
        end
    end
end
```

3. 补充说明

（1）由于刚度矩阵中包含数值为 0 的元素通常远多于非 0 元素,故利用

MATLAB 自带的函数 sparse 构建稀疏矩阵,可以节省内存空间。

（2）由于结点力、分布力的输入数据中既包含数字,又包含字符,故存储矩阵统一使用 string 型矩阵,这样既方便不同类型变量按同种形式进行存储,也能更好的与 UITable 控件进行交互,但应注意在读取时需要进行元素类型的转换。

附录 Ⅱ　上册自测题

A　组

一、是非题　若认为"是",在括号内画○;若认为"非",则画×。

1. 除荷载外,其他因素例如温度变化、支座位移等也会使结构产生位移,因而也就有可能使静定结构产生内力。(　　)

2. 图示简支梁截面 D 的弯矩影响线在 C 点处的纵坐标值是 1 m。(　　)

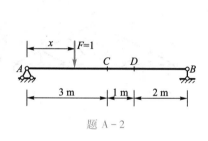

题 A–2

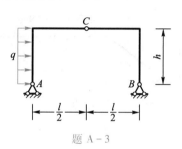

题 A–3

3. 图示三铰刚架支座 A 的水平反力是 $3qh/4(\leftarrow)$。(　　)

二、选择题　选择正确答案的字母写在括号内。

4. 功的互等定理适用的范围是:(A) 一切变形体系;(B) 弹性体系(包括线性和非线性);(C) 线性变形体系;(D) 只适用于刚体体系。(　　)

5. 所谓单元刚度矩阵,是指下列两组量值之间关系的变换矩阵:(A) 杆端位移和杆端力;(B) 杆端位移和结点位移;(C) 杆端位移和结点荷载;(D) 结点位移和结点荷载。(　　)

6. 图示平面体系的几何构造性质是:(A) 几何不变无多余联系的;(B) 几何不变有多余联系的;(C) 几何可变(常变)的;(D) 瞬变的。(　　)

7. 图为一对称刚架承受反对称的两个结点力偶荷载作用,其弯矩图的正确形状应是(　　)。

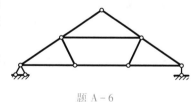

题 A–6

三、填空题

8. 图示刚架截面 K 的弯矩(以下侧受拉为正) $M_K = $ _____。

9. 图示桁架 a、b 杆轴力(拉力为正)分别是 $F_{Na} = $ _____;$F_{Nb} = $ _____。

10. 用位移法求解图示刚架时,基本未知量中的独立结点角位移数目是 _____;独立的结点线位移数目(忽略轴向变形)是 _____。

11. 杆件的单元刚度矩阵(简称单刚)的 4 个子块用 k_{ii}^e、k_{ij}^e、k_{ji}^e、k_{jj}^e 表示,试写出图示结构原始总刚度矩阵中的下列子块(以单刚的子块形式表示):
$K_{64} = $ _____;$K_{65} = $ _____;$K_{66} = $ _____。

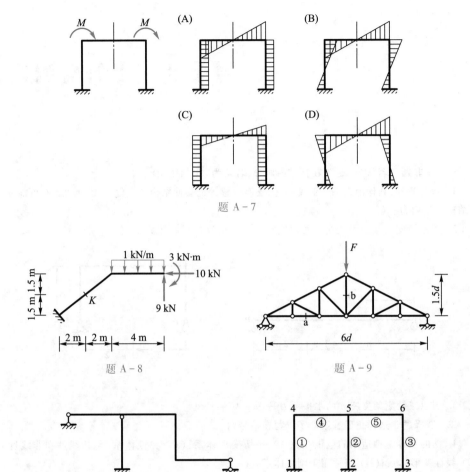

题 A－7

题 A－8

题 A－9

题 A－10

题 A－11

四、计算题

12. 试作图示刚架的弯矩图。

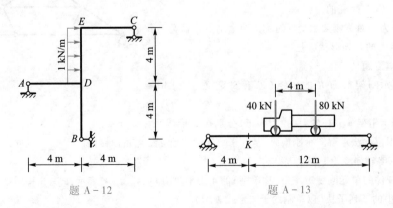

题 A－12

题 A－13

13. 试求图示简支梁在汽车荷载（可以调头行驶）作用下截面 K 的最大剪力值。

14. 试用力法分析图示结构，求出典型方程中的所有自由项，其余不要求计算。

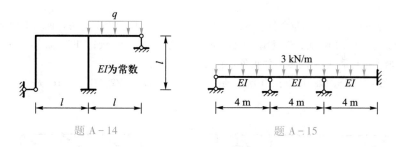

题 A-14   题 A-15

15. 试用力矩分配法计算连续梁的杆端弯矩,要求精确至小数点后两位。

16. 试用位移法计算图示刚架,要求计算到求出基本未知量为止。

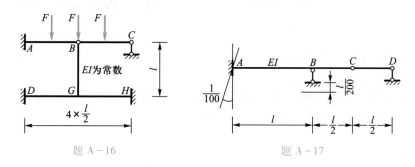

题 A-16   题 A-17

17. 图示梁 EI 为常数,支座 A 顺时针方向转动 $\frac{1}{100}$ rad,支座 B 下沉 $\frac{l}{200}$。试求由此引起的 C 点竖向位移。

B 组

一、是非题 若认为"是",在括号内画○;若认为"非",则画×。

1. 欲使图示平面体系成为几何不变,则所需添加的链杆(包括支座链杆)最少数目是 3 根。( )

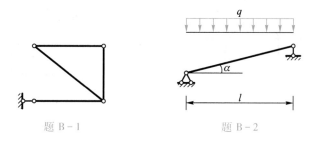

题 B-1   题 B-2

2. 图示简支斜梁承受竖向均布荷载 q(沿水平方向每单位长度上的荷载),梁内的最大弯矩值是 $\frac{ql^2}{8\cos\alpha}$。( )

3. 在矩阵位移法中,所谓等效结点荷载是指它与原来非结点荷载所产生的内力相等。( )

二、选择题 选择正确答案的字母写在括号内。

4. 简支梁的绝对最大弯矩是:(A) 恒比跨度中点截面的最大弯矩(以下简称跨中最大弯矩)大;(B) 恒比跨中最大弯矩小;(C) 恒不小于跨中最大弯矩;(D) 可能大于也可能小于跨中最大弯

矩。（　　）

5. 等直杆的一端转动单位角另一端固定时,转动刚度为 $4i$,这是只考虑弯曲变形的结果,如果再计入剪切变形的影响,转动刚度的数值将会:（A）增大；（B）减小；（C）不变；（D）可能增大也可能减小,与剪力的正负号有关。（　　）

6. 图示结构 a 杆的轴力（以拉力为正）是:（A）$-F$；（B）$-F/2$；（C）0；（D）$F/2$。（　　）

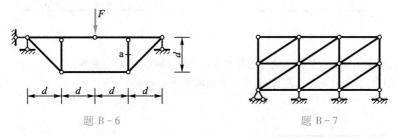

题 B-6　　　　　　　　　　题 B-7

7. 图示结构的超静定次数是:（A）2；（B）3；（C）4；（D）5。（　　）

三、填空题

8. 图示桁架 AC 杆制作短了 10 mm,BC 杆制作短了 6 mm,由此引起的 D 点的竖直位移是 _____mm（方向向___）;水平位移是 _____mm（方向向___）。

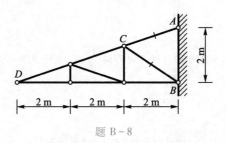

题 B-8

9. 图示刚架各杆 E 值相同,用力矩分配法计算时,BC 杆 C 端的分配系数 $\mu_{CB}=$ _____。

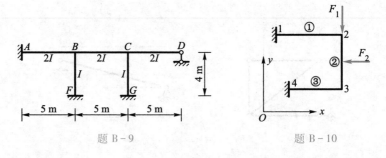

题 B-9　　　　　　　　　　题 B-10

10. 已知图示刚架杆①的单元刚度矩阵（结点 1 为始端,结点 2 为末端,力单位为 kN,长度单位为 m）为

$$\bar{k}^{①}=10^3\begin{pmatrix} 80\ \text{kN/m} & 0 & 0 & -80\ \text{kN/m} & 0 & 0 \\ 0 & 1\ \text{kN/m} & 2\ \text{kN} & 0 & -1\ \text{kN/m} & 2\ \text{kN} \\ 0 & 2\ \text{kN} & 6\ \text{kN·m} & 0 & -2\ \text{kN} & 3\ \text{kN·m} \\ -80\ \text{kN/m} & 0 & 0 & 80\ \text{kN/m} & 0 & 0 \\ 0 & -1\ \text{kN/m} & -2\ \text{kN} & 0 & 1\ \text{kN/m} & -2\ \text{kN} \\ 0 & 2\ \text{kN} & 3\ \text{kN·m} & 0 & -2\ \text{kN} & 6\ \text{kN·m} \end{pmatrix}$$

在图示荷载下已求出结点 2 和 3 的水平、竖直位移和角位移为

$$\begin{pmatrix} u_2 \\ v_2 \\ \varphi_2 \end{pmatrix} = 10^{-3} \begin{pmatrix} 0.2\ \text{m} \\ -2.0\ \text{m} \\ -0.5\ \text{rad} \end{pmatrix}, \quad \begin{pmatrix} u_3 \\ v_3 \\ \varphi_3 \end{pmatrix} = 10^{-3} \begin{pmatrix} -0.32\ \text{m} \\ -1.86\ \text{m} \\ -0.14\ \text{rad} \end{pmatrix}$$

则可求得杆①的 1 端轴力为_____（____力）；弯矩为_____（____边受拉）。

四、计算题

11. 已知连续梁的弯矩图，试绘其剪力图并求中间支座的反力。

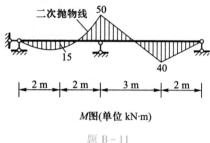

题 B－11

12. 试用图乘法求截面 A、B 的相对转角。EI 为常数。

13. 试绘制图示桁架 a 杆的内力影响线。单位荷载 $F = 1$ 沿下弦移动。

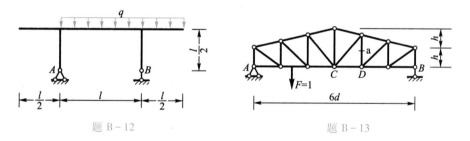

题 B－12　　　　　　　　题 B－13

14. 图为管道或烟囱的横截面计算简图，内侧温度升高 t，外侧温度不变。试用力法作其弯矩图。EI 为常数，截面厚度为 δ，材料的线膨胀系数为 α。

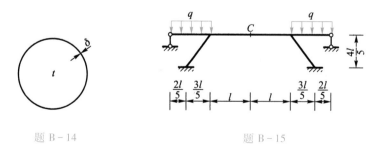

题 B－14　　　　　　　　题 B－15

15. 图示刚架 EI 为常数。试用尽可能简便的方法作其弯矩图，并求 C 点竖向位移。

答　案

A 组：1. ×；2. ○；3. ○；4. C；5. A；6. C；7. C；
8. 50 kN · m；9. F，0；10. 3，3；11. **0**，$\boldsymbol{k}_{65}^{⑤}$，
$\boldsymbol{k}_{66}^{⑤} + \boldsymbol{k}_{66}^{③}$；12. $M_{DE} = 4$ kN · m（右侧受拉）；

13. 80 kN；14. 若以左、右支座为多余未
知力，则 $\Delta_{1P} = -ql^4/4EI$，$\Delta_{2P} = -5ql^4/8EI$；
15. 左跨右端弯矩为 5.08 kN · m；

16. $Z_1 = 0$；$Z_2 = \dfrac{29}{432} \cdot \dfrac{Fl^3}{EI}(\downarrow)$；17. $5l/800$ ($\downarrow$)

B 组：1. ○；2. ×；3. ×；4. C；5. B；6. A；7. C；8. 31. 6 或 $10\sqrt{10}$ mm（向上），0；9. 0. 421 或 8/19；

10. -16 kN（拉力），2. 5 kN·m（上边受拉）；

11. 中间支座反力 82. 5 kN（↑）；

12. $ql^3/48EI$（◜◝）；13. C、D 处竖标分别为 -0.3 和 0.6；14. 弯矩为 $-\alpha t EI/\delta$（外侧受拉）；15. $\Delta_{Cy} = -ql^4/128EI$（↑）

附录Ⅲ　索引

（按汉语拼音顺序）

参考文献

［1］朱慈勉,张伟平.结构力学:上册［M］.3 版.北京:高等教育出版社,2016.

［2］朱慈勉,张伟平.结构力学:下册［M］.3 版.北京:高等教育出版社,2016.

［3］龙驭球,包世华,袁驷.结构力学 I:基础教程［M］.4 版.北京:高等教育出版社,2018.

［4］龙驭球,包世华,袁驷.结构力学 II:专题教程［M］.4 版.北京:高等教育出版社,2018.

［5］缪加玉.结构力学的若干问题［M］.成都:成都科技大学出版社,1993.

［6］王焕定,章梓茂,景瑞.结构力学［M］.3 版.北京:高等教育出版社,2010.

［7］国家铁路局.铁路桥涵设计规范:TB 10002—2017［S］.北京:中国铁道出版社,2017.

［8］中华人民共和国交通运输部.公路工程技术标准:JTG B01—2014［S］.北京:人民交通出版社,2014.

主编简介

李廉锟　1940年毕业于清华大学土木系。1944年获美国麻省理工学院科学硕士学位。1946年回国后先后在湖南大学、中南土木建筑学院和长沙铁道学院任教授和土木系、数理力学系主任。长期为本科生和研究生讲授结构力学、弹性力学、土力学、基础工程、钢筋混凝土、钢木结构和结构设计理论等课程。以教风严谨,教学效果优良著称。

20世纪70年代初期,在武汉桥梁工程期刊上发表连载文章,比较系统地介绍有限单元法的原理和应用,是我国最早引进和推广有限单元法的学者之一。

曾编写和主编结构力学、土力学及地基基础等教材五部。其中,由高等教育出版社出版的《结构力学》(第2版)获1987年国家教委优秀教材二等奖,第3版获2000年铁道部优秀教材二等奖,第4版入选普通高等教育"十五"国家级规划教材,第5版分别入选普通高等教育"十一五"国家级规划教材和"十二五"普通高等教育本科国家级规划教材。

郑重声明

高等教育出版社依法对本书享有专有出版权。任何未经许可的复制、销售行为均违反《中华人民共和国著作权法》，其行为人将承担相应的民事责任和行政责任；构成犯罪的，将被依法追究刑事责任。为了维护市场秩序，保护读者的合法权益，避免读者误用盗版书造成不良后果，我社将配合行政执法部门和司法机关对违法犯罪的单位和个人进行严厉打击。社会各界人士如发现上述侵权行为，希望及时举报，我社将奖励举报有功人员。

反盗版举报电话　（010）58581999　58582371

反盗版举报邮箱　dd@ hep.com.cn

通信地址　北京市西城区德外大街 4 号　高等教育出版社法律事务部

邮政编码　100120

读者意见反馈

为收集对教材的意见建议，进一步完善教材编写并做好服务工作，读者可将对本教材的意见建议通过如下渠道反馈至我社。

咨询电话　400-810-0598

反馈邮箱　gjdzfwb@ pub.hep.cn

通信地址　北京市朝阳区惠新东街 4 号富盛大厦 1 座
　　　　　高等教育出版社总编辑办公室

邮政编码　100029

防伪查询说明

用户购书后刮开封底防伪涂层，使用手机微信等软件扫描二维码，会跳转至防伪查询网页，获得所购图书详细信息。

防伪客服电话　（010）58582300